中国村镇社区化转型发展研究丛书

丛书主编：崔东旭 刘涛

Planning Methods and Practices for Community Service Facilities in Villages and Small Towns

村镇社区服务设施规划方法与实践

宋聚生 尹宏玲 杨 震 戴冬晖 / 著

北京大学出版社
PEKING UNIVERSITY PRESS

图书在版编目(CIP)数据

村镇社区服务设施规划方法与实践/宋聚生等著. —北京：北京大学出版社，2023. 12
（中国村镇社区化转型发展研究丛书）
ISBN 978-7-301-34149-0

Ⅰ. ①村… Ⅱ. ①宋… Ⅲ. ①乡镇－服务设施－乡村规划－中国 Ⅳ. ①TU982.29

中国国家版本馆CIP数据核字（2023）第118670号

书　　名	村镇社区服务设施规划方法与实践 CUNZHEN SHEQU FUWU SHESHI GUIHUA FANGFA YU SHIJIAN
著作责任者	宋聚生 等　著
责任编辑	王树通
标准书号	ISBN 978-7-301-34149-0
审 图 号	GS京（2023）2564号
出版发行	北京大学出版社
地　　址	北京市海淀区成府路205 号　100871
网　　址	http://www. pup. cn　　新浪微博: @ 北京大学出版社
电子邮箱	编辑部 lk2@pup. cn　　总编室 zpup@pup. cn
电　　话	邮购部 010-62752015　发行部 010-62750672　编辑部 010-62764976
印 刷 者	北京宏伟双华印刷有限公司
经 销 者	新华书店
	720毫米×1020毫米　16开本　22印张　395千字
	2023年12月第1版　2023年12月第1次印刷
定　　价	118. 00元

“中国村镇社区化转型发展研究”丛书

编 委 会

从书总序

本丛书的主要研究内容是探讨乡村振兴目标下的我国村镇功能空间发展、社区化转型及空间优化规划等。

村镇是我国城乡体系的基层单元。由于地理环境、农作特色、经济区位等发展条件的差异，我国村镇形成了各具特色的空间形态和功能系统。快速城镇化进程中，村镇地区的基础条件和发展情况差异巨大，人口大量外流、设施服务缺失、空间秩序混杂等问题普遍存在，成为发展不平衡、不充分的主要矛盾。党的二十大报告指出，全面建设社会主义现代化国家，最艰巨最繁重的任务仍然在农村。因此，从村镇地区功能空间转型和可持续发展的角度出发，研究农业农村现代化和乡村振兴目标下的村镇社区化转型，探索形成具有中国特色的村镇社区空间规划体系，具有重要的学术价值和实践意义。

“中国村镇社区化转型发展研究”丛书的首批成果是在“十三五”国家重点研发计划“绿色宜居村镇技术创新”专项的第二批启动项目“村镇社区空间优化与布局”研发成果的基础上编撰而成的。山东建筑大学牵头该项目，并与课题承担单位同济大学、北京大学、哈尔滨工业大学（深圳）、东南大学共同组成项目组。面向乡村振兴战略需求，针对我国村镇量大面广、时空分异明显和快速减量重构等问题，建立了以人为中心、以问题为导向、以需求为牵引的研究思路，与绿色宜居村建设和国土空间规划相衔接，围绕村镇社区空间演化规律和“三生”（生产、生活、生态）空间互动机理等科学问题，从生产、生活、生态三个维度，全域、建设区、非建设区、公共设施和人居单元五个空间层次开展技术创新。

项目的五个课题组分别从村镇社区的概念内涵、发展潜力、演化路径和动力机制出发，构建“特征分类 + 特色分类”空间图谱，在全域空间分区管控，“参与式”规划决策技术，生态适宜性和敏感性“双评价”，公共服务设施要素一体化规划和监测评估，村镇社区绿色人居单元环境模拟、生成设计等方面进行了技术创新和集成应用。截至 2022 年年底，项目组已在全国 1300 多个村镇开展了调研，在东北、华北、华东、华南和西南进行了 50 个规划设计示范、10 个技术集成示范和 5 个建成项目示范，形成了可复制、可推广的成果。已发表论文 100 余篇，获得 16 项发明专利授权，取得 21 项软件著作权，培养博士、硕士学位研究生 62 名，培训地方管理人员 61 名。一些研究成果已经在国家重点研发计划项目示范区域进行了应用，通过推广可为乡村振兴和绿色宜居村镇建设提供技术支撑。

村镇地区的功能转型升级和空间优化规划是一项艰巨而持久的任务，是中国式现代化在乡村地区逐步实现的必由之路。随着我国城镇化的稳步推进，各地的城乡关系正在持续地演化与分化，村镇地区转型发展必将面临诸多的新问题、新挑战，地方探索的新模式、新路径也在不断涌现。在迈向乡村振兴的新时代，需要学界、业界同人群策群力，共同推进相关的基础理论方法研究、共性关键技术研发、实践案例应用探索等工作。项目完成之后，项目团队依然在持续开展村镇社区化转型发展相关的研究工作，本丛书也将陆续出版项目团队成员、合作者及本领域相关专家学者的后续研究成果。

本丛书的出版得到了中国农村技术开发中心和项目专家组的精心指导，也凝聚了项目团队成员、丛书作者的辛勤努力。在此，向勇于实践、不断创新的科技工作者，向扎根祖国大地、为乡村振兴事业努力付出的同行们致以崇高的敬意。

“中国村镇社区化转型发展研究”

丛书编委会

2023 年 4 月

序

2021年颁布的《中华人民共和国乡村振兴促进法》明确了：应当按照产业兴旺、生态宜居、乡风文明、治理有效、生活富裕的总要求，统筹推进农村经济建设、政治建设、文化建设、社会建设、生态文明建设和党的建设，充分发挥乡村在保障农产品供给和粮食安全、保护生态环境、传承发展中华民族优秀传统文化等方面的特有功能。这是我国全面实施乡村振兴战略的目标要求，其中包括几个层面的内涵：其一，乡村的职能在于农产品供给和粮食安全的保障、生态环境的保护、中华民族优秀传统文化的传承；其二，目标是产业兴旺、生态宜居、乡风文明、治理有效、生活富裕；其三，工作抓手是经济、政治、文化、社会、生态文明建设和党的建设。在乡村振兴的语境下谈乡村问题，本质上是工业化对农业国家的冲击与重构问题；或者说，这根本就是个思考乡村、城市两种文明结晶在历史跨度上的交互、博弈关系的命题。只不过在以科技革命推动的工业革命过程中，中国在几十年城镇化进程中，“城”“乡”关系发生了从经济、社会、文化等领域的数次融合，乡村治理的逻辑得到了彻底的肢解，个中的波澜壮阔实难通过只言片语讲得清楚。这里面既有自然经济向商品经济演变过程中市场经济对小农经济的冲击问题，又有乡村社会差序格局的肢解与重塑问题，还有文化自信的迷失和重构问题。

因而，我们比历史上任何时期都需要更加深刻地理解乡村，理解乡村社会和乡村文化。首先，乡村的主体是“农民”。既不是“村民”更不是“居民”，我们不能奢望不从事农业生产的村民或居民去设身处地地为农民谋得利益。其次，生活富裕是根本。无论是保障粮食安全、生态环境保护，还是传统文化的传承，都是责任和义务，这些职能的实现必须建立在生活富裕的基础之上，扭转索取式的治理逻辑，在中国共产党十六届四中全会以后就得到了贯彻。再次，产业、生态、乡风、治理、生活同等重要，这与广泛实践的以产业振兴、生态宜居为特色的村庄规划有差异。从乡村和乡镇、县城联动的视角，去探讨城乡统筹视角下的生活方式、治理体系，建立体系完备、规模合理的公共服务体系同样重要。最后，文化振兴是乡村振兴的“灵魂”。脱离传统文化根基，没有文化自信的乡村社会，注定无法从根本上吸引人才回乡，无法将乡村建设成“乡村”，也无法实现乡风文明、治理有效，更不能促进产业兴旺、生态宜居和生活富裕。

因而，在不充分、不均衡的社会主要矛盾下，乡村振兴问题在城镇化领域，本质上仍属于城乡关系的融合问题。协同推进乡村振兴战略和新型城镇化战略的实施，整体考虑城镇和乡村发展，科学有序统筹安排生态、农业、城镇等功能空间，优化城乡产业发展、基础设施、公共服务设施等布局，是实现城乡融合的重要一环。其中，又以“县－乡－村”基础设施的一体化，基本公共服务的均等化，生产、生活、生态服务的协同化，产业经济一体化等最为重要。而随着城乡关系的逐步融合，建立在15分钟生活圈基础上的城乡公共服务网络，基本覆盖了“县城－乡村”的公共服务资源，并随着电子商务、物流信息、交通网络的改善，城乡公共服务的类型、统筹布局、监测评估和配置建设的要求也远非昔日可比，需要结合时代的需求，进行多渠道的创新和探索。

本研究在村镇社区服务设施规划方面，重点突出了以下四个方面的理论、实践探索。

第一，结合乡村振兴战略实践的新趋势、新变化，践行生态文明建设理念，统筹生产、生活、生态（以下简称“三生”）的关系。提出符合国土空间规划体系要求的村镇社区公共服务体系；考虑农民生产生活相融和农村生产、生活、生态“三生一体”的特点，强调了生产、生态服务的重要性，顺应了生态文明建设和农业产业化的需求；兼顾了从商品物流、移动办公到智慧医疗、智慧教育等乡村数字化发展趋势；考虑乡村收缩、老龄化、城乡流动等特点，形成了新时期城乡统筹视角下的村镇社区公共服务体系。

第二，面向区域网络、“三生”融合、线上线下一体化需求的空间规划技术。针对村镇公共服务设施配置等级与生活圈需求不匹配和供给不均衡情况，研发区域公共服务供给网络一体化识别技术，进行更精准的供给判断；从村庄“三生”服务功能出发，多视角分析村镇“三生”空间资源，公共服务时空－供需耦合机制和社区生活圈等相关内容，研究“三生”服务一体化场景营造技术；面对人口数量收缩、结构异化导致公共服务设施供给与需求不匹配、使用低效等问题，研发了线上线下一体化服务配置技术，促进“三生”空间融合、风貌提升及社会活化。

第三，基于大数据、信息化的手段，构建村镇公共服务设施效能评估、监测指标体系和方法。研发了村镇服务设施多源数据实时识别、提取、更新技术和设施监测、预警方法，全面地感知、监测设施的运作情况；综合运用大数据、云平台与物联网技术，构建村镇服务设施功能评估的模型与方法，实现多情景的模拟分析与评估；引入主体建模方法，分别构建了主体活动模型和设施供给模型，使用微观的局部行为规则代替宏观的复杂公式计算，通过机器学习方法分析行为主体的活动规律和特征，制定规则然后将规则进行编译，形成了易于操作、便于推广的公共服务设施效能评估、监测与模拟仿真平台。

第四，形成了“县－乡－村”三级联动的城乡服务设施统筹配置技术方法。按照建立健全城乡融合发展的体制机制和政策体系，推动城乡要素有序流动、平等交换和公共资源均衡配置的要求，整体筹划城镇和乡村发展，优化城乡产业发展、基础设施、公共服务设施等布局，逐步健全全民覆盖、普惠共享、城乡一体的基本公共服务设施配置体系。强化县域范围内城乡基础设施互联互通，突出村级公共教育、医疗卫生、社会保障等基本公共服务的均等化，强调乡镇层面对生产、生态设施的资源统筹；建立了生活性服务设施的“县－乡－村”三级联动配置机制；突出了基础设施布局的区域协调性，保障基本服务的均衡性，提高商业服务业设施配置的效率。

宋聚生

2022 年 7 月于荔园

引　言

“农业支持工业，工业反哺农业”是国家发展基础薄弱时期优先发展重工业，实施“城市化”的战略考虑，是“先富”带“后富”思想的体现。中国共产党十六届四中全会后，“工业反哺农业”“城市支持农村”“以工促农、以城带乡”的发展思路得到了逐步贯彻落实，城乡关系迎来了历史性的转折，乡村发展成为整个社会最重要的任务之一。2002 年党的十六大确立“三农（农业、农村、农民）”问题为全党工作的重中之重，2004 年的中央“一号文件”进一步补贴农业，2006 年取消了农业税，2017 年党的十九大提出乡村振兴战略等，都可理解为这种转变的结果。

作为决战全面建成小康社会、全面建设社会主义现代化国家的重大历史任务，新时代“三农”工作的总抓手，乡村振兴战略的意义体现在三个方面。

第一，乡村是社会稳定的基石。“民族要复兴，乡村必振兴”，尽管城镇化已取得了瞩目的成绩，但是，仍然有约 6 亿人口居住在农村，农村地区占全国土地总面积的 94% 以上。如此庞大的农村人口在我国社会主义建设过程中提供了充分的劳动力保障，稳定了农产品的价格，保障了粮食安全，缓冲了社会经济危机，起到了社会稳定的基石作用。

第二，乡村振兴筑牢城乡均衡发展的桥头堡。我国已经形成了中国特色的城市化治理途径，在市场经济环境下，城市的发展趋于稳定。乡村则不然，在“农业支持工业”，长期“城乡二元”框架下，生产资料、资源向城市集中，造成了农村地区经济基础薄弱，发展动力萎靡，农民收入低等城乡社会经济发展失衡问题，急需通过乡村振兴缩小城乡差距。

第三，乡村振兴是城乡可持续发展的试金石。在我国庞大的资源依赖型城市转型、基础投资驱动型城市治理过程中出现的种种阵痛，不可能也不能够在乡村发展过程中重现，乡村发展必须是绿色、低碳、可持续的。利用并守护好“绿水青山”，摆脱资源依赖，探索生态绿色经济转型发展路径，对乡村而言至关重要。与点状的城市相比，乡村作为中国新时代发展的底色，其可持续发展的重要性更能体现社会主义的本质要求。

总之，从“新农村建设”到“全面脱贫攻坚”，再到今天的“全面乡村振兴”，这是从数量增长型向质量效益型转变，强调绿色生态发展的治理逻辑。乡村振兴是缩小城乡发展差距，稳定社会发展基础，实现城乡均衡，保持社会整体生态、绿色、可持续发展的根本，是城镇化中后期社会治理的重要内容。

村镇社区作为乡村振兴的核心战场，是生活空间、生产空间的聚集地，也是生态空间的“细胞核”，在长期“城乡二元”的发展过程中，村镇社区出现的服务设施配置不健全、基础设施建设滞后等问题，制约了乡村生产力的进步。这固然有城镇化趋势和阶段性发展规律的影响，也有社会经济规律的作用，更有文化意识导向的问题。

其一，在工业化进程中，城乡优势发展资源向城市集聚，农业剩余劳动力向城市集中——这是城镇化的阶段性规律，东西方国家的工业化过程均是如此。随着人口逐步收缩，乡村在公共服务设施、基础设施配套方面的投入和使用都有不同程度的下降，驱动着更多的人口涌向城市，如此，进入恶性循环。

其二，随着“农民工”等进城务工人员的返乡，乡村的社会经济逻辑也得到了颠覆性的变动。“城市化”的工作方式、公共服务需求、社会组织模式极大地冲击着原有的社会经济秩序。出现了与城市一样的工休轮换、子女教育、住宅购置、休闲娱乐、出行等需求，这些从根本上改变了村镇社区的居民生活方式，从而决定着公共服务设施、基础设施的配置要求。

其三，文化意识观念的影响，正在淡化乡村风貌特色。就像改革开放之初的“白色瓷砖”“小洋楼”一样，乡村社会在强大的经济位差下，居民在意识形态方面的自卑尤为严重。这是村镇社区特色缺失的根本，是经济滞后形成的文化入侵，也是村镇社区公共服务需求转变的根本原因。

总之，在城镇化、乡村振兴两种政策导向下，村镇社区面临着前所未有的城乡统筹机遇。在人口、就业、公共服务都逐步向县城集中的过程中，村镇社区的诸多服务都与县城交错在一起，形成了“村－县两极化”的设施建设趋势，急需建构基础服务有保障、品质服务有提升、城乡公共服务联动的村镇设施服务体系，这也是村镇社区公共服务体系及服务设施规划技术研究的意义。

本书分三个部分讨论村镇社区服务设施规划方法与实践。第一部分主要阐述村镇社区与乡村振兴的关系，既有对当下生态文明体制改革背景下的乡村振兴与村镇治理的思考，也有包括对“城－乡”经济、社会、生态、文化等关系的深入分析，还有对中国乡村的演变逻辑和发展的阶段性、地域性差异展开的讨论，以期能够加深读者对村镇社区的理解，促进读者的深度思考。第二部分分别从公共服务体系、设施指标与配置、一体化规划技术、效能评估与监测技术等方面，全面阐述村镇社区服务设施的规划方法。该部分的内容有助于指导规划师进行村庄规划和乡村研究工作，其中不但提供了详尽的研究思路、技术方法，还通过大量的数据和案例，详细解释了技术方法的运用。第三部分是课题在东南、华南、西南地区的规划示范、技术集成示范、示范建成的成果。10个规划示范成果既包括都市区近郊村镇、偏远贫困地区村镇，也包括旅游村镇、山地村镇、农业型村镇等不同类型村镇的服务设施规划方法，还体现集中型村镇、分散型村镇社区的服务设施配套要点，以期能为读者带来更加直观、深刻的理解。

目　录

第1章　村镇社区相关概念

1.1　如何理解村镇

在国家标准《村镇规划标准》(GB 50188—93)中，村镇特指村庄和集镇，包括县人民政府驻地以外的乡、镇和村庄。可分为基层村、中心村、一般镇、中心镇四类。在2012年发布的国家标准《村镇规划卫生规范》(GB 18055—2012)中，村镇是村庄和乡镇的总称。其中村庄是乡镇辖区内农村居民生活和生产的聚居点，乡镇是乡镇政府所在地及辖区内的政治、经济、文化和生活服务中心。国务院1993年发布的《村庄和集镇规划建设管理条例》提出："村庄，是指农村村民居住和从事各种生产的聚居点。""集镇，是指乡、民族乡人民政府所在地和经县级人民政府确认由集市发展而成的作为农村一定区域经济、文化和生活服务中心的非建制镇。"可见，所谓村镇，乃是指村庄和集镇的统称，可以分别从村庄与集镇两个维度理解其内涵。

1. 村庄与乡村

村庄一般是指村居民点，以农业为主的人类聚落地，又叫农村，是走向高级聚落(城市)的必经形式；包括所有的村庄和拥有少量工业企业及商业服务设施，但未达到建制镇标准的乡村集镇。

所谓乡村(rural)，是以农业经济为主，社会结构相对简单、稳定，以人口密度低的集镇、村庄为聚落形态的地域的总称。根据乡村是否具有行政含义，可分为自然村和行政村。《辞源》一书中，乡村被解释为主要从事农业、人口分布较城镇分散的地方。以美国学者 R. D. 罗德菲尔德为代表的部分外国学者指出，“乡村是人口稀少、比较隔绝、以农业生产为主要经济基础、人们生活基本相似，而与社会其他部分，特别是城市有所不同的地方。”世界各国划分城市和乡村的标准很不相同，如德国和法国规定人口在 2000 人以下的居民点为乡村，而美国和墨西哥等国的划分标准为 2500 人以下；俄罗斯多数加盟共和国规定，人口在 2000 人以下、农业人口所占比重超过 1/3 或一半的居民点为乡村。中国学术界将聚居常住人口 2500 人以下、农业人口超过 30% 的居民点称为乡村。从行政管理的视角而言，村庄可理解为乡村，狭义的村庄还特指村居民点。

“乡村”与“乡”和“村”具有发生学上的密切联系。“乡”为野域，“村”为聚落，但因乡、村均为县以下的地方基层组织，因此我国古代常将乡、村二字连用，指城以外的区域，古代“乡村”亦作“乡邨”。

2. 集镇的内涵

集镇是指乡、民族乡人民政府所在地，以及经县级人民政府确认，由集市发展而成的作为农村一定区域经济、文化和生活服务中心的非建制镇，是介于乡村与城市之间的过渡型居民点。集镇一般是指建制市镇以外的地方商业中心，既无行政上的含义，也无确定的人口标准。按照中国的情况，除市、县人民政府所在地以及其他设镇的地点之外，县以下的多数行政中心也具有一定的商业服务和文教卫生等公共服务设施，并有相应的腹地支持，习惯上均称为集镇。

集镇产生于商品交换开始发展的商周时期。中国历史上集镇的形成和发展多与集市有关，宋代以后集市普遍发展，集镇也随之增多。乡间集市最初往往依托利于物资集散的地点，便于进行定期的商品交换，继而在这些地方渐次性地建立了经常性商业服务设施，逐渐成长为集镇。在集镇形成后，大都保留着传统的定期集市，继续成为集镇发展的重要因素。

从地理学角度理解，集镇是乡村聚落的一种，通常指乡村中拥有少量非农业人口，并进行一定商业贸易活动的居民点，无行政上的含义，无确定的人口标准，一般是对建制镇以外的地方农产品集散和服务中心的统称。集镇在中心地系统的概念中，是较低的一级中心地，职能为供应乡村所需的生产资料和生活资料、收购农产品，以及满足其服务范围内的居民对教育、医疗、娱乐等的需要，是城乡之间的纽带。集镇在一定条件下有可能成长为建制镇。

1.2 如何理解社区

1887 年滕尼斯（Ferdinand Tonnies）在其发表的《共同体与社会》（*Gemeinschaft und Gesellschaft*）一书中，使用了德文“Gemeinschaft”一词表达“共同体”，旨在强调人与人之间形成的亲密关系和共同的精神意识以及对 Gemeinschaft 的归属感、认同感。20 世纪 20 年代，美国的社会学家把滕尼斯的共同体（Gemeinschaft）译为英文的 Community（社区），并很快成为美国社会学的主要概念。英文 Community 一词源于拉丁语 communitas，有“共同性”“联合”或“社会生活”等意思。

从滕尼斯提出“Gemeinschaft”概念的一百多年来，随着社会变迁和社会学学科的发展，社区研究引起社会学家、人类学家的普遍关注，“社区”的内涵也不断得到丰富。社区的定义众说纷纭，但归纳起来不外乎两大类：一类是功能的观点，认为社区是有共同目标和共同利害关系的人组成的社会团体；另一类是地域的观点，认为社区是在一个地区内共同生活的有组织的人群。

目前，社区多以“法定社区”作为操作单位。在当前的语境中，确定社区实体首选的标准是地域界限明显，至于成员归属感的强弱则是次要的。具体而言，社区在农村指的是行政村或自然村；在城市指的是街道办事处辖区或居委会辖区以及目前一些城市新划分的社区委员会辖区。本书中，村镇社区特指行政村、自然村、集镇、乡（民族乡、镇）等农业居民点所对应的社区，不包括非县城所在地的建制镇。与村镇社区直接关联的社区包括县、区、镇、街道等非农居民点范围内的社区。

1.3 公共服务与服务设施

学术界一般认为公共服务首先是公共产品。按照萨缪尔森给出的概念，公共产品就是为某些人生产的产品，不会因为其他人的消费而增减成本[①]。经济学界指出公共服务的两大基本特征是非竞争性（non-rivalness）和非排他性（non-excludability）。它是指集体进行、共同消费的服务，其效用不能在不同使用者之间分割，不能将未付费的群体排除在外，不会减少其他人使用的机会[②]。

在中文语境中，“公共服务”一词是作为政府的一项重要职能提出并运用的。“公共服务”一词第一次出现在中国政府的官方文件中，是在 1998 年 3 月 6 日的第九届全国人民代表大会第一次会议上，时任国务院秘书长罗干在《关于国务院机构改革方案的说明》中指出：“要把政府职能切实转变到宏观调控、社会管理和公共服务方面来……” 2002 年 3 月 15 日第九届全国人民代表大会第五次会议审议通过的《政府工作报告》进一步将政府职能调整为“经济调节、市场监管、社会管理和公共服务”。公共服务的判断标准一般包括：必须基于公共利益的需要；以对公众提供生存照顾、满足公众基本生存和发展需要为目的；公众对公共服务存在“依赖性”，即不借助公权力，公众无法自力获得；政府对公共服务的设立和运行行使直接或间接的权力等[③]。

参照《国务院关于加强和改进社区服务工作的意见》中社区服务的类型，社区的公共服务基本包括：社区老年人服务，社区残疾人服务，社区优抚对象服务，社区未成年人服务，社区保健卫生服务，社区教育、文体活动服务，社区便民商业服务，社区安全服务，社区公共就业服务，社区党建服务，社区社会保障服务，社区救助服务，社区流动人口管理和服务，社区信息服务，社区卫生环保服务，社区法律服务等 16 类。就村镇社区而言，基本的公共服务包括社区就业服务，社区保障公共服务，社区基础设施公共服务，社区卫生公共服务，社区安全公共服务，社区教育公共服务，社区整合公共服务，社区规划与管理公共服务等主要类型。

所谓公共服务设施（public service facilities），是指与人口规模对应建设的、

---

① Samuelson P A . The Pure Theory of Public Expenditure[J]. The Review of Economics & Statistics, 1954, 36(4): 387–389.

② 张网成 , 陈涛 . 论我国城市社区公共服务的内涵与外延 [J]. 中国青年政治学院学报 , 2010, 29(02): 124–129.

③ 马英娟 . 公共服务：概念溯源与标准厘定 [J]. 河北大学学报 (哲学社会科学版), 2012, 37(02): 75–80.

满足居民物质与文化生活需要、为居民提供公共服务的设施，是为居民提供公共服务产品的各种公共性、服务性设施，按照具体的项目特点可分为教育、医疗卫生、文化娱乐、交通、体育、社会福利与保障、行政管理与社区服务、邮政电信和商业金融服务等。

就村镇社区而言，村镇社区公共服务设施是为集镇、乡、村或一定范围内的居民提供基本的公共管理、文化、教育、体育、医疗卫生和社会福利等服务，提高生产、生活、生态服务水平，不以营利为目的的公益性公共设施。村镇社区公共服务设施包括生活服务设施、生产服务设施、生态服务设施。其中，生活服务设施包括公共管理与服务设施、教育设施、医疗卫生设施、文化体育设施、商业服务设施、社会保障设施、交通和市政公用设施；生产服务设施包括农业综合服务设施、工业配套设施、信息服务设施、其他生产服务设施；生态服务设施包括生态环境综合治理设施、生态保育设施、其他生态服务设施。

第2章　村镇社区公共服务体系

2.1　村镇社区公共服务供求特征

在农业产业化和信息化高速发展的背景下，我国农村公共服务出现了消费升级、市场化导向、服务智能化等转型趋势。本节从人口发展背景入手，梳理公共服务需求与供给特征，把握当前村镇社区公共服务供求症结所在，为构建村镇社区公共服务体系奠定基础。

2.1.1　村镇社区人口发展背景

1. 农村人口流失严重

在我国快速城镇化背景下，出现了农村人口大量流失的现象。自改革开放以来，农村人口总量先增后减，于1995年达到顶峰的8.95亿人，随后逐年下降至2020年的5.10亿人，累计流失3.85亿人；农村人口占总人口比重呈现持续下降的趋势，由1978年的82.08%下降至2020年的36.11%，累计下降45.97%，农村人口数量由主导占比转变为次要占比。

从全国各省（自治区、直辖市）看，近十年（2010—2019）来，除上海市农村人口占比呈小幅度上升趋势外，其他各省（自治区、直辖市）农村人口占比均呈逐年降低的趋势，尤其贵州、云南、河南等西南部及中部地区农村人口比重下降较为突出。

2. 人口老龄化趋势加剧

城市化背景下，农村流失的人口以劳动力群体为主，2018 年外出进城务工村民约 1.35 亿人，其中年龄在 50 岁以下的农民工占比达 77.6%[①]。受劳务输出、低出生率以及人均预期寿命增加等因素的影响，我国农村 65 岁以上人口占比增势明显，占农村总人口比重由 2000 年的 8% 升至 2019 年的 11.94%。

从全国各省（自治区、直辖市）来看，重庆、山东、浙江、江苏等地区的农村老龄化现象尤为突出，且这种趋势在持续加剧。农村人口老龄化速度较现代化速度超前，加快了农村公共服务体系构建的紧迫性和复杂性。

在国内典型村镇社区的调研也印证了老龄化现状。以山东省威海市荣成市荫子夼社区为例，近半数常住村民为老年群体，且伴随人口老龄化趋势的还有劳动力老龄化以及家庭分离化。荫子夼社区低龄（60 ～ 69 岁）老年人口总量高于高龄（80 岁以上）老年人口总量（图 2-1），老年人口内部年龄结构相对年轻，将近半数老年村民仍在劳作，以纯农业生产或个体商业经营为主要收入来源。子女

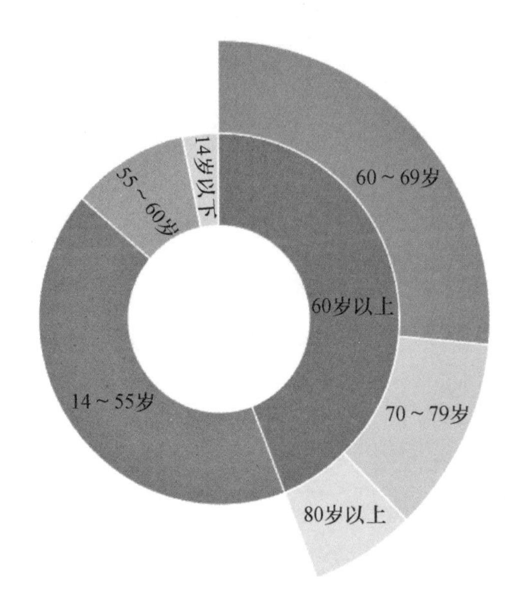

图 2-1 山东省威海市荣成市荫子夼社区人口年龄结构

资料来源：作者自绘

① 数据根据《2018 年中国农业年鉴》自行计算。

与父母分开居住属于常态化现象，子女们出于改善家庭经济状况、优化自身职业发展等考虑，大多选择向荣成市区或外地迁移、定居，生活在农村地区的老人常常缺乏子女照顾。

3. 城乡人口双向流动

在我国由二元经济向一元经济转变的过程中，出现了城乡人口双向流动的现象（图 2-2）。因此除农村本地居民外，农村还会接受来自城市或外地农村的部分居民。但由于城市资本无法在农村购买宅基地和住房，外来居民主要流入具有区位、产业优势或拥有一定旅游资源的农村中。

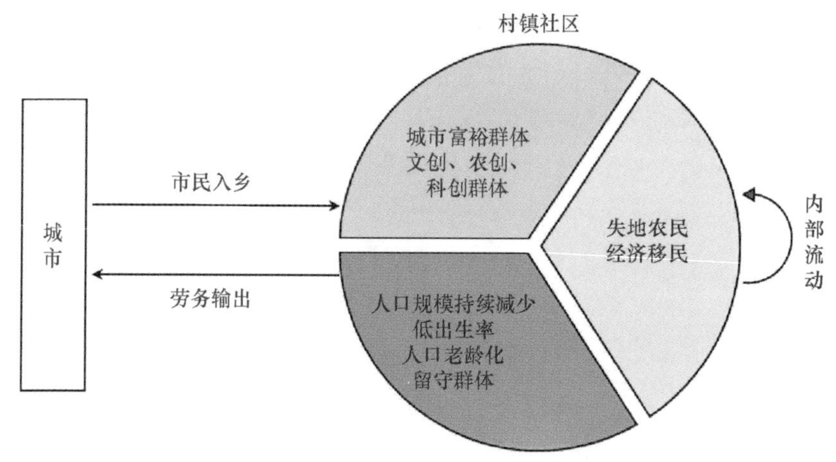

图 2-2　城乡人口流动下的村镇社区需求主体构成

资料来源：作者自绘

农村地区生态环境更加优美，这与现代人追求与自然亲密相处、追求外界冒险与挑战、享受生活的需求相契合，未来农村将接纳更多来自城市的新移民、旅居者等。新移民包括城市文艺青年、精英人士、休养人群等，将农村作为其生活的第二居所；旅居者主要为来自城市的休闲消费人群，前往农村进行短期农业观光、文化体验、田园度假等。

除城市市民入乡外，农村村民亦存在内部流动。由于率先实现乡村工业化和就地城市化，我国沿海发达地区（苏南、珠三角、浙江等）农村存在人口的正向流入。部分失地农民、经济移民向工业化自然村镇社区、城市化“城中村”社区、经济移民村镇新社区迁移[①]。这类外来人口成员构成混杂、自身文化素质不高，存在经济长期困难、人际心理需求得不到满足、生活不习惯等问题。

2.1.2　村镇社区公共服务需求特征

1. 公共服务需求总量增加

从我国近二十年（2000—2019 年，下同）农村居民收入与消费支出情况看，我国农村公共服务需求总量呈现上升的趋势。城乡居民收入水平和支出水平差距不断缩小，城乡居民收入比由 2007 年的 3.33 ∶ 1 下降至 2019 年的 2.64 ∶ 1，城乡消费水平比由 2000 年的 3.5 ∶ 1 下降到 2019 年的 2.3 ∶ 1。农村居民收入水平和支出水平同步增长，2000 年我国农村人均可支配收入 2282.1 元，2019 年人均可支配收入已达 16 020.7 元，年均增加 723.08 元；2000 年我国农村人均消费水平 1917 元，2019 年人均消费水平已达 15 382 元，年均增加 708.68 元（图 2-3）。村民生活水平的提高意味着村民带有公共服务性质的消费需求总量上涨，且有较大的上升潜力。

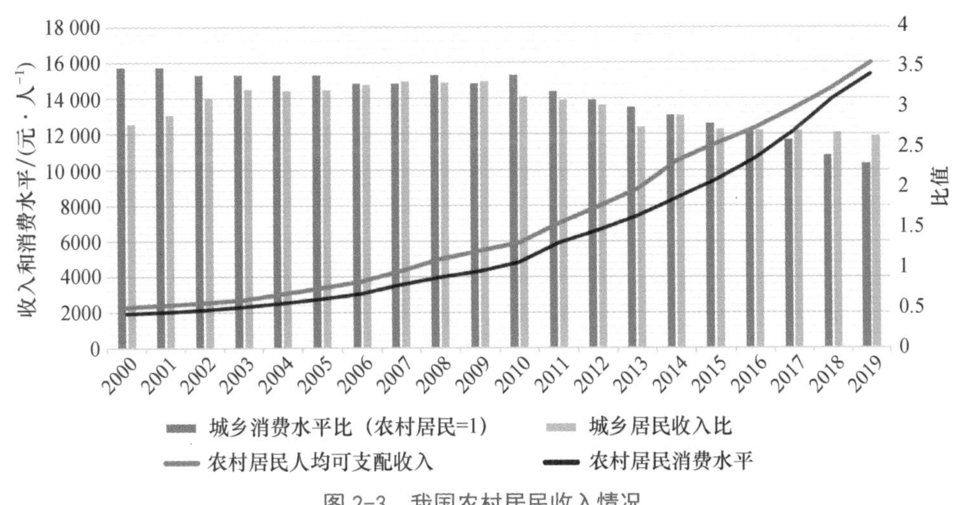

图 2-3　我国农村居民收入情况

资料来源：数据来自《中国农村统计年鉴》

① 黄安心 . 城市化背景下的农村新型村镇社区治理问题研究 [J]. 广州广播电视大学学报，2011,11(04): 56–63, 101, 110.

2. 公共服务需求层次提升

农村居民消费结构升级意味着公共服务需求层次呈提升趋势。2019 年农村居民恩格尔系数为 30.0%，与 2000 年相比下降了 19.1%，年均减少 0.55%（图 2-4）。根据联合国制定的恩格尔系数划分标准[①]，我国村民消费结构已越过“质”的界限，生活水平由“温饱”到“小康”再到“相对富裕”，现已迈入“富足”阶段。

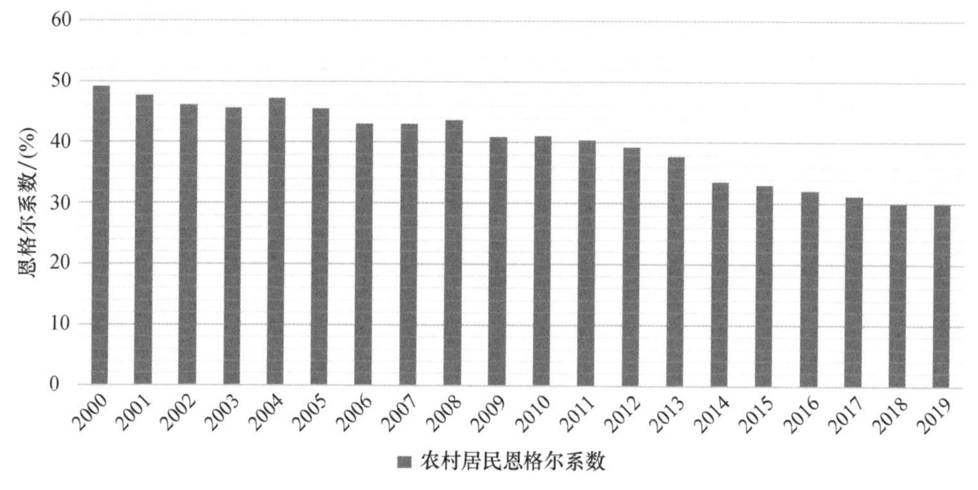

图 2-4　农村居民家庭恩格尔系数

资料来源：数据来自《中国社会统计年鉴》

农村恩格尔系数下降以及农村居民可支配收入增加为消费需求的提升提供了空间，意味着超越生存资料的消费，以及其他更高层次的、带有公共服务性质的消费需求增长。从村民消费支出构成看，村民对于食品烟酒、衣着、生活用品等生存资料消费的需求降低，其中对于食品烟酒的需求下降最多，年均减少 0.72%；对于医疗保健、交通通信、教育文化娱乐等的需求增加，其中医疗保健和交通通信需求上升最多，年均增加 0.34%（图 2-5）。

① 根据恩格尔系数的大小，联合国对世界各国的生活水平有一个划分标准，即一个国家平均家庭恩格尔系数大于 60% 为贫穷；50% ～ 60% 为温饱；40% ～ 50% 为小康；30% ～ 40% 属于相对富裕；20% ～ 30% 为富足；20% 以下为极其富裕。

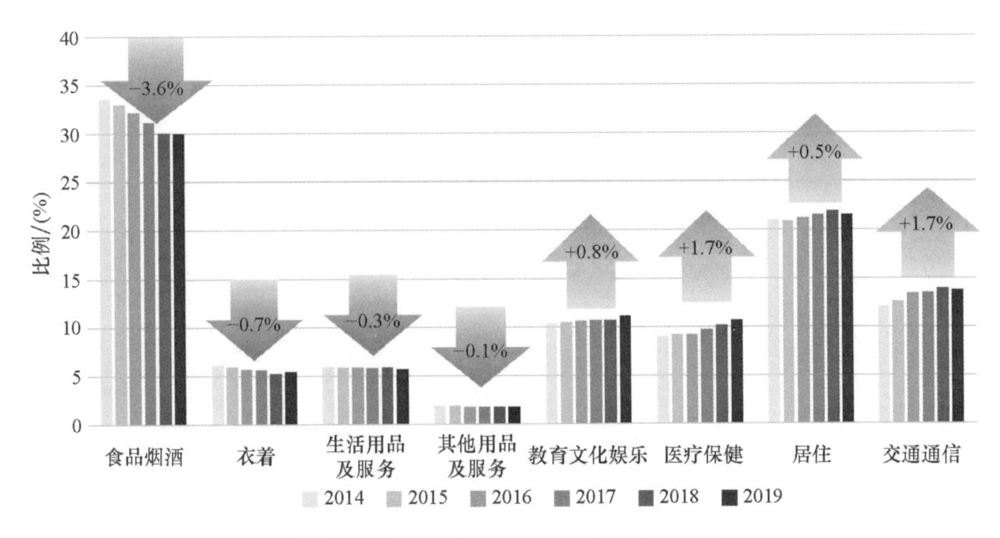

图 2-5　我国农村居民消费支出构成情况

资料来源：数据来自《中国社会统计年鉴》

3. 公共服务需求类型多样

基于对村镇社区人口发展背景的分析，农村居民构成复杂，不同的年龄结构、教育结构、从业结构构成使得村民公共服务需求呈现多样化特征。

人在不同的年龄阶段担任着不同的角色，有着差异化的兴趣与偏好，因此产生了多样化的公共服务需求。从一个年龄阶段步入下一个年龄阶段，前一阶段需求主体的减少和新阶段需求主体的增加使得公共服务需求也在转移，因此各阶段人口的净增加对公共服务需求的动态变化产生重要影响。例如中青年群体有较为丰富的社会活动，对于新事物的好奇心强烈，产生的公共服务需求类型多样，中青年群体数量增加能够促进公共服务需求结构的升级；老年人口比重的上升使得养老服务类型向多元化转变，既有生活照料等老年生活服务需求和健康管理等老年健康服务需求，又产生文化交流、精神慰藉、临终关怀等老年精神服务需求。

我国对教育重视程度逐年提高，加上大学招生数量的增加使得我国高等教育人口数量逐年增加。近年来，农村人口的受教育程度增长迅速，但绝对数值较低，大专及大专以上人口占比不足 4%（图 2-6）。提高受教育程度不仅可以实现一个国家的经济增长，还有助于国民收入水平的增长，从而改变居民的消费习惯、消费预期以改变消费结构。随着村镇居民受教育程度的提高，对于发展型消费文化教育类公共服务的需求相对增加，公共服务需求更加多样。

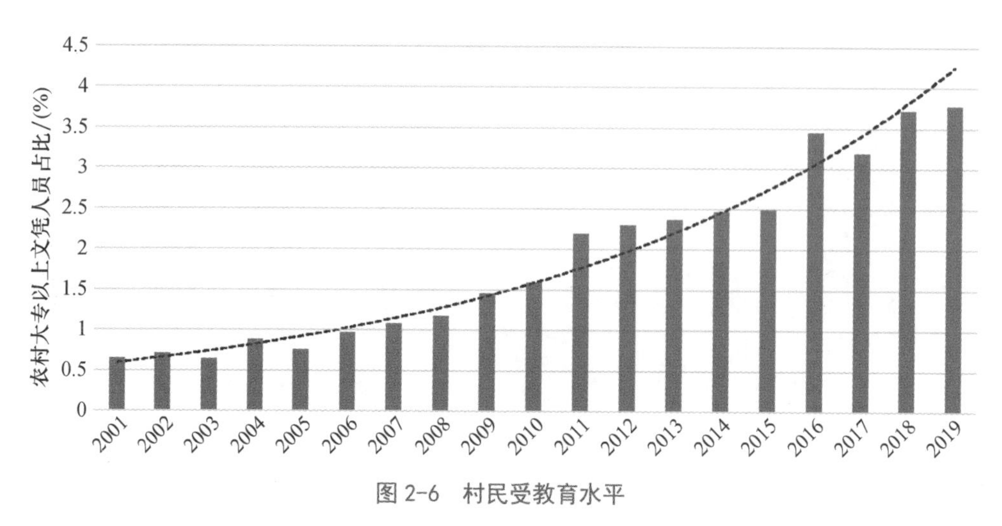

图 2-6　村民受教育水平

资料来源：数据来自《中国农村统计年鉴》

自 2000 年以来，我国农村家庭第一产业收入占比逐年下降，第一产业从业人员占比下降近 20%（图 2-7）；第三产业收入占比逐渐上升，越来越多的农业生产者从第一产业转向第二、三产业。以第二产业或第三产业为主的区域，城镇

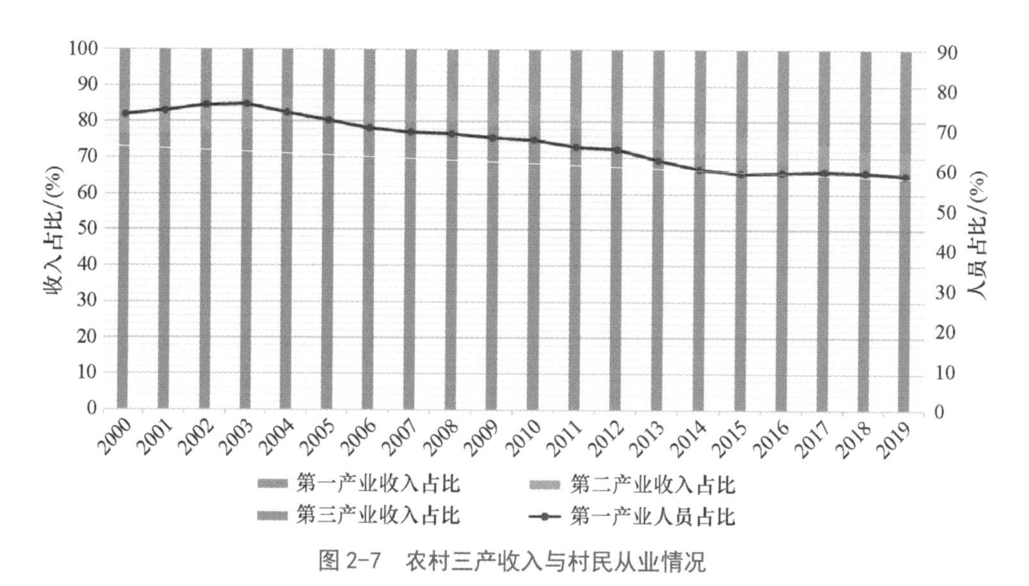

图 2-7　农村三产收入与村民从业情况

资料来源：数据来自《中国农村统计年鉴》

化水平通常情况下会较高。村民从集中农业生产转向以农业生产为主、多种生产方式并存的从业模式。村民脱离了土地的捆绑，劳动生活方式变得更加多样化。

除人口年龄结构、教育结构、从业结构外，由于我国农村人口基数大，即便是微小的差异也能够造成需求的多样化，因此性别差异等人群结构差异也会造成公共服务需求的多样化。

4. 公共服务需求地域差异

与城市相比，受社会经济条件、自然地理基础、地区传统文化等因素的影响，不同村庄间的经济水平、人口密度、产业发展、文化特色差异更加明显，村庄发展背景差异造成了需求的地域差异。

收入水平是村民公共服务需求的决定性影响因素，不同地区收入水平差异造成了公共服务需求类型与层次的差异。从宏观区域视角看，我国东部沿海地区农村居民人均可支配收入较高，西部地区农村居民人均可支配收入相对较低，2019 年我国东部地区农民年人均收入 19 988.6 元，中部地区 15 290.5 元，西部地区 13 035.3 元，东北地区 15 356.7 元。从中观省级视角看，各省（自治区、直辖市）之间的收入差距较大，例如 2019 年上海市农村居民人均可支配收入达 3.3 万元，而甘肃省农村居民人均可支配收入仅 9600 元，绝对差距达 23 400 元。从微观县市视角看，不同县市间的收入差距大，例如温州市平阳县农村居民人均可支配收入达 29 703 元，太原市娄烦县 2020 年农村人均可支配收入仅 9490 元。

农村产业结构能够直接影响和表征村镇社区类型，产业经济分化会引起社会结构的变化，进而对公共服务需求产生影响。我国有以农林牧渔业为主导产业的传统产业村庄，有以工业、商贸为主导产业的工业型村庄，也有凭借自身自然禀赋以旅游业为主导产业的生态型村庄。不同主导产业村镇社区的公共服务需求类型不同，以威海市烟墩角社区（图 2-8）为例，其凭借自身自然环境优势发展民宿旅游业，是山东省首批景区化村庄，社区村民对于购物消费、文化体育、环境卫生等服务需求较为强烈。

图 2-8　威海市烟墩角社区

资料来源：作者自摄

我国地域辽阔，不同地区农村居民在生活方式、认知形式、价值观念、思维方式等方面均存在差异，不同的村镇社区血缘共同体关系影响了村镇社区的社会治理以及村民的行为模式，继而对公共服务需求产生影响。村庄是不断成长的生命体，不同地域背景、不同发展阶段的村庄表现出不同的属性特征，村民对于公共服务的需求也因此发生改变，因此农村公共服务体系的构建不可能一蹴而就，需建立在村民生活观念、社会交往、代际关系、宗教传播等不同地域农村社会现象认知的基础上。

5. 公共服务消费虚拟化

"大数据时代的预言家"、牛津大学维克托指出，"大数据正在改变我们的生活以及理解世界的方式，成为新服务的源泉"[①]，美日韩等发达国家已经通过搭建农业电子商务平台、创建信息咨询管理系统等服务方式，在满足农民个性化、人性化的生产生活需求方面取得良好成效。

伴随我国互联网与信息技术的广泛应用，跳脱农村地理空间要素制约，村民精细化、人性化服务需求开始显现，新的公共服务形式开始渗透到村民的生活中。村镇社区居民公共服务需求调研结果显示，近 60% 中青年村民对于网上银行、网络营业厅、远程会诊等线上服务设施以及无人超市、生鲜"O2O"、餐饮外卖等线上线下生活型服务的需求较强；近 80% 的老年人群表示，如果可以提

① 维克托 • 迈尔 - 舍恩伯格 (Viktor Mayer-Schonberger). 大数据时代生活、工作与思维的大变革 [M]. 周涛译 . 杭州：浙江人民出版社 , 2013: 7.

供线上线下社区协同的居家养老体系，其服务满意度将会显著提升。

除生活服务需求的虚拟化外，在数字经济推动下，信息网络服务建设成为村镇社区产业转型升级的重要动力。以山东曹县为例，作为中国第二大淘宝镇和山东省唯一实现淘宝村全覆盖的乡镇，山东曹县大集镇产生了农村电商平台建设、电子商业创业服务、物流仓储服务等信息化公共服务需求。

图2-9　新兴公共服务形式

资料来源：作者自绘

2.1.3　村镇社区公共服务供给特征

1. 供给总量不足

与发达国家相比，我国财政对公共服务的投入总量相对较低，2019年我国财政支出用于公共服务的总额为134 325.45亿元，仅占一般公共预算的56.24%[①]。在国家公共服务总投入不足的背景下，农村公共服务供给不足主要体现在两方面：一是相对城市而言，农村公共服务总量供给不足；二是相对村民需求而言，农村公共服务结构性供给不足。

在城乡公共服务非均等性背景下，公共服务供给长期以来存在以“城”为主体、农村地区严重缺乏的情况。以医疗卫生服务为例，从公共服务软硬件设施

① 财政用于公共服务的比例根据一般公共服务支出、公共安全支出、教育支出、文化旅游体育与传媒支出、社会保障和就业支出、卫生健康支出、资源勘探信息等支出、商业服务业等支出、住房保障支出、灾害防治及应急管理支出之和占一般公共预算支出的比例计算得出。

供给角度看，虽然农村人均医疗床位数呈缓慢上升趋势，但与城镇相比差距仍较大。我国平均每村村卫生室人员数为2.35人，每千农村居民配备的村卫生室人员仅1.56人，每千农村居民对应的医疗机构床位数为4.81个，仅约为城镇每千人口床位数8.78个的一半。从城乡居民医疗保健消费支出看，2019年城镇居民人均医疗保健支出2282.7元，农村居民人均医疗保健支出1420.8元，说明村民相对市民而言缺乏医疗保障服务，在支付高额医疗费用时存在困难。

以教育服务为例，从公共服务软硬件设施供给角度看，2019年我国农村每千特殊学生对应特殊教育学校0.8所，而城镇每千特殊学生对应特殊教育学校为3.4所，接近农村地区的4倍；另外农村地区小学共招生439.9万人，其中有6.6万人未接受过学前教育，由于幼儿园不在义务教育范畴内，我国大多数农村经济水平有限，所以相对于城镇儿童，农村儿童享受到的学前教育非常有限；城镇普通小学教师文化程度在本科及以上的比例为78.95%，农村普通小学教师文化程度在本科及以上的比例为53.34%，尽管城镇和农村基础教育的教师水平都基本合格，但城镇的教师质量远远高于农村教师质量。从城乡居民教育服务支出看，2019年城镇居民人均教育文化娱乐支出3328元，农村人均支出1481.8元，支出水平差异的原因一部分来自城乡居民收入及文化水平的差距，另一部分则来自农村教育服务供给的不足，村民可获取的教育文化娱乐服务较少（图2-10）。

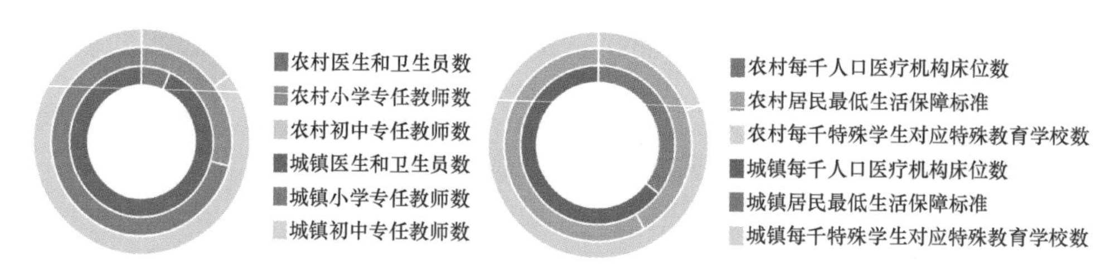

图2-10　城乡软硬件服务设施供给对比

资料来源：数据来自《中国社会统计年鉴》

我国农村各项公共服务的供给水平正在提升，但与村民日益提高的公共服务需求之间仍存在落差。以养老保障服务为例，全国只有4.2万多所各类养老机构，所拥有的床位不到100万张，而农村65岁及以上的老人就有6320.9万人，全国所有的床位数还不足以解决农村养老问题。

通过调研发现，村镇社区现有公共服务类型较为单调，普遍存在的服务类型有购物消费、社会管理、教育服务、医疗卫生、文化体育和养老服务六类，其他例如就业服务、生产服务、科技服务、公共绿地等公共服务类型的供给则相对不足。而在普遍存在的六类服务中，其服务设施类型也较为单一，例如教育服务类设施多为幼儿园、小学，而技术培训学校等设施较为少见。以山东省菏泽市阎什镇（图 2-11）为例，镇域内设施类型主要为便民超市等购物消费类设施、村民委员会等社会管理类设施、养老院等养老服务设施、卫生室等医疗卫生设施、小学等教育服务类设施以及文体活动场等文化体育设施，而其他例如就业服务、生产服务、科技服务等服务类型较为少见。在村民公共服务需求及满意度调研中，50% 村民认为现有公共服务无法满足其需求，需要前往县级、地区级甚至更高层级地区才能享受需要的公共服务设施。

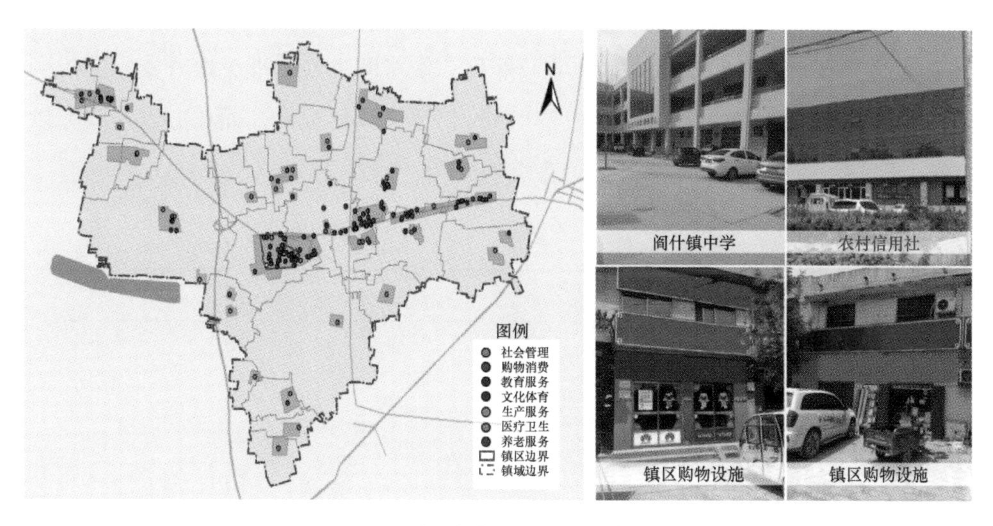

图 2-11　阎什镇公共服务设施调研

资料来源：作者自绘

2. 供给地域差异大

受经济发展水平以及地方政策的影响，各地区公共服务的配给存在较大差异。从区域层面，2019 年我国用于卫生健康的支出东部地区为 7056.17 亿元，中部地区为 4531.32 亿元，西部地区为 4830.11 亿元；用于教育的支出东部地区为

154 27.2 亿元，中部地区为 8350.48 亿元，西部地区为 9183.41 亿元，东部与中西部公共服务供给投入方面存在较大差距。

从全国各省（自治区、直辖市）看，在基础教育服务中，农村小学生对应教师数越多，说明小学教育服务水平越高，我国小学教育服务水平较高的区域主要集中在东北地区以及西北、华北部分地区。在养老服务中，农村老年人对应养老床位数越多，说明养老服务水平越高，我国养老服务水平较高的区域主要集中在西北及华东部分地区。在市政服务中，集中供水的行政村比例越高，说明市政供水设施情况越完善，我国市政供水设施情况较完善的区域主要集中在华东及西北部分地区。

3. 供给主体变动

各类公共服务的承办主体发生变动，变化较为明显的如村卫生室承办情况。对近十年（2010—2019）我国村卫生室承办主体进行统计，由于乡卫生院作为村卫生室人、财、物调配的主要管理者，各村卫生室的承办条件也由各乡镇卫生院确定，故由乡卫生院设点的卫生室以 0.35% 的速度逐年上升，而村办、私人办以及联合办的卫生室比重下滑（图 2-12）。

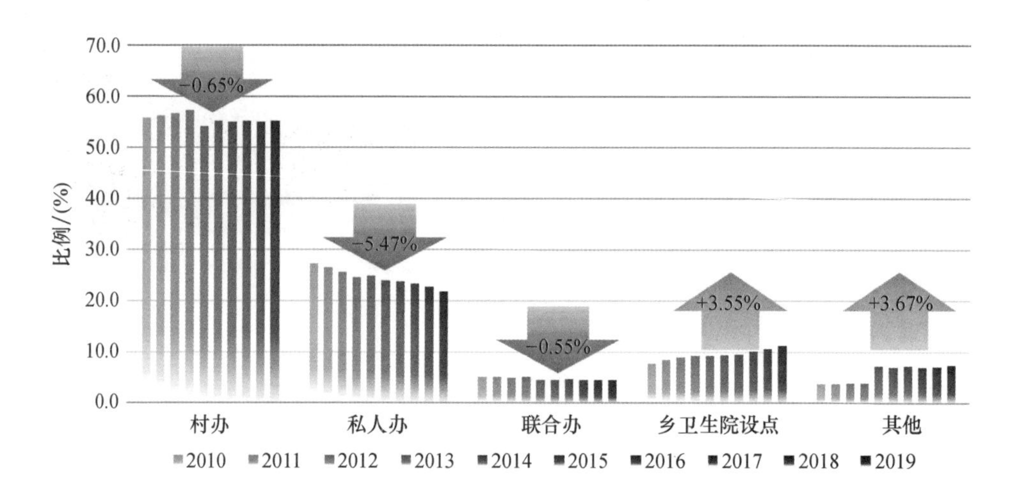

图 2-12　村卫生室承办情况

资料来源：数据来自《中国社会统计年鉴》

这种供给主体变动情况是在我国乡村卫生服务一体化背景下形成的，乡镇卫生院对村卫生室实行技术人员、药品以及财务等的直接管理，村民在乡镇卫生院享受常见病、多发病的诊疗等综合服务，在村卫生室享受一般疾病的初级诊疗等服务，形成分工明确、协同合作的服务体系。

4. 供给方式传统

我国凭借不断进步的经济与科技实力，在互联网领域已有很多应用和突破[①]。2021 年我国网民规模达 10.11 亿人，互联网普及率达 71.6%[②]，网上外卖、在线旅行预订用户规模分别达 4.69 亿人和 3.67 亿人，分别占网民整体数量的 46.4% 和 36.3%；在线办公、在线教育、在线医疗用户规模分别达 3.81 亿人、3.25 亿人、2.39 亿人，分别占网民整体数量的 37.7%、32.1% 和 23.7%。

互联网及科技企业不断向四五线城市及乡村下沉，带动农村地区物流和数字服务设施不断改善，2021 年我国农村网民规模为 2.97 亿人，农村地区互联网普及率为 59.2%。但基于村镇社区公共服务调研，对于线上线下公共服务供给方式的应用仍十分缺乏。村镇老年居民养老主要依靠家庭儿女直接照料或养老院照料，近 60% 的老年人群表示这种传统的家庭式养老难以满足其生活和精神需要，近 80% 的老年人群表示如果可以提供线上线下社区协同的居家养老体系，其服务满意度将会显著提升；近 60% 村镇社区青年人表示现有的线下公共服务供给难以满足其需求，除对线上购物大体满意外，线上生活网点、线上休闲网点、线上菜场、线上餐饮、虚拟图书教育、共享交通等线上公共服务类型几乎没有享受到。

总体而言，目前我国村镇社区公共服务供给方式以线下供给为主，缺乏线上信息咨询、服务预约、行程规划、费用支付等服务，这种未形成闭环的单一传统式的公共服务供给方式是造成目前村镇公共服务供给效率低下的原因之一。

---

① 周梦杉，李惠先. 面向城乡线上线下社区协同居家养老模式与机制研究 [J]. 纳税，2018(03): 237–238.

② 数据来源于中国互联网络信息中心（CNNIC）第 48 次《中国互联网络发展状况统计报告》.

5. 设施布局不合理

因对村民公共服务实际需求缺乏正确的判断，我国村镇社区公共服务设施空间布局通常存在着布局不均衡、空间聚合程度较低、设施可达性差等问题。

从县镇尺度看，由于县城和镇区在设施的财政投入、扶持力度和交通区位优势等方面要远高于一般村庄，而县城又要高于一般镇区，因而在公共服务设施布局上表现为空间层级集聚格局，呈现出以县城和镇区为核心，向一般农村和偏远农村圈层递减的规律，这与农村经济发展的空间格局基本一致，但也导致了公共服务设施空间布局不均衡、偏远农村公共服务设施可达性差的结果。

在村镇社区公共服务现状调研时发现，村镇社区中学、小学、便民超市、农村信用社、卫生院等主要设施大都集中在镇区。以山东省菏泽市阎什镇为例，镇域调研共获取 96 处公共服务设施，其中近 1/3 的设施位于镇区范围内，镇区平均每 2.2 公顷有一处公共服务设施，而镇区外围的村庄平均每 100.5 公顷有一处公共服务设施。位于镇区内的购物消费类设施大都布局在主要道路两侧，教育服务设施、养老服务设施常相对独立布局，其他例如镇政府、居民委员会、综合服务中心、卫生院、中心广场等设施趋向于集中布局、联合使用（图 2-13）。以山东省淄博市悦庄镇为例，公共服务设施主要集中在镇区，镇区公共服务设施类型丰富，例如有悦庄镇政府、劳动保障所、工商行政管理所、派出所等社会管理设施，有中心医院、口腔诊所等医疗卫生设施，有沂源四中、镇中心小学、中心幼儿园等教育设施，有农村信用社、饭店、旅馆、超市等商业设施，有机械维修、农资中心、投资理财营业中心等生产服务设施；相较而言，村庄中的公共服务设施较为稀少且类型单一，多为村民委员会、村民兵连等社会管理设施和运动器材场、文化广场等文化体育设施。

从村庄尺度看，近年来伴随着城镇化的不断提升，“门槛可达性”矛盾成为农村公共服务设施空间布局的症结所在。由于农村人口数量减少，为了保证农村公益性服务设施的最小门槛规模，维持其服务效率，农村公共服务不得不扩大其服务范围。然而，在农村聚落离散分布的情况下，服务半径的扩大导致部分村民到设施点的距离和时间成本增加，从而引发可达性变差、公平性受损

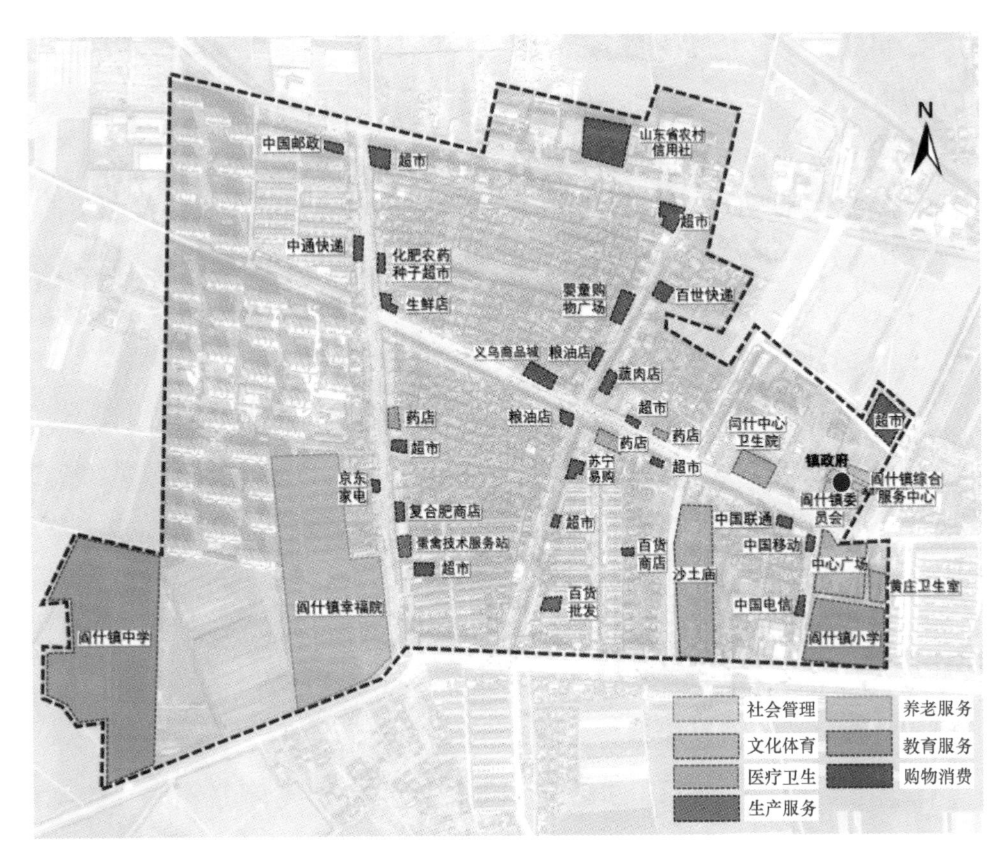

图 2-13　阎什镇镇区公共服务设施调研

资料来源：作者自绘

等后果。村民委员会、卫生室、村文化室等同样趋向于集中布局，形成综合性公共服务中心。

2.1.4　村镇社区公共服务供求失配

综上，在农村公共服务需求与供给反向发展的现状下，人们日益多样的生活需求与僵化的公共服务设施之间出现失配，居民对更高生活质量的追求与生活环境实际服务水平之间出现落差。供需失衡成为农村公共服务体系构建的重点和难点问题。村镇社区公共服务的"供需失衡"主要体现在以下几个方面：

一是供求数量失配。乡村公共服务的过度供给和严重短缺并存，在供给结构上出现利润高的公共服务供给有余、利润低的公共服务供给不足的现象；在供给区域上出现了富有地方公共服务供给多、贫困地区供给少的现象。但整体而言，村镇社区公共服务普遍存在供给总量不足的问题，无法满足村民对公共服务的规模需求。

二是供求类型失配。村镇社区所提供的公共服务设施类型与村民需要不符，造成公共服务设施利用率低甚至给居民带来负效应的现象。公共服务供给类型单一，普遍存在的服务类型有购物消费、社会管理、教育服务、文化体育和养老服务，无法满足村民对公共服务的多样性需求。

三是供求结构失配。村镇社区多为基本型公共服务供给，无法满足村民质量化、个性化的服务需求。以养老服务为例，在我国农村经济水平提升以及人口老龄化趋势加剧的背景下，多数村镇社区已配备养老助老服务、老年生活服务等。但伴随农村养老服务需求向多样化、个性化发展，对于养老服务设施的需求更精细化，老年人产生更多例如精神慰藉、休闲娱乐等自我实现型服务需求，而这是多数村镇社区公共服务供给没有达到的层次。

2.2 村镇社区公共服务分层分类体系

本研究的目的在于构建需求导向下的村镇社区多维度、多类型公共服务体系。农村公共服务供给的本质是政府对农民公共需求变化做出回应，公正、有效地实现农民利益的过程[①]。按照系统论中“要素—结构—功能”的理论观点，系统结构是系统功能实现的基础，那么，把村镇社区公共服务体系看作一个系统，公共服务结构层次就是公共服务功能实现的基础。因此本节在大量统计数据及调研数据的基础上，以准确把握村镇居民需求变化为前提，总结村镇居民的公共服务需求类型及优先位序，以前瞻性的规划眼光考虑公共服务需求的迭代优化，并在村镇社区实际发展情况以及理论研究的基础上探寻动态性、系统性、可推广的公共服务分类思路，最终实现构建村镇社区公共服务体系的目标。

① 方堃 . 当代中国新型农村公共服务体系研究 [D]. 武汉：华中师范大学 , 2010.

2.2.1　公共服务分层体系

村镇社区公共服务体系包括村镇社区公共服务分层体系和村镇社区公共服务分类体系。“村镇社区公共服务分层体系”指在农村居民需求层次指引下的公共服务优先梯次研究。人的需求是一个上升的序列，即一种需求得到满足后，另一种相对高级的需求将占据主导地位，不同层次的需求共同构成了一个有相对优先梯次的关系体系。

1. 分层体系依据

（1）经典需求分层理论

关于人的需求层次的整体把握和系统分析的学说众多，其中以马克思与马斯洛的需求理论最具代表性。对马克思“三段阶梯”需求理论和马斯洛“五层宝塔式”需求理论进行解析发现，两种需求理论均将人的需求视为有内在联系的有机整体，均认为人的需求具有层次序列，且为一个上升的梯次，此梯次以人的基本生存需求为基础级，以人的自我实现为最高级。

近年来，我国学者基于村民需求偏好特征，提出了农村公共服务配套的优先位序，如方堃[①]依据农民公共需求的层次性对农村公共服务做出区分。一是农村核心公共服务，指对农民的生存起着决定性作用的基本公共服务；二是农村基础性公共服务，指对农民生存和发展的改善起到重要影响的农村基本公共服务；三是农村支持性公共服务，指有助于提高农民生产与生活水平，推动农村经济社会全面发展的一般性公共服务。农村公共服务需求的位序呈现“核心公共服务—基础性公共服务—支持性公共服务”的排列规律。再如有学者基于 Kano 模型，按照“必备型—期望型—魅力型”的基本顺序进行公共服务需求排序，必备型需求是农民认为政府必须供给的公共服务；期望型需求是指农民的满意状况与需求的满足程度呈比例关系的需求，农民的该类需求得到满足时，农民的满意度会明显增加，而农民的该类需求得不到满足时，则会引发明显的不满；魅力型需求是指

① 方堃．农村公共服务需求偏好、结构与表达机制研究：基于我国东、中、西部及东北地区的问卷调查和统计 [J]. 农业经济与管理，2011(04): 46-53, 96.

不被农民过度期望的需求，农民此类需求一旦得到满足，农民的满意度会明显上升，在供给过程中可按需配备。但不论公共服务层次的划分方式如何，研究均是以人的需求偏好作为出发点，以公共服务供给梯次作为落脚点，通过需求层次划分达到优化农村各类型公共服务供给、促进农村高质量循环发展的目的。

（2）农村公共服务需求层次规律

结合我国农村服务需求实际发展背景，需求升级的过程伴随着量变与质变。基于近二十年《中国农村统计年鉴》《中国人口与就业统计年鉴》《中国城乡建设统计年鉴》《中国社会统计年鉴》等统计数据，分别以农村养老机构年末收养老年人口比重（%），村卫生室就诊率（%），适龄学生进入幼儿园、小学、中学就读率（%），参加文艺活动村民比重（%），村民生产设备投资（亿元）等作为村民对养老、医疗卫生、教育、文化体育、生产等基本服务需求的表征指标，对农村公共服务需求发展背景进行研究。

结果显示，村民需求变化规律同需求层次理论一样，伴随社会发展而产生需求增多或需求升级的状况。当经济处于初步发展时期时，村民的需求主要集中在衣食住行等基本生活生产服务需求；随着农村生产力水平提高，村民对于基本服务的需求数量呈现排浪式上升发展，希望能够享受到基本生活生产服务；当进入一定社会发展阶段时，村民对基本服务的需求趋于平稳，由追求服务数量向追求服务综合质量转变。以养老服务需求层次为例，农村居民对于养老院养老的需求起初表现为需求低缓的特征，基本不存在前往养老院养老的想法，仅有少数失去子女、生活自理能力较差且有一定经济基础的老年人选择前往养老院养老；随着社会经济水平的提高以及思想观念的转变，村民生活水平提升，养老机构的门槛降低，越来越多的老年人有能力进入养老院养老，因此对养老服务设施的数量需求急速上涨；随着经济水平的进一步发展，村民对养老服务的需求开始向“品质化”转变，不仅要享有养老服务，还希望享有更高品质的养老服务。

2. 分层体系构建

基于需求层次理论以及我国村民需求变化规律，对村民公共服务需求层次进行“有—优—精”三层次划分（图 2-14）。

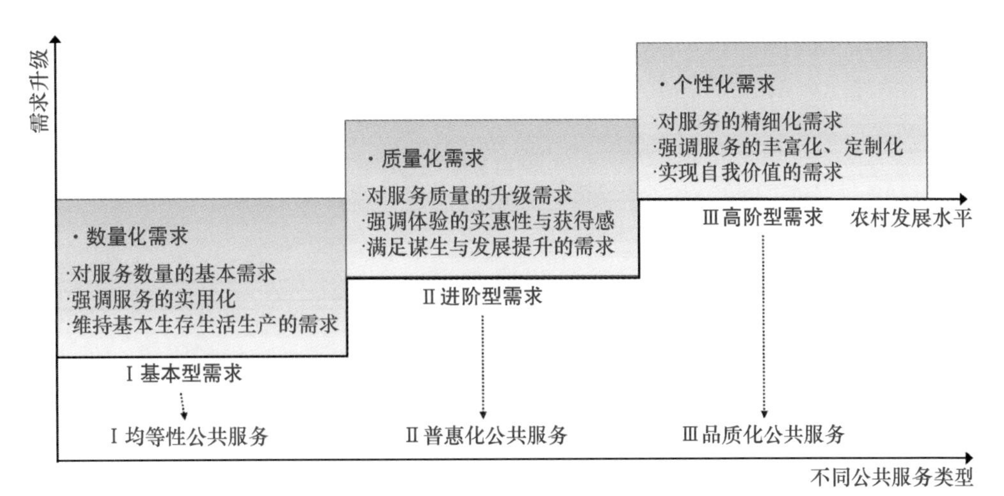

图 2-14　公共服务需求层次

资料来源：作者自绘

（1）第一层次的需求为“基本型需求”，表现为对基本服务的数量化需求。这一类需求是共性的、刚性的，且基本不因人的社会属性不同而改变，旨在维持村民基本的生活生产生态等实用化需要。正如我国在公共服务发展政策中常常强调的，基本公共服务均等化是实现共同富裕的逻辑前提，应切实保障全体人民公平享有基本生存权与发展权。与基本型需求相对应的公共服务更强调“均等性”，由政府担任主要配给职责，需要优先解决、整体协调。

（2）第二层次的需求为“进阶型需求”，表现为对公共服务质量的升级需求。这一类需求来源于村民对实惠性与获得感的需求，旨在满足村民谋生与发展提升的需要。满足村民这一层次的需求是实现共同富裕的必经之路，共同富裕的普惠性和全要素决定基本公共服务均等化既是共同富裕的构成要素，也是实现共同富裕的有效途径。从内容要素看，共同富裕体现为生活富裕富足、精神自信自强、环境宜居宜业、社会和谐和睦、公共服务普及普惠。因此，与进阶型需求相对应的公共服务更强调“普惠化”，由政府和市场统筹发挥作用。进阶型需求的满足与否是当前农村社会的主要供需矛盾所在，因此在服务配给时应注重价格可承受、质量有保障。

（3）第三层次的需求为“高阶型需求”，表现为对公共服务的个性化需求。在这一阶段中人的需求更加精细化和个性化，村民从公共服务的“被动”享受者向“主动”优化者转变。与高阶型需求相对应的公共服务更强调“品质化、定制化”，借助大数据、区块链、人工智能等推进公共服务数字化、智能化改革，促进“城市大脑”与“社区微脑”的互通互联，使得人民群众切实感知实现共同富裕的速度与温度。品质化公共服务应由政府牵头营造公平的市场竞争环境，在配给过程中应根据农村的实际发展情况进行有序落实、局部优化，满足村民日益增长的美好生活生产生态需求。

另外需指出的是，人的需求并不总是机械地由低级向高级递进——“作为理智和情感兼有的人，往往宁可选择爱情和信仰而放弃面包，就像现实中经常发生的殉情，通常并不是因为饥寒交迫而备受威胁”，在实际生活中，人的需求层次结构发展并不是固定不变的，而是动态变化的。本书中的“需求导向”主要讨论人群的共性需求，目的是形成一种普适性的认识，后期再在普适性认识的基础上，结合不同类型村镇社区的特性，进行人群的个性化、特殊性需求研究，提出针对性的公共服务体系构建建议。

2.2.2 公共服务分类体系

“村镇社区公共服务分类体系”指从村民需求类型出发，根据需求的共同点和差异点，结合农村实际发展背景、政策规范指导以及未来社区服务需求指引，对公共服务进行系统的划分和归类研究，包括生活型公共服务、生产型公共服务、生态型公共服务以及它们各自类型的细化与内容的延伸。

1. 农村本底下的公共服务分类

由于城乡自然环境背景以及社会发展背景的不同，村镇社区公共服务分类体系与城市公共服务分类体系存在差异。

第一，农村是农产品、生态产品的主要供应者，其生产功能较城市更为突出，生产型公共服务是保障村民自身生活质量、促进劳动生产发展的关键性服务。

第二，农村生态环境更加优美，对内而言，生态型公共服务是完善农村基础建设、为村民创造宜居环境的必备服务；对外而言，现代人追求冒险与挑战、享受与自然亲密接触，未来越来越多新移民、旅居者将进入农村，将其作为养生养老场所或休闲观光胜地，生态服务是凝聚农村活力不可或缺的基石。因此，基于我国农村发展背景，村镇社区公共服务类型不仅仅局限于生活型公共服务，而且是“生产、生活、生态”三大类公共服务的延伸拓展。

2. 需求导向下的公共服务分类

以需求为导向进行农村公共服务类型划分，首先对村民的需求类型进行剖析，将需求分为普适性需求和差异性需求——普适性需求指贯穿人的一生的服务需求，如“衣食住行”等需求；差异性需求指伴随村民生命周期分化，在“生老病死”不同人生发展阶段有所侧重的需求。普适性需求与差异性需求共同组成了村民“全活动链”“全年龄段”的生活生产生态服务需求。

（1）普适性视角下的公共服务分类

在村民普适性需求视角下，需求类型诸如《民生主义》中提到“衣食住行”需求，是存在于人生不同发展阶段的共时性需求。国家标准规范作为公共服务体系实施层面的主要依据，其分类方式具有重要参考价值，其中包含的普适性服务类型主要有社会保障、公共安全、医疗卫生、文化体育以及交通市政、宜居环境服务等。由于生产型服务对村民年龄以及身体状况的要求，普适性公共服务需求主要集中在生活型服务和生态型服务中。

不拘于国家标准规范“保障基本”的分类原则，立足村民需求发展视角，村民还有包含便民生活服务需求和物流配送服务需求在内的购物需求、参与社区组织活动的组织管理需求、与自然和谐共生的生态环境需求等。这些需求分别与生活型公共服务中的购物消费、社会管理以及生态型公共服务中的生态保育服务相对应。其中需要重点说明的是生态环境需求，乡村环境作为居民“乡愁”的载体，生态文明需求成为农村物质文明的进化状态，伴随生活水平的提高，村民对于高质量生活环境、绿色宜居宜业、生态化休闲环境的需求涌现。体系通过完善农村区域绿地、环境卫生、生态保育等服务类型实现农村绿色化发展，为村民提供健康舒适的可持续发展环境。

因此，普适性需求视角下的公共服务类型包括医疗卫生、购物消费、公共安全、社会管理、社会保障、文化体育、交通市政等生活型公共服务，以及环境卫生、生态保育等生态型公共服务类型。

（2）差异化视角下的公共服务分类

不同的人口年龄结构类型影响了居民再生产的速度规模，进而表现为对公共服务需求的差异。学界对于人口年龄结构的划分较为多样，联合国世界卫生组织将人群分为未成年人（0～17岁）、青年人（18～65岁）、中年人（66～79岁）、老年人（80～99岁）、长寿老人（100岁以上）。我国常将人群分为童年（0～6岁）、少年（7～17岁）、青年（18～40岁）、中年（41～65岁）、老年（66岁以后）。国际通常将人群分为少年（0～14岁）、青年（15～24岁）、壮年（25～64岁）、老年（65岁以上）。发展心理学将人群分为乳儿期（0～1岁）、婴儿期（1～2岁）、幼儿期（2～3岁）、学龄前期（3～7岁）、学龄初期（7～12岁）、少年期（12～15岁）、青年期（15～30岁）、中年期（30～50岁）、老年（50岁以后）。

本研究基于村镇社区人群的生理和心理特点，将村镇社区的本地人群按年龄划分为三种类型，分别为0～14岁少年儿童型、15～60岁中青年型、60岁以上老年型，从城乡人口流动视角对三种类型的社区居民进行需求差异性分析。

① 少年儿童群体

少年儿童群体处于身体成长和心理发展的关键阶段，在生理方面，有获得生活照顾、健康照顾和良好家庭生活的需求；在心理方面，有学习知识、休闲娱乐、获得良好心理发展的需求。其中，留守儿童作为农村重要的弱势群体，据2020年民政部统计，其数量已达643.6万人。留守儿童容易受到家人交流关爱不足、家庭教育缺失、家庭经济困难等因素的影响，在生活、健康和发展福利方面均处于被动局面，尤其在心理健康和发展福利方面有较高的需求。

农村少年儿童群体的差异性需求主要体现在教育服务需求方面。受农村少子化趋势以及国人重视教育的优良传统影响，农村少儿教育需求向集中化、高质化方向发展。除小学教育、初中教育作为农村教育服务的重要组成部分外，幼托服务成为近年需求度持续攀升的农村重要教育服务项目。同时针对我国城镇化过程中产生的农村留守儿童问题，向留守儿童群体提供心理关爱服务、福利保障服务等都是体系中应具备的服务类型。

② 中青年群体

中青年群体肩负子女教育、父母养老等多项责任，是家庭责任的主要承担者。农村地区普遍存在“人多地少”的情况，留村的中青年劳动力仅依靠自家承包地的收入很难获得体面的生活，因此对于扩大农业经营规模、提高知识技能水平、提升自身素质有一定需求。中青年群体年龄跨度大，人群构成较为复杂，除本地青年居民外，以进行艺术创作或农业科技探索、享受休闲旅游为目的的城市入乡群体，以及以创造生产价值为目的的农村内部流动群体也是其中的重要组成部分。以休闲旅游或休养身心为目的的人口特征表现为多以家庭单元为主、有一定经济实力、生活节奏较舒缓、渴望亲近自然，因此有购物消费、休闲娱乐、医疗卫生、亲近自然等需求。以创造生产价值为目的的人口特征表现为以男性为主、婚姻状况以已婚为主、文化程度以高中以下学历水平为主，进行人群特征调研时发现超过半数的外来被调查居民没有接受过工作技能培训。

农村中青年群体的差异性需求主要体现在生产型服务需求方面。传统认知下的农村生产型服务主要包括育种、农业机械和农业技术服务，但伴随村民收入能力以及文化水平提高，其对农村生产服务有了更高的需求。这种需求体现在“全链式”服务中，生产型服务应包括产前就业创业服务和生产资料供应服务、产中生产作业服务、产后产品销售服务工作，以及贯穿整个生产过程的组织管理、权益保护、技术培训、科技推广、技术合作等服务类型。

③ 老年群体

老年群体作为农村地区的一大弱势群体。在生理方面，由于年龄增长带来的机能退化，老年人的各种常见病、多发病增加，因此对于疾病预防、治疗、康复以及养老的需求较强；在心理方面，伴随社会角色的改变，老年人孤独感、急躁、抑郁等情绪会增加，因此对于社会保障、邻里交往、文体娱乐类服务的需求上涨。同时，劳动力高龄化也是农村老龄化的一大特征，我国 55 岁以上农村生产经营人员占比由 2000 年的 9.86% 上升至 2016 年的 33.6% ，农业生产给予老年劳动者以生活的意义感，容易建立基于农业生产上的熟人社会关系和生活自我肯定感，因此生产服务需求也是农村老年人口不可或缺的需求。

农村老年群体的差异性需求主要体现在养老服务需求方面。我国农村人口老龄化速度较现代化速度超前，使得农村老年人口需求成为公共服务分类体系构建时需关注的重点，尤其进入“十四五”新发展阶段，各标准规范已将“养老服务”作为单独的一项公共服务大类。养老服务涉及两大方面：a. 农村家庭伦理观念弱化与老年“未富、未备”使得老年人生活缺乏保障，因此农村养老助老服务、老年生活服务、老年健康服务等生活型养老服务是老年健康生活的保障；b. 普遍机械化给予老年劳动者继续工作的可能性，与老人农业相结合的机械化生产服务以及农业经营服务是农村生产型服务中应具备的服务类型。

3. 政策指导下的公共服务分类

在城市化背景下，大多数农村和农民首先要解决的仍然是基本保障问题，理清农村基本公共服务类型是构建农村公共服务分类体系的基础。与公共服务相比，基本公共服务更加强调底线均等，即基本公共服务旨在满足老年人、残疾人、儿童、贫困人口等在内的全体公民普遍的基本生存和发展权利。因此本节先对国内与基本公共服务设施规划相关的规范标准进行梳理，并重点关注公共服务分类口径，提出农村公共服务分类体系中必须具备的基本公共服务类型。

国家基本公共服务指建立在一定社会共识基础上，由政府主导提供的，与经济社会发展水平和阶段相适应，旨在保障全体公民生存和发展基本需求的公共服务。享有基本公共服务属于公民的权利，提供基本公共服务是政府的职责。基本公共服务范围一般包括保障基本民生需求的教育、就业、社会保障、医疗卫生、计划生育、住房保障、文化体育等领域的公共服务，广义上还包括与人民生活环境紧密关联的交通、通信、公用设施、环境保护等领域的公共服务，以及保障安全需要的公共安全、消费安全和国防安全等领域的公共服务。

总结国家基本公共服务标准规范中的分类特点，作为构建公共服务分类体系中必备公共服务类型的依据。

① 从时间维度上来说，国家基本公共服务涵盖人的生存和发展中的不同阶段，包括出生阶段、教育阶段、劳动阶段和养老阶段。其中出生阶段包括计划生育、生育保险等；教育阶段包括基本公共教育和基本公共教育资助等；劳动阶段包括就业培训和工伤失业培训等；养老阶段包括养老保险和养老服务等。

② 从人的需求维度来说，国家基本公共服务要求满足人基本的衣食住行和健康文体方面的需求，包括住房保障、公共安全、医疗卫生、文化体育和最低保障等。

③ 从分类标准来说，国家指导下的公共服务分类都是满足人们最基本的生存和发展需求，是政府履行公共服务职责和人民享有相应权利的重要体现。

④ 从分类结果来看，国家级基本公共服务满足的是人们生存和发展的最基本需求，实现的是社会“兜底”功能，所包括的方面必须有公共教育、就业创业、医疗卫生、住房保障、养老服务、残疾人公共服务、基本社会服务和文化体育等八类公共服务，这八类公共服务也决定了基本公共服务所包含的范围，也是制定任何公共服务体系的重要依据。

⑤ 从政策指引角度，乡村振兴战略提出“产业兴旺、生态宜居、乡风文明、治理有效、生活富裕”的总要求，从农村公共服务角度出发，“乡风文明、治理有效”对应生活型公共服务，应健全卫生、教育、体育等公共服务，提高村民整体素质和精神面貌，建立公开透明的农村治理体系。“产业兴旺、生活富裕”对应生产型公共服务，加快农民增收有推动农业规模经营、延长生产链、推动农村新业态出现等多种途径，但这些途径与大部分村庄发展实际并不契合，要实现产业兴旺还必须将公共服务与小农户经营以及老人农业发展相联系，实现小农户与现代化农业发展有机衔接。“生态宜居”作为实施乡村振兴战略的一项重要任务，强调良好的生态环境是农村可发展最宝贵的财富和最大的优势，也是最公平的公共产品。其不仅对应生态型公共服务，还涉及生活与生产型公共服务，为了建设可持续发展的农村环境，在生活型公共服务中应注重培养村民参与生态治理意识，在生产型公共服务中应帮助村民选择适宜的农业发展模式、大力推动科技助农，在生态型公共服务中打好蓝天、碧水、净土保卫战，改善村民生活环境、保护自然生态本底。

4. 未来引领下的公共服务分类

“未来社区”作为智慧社区的组成要素与缩影，以人本、科技、生态为主要的设计出发点，强调人文关怀，探索未来生活模式，实现农村社区与时代的共同生长。对特色农村社区公共服务中的规划内容进行总结，为村镇社区公共服务体系构建提供思路。

（1）未来社区公共服务构成

未来农村社区公共服务规划常与“人本化、生态化、数字化”的价值观紧密联系，以和睦共治、绿色集约、智慧共享为内涵特征，未来邻里、未来教育、未来健康、未来创业、未来建筑、未来交通、未来低碳、未来服务和未来治理是特色农村社区公共服务的九大场景。

“未来邻里”强调营造特色邻里文化，以城市乡愁记忆和社区历史文脉为基础，坚持人文多样性、包容性和差异性，建设邻里互助机构、社群社团活动机构，推进社区文化服务建设，设置“平台 + 管家”管理单元等。“未来教育”强调高质量配置托儿服务设施，实现托育全覆盖、幼小扩容提质，为 3 ～ 15 岁年龄段打造线上线下联动的学习交流平台，为社区居民搭建共享学习平台，探索社区全民互动的知识技能共享交流机制。“未来健康”强调基本健康服务全覆盖、探索社区健康管理“O2O”模式，创新社区健康模式，加强社区保健管理，促进居家养老助残服务全覆盖。“未来创业”强调创建社区智慧平台，促进社区资源、技能、知识全面共享，健全特色人才落户机制，打造各类特色人才社区。“未来建筑”强调搭建数字化规划建设管理平台，构建社区信息模型（CIM）平台，建立数字社区基底。“未来交通”以实现 30 分钟配送入户为目标，运用智慧数据技术，集成社区快递、零售及餐饮配送，打造“社区—家庭”智慧物流服务集成系统。“未来低碳”强调搭建综合能源智慧服务平台，降低能源使用成本，实现投资者、用户和开发商互利共赢。“未来服务”强调推广“平台 + 管家”业务服务模式，建设无盲区安全防护网，推广数字身份识别管理，利用智能互联技术实现零延时数字预警和应急救援。“未来治理”强调构建党组织统一领导的基层治理体系，促进居民自治管理，搭建数字化精益管理平台，推进基层服务与治理现代化。

（2）未来公共服务发展趋势

对未来社区公共服务的发展趋势总结如下：

① 服务全链化。未来社区建设强调以人为本，公共服务从满足居民居住需求转向满足“全生活链”的服务需求，居民不再满足于简单的生活需求，而是希望涵盖生活、工作、交往、休闲等各方面全面发展的需求可以得到满足。

② 服务智慧化。未来社区建设强调满足居民的智慧化需求，伴随信息化水平的提高，居民渴望更有效的需求表达机制和更便捷的公共服务使用方式，以更高效的方式体验更个性化的服务。因此在完善居民基本公共服务配套的同时，还应探索基于数字经济、智慧经济的新教育、新医疗、新养老、新商业、新办公，满足多元化服务需求。

③ 重视邻里归属感。未来社区建设突出邻里文化交流服务，通过建设社区服务云平台，加强邻里友好交往和亲情圈、朋友圈营造，探索新邻里、新机制和新文化，这表现了居民对于邻里氛围的重视，对特色邻里文化、和睦共治、邻里交往互助和社会归属感的需求。

④ 服务生态化。未来社区建设突出总体生态观，注重社区生活环境营造，包括提供充足的公共活动空间以及健身休闲场所和设施、营造良好的绿化景观等，为社区邻里交往、家庭亲子活动等提供场地。这说明伴随居民生活品质的提高，居民对于高质量生活环境、绿色宜居宜业、生态化休闲环境需求的提升。

综合以上四点，居民们对于未来社区公共服务的需求转向全生活链化、智慧化、邻里和睦化和生态化，向往居住在和睦共治、绿色集约、智慧共享的人本化社区中。未来社区代表了人本思想下对未来生活模式的探索，对村镇社区公共服务分类体系而言，有以下几点启发：一是在构建思路上，村镇社区公共服务体系应是高质量、多功能的，是构建有归属感、舒适感、未来感的村镇社区的基础保障，在体现人本化思想的同时，还应重视生态化、数字化服务。二是探索村镇居民的全龄化公共服务需求，实现公共服务与村民需求共同生长的动态设计。三是加强对线上虚拟服务供给的重视程度，将线上服务类型（网上银行、网络营业厅、远程会诊等）、线上线下服务类型（无人超市、生鲜“O2O”、餐饮外卖、网约车等）融入村镇社区公共服务类型体系的构建之中。四是突出乡土文化与乡村生态的服务打造，营造特色村镇文化。

5. 公共服务分类体系构建

经过对多个研究项目的梳理与合并，本书将公共服务分为生活型、生产型和生态型三大类，如表 2-1 所示。生活型公共服务包括医疗卫生、教育服务、养老服务、购物消费、公共安全、社会管理、社会保障和文化体育八类。医疗卫生主要为保障全体村民基本医疗卫生需求、满足村民进阶康养需求而服务，包括医疗服务、公共卫生、疗养服务等；教育服务主要为普及基础教育和为村民树立终身学习理念而服务，包括基础教育、职业教育、个性化教育等；养老服务旨在为老年人提供满足生理、心理需求的服务，包括老年生活服务、老年健康服务、老年精神服务和养老助老服务等；购物消费为满足村民日常消费需求而提供的服务，包括便民生活服务、其他商业服务等；公共安全指为强化公共安全保障，树立安全发展观念而提供的服务，包括社会治安服务、防灾减灾服务等；社会管理主要为做好农村基础社会管理、动员村民参与社区组织、实现社区资源合理配置而提供的服务，包括党群行政服务、物业管理服务等；社会保障主要包括住房保障服务、社会救助服务、医疗救助服务、司法救助服务、儿童关爱服务、扶残助残服务、优军优抚服务、特殊群体关爱等；文化体育主要为提升群众文化素养和健康素质而提供的服务，包括公共文化服务、公共体育服务。

生产型公共服务包括就业创业、生产服务、科技服务三类。就业创业主要为完善平等就业制度和均等化服务机制，提升就业创业全过程公共服务能力而服务，包括就业信息服务、技能培训服务、权益保护服务等；生产服务主要为促进农村产业现代化发展而提供的全产业链服务，包括生产组织服务、生产信息服务、生产加工服务、产品营销服务、生产安全服务；科技服务主要为村民提供的产业技术及组织服务，包括农业技术服务、技术合作服务。

生态型公共服务包括环境卫生、生态保育两类。环境卫生服务主要为推动农村形成绿色发展方式和生活方式而服务，包括污染治理服务、环境监测服务等；生态保育服务主要为深入贯彻绿色发展理念、实现村镇建设与生态环境建设同步协调而服务，主要包括水源保育服务、林地防护服务等。

表 2-1　村镇社区公共服务分类体系

大类	中类	小类	类别名称	服务内容
A	A1		生活型公共服务	包括医疗卫生、教育服务、养老服务、购物消费、公共安全、社会管理、社会保障、文化体育

续表

大类	中类	小类	类别名称	服务内容
			医疗卫生	为保障全体村民基本医疗卫生需求、满足村民进阶康养需求而服务，包括医疗服务、公共卫生、疗养服务等
		A11	医疗服务	疾病诊断服务；药品供应服务；医疗保险
		A12	公共卫生	疾病预防；妇幼保健；健康服务；心理健康；生育保险
		A13	疗养服务	保健服务；康复服务；保养服务；中医药服务
	A2		教育服务	为普及基础教育和为村民树立村民终身学习理念而服务，包括基础教育、职业教育、个性化教育等
		A21	基础教育	幼儿托管；小学教育；普通中学教育
		A22	职业教育	中等职业教育；高等职业教育
		A23	个性化教育	虚拟课堂服务；家庭教学服务；先修课程服务；社区共学服务；普法服务；社区老年教育
	A3		养老服务	包括老年生活服务、老年健康服务、老年精神服务和养老助老服务等
		A31	老年生活服务	老年人生活照料服务；居家养老服务；家政服务
		A32	老年健康服务	老年人健康管理；专业护理服务；康复保健服务；健康咨询服务；心理咨询服务
		A33	老年精神服务	老年文化交流；精神慰藉服务；临终关怀服务
		A34	养老助老服务	老年人福利补贴；失独家庭补贴
	A4		购物消费	为满足村民日常消费需求而提供的服务，包括便民生活服务、其他商业服务等
		A41	便民生活服务	便民购物消费；生鲜购物服务
		A42	其他商业服务	营业网点服务
	A5		公共安全	为强化公共安全保障，树立安全发展观念而提供的服务，包括社会治安服务、防灾减灾服务等
		A51	社会治安服务	治安防控
		A52	防灾减灾服务	消防服务；突发事件应急服务；灾害监测服务；应急管理宣传教育与培训演练
	A6		社会管理	为做好农村基础社会管理、动员村民参与社区组织、实现社区资源合理配置而提供的服务，包括党群行政服务、物业管理服务等
		A61	党群行政服务	党建服务；社会团体服务；志愿者服务
		A62	物业管理服务	物业维修服务；社区管理服务

续表

大类	中类	小类	类别名称	服务内容
	A7		社会保障	包括住房保障服务、社会救助服务、医疗救助服务、司法救助服务、儿童关爱服务、扶残助残服务、优军优抚服务、特殊群体关爱等
		A71	住房保障服务	公租房保障服务；农村危房改造
		A72	社会救助服务	最低生活保障、特困人员救助供养；养老保险
		A73	医疗救助服务	城乡医疗救助；疾病应急救助
		A74	司法救助服务	法律援助；普法宣传；人民调解
		A75	儿童关爱服务	特殊儿童群体基本生活保障；困境儿童保障；农村留守儿童关爱保护
		A76	扶残助残服务	无业重度残疾人最低生活保障；残疾人托养服务；残疾人康复服务；残疾儿童及青少年教育；残疾人职业培训和就业服务；残疾人文化体育服务；残疾人无障碍环境建设
		A77	优军优抚服务	优待抚恤；退役军人安置；退役军人就业创业服务
		A78	特殊群体关爱	戒毒人员关爱；特殊群体集中供养；刑满释放人员帮扶救助
	A8		文化体育	为提升群众文化素养和健康素质而提供的服务，包括公共文化服务、公共体育服务
		A81	公共文化服务	文化娱乐服务；文化传承服务；文化传播服务；文化传授服务
		A82	公共体育服务	体育场地；体育信息；健身服务
B			生产型公共服务	生产型公共服务，包括就业创业、生产服务、科技服务等
	B1		就业创业	为完善平等就业制度和均等化服务机制，提升就业创业全过程公共服务能力而服务，包括就业信息服务、技能培训服务、权益保护服务等
		B11	就业信息服务	职业介绍、职业指导；就业登记与失业登记；流动人员人事档案管理服务；就业见习服务；就业援助
		B12	技能培训服务	创业教育；创业培训；就业技能培训、鉴定和生活费补贴
		B13	权益保护服务	失业保险；工伤保险；同工同酬；劳动人事争议调解仲裁；劳动关系协调；劳动用工保障；农业保险

续表

大类	中类	小类	类别名称	服务内容
	B2		生产服务	为促进农村产业现代化发展而提供的全产业链服务，包括生产组织服务、生产信息服务、生产加工服务、产品营销服务、生产安全服务
		B21	生产组织服务	生产合作服务；企业合作服务；共同管理服务
		B22	生产信息服务	产业信息服务；市场信息服务
		B23	生产加工服务	生产资料供应服务；农业机械服务；畜牧兽医服务
		B24	产品营销服务	产品展销服务；物流服务
		B25	生产安全服务	生产安全教育；安全生产监管与救援；农机安全生产监管；野生动物致害防控；动植物疫病防治；农产品质量安全监管
	B3		科技服务	为村民提供的产业技术及组织服务，包括农业技术服务、技术合作服务
		B31	农业技术服务	种植技术教育；病虫害防治服务；科技推广服务；品种培育服务
		B32	技术合作服务	技术组织服务；技术交流传播服务；创新合作服务
C			生态型公共服务	生态型公共服务，包括环境卫生、生态保育
	C1		环境卫生	为推动农村形成绿色发展方式和生活方式而服务，包括污染治理服务、环境监测服务等
		C11	污染治理服务	水体检测；水土保持；公害防治；防灾环卫服务
		C12	环境监测服务	环境质量监测；污染源监测；生态质量监测服务
	C2		生态保育	为深入绿色发展理念、实现村镇建设与生态环境建设同步、协调而服务，包括水源保育服务和林地防护服务
		C21	水源保育服务	水源保护服务
		C22	林地防护服务	生态隔离防护；生态林地巡护服务

2.2.3　公共服务分级分类体系

公共服务分类体系是在村民需求视角下、国家政策指导下、未来社区发展引领下，对生活型、生产型、生态型公共服务的类型延伸（图 2-15）。村镇社区公共服务体系是分层体系与分类体系的融合。各类型农村公共服务伴随村民需求层次的变化而进行迭代优化，其中所包含的公共服务内容也顺应精细化需求、寻求当下公共服务最佳发展秩序、实现社会福利最大化而不断优化更新，对各公共服务类型所在的公共服务需求层次划分建议如表 2-2 所示。

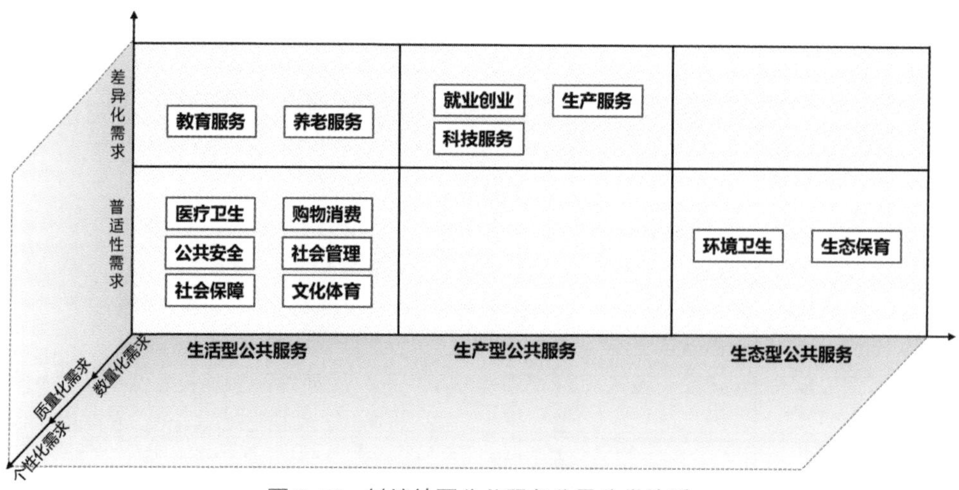

图 2-15　村镇社区公共服务分层分类体系

资料来源：作者自绘

表 2-2　村镇社区公共服务需求层次与类型

大类	中类	小类	类别名称	大类	中类	小类	类别名称
A			生活型公共服务	B			生产型公共服务
	A1		医疗卫生		B1		就业创业
		A11	医疗服务			B11	就业信息服务
		A12	公共卫生			B12	技能培训服务
		A13	疗养服务			B13	权益保护服务
	A2		教育服务		B2		生产服务
		A21	基础教育			B21	生产组织服务
		A22	职业教育			B22	生产信息服务
		A23	个性化教育			B23	生产加工服务
	A3		养老服务			B24	产品营销服务
		A31	老年生活服务			B25	生产安全服务
		A32	老年健康服务		B3		科技服务
		A33	老年精神服务			B31	农业技术服务
		A34	养老助老服务			B32	技术合作服务
	A4		购物消费	C			生态型公共服务
		A41	便民生活服务		C1		环境卫生
		A42	其他商业服务			C11	环境治理服务
	A5		公共安全			C12	环境监测服务
		A51	社会治安服务		C2		生态保育
		A52	防灾减灾服务			C21	水源保育服务
	A6		社会管理			C22	林地防护服务

续表

大类	中类	小类	类别名称	大类	中类	小类	类别名称
		A61	党群行政服务				
		A62	物业管理服务				
	A7		社会保障				
		A71	住房保障服务				
		A72	社会救助服务				
		A73	医疗救助服务				
		A74	司法救助服务				
		A75	儿童关爱服务				
		A76	扶残助残服务				
		A77	优军优抚服务				
		A78	特殊群体关爱				
	A8		文化体育				
		A81	公共文化服务				
		A82	公共体育服务				

基本型服务需求
进阶型服务需求
高阶型服务需求

2.3 村镇社区公共服务需求算法和模型

2.3.1 公共服务需求影响因素

影响村民公共服务需求的人群特征因素有收入水平、人口结构等，将其定义为质量因子和结构因子，分别将其与公共服务需求建立关联（图 2-16）。

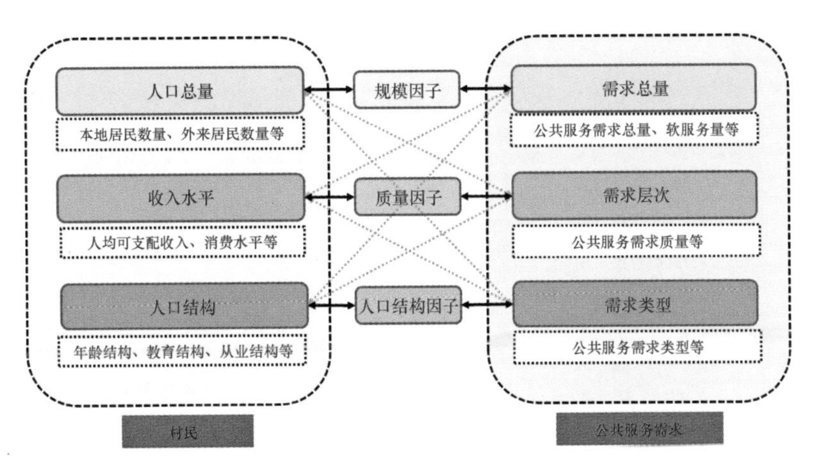

图 2-16　公共服务需求影响因子
资料来源：作者自绘

1. 公共服务需求规模影响因素

规模因子是影响村镇社区公共服务需求总量的主要影响因子。人口总量的增长对服务消费总量的增长有促进作用，但随着人口数量达到一定规模，这种促进作用会下降，换而言之，人口数量对村镇社区公共服务需求总量的增长存在边际递减效应。

我国村镇社区人口基数庞大，改革开放以后我国社会经济水平迅速提高，庞大的村镇人口规模使得村民公共服务需求迅速提高、消费公共服务的能力也迅速提高。但决定村镇社区公共服务类型和质量的决定性因素并不仅是人口规模，一些发达国家的人口要远少于我国人口，例如美国人口是我国人口规模的 1/4 左右，但其消费总量仍比我国高，这是由于美国居民相较于我国居民更倾向于多消费甚至超前消费而不倾向于多储蓄。从农村消费结构看，我国村民消费结构还处于较低水平，以衣食住等用于基本生活开支项目为主，尽管这一比例有所下降，但下降速度缓慢，消费结构的变化跟不上消费总量的增长。因此村镇人口的总量在一定情况下可以促进公共服务需求总量的增长，但无法改变公共服务需求结构的变化。

2. 公共服务需求质量影响因素

基于需求层次理论以及我国村民需求变化规律，村民对各类公共服务会产生需求增多或需求升级的状况，呈现对公共服务“有—优—精”的需求变化过程。农村居民人均可支配收入、年龄结构、教育结构、从业结构等都会在不同程度上对农村公共服务需求层次产生一定影响。以农村公共服务需求层次 (y) 为被解释变量，选取村民用于发展享受的消费支出占比[①]作为表征指标；选取 5 个指标作为分析公共服务需求层次的影响因素，分别以农村居民人均可支配收入 (x_1)、65 岁以上人口占比 (x_2)、14 岁以下人口占比 (x_3)、农村大专以上文凭人员占比 (x_4)、农村家庭经营第一产业纯收入占比 (x_5) 作为解释变量。

---

① 农村居民生活消费支出构成有食品烟酒、衣着、居住、生活用品、交通通信、教育文化、医疗保健以及其他用品及服务等，将交通通信、教育文化、医疗保健归类于村民用于发展享受的消费支出。

为了探究影响村民公共服务需求层次的主导因素，对各影响因素的贡献率进行研究，基于近二十年全国农村统计数据[①]，通过考察相关系数矩阵、总方差贡献率、因子得分系数等结果，得到农村公共服务需求层次影响因素，开展多元线性回归分析。

（1）主成分分析的适用性检验

在统计学上，一般认为 KMO 检验值大于 0.6，Bartlett 球形检验概率小于显著性水平 0.01，则适合进行主成分分析。通过 SPSS 软件对所选取的 5 个原始变量进行标准化处理后进行主成分分析，结果显示 KMO 值为 0.717，Bartlett 球形检验概率值为 0.000，因此判断原始变量存在相关关系，适合进行主成分分析。

（2）主成分的提取

根据主成分的总方差解释结果，有 1 个主成分被提取，主成分的特征根 84.7%，累计方差贡献率为 84.7%，表明提取出的主成分涵盖了原始变量的足够信息（表 2-3）。

表 2–3　主成分的总方差解释

成分	总计	初始特征值方差百分比 /（%）	累积百分比 /（%）	总计 /（%）	提取载荷平方和方差百分比 /（%）	累积百分比 /（%）
1	4.235	84.7	84.7	4.235	84.7	84.7
2	0.689	13.774	98.474			
3	0.039	0.785	99.259			
4	0.032	0.648	99.907			
5	0.005	0.093	100			

提取方法：主成分分析。

（3）主成分求解

根据初始因子荷载矩阵结果，各影响因素均在主成分上有较高荷载，说明第一主成分基本反映了这些指标的信息（表 2-4）。

① 数据来源于《中国农村统计年鉴》《中国人口与就业统计年鉴》《中国社会统计年鉴》等。

表 2-4　初始因子荷载矩阵

影响因素	成分
	1
农村居民人均可支配收入	0.996
65 岁以上人数占比	0.985
14 岁以下人数占比	–0.682
农村大专以上文凭人员占比	0.988
农村家庭经营第一产业纯收入占比	–0.912

提取方法：主成分分析。

在主成分分析中，农村居民人均可支配收入、65 岁以上人数占比、农村大专以上文凭人员占比对公共服务需求层次均具有正向作用，即当公共服务需求层次提高时，以上三项指标均会增大，且各因素对公共服务需求层次均有影响，其中农村村民人均可支配收入因子荷载最高，说明最能够代表被解释因子；14 岁以下人数占比、农村家庭经营第一产业纯收入占比对公共服务需求层次具有反向作用，即当公共服务需求层次提高时，以上两项指标均会减少，且各因素对公共服务需求层次均有影响。

（4）回归模型适用性检验

对自变量和因变量公共服务需求层次的标准值进行线性回归。从模型适用性分析看，调整后判定系数 R 方为 0.99，大于 0.9，且卡方检验显示 F 值为 381.284，显著性为 0.000，小于 0.01，说明线性回归模型显著，拟合效果好（表 2-5 和表 2-6）。

表 2–5　模型适用性分析

模型	R	R 方	调整后 R 方	标准估算的误差
1	0.996[a]	0.993	0.99	138.4849

a. 预测变量：(常量)，农村家庭经营第一产业纯收入占比（%），14 岁以下人数占比（%），农村大专以上文凭人员占比（%），65 岁以上人数占比（%），农村居民人均可支配收入（万元 · 人 $^{-1}$）。

表 2–6　方差分析[a]

模型		平方和	自由度	均方	F	显著性
1	回归	36561454	5	7312290.7	381.284	0.000[b]
	残差	268493.06	14	19178.076		
	总计	36829947	19			

a. 因变量：发展享受需求。

b. 预测变量：(常量)，农村家庭经营第一产业纯收入占比（%），14 岁以下人数占比（%），农村大专以上文凭人员占比（%），65 岁以上人数占比（%），农村居民人均可支配收入（万元 · 人 $^{-1}$）。

（5）多元回归分析

就回归后自变量标准化系数看，农村居民人均可支配收入的标准化系数为 0.692，且 t 检验显著性值为 0.034，小于 0.05，说明农村居民人均可支配收入是显著正向影响发展享受需求，且标准化系数是自变量中最大的（表 2-7），因此可知，该因素是影响发展享受需求的主导因素。

表 2–7　回归模型的系数估计及显著性检验

模型因素	未标准化系数		标准化系数	t	显著性
	B	标准误差			
（常量）	–4816.169	3898.958		–1.235	0.237
农村居民人均可支配收入 /（元 · 人$^{-1}$）	0.214	0.091	0.692	2.347	0.034
65 岁以上人数占比 /（%）	310.187	93.013	0.460	3.335	0.005
14 岁以下人数占比 /（%）	130.949	53.133	0.203	2.465	0.027
农村大专以上文凭人员占比 /（%）	–78.208	126.087	–0.06	–0.62	0.545
农村家庭经营第一产业纯收入占比 /（%）	–1043.802	3477.01	–0.039	–0.3	0.768

（6）质量因子结论

经过公共服务需求层次影响因素回归分析，证实农村居民人均可支配收入是影响公共服务需求层次的主导因素。伴随农村居民收入水平的提高，村民对于各项服务的需求总量均有所提升。在总量提升的基础上，村民收入因素与食品烟酒需求、衣着需求具有强负相关性；与村民消费需求、教育文化娱乐需求、医疗保健需求、居住需求、交通通信需求具有强正相关性，即伴随农村经济发展、村民可支配收入提高，村民对于饮食穿着等生活资料消费的需求降低，对于医疗保健、教育文化娱乐等发展资料消费和享受资料消费的需求增加，村民公共服务需求层次整体提升。

3. 公共服务需求结构影响因素

人口结构因子是村镇社区公共服务需求类型的主要影响因子，人口结构可分为自然结构和社会结构，自然结构主要指人口年龄结构，社会结构则包括人口教育结构和人口从业结构等。为证实人口结构与公共服务需求类型之间具有相关性关系，分别选取农村居民年龄结构、教育结构、从业结构的表征指标，利用

SPSS 软件对其与主要公共服务需求类型进行皮尔逊分析。以农村公共服务需求类型为被解释变量，分别选取适龄小学生入学率 (y_1)、村民生产设备投资额 (y_2)、农村文化培训参与率 (y_3)、养老机构养老人数占比 (y_4)、乡镇卫生院就诊率 (y_5) 作为义务教育需求、生产服务需求、文化培训需求、养老服务需求、医疗卫生服务需求的表征指标；选取 5 个指标作为分析公共服务需求类型的影响因素，分别以 65 岁以上人数占比 (x_1)、14 岁以下人数占比 (x_2)、农村大专以上文凭人员占比 (x_3)、农村家庭经营第一产业纯收入占比 (x_4) 作为解释变量。

结果显示，人口结构与公共服务需求类型具备相关性关系。村民年龄结构与文化培训需求、医疗卫生服务需求、生产服务需求、义务教育需求、养老服务需求均具有相关性，除义务教育需求外，65 岁以上人数占比与其他服务需求类型均为正相关关系；村民教育结构与文化培训需求、医疗卫生服务需求、生产服务需求、义务教育需求、养老服务需求具有相关性，除义务教育需求外，村民教育结构与其他服务需求类型均为正相关关系；村民从业结构与生产服务需求、医疗卫生服务需求、文化培训需求、义务教育需求、养老服务需求具有相关性，除义务教育需求外，村民从业结构与其他服务需求类型均为负相关关系（表 2-8）。

表 2–8　人口结构因子与公共服务需求类型的相关性分析

		年龄结构		教育结构	从业结构
		65 岁以上人数占比	14 岁以下人数占比	农村大专以上文凭人员占比	农村家庭经营第一产业纯收入占比
义务教育需求	皮尔逊相关性	–0.823**	0.329	–0.878**	0.821**
	Sig.（双尾）	0	0.183	0	0
生产服务需求	皮尔逊相关性	0.918**	–0.758**	0.935**	–0.974**
	Sig.（双尾）	0	0	0	0
文化培训需求	皮尔逊相关性	0.967**	–0.685**	0.986**	–0.966**
	Sig.（双尾）	0	0.001	0	0
养老服务需求	皮尔逊相关性	0.553*	–0.841**	0.631*	–0.661**
	Sig.（双尾）	0.021	0	0.034	0.004
医疗卫生服务需求	皮尔逊相关性	0.964**	–0.614*	0.977**	–0.970**
	Sig.（双尾）	0	0.011	0	0

**. 在 0.01 级别（双尾），相关性显著。

*. 在 0.05 级别（双尾），相关性显著。

灰色理论是研究带有不确定现象信息的一种系统科学理论，能够对变量进行定量比较，并可以描述随时间变量相对变化的情况。采用灰色理论对村民人口结构与公共服务需求类型进行相关性研究，即将村民年龄结构、教育结构、从业结构指标分别与生产服务需求、义务教育需求、文化培训需求、养老服务需求、医疗卫生服务需求设成灰色系统，基于灰色理论研究各系统内变量的相关程度大小。其具体步骤如下：

① 将所有涉及的变量进行标准化处理，以消除量纲，将各变量原始值除以该变量均值；

② 计算各子序列与母序列的距离：

$$\Delta i(k)=|y(k)–X_i(k)|$$

③ 求出所有子序列与母序列的最大距离和最小距离，其中最小距离为

$$\min_{\xi}\min_{k}|y(k)–X_i(k)|$$

最大距离为

$$\max_{\xi}\max_{k}|y(k)–X_i(k)|$$

④ 算出序列间的各个关联系数值：

$$\xi_i(K)=\frac{\min\limits_{\xi}\min\limits_{k}|y(k)-X_i(k)|+\rho\max\limits_{\xi}\max\limits_{k}|y(k)–X_i(k)|)}{|y(k)-X_i(k)|+\rho\max\limits_{\xi}\max\limits_{k}|y(k)–X_i(k)|}$$

上式中 ρ 为分辨系数，通常取值在 0 ～ 1，本式中取值为 0.5。

⑤ 对所得的所有子关联系数进行整合、求平均数，使其汇合成一个值，即为关联度值，用来代表比较数列和参考数列之间的相关程度。以文化培训服务需求为例，以农村参加文化培训人数占比作为因变量，以 65 岁以上人数占比，14 岁以下人数占比农村大专以上文凭人员占比，家庭经营第二、三产业纯收入占比作为自变量进行灰色关联分析，得到各人口结构因子灰色关联结果如表 2-9 所示。

表 2–9　人口结构因素与文化培训服务需求的关联度分析

编号	65 岁以上人数占比	14 岁以下人数占比	农村大专以上文凭人员占比	农村家庭经营第二、三产业纯收入占比
1	0.6117	0.4172	0.8841	0.5079

续表

编号	65岁以上人数占比	14岁以下人数占比	农村大专以上文凭人员占比	农村家庭经营第二、三产业纯收入占比
2	0.5939	0.4268	0.8944	0.5301
3	0.5822	0.4493	0.8743	0.5362
4	0.6057	0.4559	0.9351	0.5408
5	0.5952	0.4949	0.8199	0.6021
6	0.5432	0.4860	0.8870	0.5905
7	0.5467	0.5114	0.7814	0.5772
8	0.7683	0.7298	0.9377	0.8717
9	0.8323	0.8313	0.8960	1.0000
10	0.7989	0.8236	0.9580	0.8935
11	0.8463	0.8845	0.9619	0.9907
12	0.9292	0.8378	0.9036	0.7936
13	0.8236	0.7343	0.9864	0.7329
14	0.7283	0.6253	0.9462	0.7570
15	0.6531	0.5556	0.8439	0.6910
16	0.5704	0.4882	0.6991	0.5975
17	0.5061	0.4240	0.9957	0.5184
18	0.5166	0.4155	0.7971	0.5268
19	0.4842	0.3822	0.9407	0.5051
20	0.4634	0.3526	0.8159	0.4614
灰色关联度	0.6500	0.5663	0.8879	0.6612

由表2-9可知，所选取的4个人口结构因子中65岁以上人数占比、农村大专以上文凭人员占比、农村家庭经营第二、三产业纯收入占比与文化培训服务需求变量的灰色关联度大于0.6，说明存在关联[①]，且关联程度顺序为“村民受教育

① 根据邓聚龙以及其他专家学者关于灰色系统方法的研究，通常认为灰色关联指标的作用程度高于0.6为具有关联，高于0.8为具有高关联。

程度 > 村民从业结构 > 农村 65 岁以上人口比重”。同理对人口结构因子与各公共服务类型进行灰色关联分析，最终结果如表 2-10。

表 2–10　人口结构因子与公共服务需求类型的关联度分析

灰色关联度	年龄结构		教育结构	从业结构
	65 岁以上人数占比	14 岁以下人数占比	农村大专以上文凭人员占比	农村家庭经营第二、三产业纯收入占比
生产服务需求	0.7093	0.5429	0.6902	0.6798
义务教育需求	0.6777	0.7832	0.5146	0.6670
文化培训需求	0.6500	0.5663	0.8879	0.6612
养老服务需求	0.6520	0.6249	0.6903	0.6274
医疗卫生服务需求	0.7746	0.5855	0.6679	0.7493

由表 2-10 可知，各人口结构因子与生产服务需求的关联程度顺序为“年龄结构（65 岁以上人数占比）> 教育结构 > 从业结构”；各人口结构因子与义务教育服务需求的关联程度顺序为“年龄结构（14 岁以下人数占比）> 从业结构”；各人口结构因子与文化培训服务需求的关联程度顺序为“教育结构 > 从业结构 > 年龄结构（65 岁以上人数占比）”；各人口结构因子与养老服务需求的关联程度顺序为“教育结构 > 年龄结构（65 岁以上人数占比）> 从业结构”；各人口结构因子与医疗卫生服务需求的关联程度顺序为“年龄结构（65 岁以上人数占比）> 从业结构 > 教育结构”。

（1）人口年龄结构

村民在不同的年龄阶段有着不同的需求和偏好，担任着不同的角色，因此会产生不同的公共服务需求。人口年龄结构主要对医疗卫生、生产、教育、养老、文化等服务需求类型产生影响。

不同年龄阶段村民对医疗卫生服务的需求程度不同，虽然伴随农村经济社会发展水平提高，村民人均期望寿命显著延长，但并不能阻止个体身体机能的退化、慢性病以及失能风险的发生，老年群体在生理和心理等各方面更加脆弱，易遭受疾病的困扰，患病风险高于中青年群体，对于医疗卫生服务的需求更加依赖。

有就业信息服务、职业培训等生产服务需求的人群主要集中在中青年年龄段中。伴随农村老龄化程度加剧，村民对于自身知识技能提升的欲望较低，对于农村就业培训服务的需求较低。但同时，劳动力高龄化是农村老龄化的一大特征，我国 55 岁以上农村生产经营人员占比由 2000 年的 9.86% 上升至 2016 年的 33.6%，普遍机械化给予老年劳动者继续工作的可能性，农业生产给予老年劳动者以生活的意义感，容易建立基于农业生产上的熟人社会关系和生活自我肯定感，与老人农业相结合的机械化生产服务以及农业经营服务成为农村生产服务中应具备的服务类型。

有教育需求的人群主要集中在少年儿童群体中。近年来农村呈现少子化趋势，这意味着居民生育与养育观念的转变。居民对于儿童的养育与照顾逐渐由家庭化向社会化转变，即将儿童的养育与照料逐步转交给专业机构或相关联的社会组织，因此对于育儿服务和文化服务的需求有所增加。

在村镇社区老龄化发展趋势下，伴随生理机能退化，老年村民对于生活照料服务、居家养老服务、家政服务等老年生活服务以及专业护理服务、康复保健服务等老年健康服务的需求增加；伴随大脑功能的退化以及社会角色的改变，老年人孤独感、急躁、抑郁等情绪会增加，因此对于老年文化交流、精神慰藉服务、临终关怀服务等老年精神服务需求增加。

（2）人口教育结构

人口教育结构变动对服务需求的影响需要辨证分析，因为人口教育结构往往与人口年龄结构、消费结构关联密切且同步变化。人口受教育程度对文化、生产、医疗、养老等服务需求类型产生影响。

文化培训服务具有隔代传递性，受教育程度较高的家庭会在孩子很小的时候便对其投入教育支出，且并非仅停留在学校内的文化服务，还衍生出音乐、美术等艺术教育服务需求。除子女教育外，文化水平较高的人群往往意识到人力资本积累能够有效提升自身的核心竞争力、帮助自身提高收入，因此会增加对自身的就业教育投资。农村文化程度较高的群体主要是智力劳动者和政府干部，他们通过读书、上网来满足工作的需要，倾向于选择能够提升自身文化素养的文体活动。

我国农村生产培训工作总体发展水平较低，但正在逐步提高。出于自身或企业发展需要，一些受教育程度较高的村民以及效益较好的乡企开始提高对生产技能培训或就业岗位培训的重视程度。通常而言，文化程度越高的村民从事体力劳动的概率越低，同时，技术培训等进阶型生产服务需求离不开劳动者一定的文化基础。因此伴随农村居民受教育水平的提高，村民劳动的选择范围和空间均有所拓展，对于生产服务的需求更加多样。

受教育程度与医疗支出呈反比关系，就诊住院率最高的是文盲或半文盲人群。受教育程度越高，个人更加注重预防保健，患病概率相对较小，从而降低了医疗支出。在我国目前的农村地区，文化程度偏低的人群多集中在高年龄组和幼儿组，故不同文化程度人群在医疗卫生服务需求上的差异，实际上一定程度地反映了年龄因素的作用，即不同年龄村民的生理原因及自我保健能力的差别。同样在养老服务需求中，受教育水平越高的老年村民通常经济状况相对越好，对于健康保健越注重，对精神服务等较高层次的养老服务需求越高。

（3）人口从业结构

村民从业结构对医疗卫生服务需求以及就业信息、技能培训、产品营销等生产服务需求产生影响。

伴随农村医疗卫生资本投入的增加，村民健康状况得以改善，对于农村劳动者而言，能够直接增加年均劳动时间和提高劳动生产率。反之，伴随农村劳动者劳动生产率提高以及农村生产结构优化，村民对于延长寿命和有效劳动时间的需求更加强烈，医疗卫生服务的需求增加。

伴随农村工业化进程的加快，农业由传统农业向现代农业转变，农村劳动力向非农领域就业转移，影响着农业生产的资源要素配置结构。农村生产功能、产业界限、经营方式、业态选择上都呈现出新的特征，村民倾向于选择要素节约、附加值高的农业产业服务，村民生产服务需求类型由传统的育种、农业机械和农业技术服务向产品销售、科技推广等服务类型拓展。

2.3.2　公共服务需求算法选择

1. 需求分析常用算法

需求分析常用算法可分为两类：一类是定性分析法，是基于直觉和经验判断的方法，包括德尔菲法、部门主管人员意见法、用户调查法等；另一类是定量分析法，是根据已掌握的比较完善的历史统计数据，运用一定的数学方法进行科学的加工整理，借以揭示有关变量之间的规律性联系的方法，包括时间序列模型、回归分析模型等。由于定性分析法的不科学性使得其很难标准化，且准确性有待证实，因此本书主要对常用的需求定量分析模型进行比较。

（1）时间序列法

时间序列法是通过分析变量在时间周期的数据变动情况，判断变量的发展变化趋势，对未来若干时间周期后的变量数据进行分析、预测、计算的过程。

时间序列法从分析时间周期上，可以分为短期预测、中期预测和长期预测；从时间序列的性质上，可以分为季节性时间序列预测与非季节性时间序列预测。时间序列分析模型主要分为移动平均模型、指数平滑模型与移动平均自回归模型等。移动平均模型分为简单移动平均模型、趋势移动平均模型等。

以移动平均自回归模型中的 AR 自回归模型为例，该模型是时间序列中以往的序列项与当期的干扰项共同组成的线性函数，可表示为

$$\begin{cases} X_t=a_0+a_1X_{t-1}+a_2X_{t-2}+\cdots+a_pX_{t-p}+\varepsilon_t,\ a_p\neq 0 \\ E(\varepsilon_t)=0,\ \mathrm{Var}(\varepsilon_t)=\sigma_s^2=0,\ s\neq t;\ E(X_s\varepsilon_t)=0,\ s<t \end{cases}$$

式中，$a_0, a_1, \cdots, a_p\ (a_p\neq 0)$ 为自回归系数，p 为 AR 模型的阶数；$E(\varepsilon_t)=0$, $\mathrm{Var}(\varepsilon_t)=\sigma_s^2=0,\ s\neq t$ 为白噪声时间序列限制条件，$E(X_s\varepsilon_t)=0,\ s<t$ 表示以往的序列项与当期的干扰项不应存在相关性。

当 $a_0=0$ 时，AR（p）模型为中心化 AR（p）模型，非中心化 AR（p）模型需要通过转化变形成中心化 AR（p）模型后进行分析、计算：

$$Y_t=X_t-\frac{a_0}{1-\sum_{i=1}^{p}a_i}$$

基于时间序列法进行的需求分析中，薛智韵等（2006）①基于时间序列法建立我国石油需求分析模型，利用历史年份需求数据来预测未来 15 年石油需求；杨云莹等（2011）②在使用时间序列法分析电量需求的过程中，引入虚拟变量，

① 薛智韵，王翚．时间序列法在我国石油需求预测模型中的应用 [J]. 科技广场，2006(09): 18–20.

② 杨云莹，任玉珑，段锴．基于虚拟变量与时间序列法的电量需求预测 [J]. 电力需求侧管理，2011,13(05): 17–20.

量化关键不确定性因素对电量需求的影响，构建基于时间序列法和虚拟变量法的需求分析模型；姜晓红等（2019）[①]以某电商平台数据为例，运用时间序列法ARIMA 模型分析各种商品在未来一周的全国和区域性需求量。

总而言之，学者们选择时间序列法进行需求分析主要因为其分析所需的数据信息量较少、分析方法简便易行的优点，只要分析对象在所研究的时间序列上没有较大波动，则分析与预测的效果通常较好。但其缺点也较为明显，时间序列法仅将时间作为唯一独立变量，而将需求作为因变量，但在实际过程中，需求是由很多因素决定的，时间序列法并不能全面表达多因素的共同影响作用。

（2）回归分析法

回归分析法就是利用研究对象与其相关影响因素之间的统计规律，建立相应的回归方程，从而做出分析与预测的方法。

回归分析包含多种类型，按照自变量的个数可以将回归分析分为一元回归分析法和多元回归分析法；按照因变量与自变量之间的关系是否为线性可以将回归分析分为线性回归分析和非线性回归分析。以最为常见的线性回归分析模型为例，其模型为

$$y=a_0+a_1x_1+a_2x_2+\cdots+a_ix_i$$

式中，$x_1, x_2, \cdots, x_i$ 为自变量；y 为因变量；$a_1, a_2, \cdots, a_i$ 为系数项；a_0 为常数项。

对于回归预测模型适用的好坏、优劣等拟合程度的描述，可以采用可决系数 R^2 与调整可决系数 Adjusted-R^2 进行判定，通常使用调整可决系数 Adjusted-R^2 判断回归预测模型的拟合程度。

可决系数：

$$R^2=\frac{\sum_{i=1}^{n}(\bar{y}-\hat{y}_i)^2}{\sum_{i=1}^{n}(y_i-\hat{y}_i)^2}$$

调整可决系数：

$$\text{Adjusted-}R^2=\frac{\sum_{i=1}^{n}(\bar{y}-\hat{y}_i)^2}{\sum_{i=1}^{n}(y_i-\hat{y}_i)^2}\times\frac{n-1}{n-k-1}$$

式中，y_i 为因变量真实值，$\hat{y}_i$ 为因变量预测值，$\bar{y}$为因变量平均值，n 为样本数目，k 为自变量系数。

① 姜晓红，曹慧敏. 基于 ARIMA 模型的电商销售预测及 R 语言实现 [J]. 物流科技，2019, 42(04): 52–56, 69.

近年学者们基于回归分析法进行了很多与需求相关的分析研究，例如，李隽波等（2011）①全面考虑到影响冷链物流需求量的因素，应用多元线性回归分析法建立了冷链物流需求量的预测方程；周晓娟等（2013）②运用多元线性回归模型对河北省物流需求进行分析与预测；眭楷等（2016）③分析了影响灾害应急物资数量、质量、结构需求的影响因素，并基于多元回归法构建了自然灾害后电网系统应急物资需求的分析方法；房涛等（2019）④以寒冷地区城镇近零能耗住宅的采暖制冷需求为目标，通过单因素敏感性分析筛选关键设计参数，然后通过正交试验设计进行能量需求仿真计算，依据计算结果进行多重线性回归、建立多因素耦合作用下“准动态”能量需求分析模型。

总体而言，回归分析法技术比较成熟，分析过程较为简单且预测精度高，能够具体分析研究对象的主要影响因素，并能对模型的合理性进行统计检验，是一种具备严密理论基础的较科学的分析方法。但局限性体现在其所需历史和现实资料较多、资料获取较为困难。因此回归分析法适用于分析研究对象与其影响因素之间存在因果关系且研究数据较为齐全的情况。

（3）灰色系统分析法

灰色系统分析法以“部分信息已知、部分信息未知”的“小样本”“贫信息”不确定性系统为研究对象，主要通过对部分已知信息的生成和开发，实现对系统运行行为、演化规律的正确描述。

灰色模型称为 GM 模型，GM(1,n) 表示一阶的、n 个变量的微分方程型分析模型。对于 n 个变量：$x_1, x_2, \cdots, x_n$，如果每个变量都有 m 个相互对应的数据，则可形成 n 个数列 $x_i^{(0)}(i=1, 2, \cdots, n)$，即

$$x_i^{(0)}=\{x_i^{(0)}(1),\ x_i^{(0)}(2),\ \cdots,\ x_i^{(0)}(m)\} \quad (i=1, 2, \cdots, n).$$

---

① 李隽波，孙丽娜．基于多元线性回归分析的冷链物流需求预测 [J]. 安徽农业科学，2011,39(11): 6519–6520, 6523.

② 周晓娟，景志英．基于多元线性回归模型的河北省物流需求预测实证分析 [J]. 物流技术，2013,32(09): 270–272.

③ 眭楷，王语涵，王少勇，等．基于多元回归分析法的电网应急物资需求预测方法 [J]. 电子技术与软件工程，2016(23): 195–197.

④ 房涛，李洁，王崇杰，等．基于回归分析的住宅冷热量需求预测模型研究 [J]. 建筑科学，2019,35(12): 69–75.

对 $x_i^{(0)}$ 累加生成，形成 n 个生成数列 $x_i^{(1)}$，有

$$x_i^{(1)}(j)=\sum_{i=1}^{j}x_i^{(0)}(t)=x_i^{(1)}(j\text{-}1)+x_i^{(0)}(j)\quad(i=1, 2, \cdots, n)$$

则

$$x_i^{(1)}=\{x_i^{(1)}(1),\ x_i^{(1)}(2),\ \cdots,\ x_i^{(1)}(m)\}\quad(i=1, 2, \cdots, n)$$

对 n 个数列可建立微分方程，即

$$\frac{\mathrm{d}x_1^{(1)}}{\mathrm{d}t}+ax_1^{(1)}=b_1x_2^{(1)}+b_2x_3^{(1)}+\cdots+b_{n\text{-}1}x_n^{(1)}$$

式中参数可表示为 $\hat{a}=(a, b_1, b_2, \cdots, b_{n-1})^T$.

按最小二乘法估计参数 $\hat{a}$，则有 $\hat{a}=(B^TB)^{-1}B^Ty_n$，可得 GM(1,$n$) 模型为

$$\hat{x}^{(1)}(j+1)=\left[x_1^{(0)}(1)\text{-}\frac{1}{a}\sum_{i=2}^{n}b_{i\text{-}1}x_1^{(1)}(j+1)\right]\mathrm{e}^{-aj}+\frac{1}{a}\sum_{i=2}^{n}b_{i\text{-}1}x_1^{(1)}(j+1)$$

$$x_i^{(0)}(0)=x_i^{(0)}(1)\quad(i=0, 1, 2, \cdots, n)$$

则有 $\hat{x}^{(0)}(j+1)=\hat{x}^{(1)}(j+1)-\hat{x}^{(1)}(j)$ ($j=0, 1, 2, \cdots, n$)，由此式便可计算出第 j+1 期的预测值 $\hat{x}^{(0)}(j+1)$。

基于灰色系统分析法进行的需求分析中，鲁德宏（2002）①在天然气市场需求预测中，将天然气系统看作灰色系统，采用累加生成法将历史数据进行灰数生成，建立 GM(1，1) 模型进行求解，再采用累减还原法得到需求预测值；曾波等（2015）②将传统灰色模拟及预测模型建模对象从“同质数据”拓展至“异构数据”，建立灰色异构数据“核”序列的 DGM(1,1) 模型，将其应用于某地震地帐篷需求量的分析；贡文伟等（2017）③基于灰色理论与指数平滑法，构建了需求预测综合模型，以总成本最小为目标对某新车型的需求量进行预测；戎陆庆等（2017）④通过 GM(1，1) 模型分析广西果蔬冷链物流需求发展变化，同时利用灰色关联方法分析影响果蔬冷链物流需求变化的相关因素。

总体而言，学者们选择灰色系统分析法进行需求分析主要因为该方法计算量

---

① 鲁德宏 . 天然气用户需求特点及需求预测方法 [J]. 国际石油经济 , 2002(12): 25–28, 58–59.

② 曾波 , 孟伟 , 刘思峰 , 等 . 面向灾害应急物资需求的灰色异构数据预测建模方法 [J]. 中国管理科学 , 2015,23(08): 84–1.

③ 贡文伟 , 黄晶 . 基于灰色理论与指数平滑法的需求预测综合模型 [J]. 统计与决策 , 2017(01): 72–76.

④ 戎陆庆 , 黄佩华 . 基于灰色理论的广西果蔬冷链物流需求及其影响因素预测研究 [J]. 中国农业资源与区划 , 2017,38(12): 227–234.

小、计算方便和预测精度高的优点，它不是从统计规律的角度应用大样本进行研究，而是采用数据生成的方法，将杂乱无章的原始数据整理成规律性强的生成序列再建立微分方程模型，从而分析事物未来的发展趋势的状况。但基于灰色系统的需求分析也有局限性：① 它适合具有指数增长规律的负荷预测，当原始数据离散程度变大时，系统行为容易导致数据需求空缺，从而使得模型的分析精度变差；② 它适用于有“贫信息”“小样本”的原始数据，而原始数据量过大反而不适合使用。

（4）人工神经网络法

人工神经网络是模拟人脑神经网络的结构与功能特征的一种技术系统，它对非线性系统具有很强的模拟能力。神经网络的“黑箱”特性很适合预测领域的应用需要，它不需要任何经验公式，就能从已有数据中自动地归纳规则，获得这些数据的内在规律。因此，即使不清楚预测问题的内部机理，只要有大量的输入、输出样本，经神经网络“黑箱”内部自动调整后，便可建立良好的输入、输出映射模型。

在预测领域中应用最广泛的人工神经网络模型是前向网络模型（BP 神经网络），其原理是从样本数据中选取一定的训练集和测试集，通过对神经网络中的权重和阈值进行反复修正，使神经网络中的误差函数逼近期望的极小值，从而完成计算。BP 神经网络的基本结构可以分为三个层次：输入层、隐含层、输出层。在 BP 神经网络预测模型中，输入层主要指该预测模型的自变量，输出层则是该模型的因变量，两者之间需要通过隐含层进行逻辑与数理上的关联，而隐含层的层数应当不少于一层。

其具体操作步骤为：

① 初始化，随机给定各连接加权值 $[w_{ij}]$，$[v_{jt}]$ 及阈值 θ_i，r_t；

② 根据给定的输入输出模式，经计算隐层、输出层各单元的输出结果为

$$b_j=f(\sum w_{ij}a_i-\theta_j),\quad c_t=f(\sum v_{jt}b_j-r_t),$$

其中 b_j 为隐层第 j 个神经元的实际输出，c_t 为输出层第 t 个神经元的实际输出，w_{ij} 为输入层至隐层的连接权，v_{jt} 为隐层至输出层的连接权。

③ 选取下一个输入模式，返回第二步反复训练，直到网络的输出误差达到要求时结束训练。

基于人工神经网络法进行的需求分析中，陈俊等（2005）[①]建立了云南旅游需求的 BP 神经网络模型，并对云南旅游外汇收入及入境游客人数进行了预测和分析；汪克亮等（2010）[②]将非线性回归分析和人工神经网络相结合，为电力需求研究提供有效工具；李帆等（2014）[③]以南京市某地源热泵空调系统为实测对象，根据实测的逐时负荷数据建立了人工神经网络负荷分析模型；林永杰等（2016）[④]基于实际获取的出租车需求数据，提出了基于人工神经网络的短时需求模型；马创等（2020）[⑤]提出一种基于改进鲸鱼算法优化的 BP 神经网络水资源需求分析模型，优化了 BP 神经网络收敛速度慢、容易陷入局部极值的问题。

总体而言，神经网络算法的主要优点在于，其与传统需求分析方法相比，具有高度的非线性运算和映射能力、自学和自组织能力，以及高速运算能力和较强适应能力等。但神经网络算法也有明显的缺点：① 它迭代次数多、全局搜索能力一般、容易陷入局部最优解；② 它将复杂的研究对象看成一个“黑箱”，并根据“黑箱”对外来刺激的反应方式来研究它的性质和结构，模型建成后不易修改，不能利用最新的数据对原有的参数进行修正，分析人员无法参与分析过程。

（5）支持向量机法

支持向量机（SVM）是一种二类分类模型，它的基本模型是定义在特征空间上的间隔最大的线性分类器。支持向量机学习方法包含构建由简至繁的模型：线性可分支持向量机、线性支持向量机以及非线性支持向量机。

以线性可分支持向量机为例，首先假设给定一个特征空间上的训练数据集：

$$T=\{(x_1, y_1), (x_2, y_2), \cdots, (x_N, y_N)\}$$

其中，$x_i \in X=\mathrm{R}^n$, $y_i \in Y=\{+1,-1\}$, $i=1, 2, \cdots, N$。x_i 为第 i 个特征向量，也称为实

---

① 陈俊，陈兆雄，幸林，等 . 基于 BP 神经网络的云南国际旅游需求预测 [J]. 昆明师范高等专科学校学报，2005(04): 89–91.

② 汪克亮，杨力 . 电力需求的非线性回归组合神经网络预测研究 [J]. 计算机工程与应用，2010,46(28): 225–227.

③ 李帆，曲世琳，于丹，等 . 基于运行数据人工神经网络的空调系统逐时负荷预测 [J]. 建筑科学，2014,30(02): 72–75.

④ 林永杰，邹难 . 基于运营系统的出租车出行需求短时预测模型 [J]. 东北大学学报（自然科学版），2016,37(09): 1235–1240.

⑤ 马创，周代棋，张业 . 基于改进鲸鱼算法的 BP 神经网络水资源需求预测方法 [J]. 计算机科学，2020,47(S2): 486–490.

例，y_i 为 x_i 的类标记。当 y_i=+1 时，称 x_i 为正例；当 y_i=–1 时，称 x_i 为负例。(x_i, y_i) 称为样本点。

学习的目标是在特征空间中找到一个分离超平面，能将实例分到不同的类。分离超平面对应于方程 $w\cdot x+b=0$，它由法向量 w 和截距 b 决定，可用 (w, b) 表示。分离超平面将特征空间划分为两部分，法向量指向的一侧为正类，另一侧为负类。

支持向量机在需求分析中应用时，李志龙等（2010）[①]以中国入境旅游月度数据为研究对象，探讨了 SVR 模型在旅游需求预测应用上的可适性，并与当今应用较为广泛的 BP 神经网络模型进行了比较；崔庆安（2013）[②]提出了主成分分析与支持向量机相结合的能源需求预测方法，对能源需求问题进行了研究；武牧等（2016）[③]以湖南中烟工业有限责任公司卷烟销量为研究对象，将支持向量机方法应用到卷烟销量预测中，提出了基于支持向量机的卷烟销量预测混合方法；陈海英等（2016）[④]提出一种人工鱼群算法优化支持向量机的物流需求分析模型（AFSA-SVM），并采用某地区物流数据进行性能测试；宋鹏等（2019）[⑤]考虑到支持向量机在数据拟合预测方面的优势，构建了基于不同核函数支持向量机的共享单车需求分析模型。

总体而言，支持向量机是一种有坚实理论基础的新颖的适用小样本学习方法，它基本上不涉及概率测度及大数定律等，也简化了通常的分类和回归等问题，泛化错误率低、计算开销不大是学者选择它进行需求分析的主要原因。但支持向量机法也存在不足：① 如果数据特征（维度）大于样本量，支持向量机表现很差；② 基于支持向量机的需求分析对参数设定十分敏感，而当前没有较好

---

① 李志龙，陈志钢，覃智勇．基于支持向量机旅游需求预测 [J]. 经济地理，2010,30(12): 2122–2126.

② 崔庆安．基于主成分分析与支持向量机的能源需求预测方法 [J]. 统计与决策，2013(17): 70–72.

③ 武牧，林慧苹，李素科，吴明治，王治国，吴高峰．一种基于支持向量机的卷烟销量预测方法 [J]. 烟草科技，2016, 49(02): 87–91.

④ 陈海英，张萍，柳合龙．人工鱼群算法优化支持向量机的物流需求预测模型研究 [J]. 数学的实践与认识，2016, 46(02): 69–75.

⑤ 宋鹏，黄同愿，刘渝桥．基于 SVM 的共享单车需求预测 [J]. 重庆理工大学学报（自然科学），2019,33(07): 187–194.

的参数确定思想，因此限制了其在需求分析与预测中的推广；③ 基于支持向量机的需求分析方法很难监控和可视化。

2. 公共服务需求算法

上面对多种常用需求分析方法进行了比较研究，指出了各种方法的优缺点和适用范围等，总结如表 2-11 所示。

表 2–11　需求分析常用算法特点

需求分析常用算法	优点	缺点	适用范围
时间序列法	所需数据信息量较少、分析方法简便易行	仅将时间作为唯一独立变量	不考虑除时间外的外界条件，分析对象在所研究的时间序列上没有较大波动
回归分析法	分析过程较为简单、分析精度高、能够对多影响因素进行分析	所需历史和现实资料较多、资料获取较为困难	分析研究对象与其影响因素之间存在因果关系、研究数据较为齐全
灰色系统分析法	计算量小、计算方便、分析精度高	原始数据离散程度变大时，系统行为容易导致数据需求空缺；原始数据量过大时不适合使用	适用于具有指数增长规律的负荷分析；适用于有“贫信息”“小样本”的原始数据
人工神经网络法	具有高度的非线性运算和映射能力、自学和自组织能力、高速运算能力和较强适应能力	迭代次数多、全局搜索能力一般、容易陷入局部最优解；模型建成后不易修改，不能利用最新的数据对原有的参数进行修正，分析人员无法参与分析过程	适用于寻找复杂问题的最优解、解决大复杂度问题
支持向量机法	泛化错误率低、计算开销不大	如果数据特征（维度）大于样本量，支持向量机表现很差；对参数设定十分敏感，而当前没有较好的参数确定思想；很难监控和可视化	适用于小样本学习

对于本书中村镇社区公共服务需求问题具体采用哪种分析方法，要考虑多个方面：

（1）公共服务需求的多影响因素

本研究在构建村镇社区公共服务需求模型之前，首先采用主成分分析等方法来确定需求的主要影响因素。影响公共服务需求的因素包含多项人口特征因素，且各影响因素在近年出现了较大变化，例如村民收入水平影响了村镇社区公共服务需求层次，村民生活水平越高，进阶与高阶类型的公共服务需求越多；人口年龄结构主要对医疗卫生、生产、教育、养老、文化等服务需求类型产生影响；人口受教育程度对文化、生产、医疗等服务需求类型产生影响；从业结构对医疗卫生服务需求以及就业信息、技能培训、产品营销等生产服务需求产生影响。因此在模型算法选择时，排除仅以时间作为单一变量的时间序列分析法，而选择采用基于多影响因素的分析法。

（2）已获取的数据量

用于村镇社区公共服务需求算法模型构建的数据包括近二十年全国农村人口特征数据（人均可支配收入、年龄结构、受教育程度、从业结构等）、全国农村居民公共服务需求数据（农村适龄学生入学率、医疗机构就诊率、养老院养老人口比重、文化培训参与率、生产支出等）、各省农村人口特征数据、村镇社区公共服务需求调研数据等。各变量取值之间的差异程度较大，因此排除灰色系统分析法等系统行为容易导致数据需求空缺的方法，避免使得模型的分析精度变差。

（3）村民公共服务需求的时效性

人对于公共服务的需求是多变的，为了实现公共服务效益的最大化，也为了降低公共服务体系搭建的难度，在进行人需求研究时，“人”指的是在村镇社区中具有社会群体属性的群体人，而不是个体的人。但伴随社会经济的不断发展，处于不同发展阶段的村镇社区表现出不同的属性特征，其对公共服务的需求仍会因属性改变而发生变化。因此公共服务需求模型构建并不是一蹴而就的，需对模型进行及时的修正与监督，而人工神经网络和支持向量法因其模型自身结构使得在此方面有所欠缺，与公共服务需求的时效性要求不相符。

基于以上模型构建时需考虑的因素，本书采用多目标规划法进行模型构建。多目标规划是在线性回归规划的基础上，为解决多目标决策问题而发展起来的一种科学管理的数学方法。与传统单目标最优化方法相比，多目标规划的特点在于：① 各目标间具有矛盾性；② 各目标间具有不可统一度量的标准，即根据决策需要，需考虑多方面影响因素；③ 多目标规划往往没有最优解，而是在多个目标间相互平衡，寻找最优决策方案。

多目标规划优化模型一般由三个要素组成：第一个要素是决策变量，指的是模型中需要求解的未知量；第二个要素是目标函数，指的是要优化问题的目标的数学表达式；第三个要素则是约束条件，指的是根据求解的问题判断给出模型的决策变量所隐含的限制条件。多目标规划优化模型的一般表达式为

目标函数　　　　$\max(\min) z = f(x)$

约束条件　　　　$\text{subject to } g_i(x) \leqslant 0 \ i$

$h_j(x) \leqslant 0 \ i$

式中，max(min) 代表着最优化的意思，既可以取 max（求目标函数的最大值），又可以取 min（求目标函数的最小值）；subject to 指受约束于；$f(x)$ 是目标函数；x 是决策变量；$g_i(x)$ 和 $h_j(x)$ 表示的是约束函数，其中 i 和 j 代表的是模型中约束条件的个数。

2.3.3　村镇社区公共服务需求算法

1. 公共服务需求算法一般表达

构建村镇社区公共服务需求模型的目的是通过把握村民公共服务需求及其影响因素作用的一般规律，提出村镇社区未来应配给的公共服务类型，即以村民需求属性为出发点，推测村民公共服务需求方向，为最终公共服务的配给落脚提供建议。

在村民公共服务需求层次中，医疗服务、公共卫生、基础教育、老年生活服务、养老助老服务、便民生活服务、社会治安服务、防灾减灾服务、党群行政服务、住房保障服务、社会救助服务、公共文化服务、公共体育服务、生产组织服务、生产安全服务、环境治理服务、水源保育服务等是村镇社区居民都基本需要的服务类型，建议实现村级自建或村村融合共建。除基本型服务需求外，疗养服务、职业教育、老年精神服务、就业信息服务、产品营销服务等共 7 项进阶型和 3 项高阶型公共服务是村镇社区居民根据自身特质产生的差异性公共服务需求，

也是本模型中应重点考虑的未来需求类型；在城乡统筹视角下，通常建议从镇域层面进行统筹配置（图 2-17）。

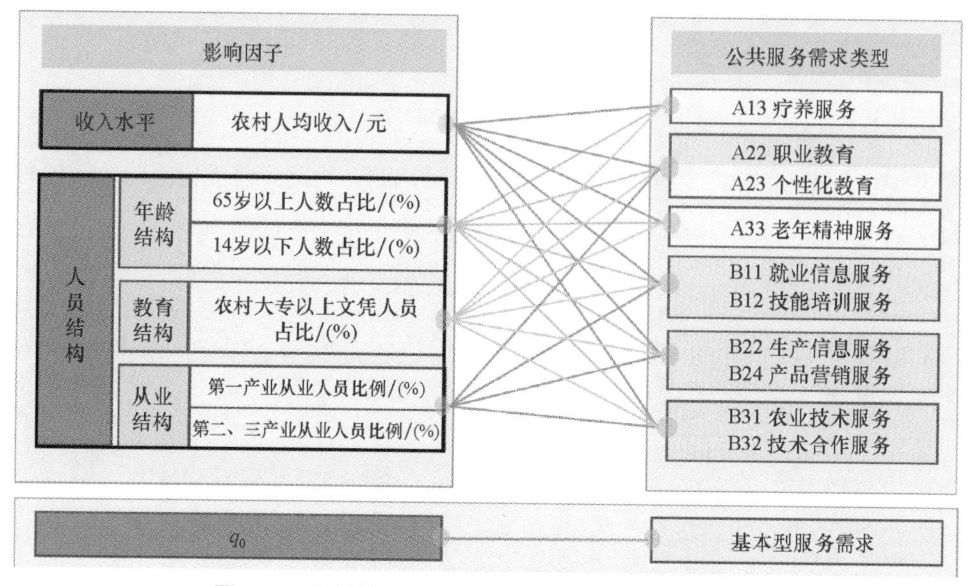

图 2-17　村镇社区公共服务需求影响因子的影响效用

资料来源：作者自绘

基于村镇社区公共服务需求影响因子的影响效用分析，采用多目标规划方法搭建村镇社区公共服务需求算法模型：

$$q_i=q_0+q(\mathrm{I})+q(\mathrm{A})+q(\mathrm{C})+q(\mathrm{E})$$

$$D=\sum_{i=1}^{n}q_i$$

式中，q_i 代表各类公共服务需求，q_0 代表村镇社区均具备的基本公共服务需求，I 代表农村居民人均收入，A 代表年龄结构，C 代表从业结构，E 代表教育结构，D 代表村镇社区公共服务的总需求。

2. 公共服务算法阈值确定

村镇社区公共服务需求变化，反映在村民公共服务需求与收入水平、年龄结构、教育结构和从业结构的指标数据产生的密切联系和客观规律上。因此分别以收入水平、年龄结构、从业结构和教育结构作为公共服务需求影响因子指标，对其影响效用进行分析，为村镇社区公共服务需求模型阈值的确定提供参考。

（1）收入水平影响效用

① 养老服务需求

以近二十年（2000—2019 年）农村居民人均可支配收入水平作为自变量，以选择养老院养老人数比例（农村养老机构年末收养老年数占老年人口比例）作为养老服务需求的表征因子，对二者进行分析。结果显示，老年人对于养老设施的选择在农村居民人均可支配收入达到 3500 元（3370.2 元）和 9500 元（9429.6 元）时产生较明显的拐点（图 2-18）。

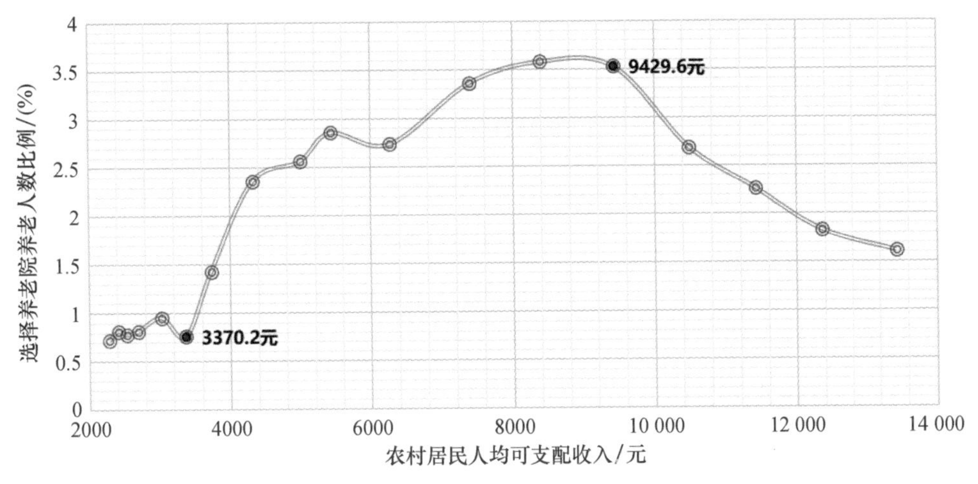

图 2-18　收入水平与养老服务需求的关系

资料来源：数据来自《中国农村统计年鉴》

当农村居民人均可支配收入在 3500 元以下时，农村老年人选择前往养老院养老的比例较低，每千农村老年人中仅有 7 ～ 10 人前往养老院养老。在这一阶段，养老机构的服务门槛较高、服务内容单一、服务质量不高，仅有少数失去子女、生活自理能力较差且有一定经济基础的老年人选择前往养老院养老。

当农村居民人均可支配收入在 3500 ～ 9500 元时，农村老年人选择前往养老院养老的比例大幅度增加，每千老年人中约有 35 人前往养老院养老。在这一阶段，村镇供养机构设施条件不断改善，村民生活水平提升，养老机构的门槛降低，越来越多的老年人有能力进入养老院进行养老。

当农村居民人均可支配收入在 9500 元以上时，伴随收入水平的提高，农村老年人选择前往养老院养老的比例逐渐下滑。在这一阶段，老年选择养老院养老比例下滑并不代表养老需求降低，反而伴随农村经济水平的提高，农村老年人养老需求愈发强烈，之所以造成这种现象，分析其主要原因在于部分老年人追求更高品质的居家养老，即未来农村养老将会是依托行政村、较大自然村，利用农家大院，建成老年日间照料中心、老年活动站等互助性养老设施，开发农村互助养老的新模式，以满足农村老年人居家养老的需要，逐渐实现以家庭赡养为基础，以养老机构和互助幸福院为依托，农村老年协会参与、村镇敬老院托底的农村养老服务供给格局。

② 医疗卫生需求

凯恩斯消费理论指出，收入水平对消费的影响是最直接、最根本的，当农村居民（简称村民）收入改变时，其作为消费者享有设施的能力就会随之改变。以农村居民人均可支配收入作为收入水平的表征指标、以农村居民医疗保健支出作为医疗服务需求的表征指标，对两者进行皮尔逊相关性分析，结果表明两者有强正相关性，即伴随农村居民收入水平的提升，其对于医疗卫生服务的需求增加。对农村居民收入水平与医疗保健消费进行比对，村民可支配收入每增加 1000 元，村民医疗保健消费将上涨约 0.36 个百分点。分析其原因，收入水平的提高会增加村民对未来健康回报的预期，因此更加关注自身的健康状态，对健康服务的需求加大，故伴随可支配收入水平的提升，村民对于医疗卫生服务的需求增加。

分析收入水平对村卫生室服务需求的影响效应，以农村居民人均可支配收入水平作为自变量，以村卫生室就诊率作为村卫生室基础卫生服务需求的表征因子，对二者进行分析。结果显示，村民对于村卫生室的需求呈两阶段效应，当农村居民人均可支配收入低于 9500 元（9429.6 元）时，伴随收入水平的提高，村民对村卫生室的需求度提升，村民可支配收入每增加 1000 元，村卫生室就诊率增加 0.24%，每万村民对应的村卫生室数量增加 0.42 个；当村民人均可支配收入在 9500 元以上时，村民对村卫生室的需求度较为稳定甚至产生下降趋势（图 2-19）。分析其原因：一是在其他因素不改变的情况下，伴随收入水平的提高，村民对自身身体健康关注增加，用于医疗保健方面的消费增多；二是当村民收入水平达到一定程度，生活条件改善，注重均衡膳食搭配和日常健身，因此健康状况良好，用于基础医疗卫生方面的消费相对减少。

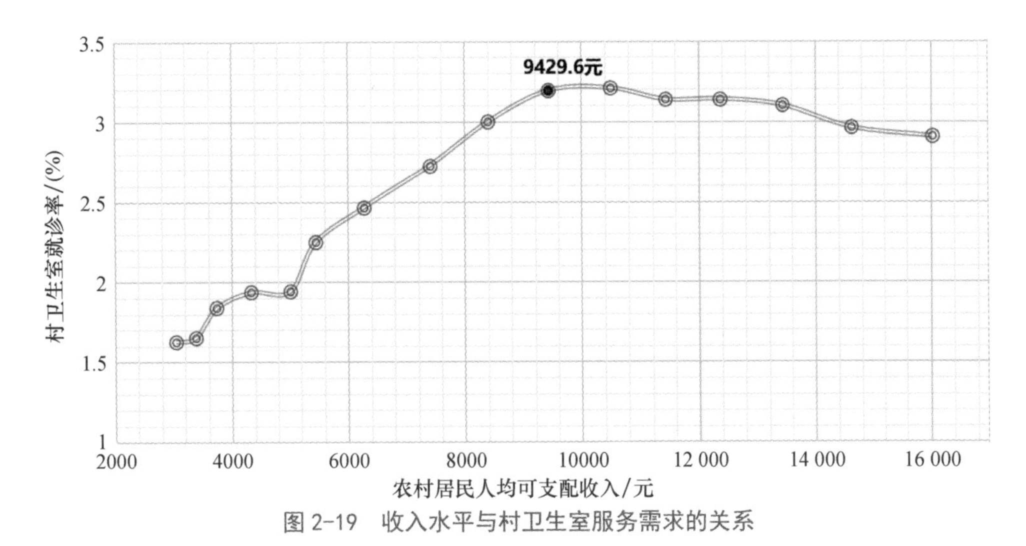

图 2-19　收入水平与村卫生室服务需求的关系

资料来源：数据来自《中国农村统计年鉴》《中国卫生统计年鉴》等

分析收入水平对乡镇卫生院医疗需求的影响效应，结果显示，伴随农村居民收入水平的提高，村民对于乡镇卫生院的需求度持续攀升，村民可支配收入每增加 10 000 元，乡镇卫生院就诊率提高 0.95%，每万村民对应乡镇卫生院数量增加 0.081 所，表明了村民对于更高层次医疗服务的渴望在持续增强（图 2-20）。

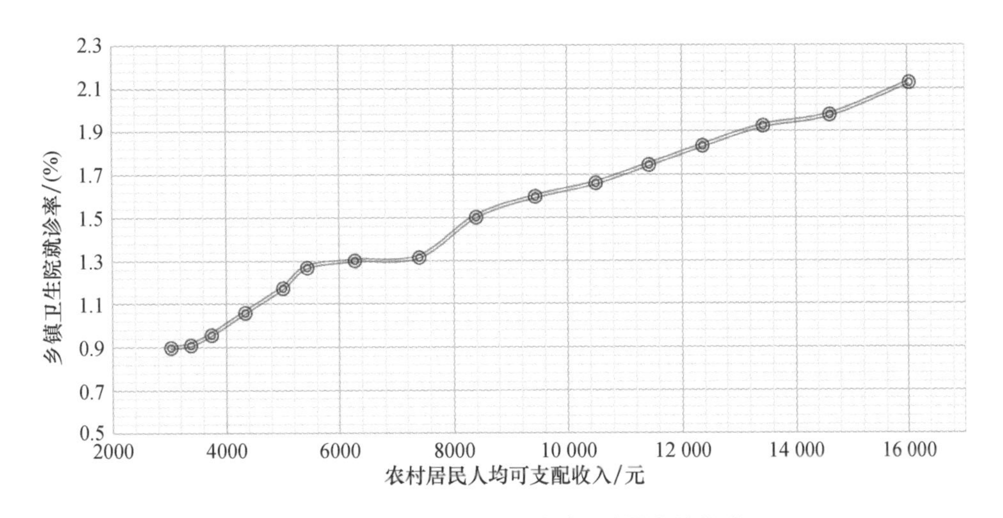

图 2-20　收入水平与镇卫生院医疗需求的关系

资料来源：数据来自《中国农村统计年鉴》《中国卫生统计年鉴》等

③ 教育服务需求

在村民幼儿托管服务需求方面，选取近二十年（2000—2019 年）适龄儿童入园率作为农村幼儿托管服务需求的表征指标，与村民人均可支配收入进行分析。结果显示，伴随村民收入水平的提高，村民对于幼儿园设施的需求度呈现持续增加的趋势，平均村民人均可支配收入每增加 1000 元，全国乡村幼儿园增加 3359 所，选择前往村幼儿园就读的适龄儿童占比增加 1.16%，每千适龄儿童对应幼儿园数增加 0.18 所（图 2-21）。

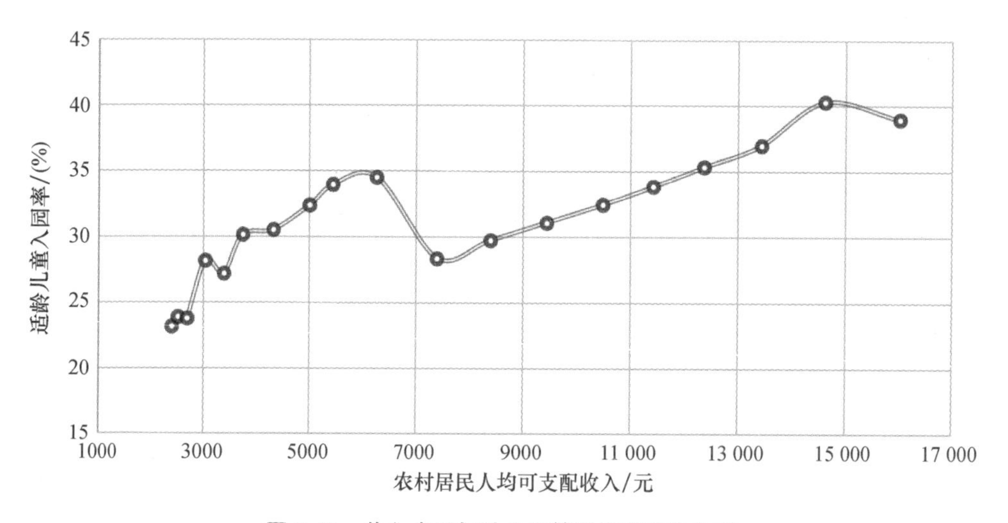

图 2-21　收入水平与幼儿托管服务需求的关系

资料来源：数据来自《中国农村统计年鉴》《中国教育统计年鉴》等

选取近二十年（2000—2019 年）适龄小学生入学率作为农村基础教育服务需求的表征指标，与村民人均可支配收入进行分析。结果显示，村民对农村小学的需求度呈两阶段效应，当村民可支配收入低于 5500 元（5435.1 元）时，伴随村民可支配收入水平的提高，村民对农村小学需求度呈缓慢上升趋势，人均可支配收入每增加 1000 元，选择前往村小学就读的适龄儿童占比增加 6.9%；人均可支配收入达到 5500 元时，村民对于村小学服务的需求达到顶峰，此时农村小学适龄学生入学率达到 93.87%，每万农村小学生对应学校数为 41 所；人均可支配收入超出 5500 元时，伴随村民可支配收入水平的提高，村民对农村小学需求度呈下降趋势，人均可支配收入每增加 1000 元，选择前往村小学就读的适龄儿童占比减少 4.25%，在这一阶段中，家长倾向于进入城镇为子女选择更优质的教育资源（图 2-22）。

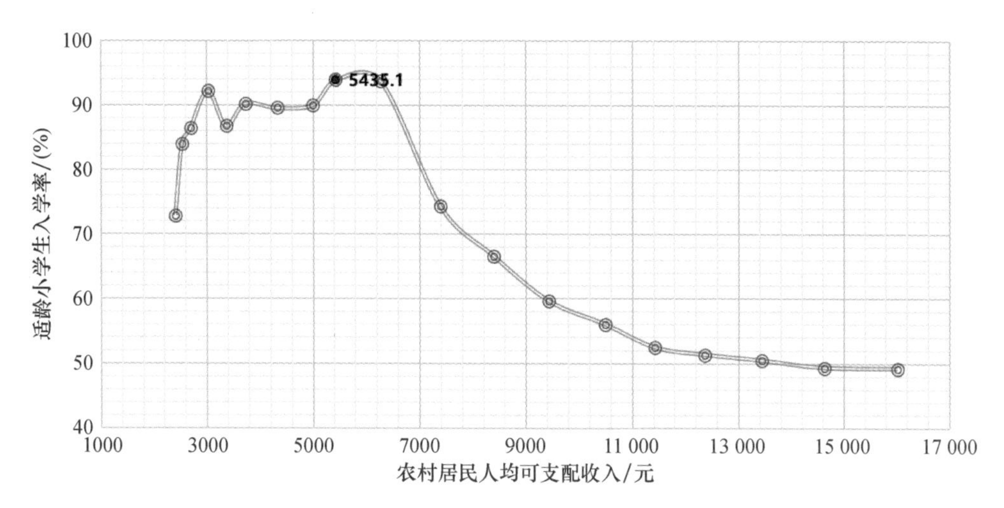

图 2-22　收入水平与基础教育服务需求的关系

资料来源：数据来自《中国农村统计年鉴》《中国教育统计年鉴》等

④ 生产服务需求

选取近二十年（2000—2019 年）村民用于生产设备的投资作为农村生产服务需求的表征指标，与村民人均可支配收入进行比较分析。

结果显示，村民传统生产服务需求在农村居民人均可支配收入达到 9500 元（9429.6 元）时产生明显拐点。村民人均可支配收入低于 9500 元时，伴随村民收入水平的提高，村民对于传统生产服务的需求呈现上升的趋势；村民人均可支配收入高于 9500 元后，伴随村民收入水平的提高，村民对于传统生产服务的需求较为稳定，没有较为明显的变化（图 2-23）。导致这种现象的原因为，伴随村民收入水平的提高，村民用于生产发展的投资增加；当村民可支配收入达到一定水平后，村民对于传统农村生产服务的需求已较为满足，将产生包括就业信息、技能培训、生产信息、产品营销、农业技术、物流配送等现代化农村生产服务的需求。

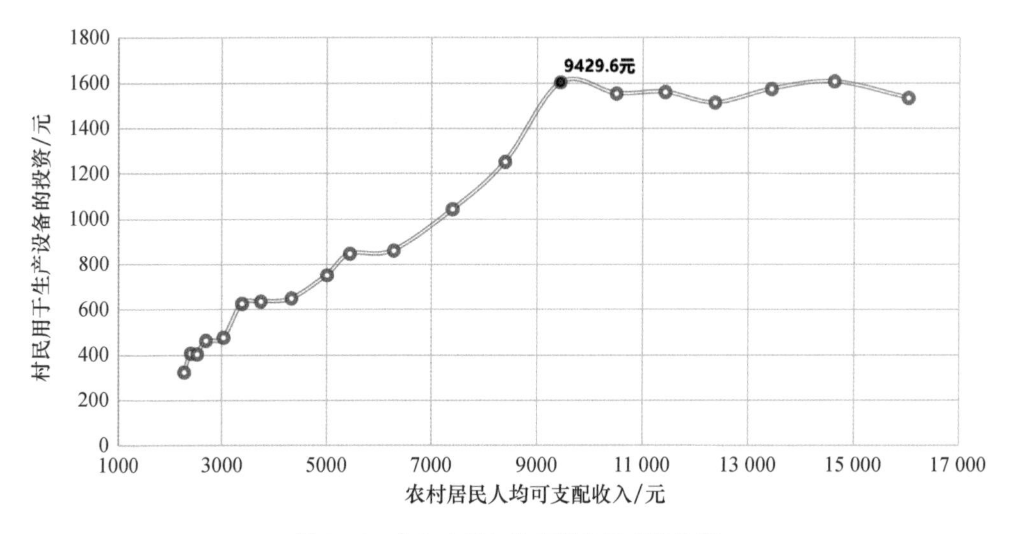

图 2-23　收入水平与生产服务需求的关系

资料来源：数据来自《中国农村统计年鉴》《中国农业年鉴》等

⑤ 文化体育服务需求

将村民收入水平与村民文体服务设施需求进行相关性分析，结果显示，村民可支配收入与参加文化培训人数占比、参观文化站人数占比、参加文艺活动人数占比具有强正相关性。

选取近二十年（2000—2019 年）参加文化培训人数占比作为农村文化服务需求的表征指标，与村民人均可支配收入进行分析。结果显示，伴随村民可支配收入水平的提高，村民对文体服务的需求呈持续上升的趋势（图 2-24）。村民人均可支配收入每增加 1000 元，参加文艺活动村民增加 2.62%，参观文化站村民增加 0.48%，参加文化培训的村民增加 0.23%，每万村民对应文化站数量增加 0.01 所。

另外，对比 2019 年各省份农村可支配收入与文化娱乐消费支出占比情况，社会经济越发达的地区对文化服务的需求越丰富，而社会经济水平相对较低的地区则相反。村民可支配收入越多，村民越愿意花时间进行消遣活动，追求精神文化生活的充实。

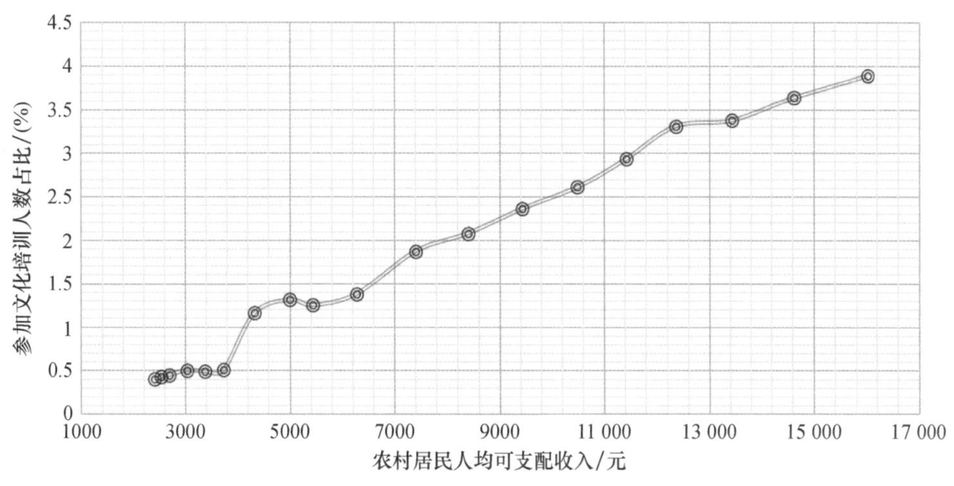

图 2-24　收入水平与文化服务需求的关系

资料来源：数据来自《中国农村统计年鉴》《中国社会统计年鉴》等

⑥ 小结

国内外不乏以收入水平为依据对发展阶段进行划分的案例，例如我国全面建成小康社会的基本标准是农村居民家庭人均纯收入达 8000 元，这是农村改革深入到一定水准和农业现代化水平发展至一定阶段的标志；再如世界银行提出，当农民纯收入达 9300 ～ 32 550 元时，代表已进入中等收入水平，村民生活较为富裕、生活水平相对稳定，且具有较高的优越感、家庭幸福感和社会责任感（表 2-12 和表 2-13）。

表 2-12　以收入水平为依据的发展阶段划分标准（国内）

收入标准	代表阶段
城镇居民人均可支配收入 1.8 万元 农村居民人均可支配收入 0.8 万元	全面小康社会建设标准
城乡居民可支配收入 3 万～ 10.5 万元	中等收入水平（根据湖北省城乡居民收入水平和全面小康的城乡居民收入水平测算）
城镇居民人均可支配收入 2.57 万～ 7.71 万元 农民纯收入 9300 万～ 32 550 万元	中等收入水平（根据世界银行的收入分组标准测算）
城镇居民可支配收入 3.4 万～ 10 万元 农民人均年收入 0.8 万～ 2.4 万元	农村中等收入水平（2004 年国家发展和改革委员会宏观经济研究课题组）

表 2-13　以收入水平为依据的相关阶段划分（国际）

<table>
<tr><th>收入标准</th><th colspan="2">代表阶段</th></tr>
<tr><td>人均 GNP（以 1973 年美元计算）
4000 ～ 6000 美元</td><td colspan="2">向“高度现代化社会”转变（1966 年布莱克标准）</td></tr>
<tr><td>人均国内生产总值 > 3000 美元</td><td colspan="2">现代化标准（1970 年英格尔斯标准）</td></tr>
<tr><td>人均 GNP ≤ 975 美元
人均 GNP 为 756 ～ 3855 美元
人均 GNP 为 976 ～ 9265 美元
人均 GNP 为 3856 ～ 11 905 美元</td><td>低收入国家
中低等收入国家
中等收入国家
中高等收入国家</td><td>（2008 年世界银行的人均收入划分标准）</td></tr>
<tr><td>城乡居民收入比 < 2 ： 1</td><td colspan="2">农民中等收入（根据世界银行 1997 年对 36 个国家的分析）</td></tr>
<tr><td>家庭年收入 2.5 万～ 10 万美元</td><td colspan="2">中间阶层（日本）</td></tr>
<tr><td>家庭年收入 3 万～ 10 万美元</td><td colspan="2">中产阶级（美国）</td></tr>
</table>

当前，我国农村社会经济水平不断提高，但绝对值水平仍较低。结合国内外社会发展阶段划分标准，社会发展进入更高级水平的收入门槛在 3 万元左右，因此本书提出农村居民可支配收入在 3 万元以上时将产生更加个性化的文化素养提升类公共服务需求的预测。需要说明的是，上文在研究收入水平对公共服务需求的影响效用时，用到的收入指标为人均可支配收入绝对值，但由于我国地域广大且存在区域差异，在进行具体村镇社区收入水平影响效用分析时应将当地生活成本与全国生活成本进行对照，使用地区收入水平相对值进行分析，以提高效用研究的准确性。

（2）年龄结构影响效用

人口年龄结构的表征指标有少儿人口占比、老年人口占比等，主要对养老、医疗卫生、教育、生产等类型的服务需求影响较大。

① 养老服务需求

以近二十年（2000—2019 年）选择养老院养老人数比例作为养老服务需求的表征因子，与农村 65 岁以上人口占比变化关系进行分析。

结果显示，农村 65 岁以上人口占比在 9.5%（9.6%）、11.5%（11.51%）时基础养老需求出现明显拐点。当 65 岁以上人口占比高于 9.5% 时，选择前往养老院养老的农村老年人口比例大幅度增加（图 2-25）。我国农村老龄化发展还伴随着高龄老龄化和少子老龄化，年龄的增大和家庭结构的小型化致使农村老年人对生活照料服务的需求愈发强烈。当 65 岁以上人口占比高于 11.5% 以上时，会产生更加多样的养老公共服务需求，例如医疗保健服务（预防保健服务、医疗协助服务、康复护理服务、健康咨询服务、老年人健康档案服务等）、家政服务（家具家电维修、清洗服务、疏通服务等）、精神慰藉服务（精神支持服务、心理疏导服务、文化交友服务等）等超越生活照料型的养老服务需求。至 2019 年，我国农村 65 岁以上人口占比已达到 14.69%，因此对多数村镇社区而言，养老服务需求类型均是多样化的。

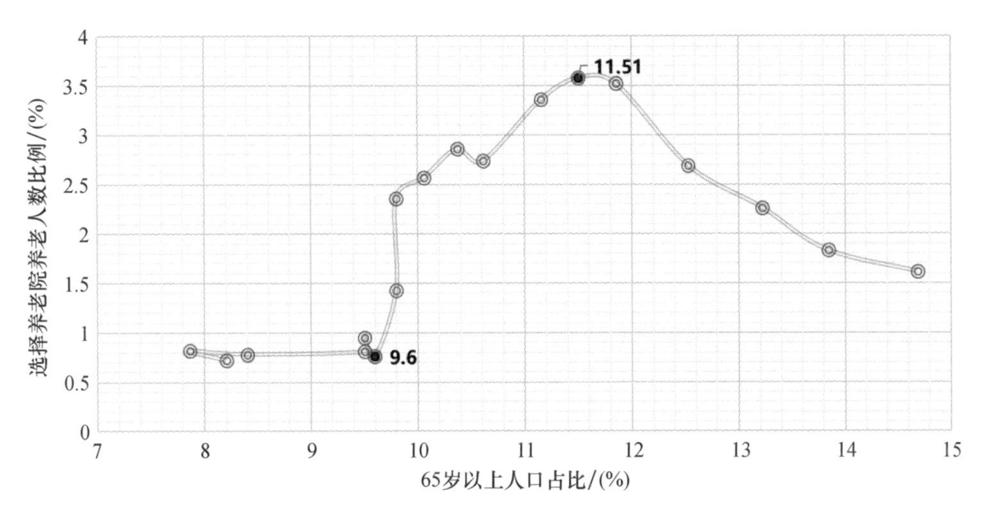

图 2-25　年龄结构与农村养老服务需求的关系

资料来源：数据来自《中国人口和就业统计年鉴》《中国农村统计年鉴》等

② 医疗卫生需求

以农村 65 岁以上人数占比作为年龄结构的表征指标、以农村居民医疗保健支出作为医疗卫生需求的表征指标，对两者进行皮尔逊相关性分析，结果表明两者有强正相关性，即伴随农村人口的老龄化趋势，村民对于医疗卫生服务的需求增加。对农村老年人口占比与医疗保健消费进行比对，65 岁以上老年人口占比每提高一个单位，村民医疗保健消费将上涨约 0.75 个百分点。

以近十六年（2004—2019 年）村卫生室就诊率作为医疗卫生需求的表征因子，与农村 65 岁以上人口占比变化关系进行分析。结果显示，村民对村卫生室

（基础医疗卫生）需求度呈现阶段效应。65 岁以上老年人口占比低于 9.5% 时，村民对基础医疗卫生服务的需求低缓，村卫生室就诊率保持在 1.65% 左右；当 65 岁以上老年人口占比高于 9.5% 时，村民对于村卫生室的需求随老年人口占比的增多而增加，老年人口占比每增加 1%，每万农村居民对应村卫生室增加 1 处；当 65 岁以上老年人数占比达 11.5% 时，村民对于村卫生室的需求达到顶峰，村民在众多医疗设施中选择村卫生室就诊的概率达 68.2%，此时每万农村居民享有 10.4 处村卫生室；当 65 岁以上老年人口占比超过 11.5% 时，村民对于村卫生室的需求保持基本稳定的状态，村民倾向于选择更高水平的医疗卫生服务（图 2-26）。

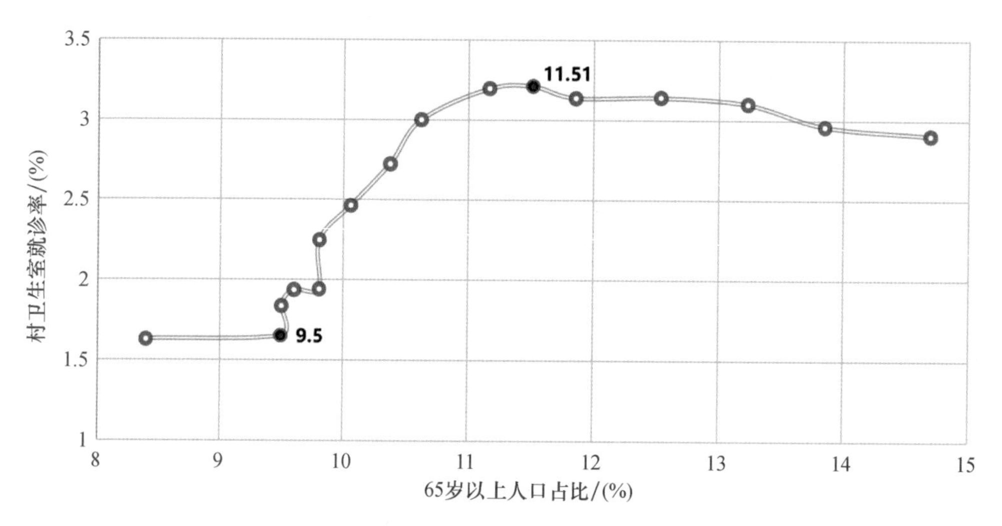

图 2-26　年龄结构与医疗卫生服务需求的关系

资料来源：根据《中国人口和就业统计年鉴》《中国社会统计年鉴》等自绘

③ 教育服务需求

在村民幼儿教育服务需求方面，选取近二十年（2000—2019 年）适龄儿童入园率作为农村幼儿托管服务需求的表征指标，与农村 65 岁以上人口占比进行分析。结果显示，伴随农村老龄化的加剧，村民的幼儿托管服务需求上涨，65 岁以上老年人口占比每增加 1 个百分点，适龄儿童入园率增加 2.30%（图 2-27）。

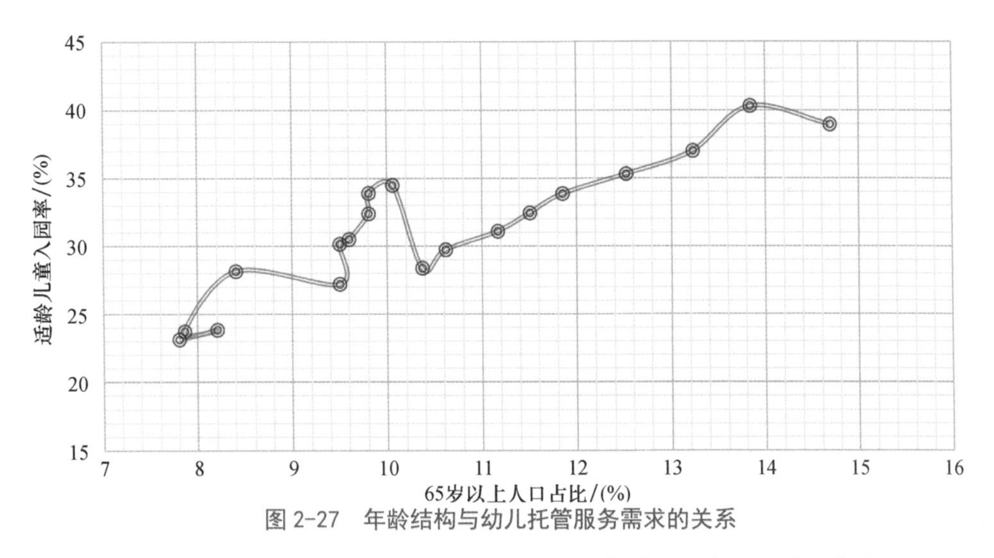

图 2-27　年龄结构与幼儿托管服务需求的关系

资料来源：数据来自《中国人口和就业统计年鉴》《中国社会统计年鉴》等

选取近二十年（2000—2019 年）适龄小学生入学率作为农村基础教育服务需求的表征指标，与农村 65 岁以上人口占比进行分析。结果显示，当 65 岁以上人口占比为 10%（10.06%）时，适龄小学生入学率达到巅峰的 93.79%；当 65 岁以上人口占比大于 10% 时，农村基础教育需求开始下降，伴随农村人口年龄结构的变化，农村小学教育服务需求趋于平稳，适龄小学生入学率稳定在 50% 左右（图 2-28）。

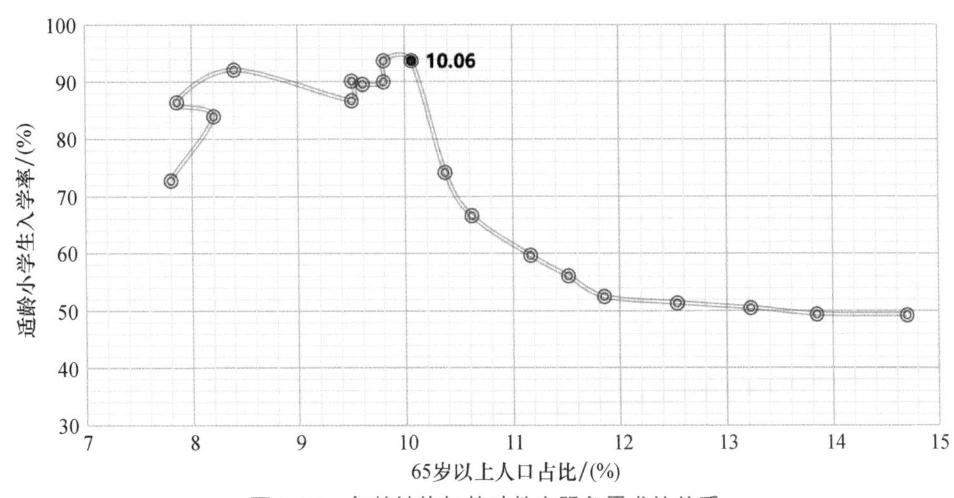

图 2-28　年龄结构与基础教育服务需求的关系

资料来源：数据来自《中国人口和就业统计年鉴》《中国社会统计年鉴》等

④ 生产服务需求

选取近二十年（2000—2019 年）村民用于生产设备的投资作为农村生产服务需求的表征指标，与村民人均可支配收入进行比较分析。结果显示，村民传统生产服务需求在 65 岁以上人口占比达到 11%（11.16%）时产生明显拐点。65 岁以上人口占比高于 11% 时，农村农业技术、农业机械、育种等传统型生产服务的需求趋于平稳，需求增加趋势降低（图 2-29）。

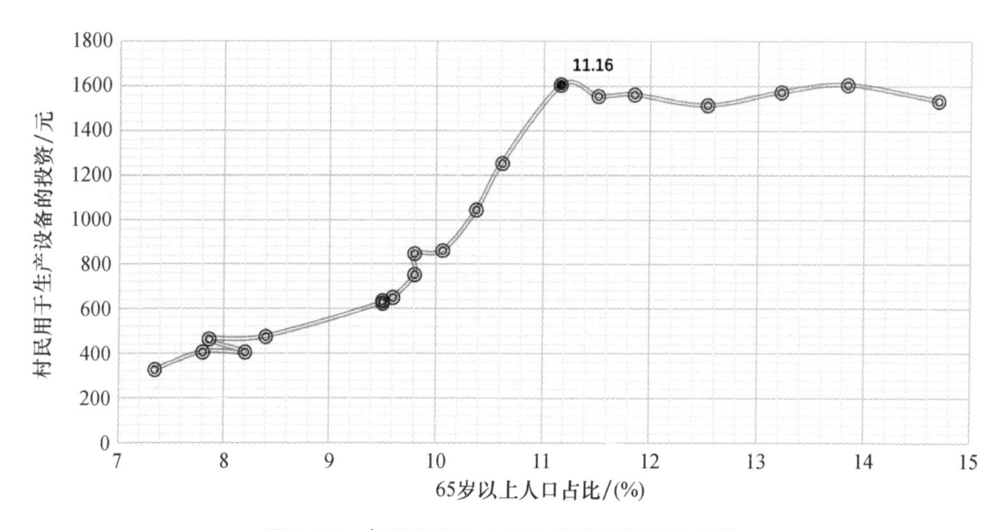

图 2-29　年龄结构与农村生产服务需求的关系

资料来源：数据来自《中国人口和就业统计年鉴》《中国农业年鉴》等

（3）教育结构影响效用

① 医疗卫生需求

受教育程度与医疗支出呈反比关系，就诊住院率最高的是文盲或半文盲人群。受教育程度越高，个人更加注重预防保健，患病概率相对较小，从而降低了医疗支出（图 2-30）。目前在我国农村地区，文化程度偏低的人群多集中在高年龄组和幼儿组，故不同文化程度人群在医疗卫生需求上的差异，实际上一定程度地反映了年龄因素的作用，即不同年龄村民的生理原因及自我保健能力的差别。

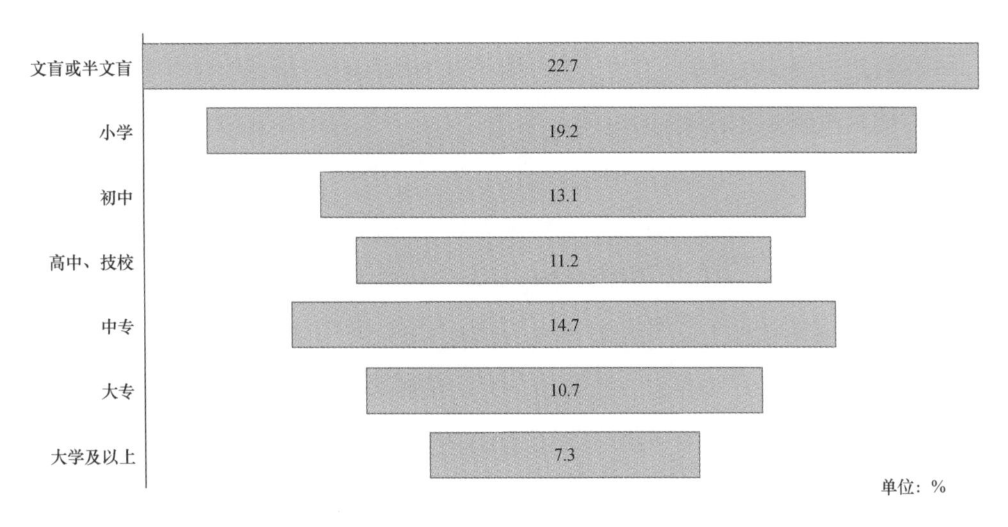

图 2-30　农村各教育程度居民住院情况

资料来源：数据来自《中国人口和就业统计年鉴》《中国卫生统计年鉴》等

以近十六年（2004—2019 年）乡镇卫生院就诊率作为医疗卫生需求的表征因子，与农村大专以上文凭人员占比变化关系进行分析。结果显示，农村大专以上文凭人员每增加 1%，乡镇卫生院医疗就诊率增加 0.43%（图 2-31）。

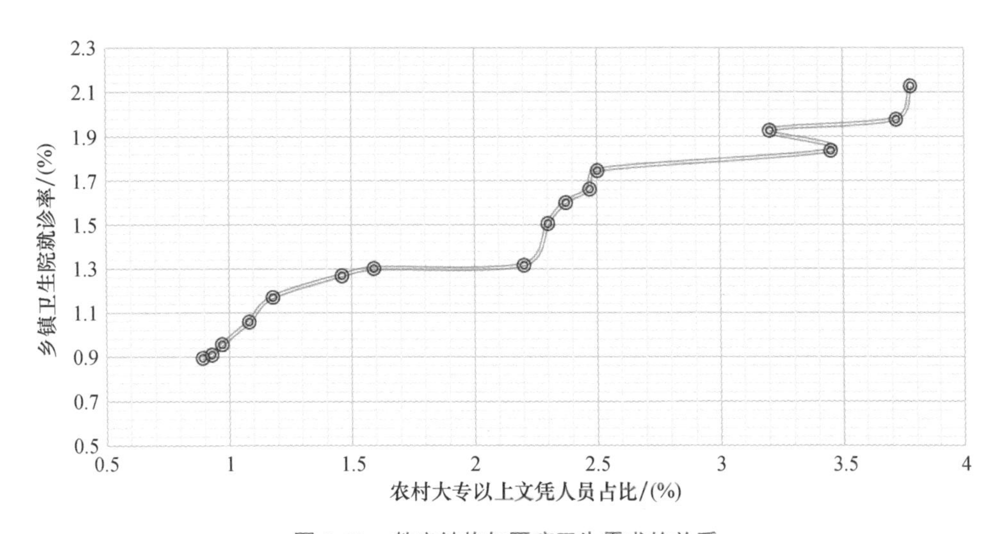

图 2-31　教育结构与医疗卫生需求的关系

资料来源：数据来自《中国人口和就业统计年鉴》《中国卫生统计年鉴》等

② 文化培训需求

将村民受教育水平与村民文化培训需求进行相关性分析，农村大专以上文凭人员占比与参加文化培训人数占比、参观文化站人数占比、参加文艺活动人数占比具有强正相关性。

以近二十年（2000—2019 年）村民参加成人文化技术培训人数占比作为文化培训需求的表征因子，与农村大专以上文凭人员占比进行比较分析。结果显示，农村大专以上文凭人员占比每增加 1%，参加文艺活动人数占比增加 14.24%，参观文化站人数占比增加 2.59%，参加文化培训人数占比增加 1.27%（图 2-32），每万村民对应文化站数量增加 0.06 所。农村文化程度较高的群体主要是智力劳动者和政府干部，他们通过读书、上网来满足工作的需要，对于文化培训服务有较高的需求。

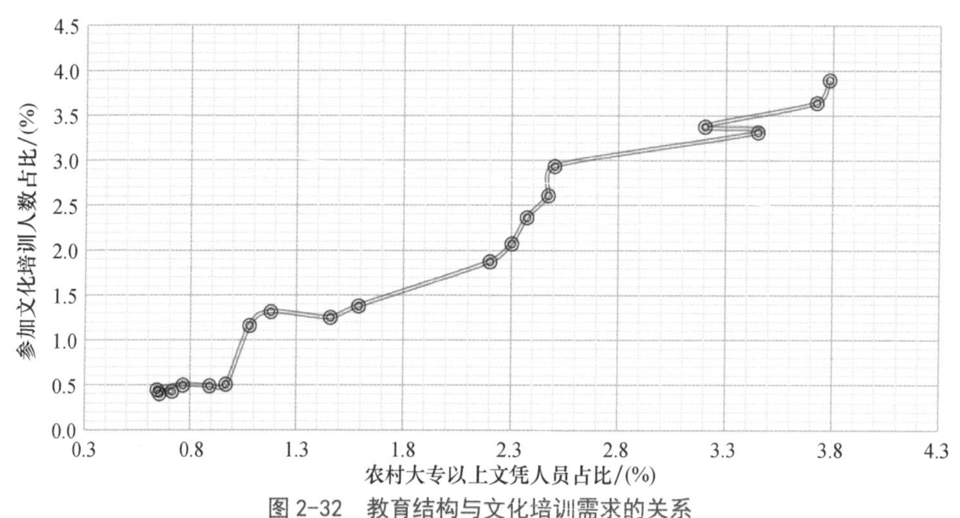

图 2-32　教育结构与文化培训需求的关系

资料来源：根据《中国人口和就业统计年鉴》《中国社会统计年鉴》等

③ 生产服务需求

以近二十年（2000—2019 年）村民用于生产设备投资的数额作为生产服务需求的表征指标，以农村大专以上文凭人员占比作为教育结构的表征指标，对两者变化关系进行比较分析。结果显示，村民传统生产服务需求在农村大专以上文凭人员占比达到 2.5%（2.37%）时产生明显拐点（图 2-33）。伴随村民受教育水平的提升，其对于就业信息、技能培训、产品营销等进阶生产服务需求增强。

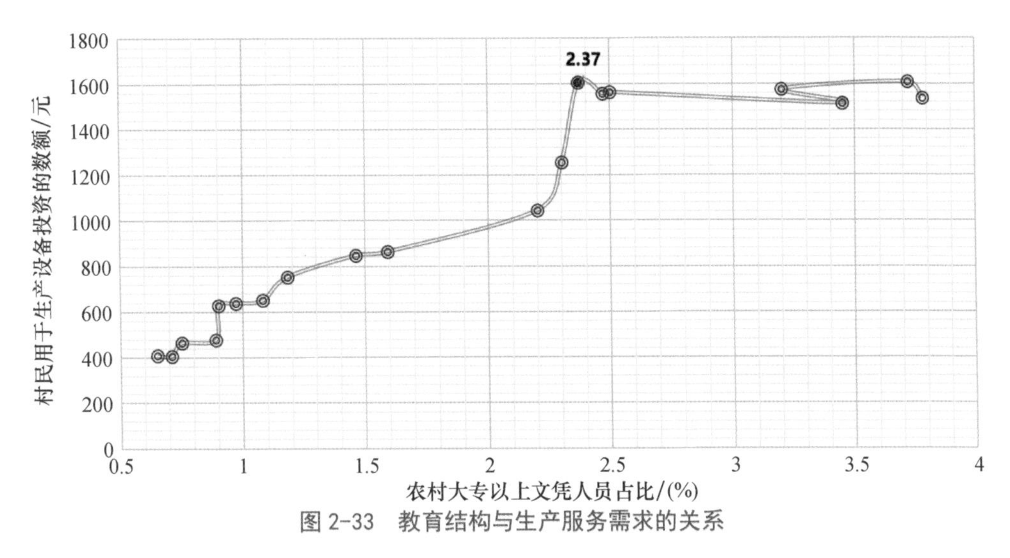

图 2-33　教育结构与生产服务需求的关系

资料来源：数据来自《中国人口和就业统计年鉴》《中国农业年鉴》等

④ 养老服务需求

以近二十年（2000—2019 年）农村大专以上文凭人员占比作为自变量，以农村选择养老院养老人数比例作为养老服务需求的表征因子，对二者进行分析。结果显示，老年人对于养老设施的选择在农村大专以上文凭人员占比达到 2.5%（2.37%）时产生较明显的拐点（图 2-34）。

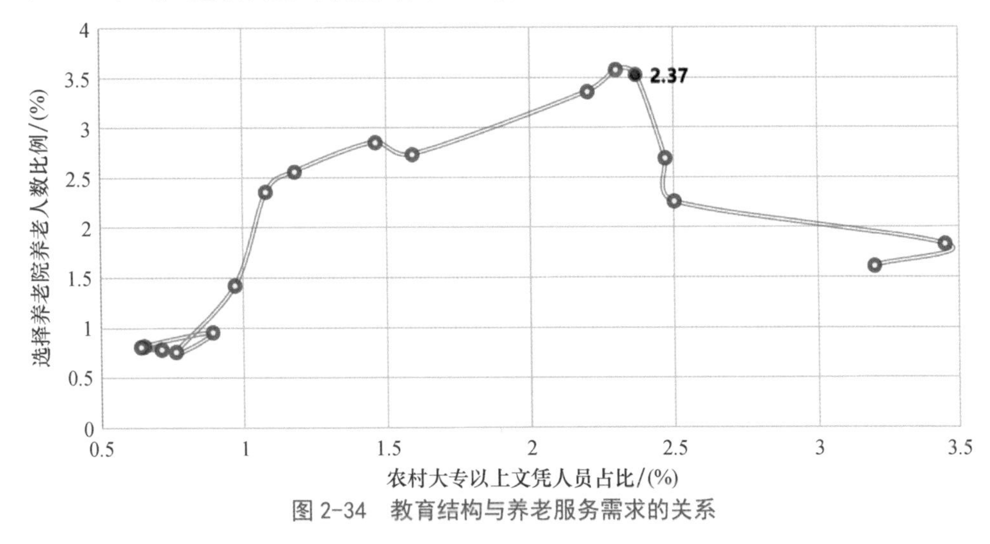

图 2-34　教育结构与养老服务需求的关系

资料来源：数据来自《中国人口和就业统计年鉴》《中国农村统计年鉴》等

当大专以上文凭人员占比低于 2.5% 时，伴随村民受教育程度的提高，基本养老服务需求提高；当大专以上文凭人员占比高于 2.5% 时，伴随村民受教育程度的提高，基本养老服务需求呈减少的趋势，村民追求更高品质、更个性化的养老服务。

（4）从业结构影响效用

人口从业结构是影响村民职业教育需求、生产服务需求类型的重要因素。通常选取村民第一产业收入占比作为村民从业结构的表征指标。

① 技术培训服务需求

将农村产业结构与村民技术培训服务需求进行相关性分析，村民从事第一产业获得收入占比与成人技术培训需求具有强正相关性。以近二十年（2000—2019 年）村民参加成人文化技术培训人数占比作为技术培训需求的表征指标，以农村第二、三产业从业人员占比作为从业结构的表征指标，对两者变化关系进行比较分析。结果显示，伴随农村第二、三从业人员的增加，村民对于成人文化技术培训设施的需求度呈现分阶段上升的趋势。农村第二、三从业人员占比低于 30%（29.6%）时，村民参加成人文化技术培训人数占比较为平稳，保持在 0.5% 左右；当农村第二、三从业人员占比高于 30% 时，村民参加成人文化技术培训人数占比持续上升，农村第二、三从业人员占比每增加 1%，村民参加成人文化技术培训人数占比上升 0.2%；当农村第二、三从业人员占比高于 40%（39.9%）时，村民参加成人文化技术培训人数占比加速上升，农村第二、三从业人员占比每增加 1%，村民参加成人文化技术培训人数占比上升 0.9%（图 2-35）。

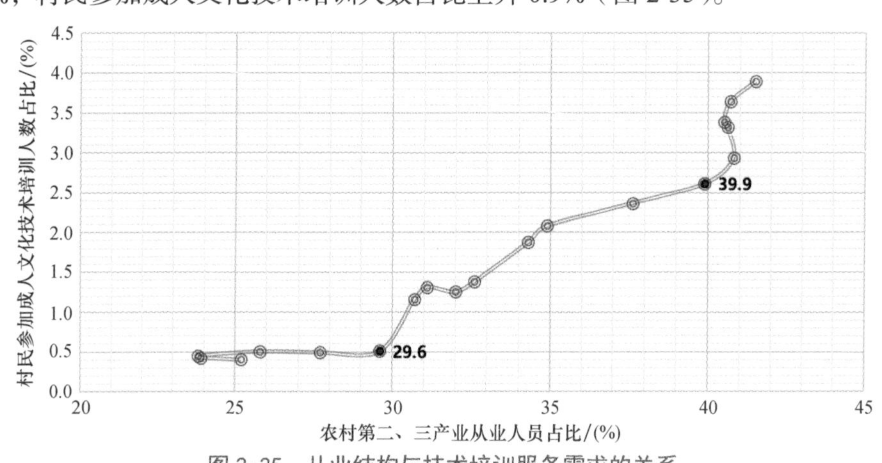

图 2-35　从业结构与技术培训服务需求的关系

资料来源：数据来自《中国人口和就业统计年鉴》《中国社会统计年鉴》等

② 生产服务需求

以近二十年（2000—2019 年）村民用于生产设备投资的数额作为生产服务需求的表征指标，以农村第二、三产业从业人员占比作为从业结构的表征指标，对两者变化关系进行分析。结果显示，村民传统生产服务需求度在农村第二、三产业就业人员占比达到 40%（39.9%）时产生明显拐点。农村第二、三产业就业人员占比低于 40% 时，伴随第二、三产业从业人员的增加，村民对于进阶生产服务的需求呈现上升的趋势；农村第二、三产业从业人员占比近 5 年一直保持在 40% 左右，村民对于传统生产服务的需求度较为稳定，没有较为明显的变化（图 2-36）。

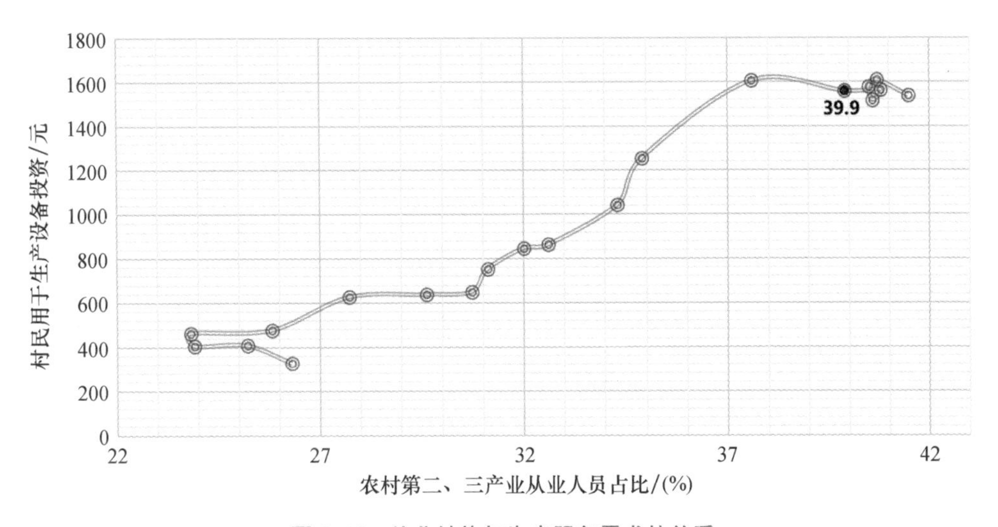

图 2-36　从业结构与生产服务需求的关系

资料来源：数据来自《中国人口和就业统计年鉴》《中国农业年鉴》等

③ 医疗卫生服务需求

以近十六年（2004—2019 年）村卫生室诊疗率作为医疗卫生服务需求的表征指标，以农村第二、三产业从业人员占比作为从业结构的表征指标，对两者变化关系进行分析。结果显示，村民医疗卫生服务需求在农村第二、三产业就业人员占比达到 40%（39.9%）时产生明显拐点。农村第二、三产业从业人员占比低于 40% 时，伴随第二、三产业从业人员的增加，村民对于医疗卫生服务的需求呈现上升的趋势；农村第二、三产业就业人员占比近 5 年一直保持在 40% 左右，村民对于医疗卫生服务的需求开始产生下降趋势，说明村民身体素质提升，并倾向于选择更高水平的医疗服务（图 2-37）。

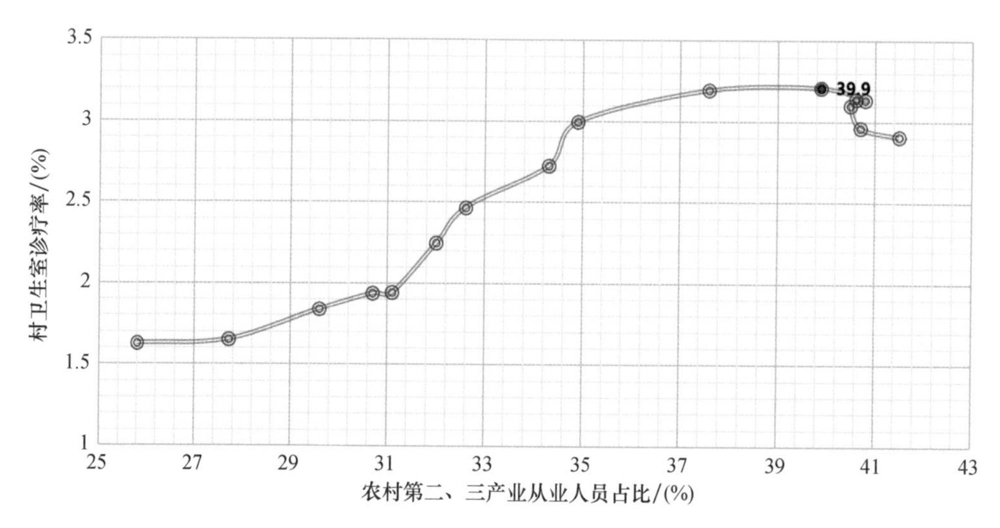

图 2-37　从业结构与医疗卫生服务需求的关系

资料来源：数据来自《中国人口和就业统计年鉴》《中国卫生统计年鉴》等

3. 公共服务需求算法模型

基于以上对各影响因子参数阈值的分析，对公式 $q_i=q_0+q(\mathrm{I})+q(\mathrm{A})+q(\mathrm{C})+q(\mathrm{E})$ 中各变量的参数进行解释，如表 2-14 所示。

表 2-14　模型参数阈值解释

目标函数	约束条件		公共服务需求类型
q_0			基本公共服务
$q(\mathrm{I})$	人均可支配收入	＜ 5500 元	基本公共服务
		5500 ～ 9500 元	职业教育、个性化教育服务
		9500 ～ 30 000 元	老年精神服务、疗养服务、就业信息、技能培训、生产信息、产品营销、农业技术、技术合作服务
		≥ 30 000 元	个性化、文化素养提升服务

续表

目标函数	约束条件		公共服务需求类型
$q(A)$	65 岁以上人口占比	< 10.0%	基本公共服务
		10.0% ～ 11.0%	个性化教育服务
		11.0% ～ 11.5%	就业信息、技能培训、生产信息、产品营销、农业技术、技术合作服务
		≥ 11.5%	老年精神服务、疗养服务
$q(C)$	第二、三产业从业人员占比	< 30.0%	基本公共服务
		30.0% ～ 40.0%	职业教育服务、技能培训服务
		≥ 40.0%	就业信息、生产信息、产品营销、农业技术、技术合作服务
$q(E)$	大专以上文凭人员占比	< 2.5%	基本公共服务
		≥ 2.5%	老年精神服务、就业信息、技能培训、生产信息、产品营销、农业技术、技术合作服务

2.4　村镇社区公共服务需求数据库搭建

2.4.1　数据库设计

1. 数据库设计的原则与目标

数据库是计算机平台（系统）的基础，是一种以特定方式保存的数据集合，数据库相比传统的数据存储方式具有明显优势，如较高的共享性、较小的冗余度等，数据库管理程序需要具有独立性，可实现对空间及属性数据的存储、查询、管理，数据库中的数据类型多样，包含数字、文本、图像、音频、视频等。在数据库设计过程中要充分展示其本身的特点，根据系统的需求分析对数据库进行高效设计，最大限度保证数据的一致性。数据库结构设计一般包括概念结构、逻辑结构、物理结构三个方面。

本平台中数据既包括全国及区域行政区划图等空间数据，也包括社会经济数据等属性数据。为了对数据进行更为有效的管理，本系统分别建立空间数据库及属性数据库，对不同类型的数据进行存储管理及更新分析，并建立用户数据库系统，对用户信息及权限功能进行设置，数据存储结构如图 2-38 所示。

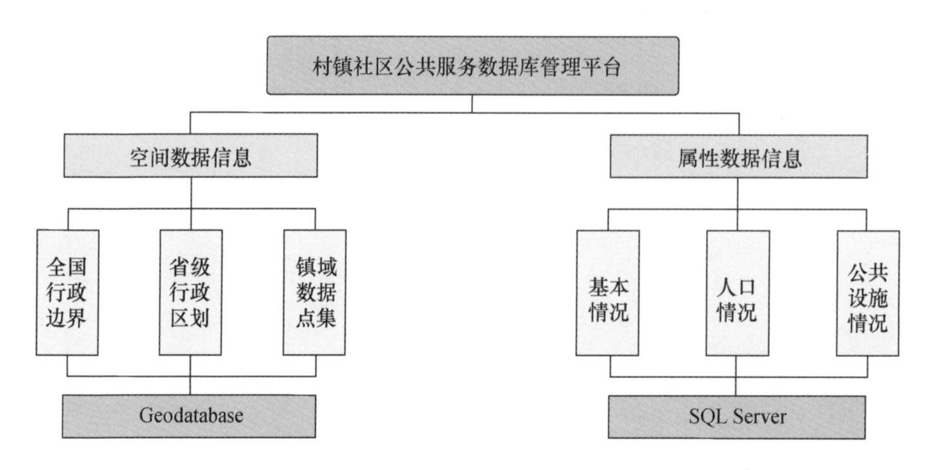

图 2-38　数据存储结构

资料来源：作者自绘

本平台数据库设计原则如下：

① 一致性原则。对输入数据库中的数据要有审核机制，实现数据来源及格式上的统一，保证数据的一致性和完整性，数据库设计目标与系统的需求分析保持一致。

② 安全性原则。保证数据的安全是数据库设计最重要的一个环节，防止非法用户使用数据库或合法用户非法使用数据库造成数据损坏、恶意篡改等，因此要设置一定的管理机制，对数据进行集中控制。

③ 可扩展性原则。设计数据库结构应充分考虑后续完善和进展，在功能上实现良好的伸缩性，便于数据的修改及更新。

④ 规范性原则。数据库的设计应遵循规范化理论，可以最大限度地减少数据库操作时的异常和错误，降低数据冗余度等。

2. 空间数据库设计与建立

空间数据用来表示对象的位置、形态、大小及分布等各方面的信息，是对具有定位意义的物体和对象的一种定量描述。空间数据结构是对空间数据的一种理解和诠释，具体是指空间数据在程序内的组织和编码形式，适用于计算机系统存储和管理环节，是对地理空间实体之间抽象关系的定性描述。空间数据结构主要包括两种类型，即矢量数据结构、栅格数据结构。

矢量数据结构是一种常见的图形数据结构，通过一系列有序的 x-y 坐标来记录地理要素的空间位置等信息，主要的矢量对象包括点、线、面等要素，根据对地理实体空间关系的表达程度分为实体型数据结构和拓扑型数据结构两大类。

栅格数据结构是将空间数据划分为规则的称为像元的网格，通过行列序号确定像元位置，形成整齐的数字矩阵，进而对地理空间要素的属性进行定性描述。栅格数据结构简单直观，存在着最小的、不能再分的栅格单元，便于计算机进行处理、存储和显示。

（1）空间数据库构建

本平台数据库中统一采用地理数据库模型（Geographic Database，简记为 Geodatabase），以面向对象的思想管理存储 Coverage、Shapefile 等空间数据。Coverage 和 Shapefile 是以文件形式管理图形数据，关系数据库管理属性数据，通过标识码连接二者的混合型数据管理模式。Geodatabase 是从 Arcinfo8.0 及其以后版本中推出的新数据结构，它是一个面向对象的数据模型，利用关系数据库管理面向对象的地理要素。除了上面提到的优点外，与普通的数据模型相比，Geodatabase 还有以下优点：

① Geodatabase 为空间数据提供了一个统一的储存地点，彻底改变了以前图形数据和属性数据分开存储的局面。通过地理数据库统一管理图形数据和属性数据，很好地解决了数据不一致、冗余等问题。

② 数据编辑更加准确有效。在 Geodatabase 中可以定义有效性规则，通过有效性规则在数据编辑过程中能直接将不符合规律的错误数据“拒之门外”。

③ Geodatabase 中内置了 Geometric Network，Geometric Network 非常适用于分析与模拟，而且 Geometric Network 中已经内置了一些分析工具，如 Solvers、NetFlags、Barriers、Tracing 等，合理应用这些工具将极大地方便村镇公共服务的评价与分析。另外，Geodatabase 还支持多人同时编辑空间数据库，以更加准确的方式表示要素。Geodatabase 数据组织结构如图 2-39 所示。

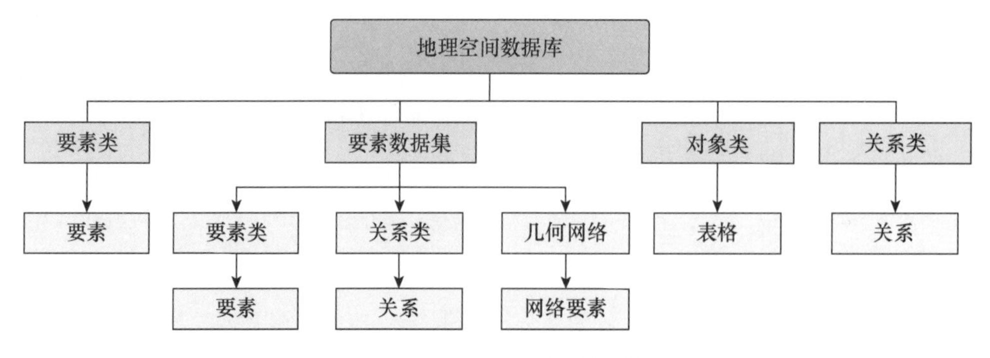

图 2-39　Geodatabase 数据组织结构

资料来源：作者自绘

（2）平台空间数据库构建

Geodatabase 是 ArcGIS 存储空间地理信息的数据模型，可用于存储关系型数据库管理系统或者文件系统，ArcGIS Engine 通过工作空间 IWorkspace 访问 Geodatabase，还涉及 IFeature Workspace、IRaster Workspace、INetwork Workspace 等接口，建立工作空间后，可以用它打开数据源的数据集，创建新数据存储结构，利用要素类接口对打开的数据集进行数据入库或者更新操作。

本平台数据库主要采用文件型空间数据模型（FileGeodatabase）来管理空间数据，为保证空间数据处理的高效安全性，将矢量数据和栅格数据分开储存管理。空间数据库中进一步创建要素数据集、要素类，完成加载数据、属性域设置、建立关系添加索引、创建关系类等工作，数据库窗体设计完成后，使用 ArcGIS Engine 的 IWorkspace Factory、IWorkspace 等接口进行数据库连接，完成数据的存储应用。

3. 属性数据库设计与构建

属性数据是以数字、符号、文本和图像等表示的地理实体所具有的各种特性，属性数据作为一种非空间数据可分为定性和定量两种，定性包括实体要素的名称、类型、特性，例如行政区域名称属性、土地利用类型、土壤类型等；定量包括数量和等级，例如区域面积大小、实体要素长度等。数据模型是建立属性数据库的基础与核心环节，按照数据模型的特点可以将传统数据库系统分为网状型、层次型和关系型三种。其中关系数据库以关系代数为理论基础，是最常用的建库模型，关系模型以二维表的形式组织数据库中的数据，表中的行单位称为一个记录，列单位称为一个字段，每列的标题称为字段名，对数据进行完整记录。因此，本数据库采用关系模型构建属性数据库。

（1）属性数据基础

属性数据通常是以特征码形式来定义地理要素的质量和数量特征，以特定的数字编码存储在由行和列组成的属性表中，其中行单位代表一个空间要素，列单位代表空间要素的一个特征，数据类型主要包括数字型、字符串、二进制块对象型等。

属性数据获取方式多种多样，具体包括摄影测量与遥感影像判读、实地调查调研、其他系统属性数据共享、数据通信等，本系统中涉及的主要是通过调研方式获得的数据，包括农村基本情况数据、农村人口数据、农村公共设施数据等。

（2）属性数据库结构设计

数据库结构设计主要任务是把逻辑结构设计阶段设计的数据库结构图，转化为 GIS 软件支持的、与数据模型相符合的数据表结构，并对空间数据和属性数据进行匹配，建立准确的拓扑关系。图 2-40 展示的是国家层面的全国数据实体。

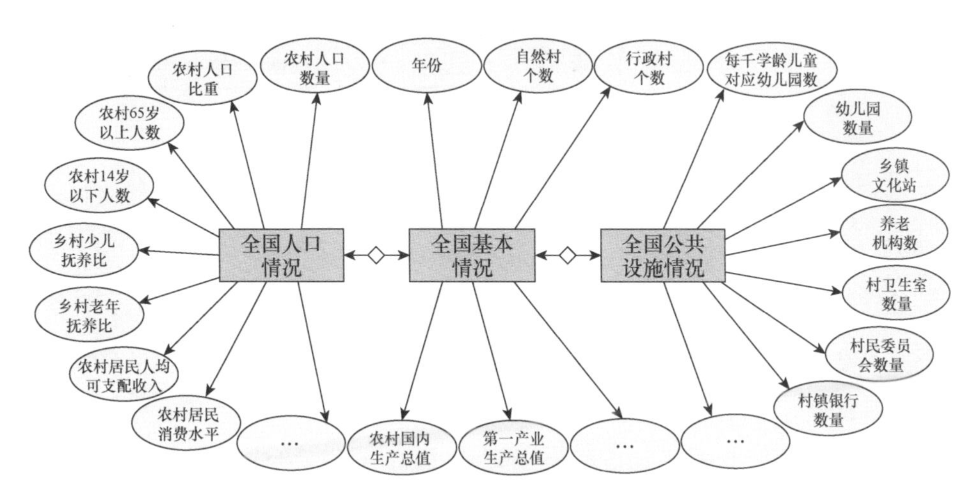

图 2-40　全国数据实体（国家层面）

资料来源：作者自绘

本系统全国属性数据库结构设计如图 2-41 所示，全国属性表包括全国基本情况表、全国人口情况表、全国公共设施情况表。全国基本情况表包括自然村个数、行政村个数、农村国内生产总值、第一产业生产总额等字段信息；全国人口情况表包括农村人口数量、农村人口比重、农村 65 岁以上人数等字段信息；全国公共设施情况表包括幼儿园、乡镇文化站、养老机构数等字段信息。

图 2-41　全国属性数据库结构设计

资料来源：作者自绘

各省属性表包括各省人口情况、各省基本情况及各省公共设施情况表。各省基本情况涵盖了自然村个数、村庄建设用地面积等基本信息；各省人口情况包括农村人口总数、农村少儿抚养比、农村老年抚养比等人口信息；各省公共设施情况主要描述各省村卫生室、床位数、养老机构数等公共设施的信息（图 2-42 和图 2-43）。

农村少儿
抚养比
地区
年份
自然村
个数
行政村
个数
乡镇卫生院
病床使用率
农村每千人口
卫生技术人员
农村人口
总数
村卫生室
农村老年
抚养比
乡村医生
和卫生员
省人口
情况
省基本
情况
省公共
设施情况
农村0~14
岁人数
每千位小学生
对应教师数
农村15~
64岁人数
乡村小学转
任教师数
农村65岁
以上
养老机构
数
…
村镇建设
用地面积
…
…

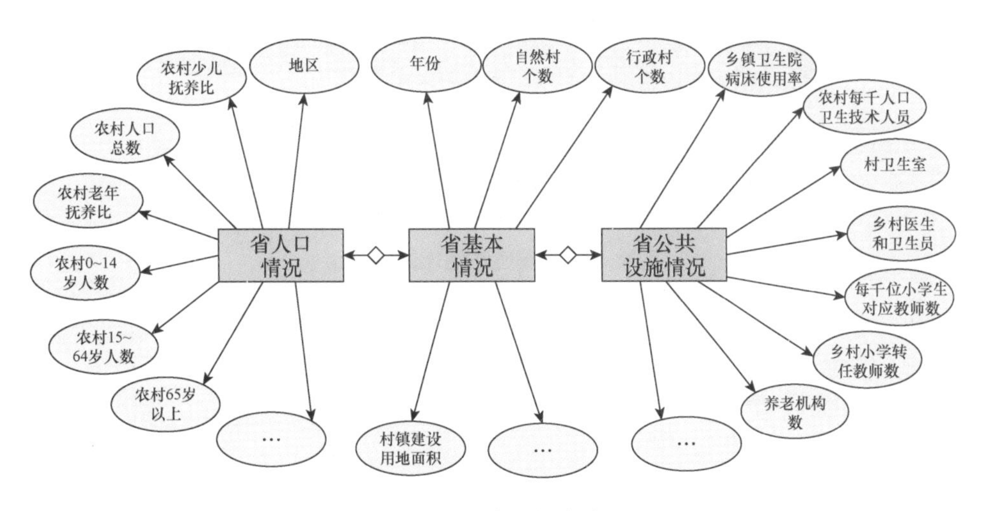

图 2-42　省数据实体

资料来源：作者自绘

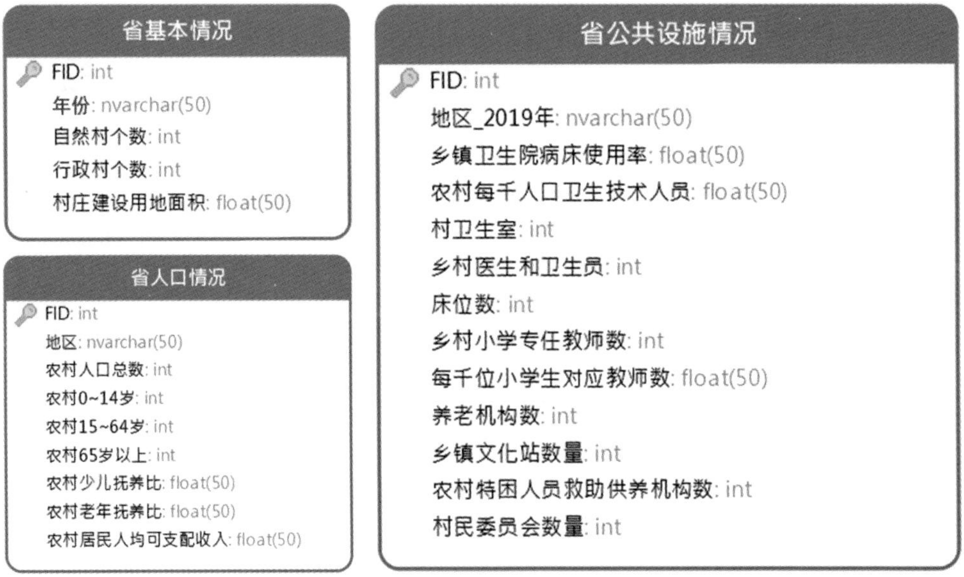

省基本情况
FID: int
年份: nvarchar(50)
自然村个数: int
行政村个数: int
村庄建设用地面积: float(50)
省人口情况
FID: int
地区: nvarchar(50)
农村人口总数: int
农村0~14岁: int
农村15~64岁: int
农村65岁以上: int
农村少儿抚养比: float(50)
农村老年抚养比: float(50)
农村居民人均可支配收入: float(50)
省公共设施情况
FID: int
地区_2019年: nvarchar(50)
乡镇卫生院病床使用率: float(50)
农村每千人口卫生技术人员: float(50)
村卫生室: int
乡村医生和卫生员: int
床位数: int
乡村小学专任教师数: int
每千位小学生对应教师数: float(50)
养老机构数: int
乡镇文化站数量: int
农村特困人员救助供养机构数: int
村民委员会数量: int

图 2-43　省属性数据库结构设计

资料来源：作者自绘

镇域情况信息主要是各个村镇的人口情况及公共设施的点位信息，图 2-44 是镇属性数据库结构设计。

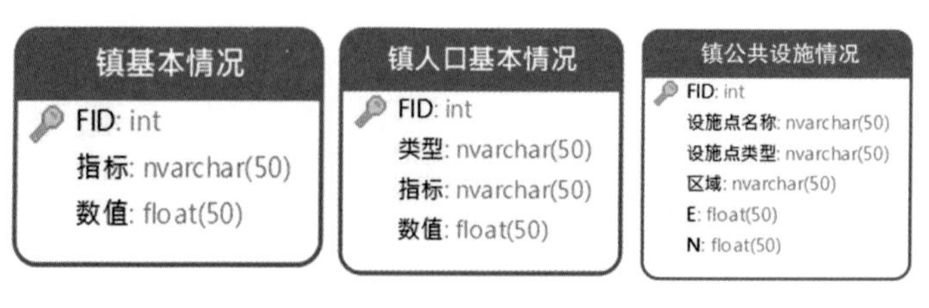

图 2-44 镇属性数据库结构设计

资料来源：作者自绘

2.4.2 系统设计与实现

1. 系统总体设计

在系统可行性及需求分析基础上，对系统进行总体架构设计，设计内容如下。

（1）系统设计目标

根据农村生活水平等因素对农村基础设施建设提出合理建议，基于 ArcGIS Engine 构建一个集实用性、通用性及可扩展性为一体的村镇社区公共服务数据库管理平台系统，实现查询、分析及评估结果可视化显示，客观反映农村经济发展情况，并为政府及相关部门的农村设施建设决策提供科学依据，进而为乡村发展提供助力，对提高农村居民生活舒适度具有重要意义。

（2）系统设计原则

村镇社区公共服务数据库管理平台系统的设计须遵循以下原则：

① 统一设计原则。在进行软件设计的过程中，应当从全局出发，按照“全局到局部，逐渐细化”的设计理念进行软件架构、数据模型、数据结构等的设计，并将此设计理念贯穿软件整个设计流程。

② 先进性原则。在进行软件总体设计过程中，应当对当前国内外相关的先进稳定的开发技术、平台、环境进行深入研究学习，并研究当前国内外主流的数据质量检查软件，剖析其先进的设计理念，并将以上先进的技术以及理念应用到实际软件开发过程中，使设计出的软件能够满足实际需求且具有良好的先进性。

③ 规范化原则。软件设计过程中，应当严格遵守最新软件开发相关规范标准，严格遵守数据库设计的相关规范和要求，设计的软件更加规范、符合要求。

④ 适用性原则。软件应当兼容不同计算机环境，如不同的 Windows 操作系统环境，满足软件需求分析中对软件的要求，在软件设计时，严格按照需求分析

的相关要求进行设计。

⑤ 可扩展性原则。为了便于日后软件功能的扩展，软件应当具备良好的可扩展性。为了保障功能扩展时软件的稳定可靠性，在软件设计时，应对软件功能分模块设计，并尽量减少各个模块间的联系，达到“高内聚低耦合”的目标。同时，为了功能扩展的便利，软件应当尽可能支持实际应用过程中所用的数据格式。

⑥ 实用性原则。软件应当具有较好的实用性，具体表现在界面功能菜单清晰明了、整体简洁，各项功能的名称简单易懂，并且按照功能的不同归纳分类；研究用户使用习惯，并在设计交互时以此为重要依据。

（3）系统架构设计

在系统设计原则及设计目标的基础上，系统体系结构采用 Client/Server 模式，实现服务端与客户端之间的网络通信连接。对系统总体框架结构进行设计，包括表现层、业务逻辑层、数据访问层三层结构模型。其中表现层位于最上层，用于接收用户输入的数据并进行可视化显示；业务逻辑层是系统架构的核心内容，对数据进行基本操作处理，包括数据基本操作、输入保存，查询分析、输出等功能；数据访问层主要为业务逻辑层及表现层提供数据，进行数据存储和读取工作。本系统的逻辑架构如图 2-45 所示。

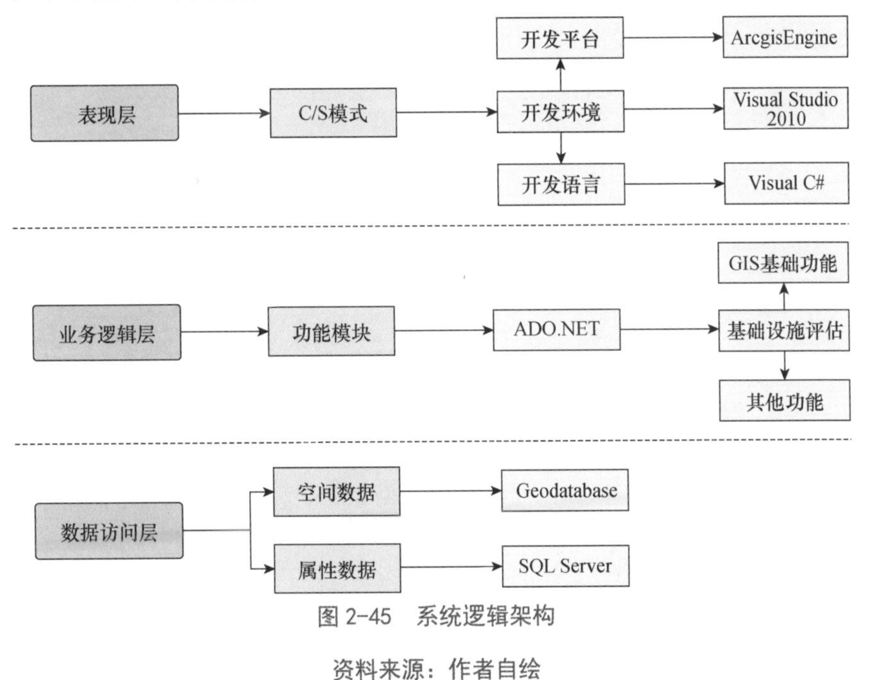

图 2-45　系统逻辑架构

资料来源：作者自绘

2. 系统功能结构设计

（1）系统主界面设计

系统界面设计要以用户需求为出发点，遵循简单便捷的原则，对系统界面进行设计，便于用户操作使用。

系统主界面包括六大部分：

① 菜单栏。菜单栏位于系统标题栏下方，结构采用树形方式进行设计，各功能模块的入口按照基本功能分组排列，该系统的菜单栏由“文件”“基础信息管理”“信息可视化”“复合查询”“界面风格”组成。

② 工具栏。工具栏包含数据编辑的基本操作，如“新建”“保存”“另存为”等，可通过直接点击按钮实现快速访问的目的，提高了工作效率。

③ 图层区。图层区位于主界面左上方，用于展示当前数据视图中的所有图层，并详细显示各图层中要素的属性特征，相关人员可通过勾选图层旁边的复选框来决定是否显示该图层，通过拖动鼠标来管理图层的显示顺序。

④ 地图显示区。地图显示区是对地图内容进行展示的区域，包括各个图层的展示，右下角还可显示当前位置信息。

（2）系统功能模块设计

根据系统的可行性及需求分析，将程序整体功能分为四大模块，如图 2-46 所示。

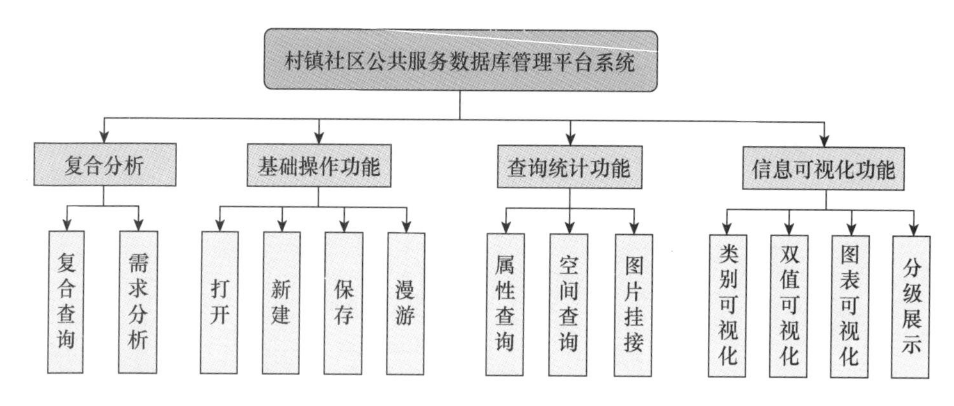

图 2-46　系统模块设计

资料来源：作者自绘

① 基础操作功能。这是平台中最基础的功能，负责文档数据的读取和存储。

② 查询统计功能。通过此功能用户可以快速筛选出符合条件的要素，并发现地理要素间的相互关系。

③ 信息可视化功能。通过选取图层并获取其属性值，对其进行不同方法和形式的可视化展示，在地图上直观地展示出不同对象的空间及属性信息。

④ 复合分析。通过设置不同的筛选条件查询出想要的结果并高亮显示，继而通过模型对得到的信息进行计算及数据分析，得出当前地区发展情况评价，并对基础设施建设提出建议。

3. 系统功能模块实现

（1）系统基础功能实现

系统基础功能主要是在“文件”命令中选择，包括“新建”“打开”“保存”“另存”“退出”等子命令，使用工作空间工厂 WorkspaceFactory 对象来创建工作空间，从而通过相对应的工作空间对数据进行加载，分别使用 IMapDocument 接口的 Save 方法及 New 方法实现地图文档的保存及另存。在视图中的操作主要包括地图的放大、缩小、平移、全景等，并将这些基础功能通过 ToolbarControl 控件添加到工具条，通过属性设置将 ToolbarControl 控件分别与 MapControl 控件、PageLayoutControl 控件绑定，方便用户在视图切换状态下操作工具条。

（2）查询统计功能实现

空间数据的查询统计是 GIS 系统的基础功能之一，为便于用户对区域各要素的查询检索和统计分析，本平台中设计了两种查询方式，包括复合查询和点选查询。

① 复合查询。涉及的类主要有 QueryFilter、Cursor、QueryDef、Feature Cursor 等，调用 IQueryFilter、ICursor、IQueryDef、IFeatureCursor 等接口，实现用户通过编写 SQL 查询语句，完成 Where 子句定义的查询条件，从而对图层要素的属性信息进行搜索，得到查询结果，在数据视图中高亮显示。

② 点选查询。点击“点选查询”按钮，通过对想要查询的数据集的点选，即可对当前数据集的属性信息进行快速查询。点击某一要素，即可查询到要素图

层上的各条属性信息，还可以选择多个要素，结果会在左侧会话框中分条排列，可逐条查询。

对要素进行查询操作后，可以对每个要素导入图片或视频，显示设施要素的照片或者视频。

（3）信息可视化功能实现

信息可视化功能主要包括类别可视化、双值可视化、统计图表可视化、分级可视化 4 个功能。

① 类别可视化。根据要素属性值来设置地图符号的，对具有相同属性值的地理要素都赋予相同的符号，并用符号来区分不同的属性值。这种表示方法能够反映出地图要素的数量或者质量的差异。在 ArcGIS Engine 中，唯一值可视化由 UniqueValueRenderer 类实现，该类实现了 IUniqueValueRenderer 接口。

② 双值可视化。综合使用唯一值可视化和分级可视化这两种可视化方法来渲染地图，使地图既能表现出唯一值符号渲染的特征，又能表现出分级渲染的特征。双值可视化由 BiUniqueValueRenderer 类实现，该类实现了 IBivariate Renderer 接口。

③ 统计图表可视化。专题地图中经常使用的一类符号，用于表示制图要素的多项属性。常用的统计图表类型有饼图、条形图、柱状图、堆叠图等。饼图用于表示制图要素的整体属性与组成部分之间的关系，条形图、柱状图用于表示制图要素的多项可比属性或者变化趋势，堆叠图可显示不同类别的数量。

④ 分级可视化。采用不同的符号来表示不同级别的要素属性值。符号形状取决于制图要素的特征，符号大小取决于分级数值的大小或者级别的高低。分级符号一般用于表示点状或者线状要素，多用于表达人口分级图、道路分级图等。它的优点是可以直观地表达制图要素的数值差异，制图要素分级和分级符号表示是关键的环节。分级符号和分级色彩类似，都是由 IClassBreakRenderer 接口下的 ClassBreakRenderer 类实现的。不同的是分级色彩根据不同的值赋予不同的颜色，而分级符号是根据不同的值赋予大小不同的符号。其中点密度可视化是指根据制图要素属性值的大小，用随机分布的一定数量且大小相同的点来表示，属性值越大则表明该区域的点越多，属性值越小则表明该区域的点越少，它是一种用点的密度来表达要素空间分布的方法。在 ArcGIS Engine 中，点密度由

DotDensityRenderer 类实现。

（4）复合分析功能实现

通过讨论影响因子对村民公共服务需求的影响效应，得到主要因素作用下的村民公共服务需求变化规律，并以此为基础提出不同发展阶段的村镇社区公共服务设施配置建议，实现农村公共服务的精准供给。以村民可支配收入为例，当人均可支配收入低于 5500 元时，村民需求主要停留在基本公共服务需求中，需要医疗服务、公共卫生、基础教育、老年生活服务、养老助老服务、便民生活服务、社会治安服务、防灾减灾服务、党群行政服务、住房保障服务、社会救助服务、公共文化服务、公共体育服务、生产组织服务、生产安全服务、环境治理服务、水源保育服务等服务；当村民人均可支配收入在 5500 ～ 9500 元时，村民产生职业教育、个性化教育服务需求；当村民人均可支配收入在 9500 ～ 30 000 元时，村民的老年精神服务、疗养服务、就业信息服务、技能培训服务、生产信息服务、产品营销服务、农业技术服务、技术合作服务需求较为强烈；在村民人均可支配收入高于 30 000 元时，预测村民将产生更多个性化、文化素养提升性的服务需求。

通过对数据的复合查询，针对人均收入水平这一主要评价因子，结合老年人口占比，对农村的不同发展阶段基础设施建设提出合理化建议。

第3章　村镇社区服务设施指标体系和配置技术导则

3.1　我国村镇服务设施相关标准

3.1.1　乡村公共服务设施规划标准梳理

1. 乡村公共服务设施规划总则

《乡村公共服务设施规划标准（CECS354：2013）》（以下简称《标准》）从2014年1月开始施行，适用于乡、村规划中的公共服务设施规划。该《标准》在规划过程中强调城乡统筹、以人为本、创造良好人居环境和构建和谐社会等目标，同时也注重公共建筑的传统风貌和地方特色。

《标准》中提到，乡村公共服务设施的规划包括乡和村两部分。其中，乡公共服务设施绝大部分集中布置于乡驻地，规划过程中对乡域范围的服务职能应进行通盘考虑，包括对乡域人口规模和服务半径等要素的综合考虑。在配置乡域公共服务设施的过程中，尽可能将主要的公共服务设施集中设置在乡驻地。此外，有部分行政村不是由一个村组成，而是由几个自然村落形成的。因此，《标准》中除对行政村公共服务设施规划进行规定外，同时也对一般村的公共服务设施提出了相应的规划要求，一般村的公共服务设施配置宜尽可能集中（图3-1）。

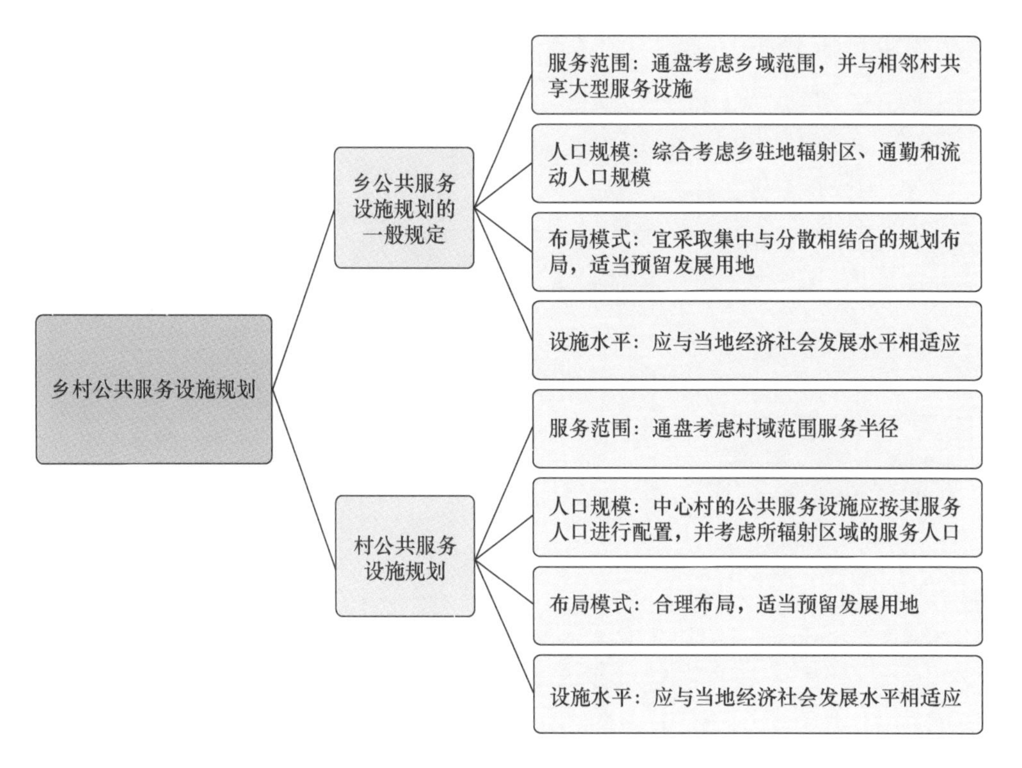

图 3-1　对《标准》中一般规定的梳理

资料来源：作者自改绘

2. 乡村公共服务设施分类

《标准》中所涉及的乡村公共服务设施主要包括行政管理、教育机构、文体科技、医疗保健、商业金融、社会福利和集贸市场七类。根据乡村级别的不同，《标准》中又将乡村公共服务设施分为两级，分别为乡公共服务设施和村公共服务设施，其中乡公共服务设施多集中在乡驻地。乡驻地的服务设施包括乡驻地行政管理设施、乡驻地教育机构设施、乡驻地文体科技设施、乡驻地医疗保健设施、乡驻地社会福利设施、乡驻地商业金融设施和乡驻地集贸市场设施。村公共服务设施主要包括村管理设施、村教育设施、村文体设施、村医疗保健设施、村社会福利设施和村商业设施。

对比乡级别与村级别公共服务设施类型，乡级别的公共服务设施涵盖的类型更加综合、全面，村级别的公共服务设施类型主要支持村民的基本生活、医疗和教育需求，集贸市场等大型设施主要是多个自然村共同使用的（乡村公共服务设施类型如图 3-2 所示）。

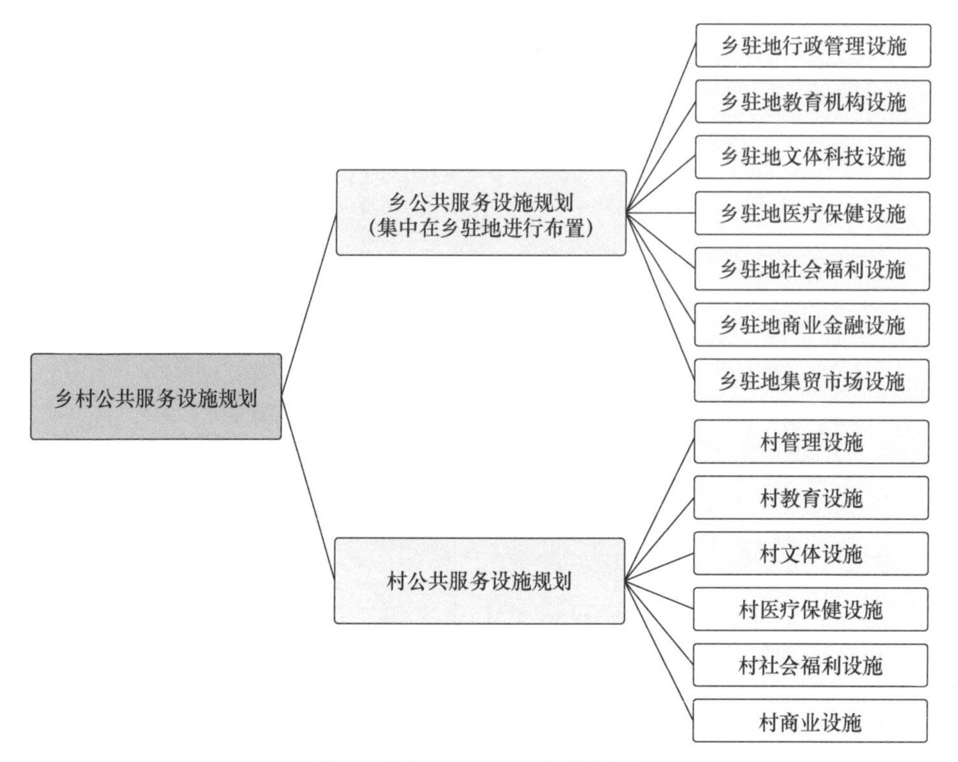

图 3-2　乡村公共服务设施类型

资料来源：作者自改绘

3. 乡村公共服务设施配置规模及标准

乡公共服务设施规划应通盘考虑乡域范围的服务职能，综合考虑人口规模和服务半径，根据人口规模将乡分为特大型、大型、中型和小型四级，并根据不同公共服务设施特点，考虑乡驻地辐射区域的服务人口。在此基础上，相邻乡驻地之间应积极共享服务设施，尤其是大型服务设施。规划布局方式上宜采用集中与分散相结合的布局方法。对于通勤人口和流动人口较多的乡驻地，或者兼有辐射周边区域功能的乡驻地，其公共服务设施用地所占比例宜选取规定范围内的较大值（乡驻地各类公共服务设施配置标准见表 3-1）。

表 3-1　乡驻地各类公共服务设施配置标准

项目分类及名称			设置级别			
			特大型	大型	中型	小型
乡驻地行政管理设施	公共服务设施用地指标 / （m^2· 人 $^{-1}$）		1.0～1.5	0.8～1.2	0.6～1.0	0.4～0.8
	司法机构	司法所	●	●	●	●
		派出所	●	●	●	●
	经济管理机构	建设、土地管理机构	●	●	●	●
		企业驻乡管理机构	●	●	●	●
		工商、税务所	●	●	●	●
		粮管所	●	●	●	●
		其他机构	○	○	○	○
乡驻地教育机构设施	公共服务设施用地指标 / （m^2· 人 $^{-1}$）		1.5～2.5	1.2～1.8	1.0～1.5	0.8～1.2
	职业技术学校		○	○	○	○
	高中		●	○	○	○
	初中		●	●	○	○
	小学		●	●	●	○
	幼儿园、托儿所		●	●	●	●
乡驻地文体科技设施	公共服务设施用地指标 / （m^2· 人 $^{-1}$）		1.4～2.6	1.0～2.0	0.8～1.5	0.6～1.0
	科技站		●	○	○	○
	小型图书馆（阅览室）		●	●	●	●
	文化活动站		●	●	●	●
	小型体育馆		○	○	○	○
	健身场地		●	●	●	●
乡驻地医疗保健设施	公共服务设施用地指标 / （m^2· 人 $^{-1}$）		0.4～0.7	0.3～0.5	0.2～0.4	0.2～0.3
	医院		●	○	○	○
	卫生院、门诊部		●	●	●	●
	妇幼保健站		●	●	●	●
	防疫站		●	●	●	●
乡驻地社会福利设施	公共服务设施用地指标 / （m^2· 人 $^{-1}$）		0.2～0.3	0.2～0.3	0.1～0.2	0.1～0.2
	敬老院（养老院）		●	○	○	○
	孤儿院（儿童福利院）		○	○	○	○
	残疾人服务站		○	○	○	○

续表

项目分类及名称		设置级别			
		特大型	大型	中型	小型
乡驻地商业金融设施	公共服务设施用地指标 / (m^2· 人 $^{-1}$)	3.5 ～ 6.0	2.5 ～ 3.8	2.2 ～ 3.0	2.0 ～ 2.5
	银行、信用社、储蓄所	●	●	○	○
	保险机构、农业合作社	●	●	○	○
	邮政局所、电信网点	●	●	●	○
	百货店、超市	●	●	●	●
	药店	●	●	●	○
	书店	●	●	○	○
	手工艺品、纪念品商店（旅游性质乡驻地均应设置）	○	○	○	○
	粮油店	●	●	●	●
	浴室、澡堂	●	○	○	○
	宾馆、旅馆、旅社（旅游性质乡驻地均应设置）	●	○	○	○
	综合服务站	●	●	●	○
	劳动服务站	●	●	○	○
	生产资料销售部	●	●	●	○
	摩托车、自行车销售部	●	●	○	○
	家电、农机具维修店	●	●	○	○
	机动车维修店	●	○	○	○
	殡葬服务店	○	○	○	○
	其他	○	○	○	○
乡驻地集贸市场设施	公共服务设施用地指标 / (m^2· 人 $^{-1}$)	-	-	-	-
	蔬菜、果品、粮油、副食品市场				
	独立设置 ≥ 1200 m^2，建筑规模 ≥ 800 m^2	●	●	●	●
	畜禽、水产市场	●	○	○	○
	小商品批发市场 人均 1.5 m^2，3~5 m^2/ 摊位	●	●	○	○
	燃料、建材、生产资料市场	●	○	○	○
	土特产、工艺品、旅游用品市场	○	○	○	○
	其他专业市场	○	○	○	○

注：●——应设的项目；○——可设的项目。

村公共服务设施规划应通盘考虑村域范围的服务半径，各类公共服务设施合理布局，适当预留发展用地。布局方式尽可能集中于公共中心，只有在不适合与其他设施合建或服务半径太远时，才采用分散布局的方式。

村公共服务设施应根据村规划期末的常住人口规模进行分级配置，人口在 3000 人以上的为特大型村，其公共服务设施用地占建设用地比例应在 8%～12%；人口在 1001～3000 人的为大型村，其公共服务设施用地占建设用地比例应在 6%～10%；人口在 601～1000 人的为中型村，其公共服务设施用地占建设用地比例应在 6%～8%；人口小于 600 人的为小型村，其公共服务设施用地占建设用地比例应在 5%～6%。此外，中心村的公共服务设施应考虑所辐射区域的服务人口和相邻村的共享需求。村公共服务设施规划应靠近中心、方便服务，结合自然环境，突出乡土特色，满足防灾要求，有利人员疏散（村各类公共服务设施配置标准见表 3-2）。

表 3–2　村各类公共服务设施配置标准

项目分类及名称		设置级别			
		特大型	大型	中型	小型
村管理设施	公共服务设施用地指标/（m^2·人$^{-1}$）	0.6～0.8	0.4～0.8	0.4～0.6	0.2～0.4
	村委会	●	●	●	●
	经济服务站	●	○	○	○
村教育设施	公共服务设施用地指标/（m^2·人$^{-1}$）	0.8～1.1	0.6～1.0	0.5～0.8	0.6～0.4
	小学	●	○	○	○
	幼儿园	○	○	○	○
	托儿所	○	○	○	○
村文体科技设施	公共服务设施用地指标/（m^2·人$^{-1}$）	0.5～1.0	0.45～0.8	0.4～0.6	0.3～0.5
	技术培训站	○	○	○	○
	文化活动室	●	●	●	●
	阅览室	●	●	●	●
	健身场地	●	●	●	●
村医疗保健设施	公共服务设施用地指标/（m^2·人$^{-1}$）	0.18～0.20	0.15～0.18	0.12～0.15	0.10～0.12
	卫生所、门诊部	●	●	●	●

续表

项目分类及名称		设置级别			
		特大型	大型	中型	小型
村社会福利设施	公共服务设施用地指标/（$m^2 \cdot 人^{-1}$）	0.15～0.20	0.10～0.20	0.10～0.15	0.05～0.10
	敬老院	○	○	○	○
	养老服务站	●	●	●	○
村商业设施	公共服务设施用地指标/（$m^2 \cdot 人^{-1}$）	1.8～2.2	1.6～2.0	1.5～1.8	1.2～1.5
	结合村性质、规模、经济社会发展水平、乡村居民经济收入和生活状况、风俗民情及周边条件等实际情况进行	结合其他设施集中设置			

注：●——应设的项目；○——可设的项目。

乡驻地社会福利设施类型较完善，布局方式遵循“同类设施分散布置，不同类设施结合布置”的原则。村社会福利设施配置标准，在乡驻地社会福利设施类型的基础上减少了孤残儿童设施，并且引导社会福利设施与行政办公、文体科技、商业金融等设施相结合。

乡驻地商业金融设施配置考虑了乡村旅游的需求，对于具有旅游性质的乡驻地，应考虑带有主要服务外部人群的项目，在服务设施配置方面应考虑对旅游效益的发挥。在规划布局方面，同样遵循“同类设施分散布置，不同类设施结合布置”的原则。

村商业设施的配置，主要考虑其满足村民日常生活需求的功能，由市场自发配置。同时考虑到市场调节的不确定性和村民生活需求的刚性，《标准》规定规划时应结合村的性质、在一定区域内的职能、风俗民情及周边条件等因素，引导配置必要的商业设施。

3.1.2　各地相关标准的差异对比

1. 配置总则方面

目前村镇公共服务设施规划工作正在我国逐步开展，其中大部分地区在进行规划的过程中主要是依据《标准》中所提出的目标，结合当地发展阶段和地域特征，提出适应当地发展的规划总则。其中，多数地区将城乡服务配套一体化、公共服务均等化等建设目标作为我国村镇公共服务设施配置的主要准则，在此基础上，各地根据自身地区特色和人口特征，在公共服务设施配套标准的适用范围、建设目标和规划原则等方面又有所差异。

首先，在公共服务设施配套标准的适用范围上有所区别。国内现有标准中，部分地区相关标准将城乡或城镇的公共服务设施进行统筹规划，例如《重庆市城乡公共服务设施规划标准》中将适用范围规定为重庆市辖区范围内市级以下城乡公共服务设施的规划管理标准。部分城市将规划范围设置为村镇，例如《河北省村镇公共服务设施规划导则》中，将适用范围规定为河北省城市、县城以下建制镇、乡和村庄。除此之外，部分地区针对乡村制定了公共服务设施配套标准，例如《常州乡村基本公共服务设施配套标准》适用于常州市域范围内城镇开发边界以外的乡村地区；《南京市农村地区基本公共服务设施配套标准规划指引》适用范围为南京市城市总体规划确定的中心城区、新城规划建设用地范围之外的地区。另有部分地区针对特定类型的乡村或公共服务设施制定了相应标准，例如浙江省杭州市在2018年发布的《乡村旅游公共服务设施建设与管理规范》，对乡村旅游类公共服务设施类型和配置原则进行了规定。

其次，在建设目标方面。各地的乡村公共服务设施规划目标主要是保证乡村地区公共服务设施合理安排，有效使用土地资源，在此基础上推动乡村振兴，满足广大农民群众美好生活需求。各地依据地方特色，在建设目标上有所差异，例如杭州乡村旅游公共服务设施建设与管理规范中提出乡村旅游应以农民为经营主体，以乡村独特的自然资源、生态环境等为主要吸引物，规划建设可以满足游客游览、休闲活动等需求的旅游业态。部分地区根据城镇发展阶段的不同，在构建乡村基础公共服务设施时强调都市与乡村的结合，在建设美丽乡村的同时，注重塑造乡村特色，构筑高品质都市乡村风貌。

最后，各地在乡村公共服务设施规划原则上，也有所区别。河北省村镇公共服务设施规划强调突出公共服务设施在村镇风貌中的引领作用，并形成公共服务为主体的村镇景观。在规划设计时要求公共服务设施周边的建筑及公共艺术品、园林景观必须与主建筑协调，形成公共服务设施风貌区。重庆市在进行城乡公共服务设施规划时则强调重视山地地形条件对公共服务设施实际服务范围的影响。

2. 分级分类方面

常见的乡村公共服务设施主要分为7类，包括行政管理设施、教育机构设施、文体科技设施、医疗保健设施、商业金融设施、社会福利设施和集贸市场设施，根据此分类，各地在制定相关规划标准时依据当地发展情况对公共服务设施的分类也有适当的调整。如常州市的乡村公共服务设施还包括公共交通设施、市政公用设施、公共安全设施等。其中公共交通设施主要包括公交车、停车场等；市政公用设施则是供电、排水、网络、邮政和公厕等生活类公共服务设施；公共安全设施主要是警务室、防灾场所等。南京市则是将基本公共服务设施分为8个大类、21个小类，其中公共绿地作为单独的种类被划入规范之中。

除了在公共服务设施分类上的不同之外，各地对村镇、乡村的分级也有所不同。《标准》中按照人口规模，将乡驻地和村分为特大型、大型、中型和小型四级。常州市则将村分为行政村和自然村，其中又将村分为特色保护类、城郊融合类、非规划发展村庄和新建地区，各类村庄所对应的公共服务设施标准有差异。河北省将村镇分为中心镇、乡镇、中心村和基层村四级，并对各级别镇、村的公共服务设施类型配备作了明确的要求。南京则将其市区内中心城区、新城规划建设用地范围之外的地区分为新市镇和新社区，新市镇是指农村地区镇街的镇区，新社区是指农村地区镇区以外的居民点，包括一级新社区和二级新社区，并对各级别社区的公共服务设施建设标准给出了指导性建议。

3.1.3 我国村镇服务设施配置的一般方法及存在问题

1. 我国村镇服务设施配置的一般方法

我国常见的村镇服务设施配置方法主要有5种。第一种是按照使用功能配置服务设施。这类配置方法主要是借鉴城市社区公共服务设施建设的经验。根据2007年颁布的《镇规划标准》，公共服务设施使用功能主要分为行政管理、教育机构、文体科技、医疗保健、商业金融和集贸设施等6类。第二种是按照村镇等级配置公共服务设施。这种配置方式中最常见的是根据村镇的行政级别划定重点镇、一般镇、中心村、行政村和自然村等，然后再根据村镇等级设定不同的配置原则与标准[①]。第三种是按照运营方式配置公共服务设施。常见的包括公益性和经营性两类服务设施，其中公益性服务设施主要是由基层政府或村集体主导规划建设，在规划建设过程中主要是对区位分布、规模等级等条件进行相应的预设；而经营性服务设施对应的硬性要求较少，主要依靠市场力量来补充相应的公共服务设施[②③]。第四种是按照“千人指标”配置公共服务设施。这主要是依据“使用功能”“村镇等级”“运营方式”等进行配置，利用“千人指标”来计算公共服务设施配置的水平[④]。第五种是按照村镇的发展阶段配置公共服务设施。这类配置方法是通过对镇域范围内的村镇发展阶段进行分类，再对不同发展阶段的村镇设定配置标准，常见的分类包括核心功能区、发展新区、生态保护发展区，等等。

2. 我国村镇服务设施配置现存问题梳理

我国现阶段正处在城乡发展的转型时期，大量人口流入城市，农村人口结构也发生着巨大的转变，同时农民对公共服务设施的需求强度与需求结构也在发生转变。传统公共服务设施的配置模式和标准已经难以适应农村地区的发展，导致乡村公共服务设施供给与需求错位、资源浪费等现象频发[⑤]。

首先，传统均衡化的配置标准不适用于所有发展地区，导致落后地区配套设施发展滞缓或供需不匹配。原有“均等化”“全覆盖”等理念的农村公共服务设施建设忽略了地域发展阶段和村民需求的差异，不能从根本上解决村镇公共服务落后、质量良莠不齐的现状，反而会衍生出设施闲置、配置不足和资源浪费等一系列问题[⑥]。村镇公共服务设施配置标准的建立应从村镇居民的实际需求出发，

---

① 谢晓鸣 . 论江汉平原地区中心村的建设与选择 [D]. 武汉：华中农业大学 , 2007.

② 吴忠泽 . 发达国家非政府组织管理制度 [M]. 北京：时事出版社 , 2001.

③ 曾小龙 , 史传林 . 当前农村公共服务供给分析：以服务制度创新为视角 [J]. 改革与战略 , 2008(08): 76–79.

④ 耿健 , 张兵 , 王宏远 . 村镇公共服务设施的“协同配置”：探索规划方法的改进 [J]. 城市规划学刊 , 2013(04): 88–93.

⑤ 李倩雯 . 村镇公共服务设施的典型问题总结与研究进展综述 [C]// 中国城市规划学会 . 活力城乡美好人居：2019 中国城市规划年会论文集（18 乡村规划）, 2019: 2762–2768.DOI:10.26914/c.cnkihy.2019.028164.

⑥ 赵万民 , 冯矛 , 李雅兰 . 村镇公共服务设施协同共享配置方法 [J]. 规划师 , 2017,33(03): 78–83.

结合当地发展阶段和经济基础，在满足村民基本生活需求的同时，考虑镇域协同与高质量服务。

其次，部分村镇在进行公共服务设施配置时忽略设施服务质量，造成公共服务设施使用满意度较低。这种现象主要体现在教育机构设施、文体科技设施和医疗保健设施之中。由于城乡教育资源品质的差异，基层农村居民因为追求优质教育资源，异地上学的现象十分普遍，进一步加剧了农村基础教育设施的分散化和数量萎缩[①]；在医疗保健设施上，由于城乡医疗卫生设施的显著差距，乡村居民“跑外就医”现象也十分常见；基层农村文体科技设施类型匮乏，部分文化活动室、老年活动室等福利性设施由于选址不当及本身服务水平等问题长期闲置。

再次，标准化全覆盖理念下，农村地区发展缺乏差异化配置意识，区域协同理念不足。目前城、镇、村的服务体系割裂，村域范围内盲目的“地毯式”布局方式造成了部分设施使用率低、资源浪费等问题。例如，农村地区教育设施按照均衡布置的原则应为“村村有学校”，这与农村现有“赴外就学”和“城镇就学”的现状并不相符，公共服务设施的配置应当结合实际情况，优化解决交通成本问题，探求合理的服务半径和村村共享、村镇共享的协同配置模式。“协同共享”可以达到服务效率最大化，相邻村之间共享、村镇共享的协同配置模式可以满足村民不同等级的需求，从而丰富公共服务设施类型，构建科学化的配置模式。

最后，现有按照农村人口规模和行政等级等标准进行公共服务配置的方法忽略了人口、地貌和空间等因素的分异特征，导致服务设施受众不均、配置内容与时代需求不符等问题。农村地区公共服务设施的需求受到人口结构、服务范围、地形地貌和文化条件等多重因素的影响，依据“人口规模”“行政等级”等分级标准所配置的服务设施不足以解决农村地区在供需上的矛盾[②]。此外，现有公共服务设施忽视了新农村建设中产业发展、居民消费增长和文化输出等需求，均等化的配置标准无法契合时代发展需求。

---

① 赵民，邵琳，黎威 . 我国农村基础教育设施配置模式比较及规划策略：基于中部和东部地区案例的研究 [J]. 城市规划，2014,38(12): 28–33, 42.

② 周鑫鑫，王培震，杨帆，等 . 生活圈理论视角下的村庄布局规划思路与实践 [J]. 规划师，2016,32(04): 114–119.

3.1.4　村镇公共服务设施配置的新思路

1. 布局方式上转向公共服务设施集约化布局

随着我国城镇化的加快，城乡公共资源配置不均使得大量农村人口向城市转移，农村地区出现空心化、老龄化和公共资源闲置等一系列问题。乡村地区公共服务设施配制方法也应随着其规模和人口的收缩有所调整[①]，近年来多地发布的相关标准中，对公共服务设施的布局原则已经逐渐从传统的均衡、分散式布局转向集中与分散相结合的布局形式[②]。在常州等地的相关标准中更是明确提出乡村公共服务设施的配置需要考虑与城镇地区共建共享。多数地区在公共服务设施的布局中也提出了“同种类型分散布局、不同类型集中布局”的原则，强调在保障服务设施类型多样性的情况下，重点考虑乡村公共服务设施的集约品质利用，并且强调应当重视城镇公共服务设施在乡村服务设施布局中的作用，突出以城带乡的作用。

在乡村公共服务设施配置时应注意合理分散、适度集中的原则。以行政村为重点，并考虑与周边村镇资源互补，在提升综合服务能力的同时，适当打破行政边界，整合周边公共资源，通过提升交通系统，建立协同共享的公共服务设施体系，在保证村民生活需求的同时避免资源浪费（图 3-3）。

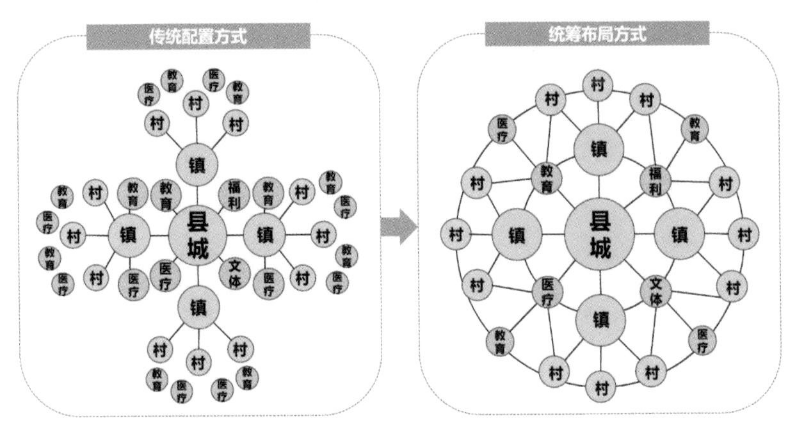

图 3-3　统筹布局方式示意

① 赵民，游猎，陈晨．论农村人居空间的“精明收缩”导向和规划策略[J]. 城市规划，2015,39(07): 9–18,24.

② 高黎月，李和平．县域城乡公共服务设施统筹配置方法研究：基于乡村收缩背景下的思路探讨 [C]// 中国城市规划学会．面向高质量发展的空间治理：2021 中国城市规划年会论文集（18 小城镇规划）. 2021: 392–401.DOI:10.26914/c.cnkihy.2021.023954.

2. 设施功能上重视公共服务设施的附加效用

近年在新农村建设中，公共服务设施建设受到高度重视，各类标准和规划对公共服务设施的配置要求也逐渐提升。《国民经济和社会发展第十四个五年规划和2035年远景目标纲要》中提出农村农业的发展要体现在公共资源配置上，这一要求不仅需要公共服务设施满足村民的基本生活需求，同时也需要其在提升乡村环境品质、促进城乡一体化等方面做出贡献。河北省在《河北省村镇公共服务设施规划导则》中明确提出了公共服务设施在村镇风貌中应起到引领作用，并提出村镇服务设施应根据各村特色结合风貌区进行规划和配置；类似地，广东省中山市在进行东部组团公共服务设施一体化规划时，将公共服务设施分为基础型和品质型，以此在保障居民生活需求的同时，通过高品质的文化体育设施、文物古迹设施等提升城市品质和区域辐射能级与竞争力。

3. 设施类型上强调公共服务设施在种类上的精细化和多样化

随着乡村人口收缩、人口流动等现象的不断增加，农村对公共服务设施的需求也变得扁平化和多样化。村民需求的变化使得农村的公共服务设施配置逐渐转向精细化，公共服务设施的种类也逐渐多样化和现代化。例如在《南京市农村地区基本公共服务设施配套标准规划指引》中对农村地区过去不太重视的垃圾收集和处理、公共卫生等市政设施的规划标准进行了完善。同时，为了适应新形势，解决农村地区不断增长的物质文化需求与公共服务供给不足之间日益突出的矛盾，南京、苏州等多地均衍生出了类型多样、业态新兴的养老服务设施、教育设施和科教文化设施。

现有研究中，有学者根据特定的公共服务类型能否依靠市场机制和是否需要独占服务产品使用权来更加细致地将公共服务划分为5个类型，分别为职能型、自治型、保护型、专业型和运营型。职能型是指作为政府职能在村镇地区延伸的公共服务设施，例如村委会；自治型是指可以依靠市场机制独占服务产品使用权的服务，例如文体设施等；保护型是指不能依赖市场机制，又不能独占服务产品使用权的服务，例如低保服务等；专业型是指需要专业技术支撑，能够依赖市场机制，但不能独占使用权的服务，例如教育和医疗设施等；运营型是指可以依托市场机制，实现社区对服务产品共同使用权的服务，例如便民利民的商业设施等。在公共资源有限的情况下，可以依照制度选择，在提高公共服务设施效率和解决村民基本需求的目标下设置服务设施类型的优先级。除了作为政府职能在村镇地区延伸的公共服务村委会外，专业型的服务如卫生医疗服务和教育服务应当作为最为优先的公共资源投入的类型；而文体设施、集贸市场等服务可以借助市场力量来解决。利用政府投入与市场协同的方式，既可以保障设施的多样化，又可以保障不同村镇和人群的多样需求。

3.2 村镇服务设施分类与分级配置准则

3.2.1 公共服务设施内涵与分类研究现状

1. 公共服务设施分类方式

公共服务设施是可以保障居民基本生活和生产，满足物质生活和精神生活需求并为此提供所需公共服务和产品的空间载体[①]。伴随着快速城市化的进程，人们对于公共服务设施的需求也在逐渐提高，面对人们更加多元化的、精细化的要求，如何构建完善的高品质的公共服务设施体系成为新的挑战[②]。而公共服务设施分类作为研究公共服务设施体系的重要基础，已经有不少国内外学者进行探讨，且由于侧重点不同，对于公共服务设施的分类内容也有所差异。

在国外研究中，学者一般认为公共服务和公共设施的意义基本相同，均指由政府为其公众提供并为所有人共享的服务和设施[③]。根据居民生活需求，林博瑞（Lineberry）等[④]将公共服务设施分为两类：一类是生活必需设施，包括交通设

① 湛东升，张文忠，谌丽，等．城市公共服务设施配置研究进展及趋向 [J]. 地理科学进展，2019,38(04): 506–519.

② 左秀堂，王兴琪，陈龙，等．城乡融合视角下全域高品质公共服务设施布局优化：以嘉峪关市为例 [J]. 甘肃农业，2022(04): 92–95.

③ Kiminami L, Button K J, Nijkamp P. Public facilities planning [M]. London: Edward Elgar Publishing, 2006.

④ Lineberry R L,Welch R E. Who gets what: measuring the distribution of urban public service[J]. Social Science Quarterly, 19749(54): 700–712.

施、给排水、垃圾处理、警察及安保设施；另一类是提高城市居民舒适及富足水平的设施，包括图书馆、公园绿地、医疗保健和休闲娱乐等设施。根据公共服务设施的获得方式，布莱恩（Bryan Jones）[①]将公共服务设施分为直接为家庭和社区服务以及依托固定服务设施，居民必须出行才能得到服务两类，第一类包括垃圾收集、建筑督查、安全巡逻及消防设施；第二类包括图书馆、医院及学校等。弗兰克（Ennis Frank）[②]则将公共服务设施分为“硬”和“软”两类，前者包括交通、给排水、通信、电力等基础设施网络；后者是指学校、医院、社区中心及商业服务等社区设施。

表 3-3　国外学者有关公共服务设施分类研究

作者	公共服务设施分类
Savas E S[③]（1978）	教育、警察和消防保护、医疗服务、社会服务、邮电、交通、道路建设、街道清理、除雪除冰、固体垃圾收集处理、娱乐设施、图书馆和公园
Kenneth J, et al[④](1991)	警局、消防设施、公共住房、环境控制、垃圾收集、学校、医院、公共服务中心、公园及娱乐设施
Michalos A C., Zumbo B D[⑤](1999)	图书馆、公园、娱乐设施、体育设施、给排水、垃圾收集、影剧院、艺术馆、消防设施、安保设施、土地利用规划、动物保护等
Rhys A[⑥]（2007）	健康设施、地方行政设施、教育设施、社会服务设施、消防设施、安保（警察）设施、监狱等

① Bryan J, Kaufman C. The distribution of urban public service:a preliminary model[J]. Administration and society, 1974,6(3): 337–360.

② Frank E. Infrastructure provision and the urban environment[M].//Ennis F. Infrastructure Provision and the Negotiating Process.Ashgate Publishing, 2003.

③ Savas E S. On equity in providing public services[J]. Management science, 1978,24(8): 800–808.

④ Meier K J, Stewart Jr J E. The politics of bureaucratic discretion:educational access as an urban service[J]. American Journal of Political Science, 1991,35(1): 155–177.

⑤ Michalos A C, Zumbo B D. Public services and the quality of life[J]. Social Indicators Research, 1999(48): 125–156.

⑥ Rhys A. Civic culture and public service failure:an empirical exploration[J]. Urban Studies, 2007,44(4): 845–863.

在国内研究中，根据设施配置空间特征，杨新海等[①]将村镇公共服务设施分为三类：镇域协调型设施包括教育、医疗卫生、文化体育、社会福利、市政设施、公共交通以及消费性服务设施；半径依赖型设施包括教育、医疗卫生、文化体育、社会福利、市政设施、公共交通以及生活性服务设施；特色服务型设施包括历史文化保护设施、旅游服务设施、旅游消费设施、农业生产服务设施。根据设施服务范围的分布状态，田金欢等[②]将公共服务设施分为四类：文体类，公园类，市政与商业类，行政、社会保障、医疗和教育类。在国内外学术界中学者根据研究领域和研究重点的不同，产生了各种各样的分类方式。根据投资主体，陈伟东等[③]将公共服务设施分为政府投资和民间投资，其中政府投资又分为政策性投资与公益性投资。根据村民需求，方堃[④]将公共服务设施分为生理需求设施、安全需求设施、归属需求设施等。李永森等[⑤]将公共服务设施分为时间紧急型公共设施、距离敏感型公共设施和一般公共服务设施三类，其中时间紧急型公共设施包括消防站、急救中心、反恐设施等；距离敏感型公共设施包括垃圾处理厂、传染病医院、火葬场、易燃易爆化学品仓库等；一般公共服务设施包括学校、邮局、图书馆、超市等。张仁桥[⑥]将公共设施分为出行设施和保险设施，其中出行设施，如文化教育设施、医疗卫生设施等；保险设施，如社会治安设施和消防设施等。根据研究领域和研究重点不同，国内其他学者对于公共服务设施也有不同的分类（表 3-4）。

---

① 杨新海，洪亘伟，赵剑锋．城乡一体化背景下苏州村镇公共服务设施配置研究 [J]. 城市规划学刊，2013(03): 22–27.

② 田金欢，李志英，周昕，等．城市服务边界划定下的昆明市公共设施配置建议 [J]. 规划师，2019,35(16): 11–16, 29.

③ 陈伟东，张大维．中国城市社区公共服务设施配置现状与规划实施研究 [J]. 人文地理，2007(05): 29–33.

④ 方堃．农村公共服务需求偏好、结构与表达机制研究：基于我国东、中、西部及东北地区的问卷调查和统计 [J]. 农业经济与管理，2011(04): 46–53, 96.

⑤ 李永森，潘若愚，李传军．公共设施选址优化研究 [J]. 安徽建筑工业学院学报（自然科学版），2009,17(06): 45–48.

⑥ 张仁桥．基于离散型地域结构的乡村公共设施配置研究 [J]. 安徽农业科学，2010,38(13): 7012–7017.

表 3–4　国内学者有关公共服务设施分类研究

作者	分类标准	分类	具体设施
向琨睿[①]（2016）	服务性质	经济性公共服务设施	邮电、通信、自来水、交通等公用事业和道路、桥梁等市政基础设施
		社会性公共服务设施	商业、教育、公共医疗卫生、文化体育、社会福利设施等
		维护性公共服务设施	行政管理、安全设施等
单彦名等[②]（2006）	供给主体	管理型公共服务设施	村委会等由行政管理需要决定
		公益型公共服务设施	行政管理、教育机构、医疗卫生、文化娱乐等设施
		经营型公共服务设施	集市贸易、日用商店、农副产品加工点等设施
陶小马等[③]（2003）	经济属性	社会公共物品	城市内所有与居民有关的公共物品
		社区公共物品和共有资源	只与某个居住区有关的公共物品
		自然垄断物品	
		私人物品	
陈燕萍等[④]（2019）	运营主体	市场运营型公共服务设施	商业服务设施等
		政府运营性公共服务设施	基础教育设施、医疗卫生设施等
任晋锋等[⑤]（2011）	管理属性	自制型	社区服务中心、社区文体设施等
		保护型	社会保障设施
		运营型	商业设施等
		专业型	医疗卫生设等
		职能型	居委会、安保设施等

由表 3-4 可以看出，国内外学者结合不同视角所产生的各种各样的公共服务设施分类方式，补充并完善了公共服务设施的分类体系，加强了公共服务设施分类的多样性。一方面，虽然分类方式有差异，但都包含以满足人民基本生存、生活直接需求为目的的基本服务设施，强调要优先保障公益性的、基础性的设施类

① 向琨睿 . 需求导向下的苏南农村基本公共服务设施配置策略研究 [D]. 苏州科技大学 , 2016.

② 单彦名 , 赵辉 . 北京农村公共服务设施标准建议研究 [J]. 北京规划建设 , 2006(03): 28–32.

③ 陶小马 , 孟葵 . 关于城市居住区公共服务设施建设费用合理分摊的若干思考 [J]. 价格理论与实践 , 2003(02): 48–49. DOI:10.19851/j.cnki.cn11-1010/f.2003.02.029.

④ 陈燕萍 , 赵聃 , 张艳 , 等 . 保障房公共服务设施的供需匹配研究：以深圳松坪村三期保障房为例 [J]. 规划师 , 2019,35(10): 41–46.

⑤ 任晋锋 , 吕斌 . 我国城市社区公共服务设施建设问题及对策：以北京西城区为例 [J]. 规划师 , 2011,27(S1): 229–233.

型，体现出对于居民生活的保障作用。另一方面，不同分类的多元化顺应居民生活水平不断提高的发展趋势，丰富的公共服务设施种类可以满足居民的个性化和精细化需求，体现出对于居民获得高品质生活的推动作用。

2. 公共服务设施分类的研究方法

在村镇公共服务设施分类所采取的研究方法方面，多数学者基于农村实际情况，采用问卷调查分析法进行研究。问卷调查的内容大都可分为两类，即村民群体特征以及村民对不同公共服务设施类型的需求度与满意度。有学者对两者间的内在联系进行分析，如周志清等[①]以人口特征为导向进行需求差异化分析，分别提出不同年龄段、本地人口及外来人口对不同设施类型的需求差异；万成伟等[②]运用交叉法分析村民的群体特征，并将其与不同类型公共服务设施的满意度及需求意愿进行关联分析，以此为依据进行需求导向下的多元化设施供给研究。部分学者直接在两者数据的基础上研究公共服务设施类型的优化以及不同类型设施配给的优先顺序，如胡畔等[③]将人的需求根据需求人数以及需求迫切性进行细化分类，优先协调优化共性需求与刚性需求的设施类型（图 3-4）。

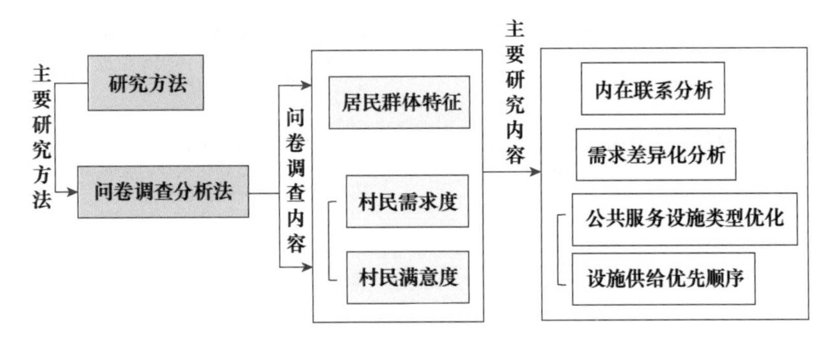

图 3-4　公共服务设施分类的研究方法

资料来源：作者自绘

① 周志清，赖建浩 . 供需视角下的城市社区公共服务设施配置研究：以上海市普陀区为例 [J]. 上海房地 , 2019(08): 39–45.

② 万成伟，杨贵庆 . 式微的山地乡村：公共服务设施需求意愿特征、问题、趋势与规划响应 [J]. 城市规划 , 2020,44(12): 77–86, 102.

③ 胡畔，王兴平，张建召 . 公共服务设施配套问题解读及优化策略探讨：居民需求视角下基于南京市边缘区的个案分析 [J]. 城市规划 , 2013(10): 77–83.

3. 公共服务设施分类的研究视角

在村镇公共服务设施分类的研究视角方面，一般从宏观、中观和微观三个视角展开研究。有学者从全国或区域性的宏观视角出发，讨论我国不同地区的农村公共服务类型配置情况，如朱玉春等①对我国西北部欠发达地区的农村公共服务设施进行研究，并提出加强农村公共服务供给；杨贵庆等②提出我国中东部等较发达地区对文体活动类型的服务设施需求度更高，我国西部等相对落后地区对诊所等基础医疗卫生类型的服务设施需求度更高。有学者从县镇的中观视角出发，讨论不同行政等级配置设施类型的差异，并将县域或镇域作为相对独立的城乡一体化单位进行公共服务类型优化研究，如陈振华③提出县域内不同的行政等级应配置农村公共服务设施的类型。也有学者针对农村某一类型公共服务设施的细化分类进行深入研究，如王小娟等④研究新农村建设中公共体育服务的多元化形式；蒋伟等⑤以民政公共服务设施为对象进行研究，并强调了设施类型的差异化引导；陈燕萍等⑥研究了农村保障房公共服务设施的供需匹配问题（图 3-5）。

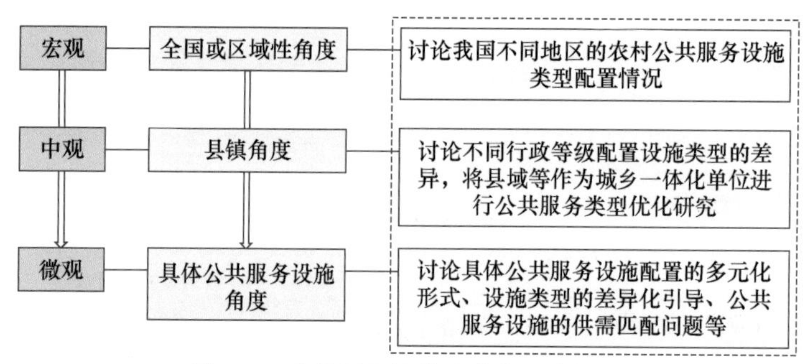

图 3-5　公共服务设施分类的研究视角
资料来源：作者自绘

---

① 朱玉春，唐娟莉．农村公共品投资满意度影响因素分析：基于西北五省农户的调查 [J]. 公共管理学报，2010,7(03): 31–38, 123–124.

② 杨贵庆，韩倩倩，林森．我国农村住区选址影响因素类型与评价分析方法 [J]. 小城镇建设，2011(10): 61–65.

③ 陈振华．城乡统筹与乡村公共服务设施规划研究 [J]. 北京规划建设，2010(01): 43–46.

④ 王小娟，郁俊，罗华敏，等．新农村多元化公共体育服务形式实证研究 [J]. 体育科学，2012,32(02): 69–80.

⑤ 蒋伟，潘勇．安徽省民政公共服务设施优化思路及行动计划 [J]. 规划师，2018,34(S1): 10–14, 20.

⑥ 陈燕萍，赵聃，张艳，等．保障房公共服务设施的供需匹配研究：以深圳松坪村三期保障房为例 [J]. 规划师，2019,35(10): 41–46.

总体而言，针对村镇公共服务设施的分类研究，学者对于分类标准、分类研究方法和研究视角等方面都已经有较多关注和一定研究成果。同时面对新时期协调推进新型城镇化和乡村振兴、促进城乡融合的村镇发展新要求，学者也已经认识到标准化类型配置已难以满足村民多样化的异质性需求，需以前瞻性的规划眼光，以村镇发展的特点以及村民需求发展的迭代规律为依托，探索针对性强的、有配置重点的公共服务设施类型配置优化。但是现有的研究中还存在一些局限性：一是学者多将以政府托底供给的基本公共服务设施为研究重点，对引入市场力量的准公共服务设施的关注相对较少；二是在“互联网 +”兴起的背景之下，对农村线上公共服务设施类型的优化和普及可能性的文献研究较少；三是在技术方法方面，研究多局限于以扁平化的村民需求为构建依据，尚未出现依靠捕捉村民动态实时的需求而进行的设施类型优化研究。

3.2.2 公共服务设施分级配置研究

1. 公共服务设施分级研究

村镇公共服务设施分级体系中，最为常见的是以人口规模和行政单元为指标进行分级配置，现有国家标准规范中一般也依托行政等级（镇、乡、村等）进行分级设置。在学者对于以人口和行政规模为标准进行村镇公共服务设施分级的研究中，单彦名等[①]依据人口规模把村庄划分为特大型、大型、中型和小型 4 个层级，结合现有规范标准以及居民对于农村公共服务设施需求，提出北京地区公共服务设施配置体系。宁莜[②]分析了村镇公共服务设施配置与人口规模、结构和空间分布的关系，认为村镇公共服务设施配置应按照人口规模分级配置。可以看出，这种分级方式主要考虑到了结合现有的政府层级管理及考核，避免脱离政府行政管理体系导致发生部分设施建设运行主体落空的现象[③]。但是随着我国乡村振兴政策的推进，乡村地区经济不断发展，居民对于公共服务设施的需求日益增加且更加多样化，单纯以人口和行政层级对于公共服务设施进行分级会造成居民

① 单彦名，赵辉．北京农村公共服务设施标准建议研究 [J]. 北京规划建设，2006(03): 28–32.

② 宁莜．快速城镇化时期山东村镇基本公共服务设施配置研究 [D]. 天津：天津大学，2013.

③ 栾峰，陈洁，臧珊，等．城乡统筹背景下的乡村基本公共服务设施配置研究 [J]. 上海城市规划，2014(3): 21–27.

需求与配置错位，资源分布不均等一系列问题。

针对这些问题，许多学者开始探究居民对于公共服务设施的实际需求、使用状况和满意程度以及公共服务设施的覆盖范围和可达性等因素，并在此基础上通过出行时间和距离等具体表征需求圈层的范围划分，然后据此形成村镇公共服务设施的分级配置体系。随之而来，生活圈理论就成了研究热点（图 3-6），较多地应用在公共服务设施分级配置研究中，同时 GIS 等空间分析工具成为主要的技术分析手段。例如孙德芳等[①]将县域划分为初级生活圈、基础生活圈、基本生活圈和日常生活圈构成的生活圈层系统，构建县域单元四级公共服务设施配置体系。赵万民等[②]构建公共服务设施配置分级体系，包含一级服务中心、二级服务中心、三级服务中心、四级服务中心、特殊配置村、普通配置村，提出农村公共服务设施共享圈，包括基本生活圈、二级共享圈、三级共享圈和四级共享圈。罗静茹等[③]提出“基本生活圈—拓展生活圈—外延生活圈”

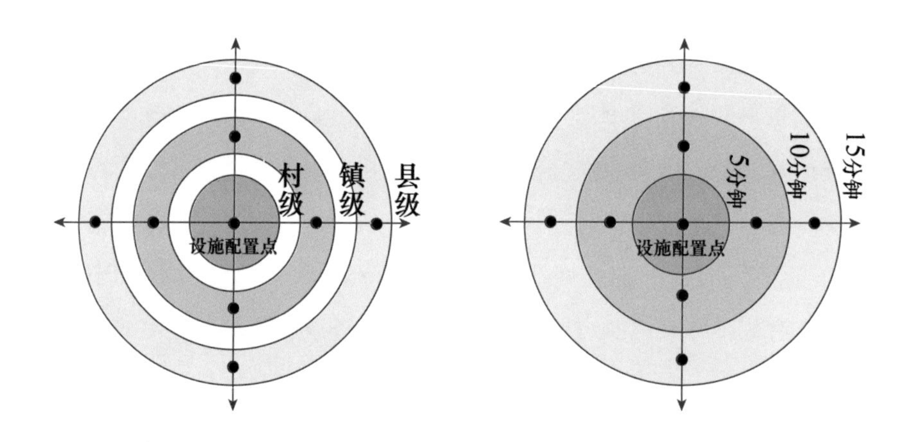

图 3-6　行政单元与生活圈理论设施配置对比

资料来源：作者自绘

① 孙德芳，沈山，武廷海．生活圈理论视角下的县域公共服务设施配置研究：以江苏省邳州市为例 [J]. 规划师，2012,28(08): 68–72.

② 赵万民，李雅兰，魏晓芳，等．非均等化到均等化：基于 GIS 分析的城乡公共服务设施布局研究：以重庆市长寿区公共服务设施规划为例 [J]. 西部人居环境学刊，2016,31(05): 35–41.

③ 罗静茹，周垒，周学红．“乡村生活圈” 在县域乡村公共服务设施规划实践：以四川省西昌市为例 [C]// 中国城市规划学会．活力城乡美好人居：2019 中国城市规划年会论文集（18 乡村规划）. 2019: 1695–1705. DOI:10.26914/c.cnkihy.2019.028064.

的三级生活圈结构，构建了乡村公共服务设施“三类三级”生活圈配置体系。朱查松等[①]在生活圈理念的指导下，研究居民对于设施的需求频率以及设施自身的服务半径，通过使用距离构建“居民点基本生活圈——一次生活圈—二次生活圈—三次生活圈”的四级设施配置体系。李小云等[②]通过 GIS 对于欠发达地区公共服务设施进行空间分析，结合对居民使用需求和出行意愿的调研，通过时间成本构建乡村地区“拓展生活圈—基本生活圈—基础生活圈”三级公共服务设施配置体系。

表 3–5　公共服务设施生活圈划分研究整理

作者	生活圈结构	时间标准	空间距离
孙德芳等（2012）	初级生活圈	15 分钟步行生活圈	半径 800 m 范围
	基础生活圈	15 分钟自行车生活圈	半径 1800 m 范围
	基本生活圈	30 分钟公共汽车出行生活圈	半径 15 km 范围
	日常生活圈	1 日生活圈	县域全域
罗静茹等（2019）（针对城郊和河谷乡镇）	基本生活圈	步行 15 分钟	村域内
	拓展生活圈	摩托车 5 分钟、公交 5 分钟	中心村服务周边
	外延生活圈	摩托车 10 分钟、公交 10 分钟	乡镇辐射范围
朱查松等（2010）	居民点基本生活圈	幼儿老人步行 15~30 分钟	半径 1 km 范围
	一次生活圈	小学生步行 1 小时	半径 4 km 范围
	二次生活圈	中学生徒步 1 小时或自行车 30 分钟	半径 6.8 km 范围
	三次生活圈	车辆行驶 30 分钟	半径 15~30 km 范围

① 朱查松，王德，马力．基于生活圈的城乡公共服务设施配置研究：以仙桃为例 [C]// 中国城市规划学会．规划创新：2010 中国城市规划年会论文集，2010: 2813–2822.

② 李小云，杨培良，乐美棚．基于生活圈的欠发达地区乡村公共服务设施配置研究 [J]. 中外建筑，2021(12): 72–77.

续表

作者	生活圈结构	时间标准	空间距离
李小云等（2021）	集镇村庄基础生活圈	步行 10 分钟以内	半径 0.8 km 范围
	集镇村庄基本生活圈	自行车 30 分钟以内或电动车、摩托车 15 分钟以内	半径 2 km 范围
	集镇村庄拓展生活圈	电动车、摩托车 30 分钟以内	半径 10 km 范围
	外围村庄基础生活圈	步行 10 分钟以内	半径 0.8 km 范围
	外围村庄基本生活圈	自行车 50 分钟以内或电动车、摩托车 30 分钟以内	半径 2.5 km 范围
	外围村庄拓展生活圈	公共汽车 30 分钟以内或自驾 30 分钟以内	半径 15 km 范围
	偏远村庄基础生活圈	步行 10 分钟以内	半径 0.8 km 范围
	偏远村庄基本生活圈	电动车、摩托车 40 分钟以内或自驾 30 分钟以内	半径 3 km 范围
	偏远村庄拓展生活圈	公共汽车 60 分钟以内或自驾 40 分钟以内	半径 20 km 范围

总体而言，针对公共服务设施的分级研究，学者已经注意到，虽然按照行政等级的分级体系便于村镇政府进行实际操作与管理，可以减少各部门职责不清、建设主体混乱的问题，但是这种分级方式如何针对实际村庄的分布和人口特征进行更为细致和合理的设置是需要进一步考虑的。同时，随着经济水平、生活习惯和社会理念等因素的变迁，如何形成更加符合居民意愿、顺应村镇实际发展、满足不同村庄差异性的公共服务设施分级方式是值得进一步关注的。

2. 公共服务设施配置模型研究

随着村镇公共服务设施研究对于村镇社会经济发展水平和居民诉求的不断关注和重视，为了实现公共服务设施供给和需求的时空平衡，越来越多学者研究构建公共服务设施优化配置模型。在公共服务设施选址模型方面，最为常见的模型方法有 P- 中位模型（P-Median）、P- 中心模型（P-Center）、LSCP 模型（location set covering problem）、MCLP 模型（maximum covering location problem）、最近距离模型、引力模型和 Huff 模型等。学者通常会以某一模型作为基础进行优化或融合，Church 等①在 P 中位模型的基础上提出了 r-interdiction 模型，用来识别基础设施中的核心关键设施，以模拟紧急状态下的设施和服务能力损失；孔云峰等②利用最近距离模型计算需求者到达最近教育设施的距离；张雪峰③借 Huff 模型综合考虑了学校的服务能力、到达设施的距离以及需求因素，使设施选址更贴合实际；葛春景等④建立多重数量和质量覆盖模型，对应急服务设施布局进行研究；彭永明等⑤（2013）将 P- 中心模型和 P- 中位模型相结合设计了小学规划选址问题；Murray ⑥利用 MCLP 模型对应急设施 (消防设施、应急避难所等) 进行优化配置；宋正娜等⑦将空间相互作用嵌入 P - 中位模型中，对综合医院设施选址进行研究（表 3-6）。

表 3–6　经典选址模型及其优缺点⑧

模型名称	优点	缺点
P- 中心模型	能够快速地服务最远端的需求点	若存在需求点偏远且需求量少的点，使用该方法将导致资源浪费
p- 中位模型	考虑总成本，总距离最小	设施点必须布置在与需求点特定距离之内才能满足特别的需求
LSCP 模型	能够覆盖到所有需求点	没有考虑需求强度，若边缘节点有较小的需求量，会导致资源耗费较大
MCLP 模型	最大化地利用资源	没有考虑设施可容纳需求规模 (不论多大需求都可以被设施点满足)

① Church R L. COBRA: A new formulation of the classic p-median location problem[J]. Annals of Operations Research, 2003,122: 1–4.

② 孔云峰 , 李小建 , 张雪峰 . 农村中小学布局调整之空间可达性分析：以河南省巩义市初级中学为例 [J]. 遥感学报 , 2008(05): 800–809.

③ 张雪峰 . 基于 GIS 的巩义市农村中小学空间布局分析 [D]. 开封：河南大学 , 2008.

④ 葛春景 , 王霞 , 关贤军 . 重大突发事件应急设施多重覆盖选址模型及算法 [J]. 运筹与管理 , 2011,20(05): 50–56.

⑤ 彭永明 , 王铮 . 农村中小学选址的空间运筹 [J]. 地理学报 , 2013,68(10): 1411–1417.

⑥ Murray A T. Maximal coverage location problem[J]. International Regional Science Review, 2016,39(1): 5–27.

⑦ 宋正娜 , 颜庭干 , 刘婷 , 等 . 新重力 P 中值模型及其在城市综合医院区位决策中的实证检验：以无锡市为例 [J]. 地理科学进展 , 2016,35(04): 420–430.

⑧ 李金泽 . 村镇公共设施优化配置选址模型研究 [D]. 南京：东南大学 , 2021.

伴随大数据技术的引入与普及，越来越多的学者利用时空大数据以及互联网开放数据等对公共服务设施的现状供需特征进行识别与分析，以此达到辅助公共服务设施规划决策的目的。姚晓鹏等①利用大数据技术对城市液化气供应需求进行了评估，并运用地域覆盖度模型、最短路径模型预测出最佳位置以及供应站数量；于燕等②通过高德地图出行大数据构建典型时间段的可达性时空测度数据库，探索城镇密集地区基于人的出行行为的村镇聚居空间可达性时空特征。

综合以上，公共服务设施优化配置模型的构建正朝着精细化、动态化、智能化方向转变。但目前的不足仍较为突出：一是典型的公共服务设施优化模型常以交通距离、成本等作为决策目标，优化目标相对单一，缺乏以人为本的规划视角下依据设施服务人群特征、设施供给能力而进行的多目标模型构建；二是模型关于公共服务未来需求预测及动态模拟方面的研究不足，需要在把握村镇发展规律的基础上发挥规划的前瞻性。因此，未来构建公共服务设施优化模型的重点在于将公共服务设施的时效特点（应急类、非应急类）和服务人群特征添加到影响因子中，构建稳健性强的、可与社会发展水平同步更新的高寻优效率设施配置模型。

3.2.3　公共服务设施分类分级的国内标准与规范研究

国家与地方规范和准则中公共服务设施分类与分级配置指标包括公共服务设施的种类、配置规模和数量等详细内容，但是不同规范之间具有差异性，没有建立统一的配置标准。这是由于中国疆域辽阔，在经济发展水平、文化背景、人口构成以及地理环境等方面的不同导致各个地区对于公共服务设施的需求特征有所区别，进而形成不同的公共服务设施配置分级与分类标准。

在现行的国家标准规范和地方准则与规范中，村镇公共服务设施分级与分类主要分为三类（表 3-7）：第一类是对整体公共服务设施体系进行分类与分级，然后针对整体设施设定指标标准，这类指标有《乡村公共服务设施规划标准》

---

① 姚晓鹏，薛君志，张宇．大数据下的液化气供应站选址研究 [J]. 中国高新科技，2018(01): 58–60.

② 于燕，洪亘伟，刘志强，等．基于出行大数据的苏州村镇空间可达性及优化策略 [J]. 规划师，2019,35(05): 81–87.

《镇规划标准》等，在地方层面也有重庆市《城乡公共服务设施规划标准》、河北省《城乡公共服务设施配置和建设标准》等标准；第二类是对某类公共服务设施体系进行分级，然后针对这类设施体系建立指标标准进行控制，这类指标在国家层面上有《城镇老年人设施规划规范》等规范，在地方层面也有福建省《城乡养老服务设施规划及配置导则(试行)》等相关导则；第三类是对某一单个层级的公共设施进行指标标准建设，例如医院、文化馆、敬老院等，在国家层面上有如《农村公共厕所建设与管理规范》《文化馆建设标准》等规范，在地方层面也有包括四川省《乡镇(街道)便民服务中心建设规范》、江苏省《村便民服务中心(站、室)管理服务规范》等。

表 3–7　国内现行规范分类

分类	国家	地方
对整体公共服务设施体系进行分类与分级	《乡村公共服务设施规划标准》 《镇规划标准》 《镇（乡）域规划导则》	重庆市《城乡公共服务设施规划标准》 河北省《城乡公共服务设施配置和建设标准》
对某类公共服务设施体系进行分级	《城镇老年人设施规划规范》	福建省《城乡养老服务设施规划及配置导则(试行)》
对某一单个层级的公共设施进行指标标准建设	《农村公共厕所建设与管理规范》 《文化馆建设标准》	四川省《乡镇(街道)便民服务中心建设规范》 江苏省《村便民服务中心(站、室)管理服务规范》

根据现行国家与地方标准，总结归纳其中对于公共服务设施的不同分类与分级标准，如表 3-8 所示。可以看出，在现行国家标准中，主要有《镇规划标准》(GB 50188—2007)、《乡村公共服务设施规划标准》(CECS354：2013)，对于整体公共服务设施进行分类与分级界定。《镇规划标准》(GB 50188—2007)中将公共服务设施按其使用性质划分为行政管理、教育机构、文体科技、医疗保健、商业金融和集贸市场等 6 类 39 个项目进行配置，镇区和村庄的规划规模按人口数量划分为特大、大、中、小型 4 级;《乡村公共服务设施规划标准》(CECS354：2013)中公共服务设施包括行政管理、教育机构、文体科技、医疗保健、商业金融、社会福利和集贸市场等 7 类，其中针对村公共服务设施可按其

使用性质分为管理设施、教育设施、文体科技设施、医疗保健设施、商业设施和社会福利设施等6类。村庄和乡驻地公共服务设施根据村庄和乡驻地规划期末的常住人口规模，均按照特大、大、中、小型4级进行分级配置。除此之外，2010年我国住房和城乡建设部制定并印发了《镇（乡）域规划导则（试行）》，其中公共服务设施包括行政管理、教育机构、文体科技、医疗保健、商业金融、社会福利和集贸市场等7类，构建镇区（乡政府驻地）、中心村、基层村三级配置。通过表3-8可以看出，《乡村公共服务设施规划标准》（CECS354：2013）分级中包含乡驻地和村庄两个层级，然后依据人口规模进行4级分类，但是对于乡驻地和村庄没有进一步进行区分。《镇规划标准》（GB 50188—2007）分级中涉及镇区和村庄的分级建设，而乡政府驻地则没有再进行详细分级。《镇（乡）域规划导则》与之相反，其分级包括镇区（乡政府驻地）、中心村、基层村三级配置，没有在镇区（乡政府驻地）进行区分配置，但是在村庄层面分成中心村、基层村两级的配置。对比乡村公共服务设施依据人口规模和行政等级进行分级，最新版《城市居住区规划设计标准》（GB 50180—2018）中居住区根据步行时间和距离内满足居民生活需求的原则分为15分钟生活圈居住区、10分钟生活圈居住区、5分钟生活圈居住区及居住街坊4级。

表3-8　国内现行相关规范分类分级标准

相关规范及标准	设施分类	分级配置
《镇规划标准》（GB 50188—2007）	行政管理、教育机构、文体科技、医疗保健、商业金融、集贸市场	镇区分为中心镇和一般镇，镇区和村庄划分为特大、大、中、小型4级
《乡村公共服务设施规划标准》（CECS354：2013）	行政管理、教育机构、文体科技、医疗保健、商业金融、社会福利、集贸市场	村庄和乡驻地公共服务设施均按照特大、大、中、小型4级进行分级配置
《镇（乡）域规划导则（试行）》	行政管理、教育机构、文体科技、医疗保健、商业金融、社会福利、集贸市场	构建镇区（乡政府驻地）、中心村、基层村三级配置
《城市居住区规划设计标准》（GB 50180—2018）		15分钟生活圈居住区、10分钟生活圈居住区、5分钟生活圈居住区及居住街坊4级

在地方上现行或试用标准中，重庆市《城乡公共服务设施规划标准》（DB50/T 543—2014）中公共服务设施分为基础教育设施、医疗卫生设施、公共文化与体育设施、社会福利设施、其他基本公共服务设施等 5 类，根据设施服务范围和规划服务人口规模，公共服务设施按照区（县）级、居住区级、居住小区级、居住组团级 4 级进行分级配置。河北省《城乡公共服务设施配置和建设标准》（DB13(J)/T 282—2018）中公共服务设施分为教育设施、医疗卫生设施、文化设施、体育设施、社会福利设施及其他基本公共服务设施 6 类，其中建制镇公共服务设施按镇级和社区级两级配置和建设，乡政府驻地可参照建制镇配建要求，村庄公共服务设施按中心村和普通村庄两类配置和建设。南京市《农村地区基本公共服务设施配套标准规划指引（试行）》中按照使用功能把农村地区基本公共服务设施分为行政管理服务设施、教育设施、医疗卫生设施、社会福利与保障设施、文化体育设施、商业金融服务设施、市政公用设施及公共绿地等 8 类，农村地区基本公共服务设施按新市镇和新社区进行两级配置。其中，新社区基本公共服务设施又按照一级新社区和二级新社区两档配置。各类地方标准略有不同，在分类上可能会将几类合并成一个大类，加入新的大类或者单独增加一个小的功能分类。例如重庆市的标准中，文化与体育设施是一个大类；但是河北省的标准中却拆分成文化设施和体育设施两个大类；南京市的标准中则加入了市政公用设施和行政管理设施两类。但是这基本没有改变整体服务设施的内容，只是更加符合当地居民日常使用情况。

3.2.4　村镇社区服务设施分类配置准则

基于学界学者和国内现行标准中对于公共服务设施分类的研究，本书结合村镇社区社会、经济、环境发展需求和乡村功能演变，从促进“农民增收、农业发展、农村稳定”角度出发，将村镇社区服务设施分为生活服务设施、生产服务设施、生态服务设施三类（图 3-7）。

第一类是生活服务设施，分为公共管理与服务设施、教育设施、医疗卫生设施、文化体育设施、商业服务设施、社会保障设施、交通和市政公用设施。村镇社区作为农业人口的集聚空间，具有为居民提供公共管理、商业、交通服务，提供教育、医疗、社会保障，承载农业文化以及为人们提供休闲娱乐场所的功能，并以配置社区生活服务设施的方式来实现，并依据居民生存和发展的基本需求，将生活服务设施进行分类。

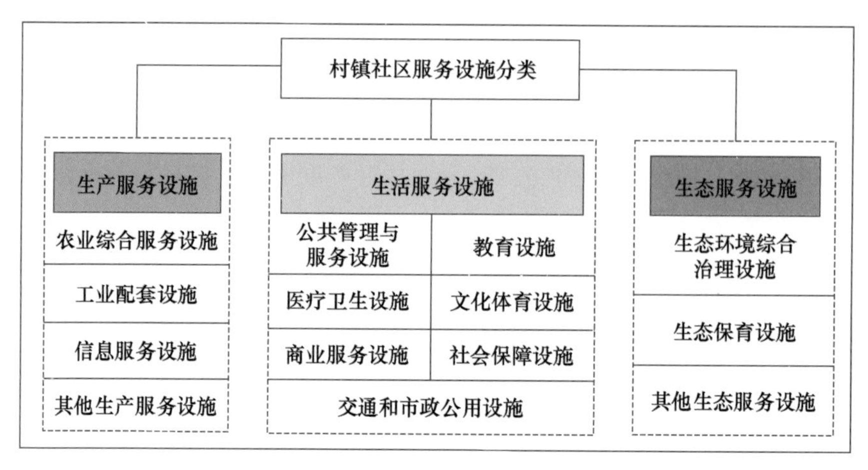

图 3-7　村镇社区公共服务设施分类

资料来源：作者自绘

第二类是生产服务设施，分为农业综合服务设施、工业配套设施、信息服务设施和其他生产服务设施。农业生产是农村产生和发展的基础，也是农村的基本功能。目前，我国大部分村镇社区仍以农业生产为主或发展部分乡镇企业。农业综合服务设施可进一步分为科技服务与农业技术服务设施、就业和社会保障服务设施、畜牧兽医服务设施、农资服务设施、产品检验与检疫设施、农业仓储设施、农田水利设施、电力设施、物流服务设施等。工业配套设施可进一步分为仓储物流设施，交通设施，电力、通信、给水、排水、污水、环境卫生、消防等公用设施。信息服务设施主要包括乡村基础信息管理和展销等服务设施。

第三类是生态服务设施，分为生态环境综合治理设施、生态保育设施和其他生态服务设施。生态服务设施依托现代生态工程技术的广泛应用，可保证农村的良好环境和农业的可持续发展。生态服务功能主要表现在对村镇生态环境综合治理、对乡村生态环境的保育等方面。生态环境综合治理设施包括提供生态服务功能的水体（河湖、溪流、池塘等）、检测站点、水土保持工程设施等。生态保育设施包括生态隔离防护绿地或林带、水源地保护设施、生态林地巡护站等。

3.2.5　村镇社区服务设施分级配置准则

为对接城乡管理体制，方便设施建设和管理，本书中将村镇公共服务设施按乡镇—行政村两级配置，各层级互不包含，具体标准按表 3-9 进行配置。其中，准则从配置原则、服务规模、服务范围、空间布局 4 个方面提出了具体配置要求。

表 3-9　村镇社区服务设施分级与规模表

分级		服务常住人口规模 / 万人	服务范围
乡镇	一级	0.5 ～ 3.0	对应乡、镇管辖范围
	二级	3.0 ～ 5.0	
行政村	一级	0.1 ～ 0.3	对应行政村管辖范围
	二级	0.3 ～ 1.0	

在配置原则方面，各级各类村镇社区服务设施的配置内容和建设规模应根据规划常住人口规模，结合城乡发展的阶段目标、总体布局和建设时序分别在乡镇国土空间规划和村庄规划中落实，明确设施的位置、规模和建设要求。同时各级服务设施的配置需要本着公平的原则，兼顾资源情况和实施条件，尽可能均衡各村镇的利益与责任，合理布局。

在服务规模方面，乡镇级社区服务设施以 0.5 万～ 5.0 万人为主要服务对象，为居民提供最基本的公共服务；行政村级社区服务设施以 0.1 万～ 1.0 万人为主要服务对象，为居民提供日常便民服务。各级村镇服务设施的设置应与常住人口规模相对应，当常住人口达到乡镇或行政村级的人口规模时，应按照规定配置本级及其以下各级配套设施项目；当常住人口规模超出乡镇级时，除按照本级配置公共服务设施项目外，还应根据需要选配高一级的配套设施项目；当常住人口规模低于行政村级时，应保障最基本的配置要求。

在服务范围方面，乡、镇级社区的服务设施除了服务乡驻地、镇区，还应考虑为周围的集镇服务；行政村的公共服务设施除服务于本村外，还应考虑为周围自然村服务，由于我国大多数自然村人口规模偏小，达不到规模效应，故不做出具体的建设要求，可与行政村的社区服务设施共用，但当确实有需要时也可适当单独配置；而集镇作为乡村与城市之间的过渡型居民点，其社区服务设施配置具有较强的特殊性和多样性，故不做具体建设要求，可依常住人口规模，参照乡、镇级社区服务设施标准配置。

在空间布局方面，各级各类村镇社区服务设施首先应考虑位于人口聚居区，尽量方便居民使用。其次考虑结合主要进出道路以及公共交通设施，尽可能配置在区位适中、交通便捷、人流量较大的地方。此外，新建项目可根据各村镇资源情况和实施条件预留建设用地指标。

依据以上 4 个方面的分级配置标准，制定出相关村镇主要社区服务设施的分级配置一览表（表 3-10）。表格中所列的公共服务设施项目，是实现农村基本功能、满足居民生活需求、提升村镇环境的最基本的设施要素。在进行实际规划操作时，各级社区服务设施的配置可以在符合表 3-10 基本要求的前提下，根据村镇地区实际的人口规模和经济发展水平数据，在测算相关设施的适配等级后，再选取合适的公共服务设施项目。

表 3-10　村镇主要社区服务设施分级配置一览

类别		项目	乡镇	行政村
大类	中类			
生活服务设施	公共管理与服务设施	公共管理服务设施	●	●
		公安、法庭、治安管理	●	/
		建设、市场、土地等管理机构	●	/
		经济服务、中介机构	●	○
	教育设施	幼儿园、托儿所	●	●
		小学	●	○
		初级中学	●	/
		高级中学、完全中学	○	/
	医疗卫生设施	医疗保健设施	●	●
		防疫设施	●	/
	文化体育设施	文化活动站（室）	●	●
		体育设施（健身场地）	●	●
		图书室	●	○
		文物、纪念、宗教类设施	○	○

续表

类别		项目	乡镇	行政村
大类	中类			
生活服务设施	商业服务设施	银行、信用社、保险机构	●	/
		旅社、饭店、旅游类服务设施	●	○
		超市、药店、购物类设施	●	○
		综合修理、理发、劳动服务类设施	●	○
		集贸市场、加工、收购点	●	○
		邮政、快递、物流配送网点	●	●
	社会保障设施	老年人服务设施	●	●
		救助管理设施	○	/
	交通和市政公用设施	车站、停车场、生活性交通设施	●	○
		消防站、防洪堤、防灾类设施	●	●
		公共厕所、垃圾收运点、环卫类设施	●	●
生产服务设施	农业综合服务设施	科技服务与农业技术服务设施	○	○
		就业和社会保障服务设施	●	/
		畜牧兽医服务设施	●	/
		农资服务设施	●	○
		产品检验与检疫设施	●	/
		农业仓储设施	●	○
		农田水利设施	●	●
		电力设施	●	●
		物流服务设施	●	○
	工业配套设施	仓储物流设施	○	○
		交通、市政公用设施	○	○
	信息服务设施	信息管理与展销设施	○	○
生态服务设施	生态环境综合治理设施	生态服务水体	●	●
		检测站点	●	○
		水土保持工程设施	●	○
	生态保育设施	生态隔离防护绿地或林带	●	○
		水源地保护设施	○	○
		生态林地巡护站	●	○

注：●：应建的设施；○：有条件可建的设施；/：一般不建的设施。

3.3　村镇社区服务设施选址要求与配置标准

结合村镇公共服务设施分类和分级配置准则，本书从选址要求和配置标准两个方面对于生活服务设施、生产服务设施、生态服务设施中的具体设施提出详细配置准则（图 3-8）。

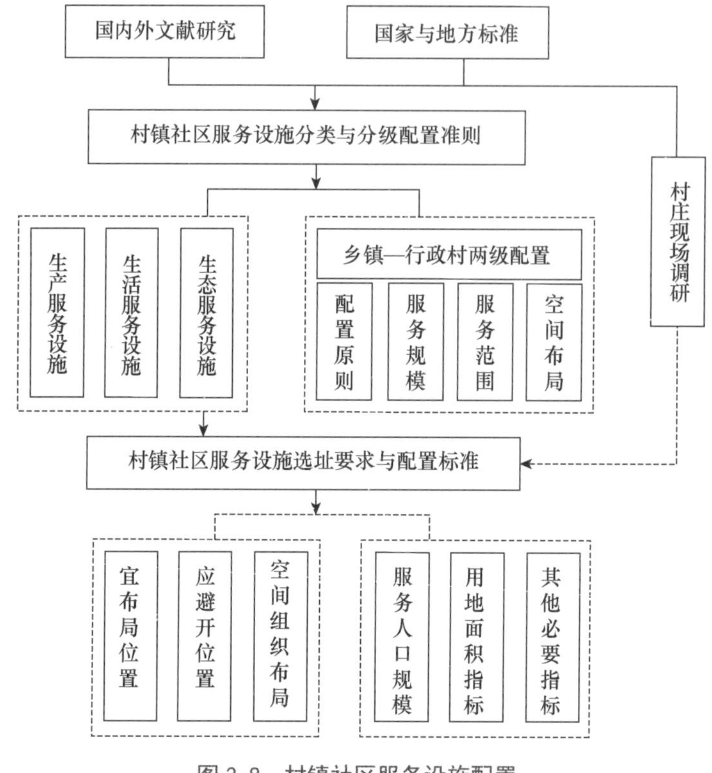

图 3-8　村镇社区服务设施配置

资料来源：作者自绘

3.3.1　生活服务设施选址要求与配置标准

1. 公共管理与服务设施

（1）选址要求

在村镇公共管理与服务设施选址时，首先宜考虑在交通便利的地段；其次布局宜采取相对集中的方式，形成管理与服务中心；同时可适当地与文体科技、商业金融、社会福利等设施进行结合设置，提高土地利用效率和行政管理效率。

（2）配置标准

乡镇公共管理与服务设施用地面积指标宜按 0.4 ～ 1.5 m^2· 人 $^{-1}$ 设置。配置标准的提出考虑了以下两个方面：第一是通过对 17 个省（自治区、直辖市）的 27 个乡镇、109 个村的调查分析中发现，一般乡镇人均行政管理设施用地面积不足 0.5 m^2；第二是从近年各乡规划的案例来看，规划指标多在 1.0 ～ 3.5 m^2。综合以上并考虑到村管理层级相对乡镇较为简单，人均用地指标在乡镇指标基础上应该略有减少，故提出了相应的配置标准。

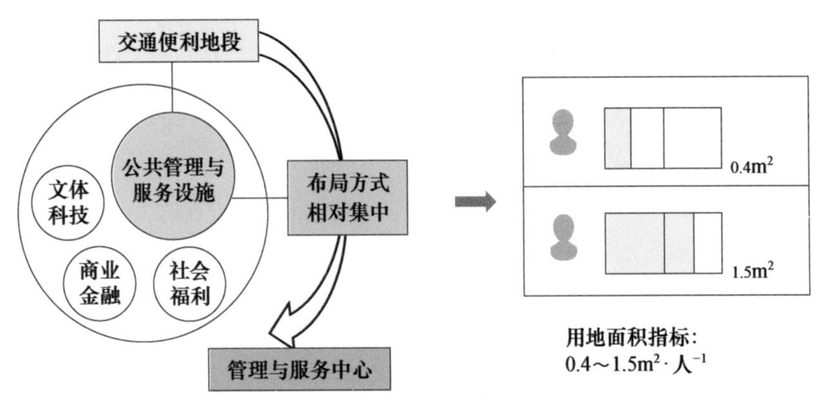

图 3-9　公共管理与服务设施选址要求与配置标准

资料来源：作者自绘

2. 教育设施

村镇社区的教育设施主要侧重于中小学和幼儿园，其余的特殊学校、大专院校、职业培训等学校的配置则是根据城市功能定位、产业发展目标、教育发展目标等来确定的，即高级中学及以上的各类学校一般是由城市、县国土空间总体规划统一配置，本书中不对此类教育设施做明确布局要求和配置规定。

除去不做规定的这类教育设施，基础教育设施的配置出于对乡、镇与农村在学校服务人口、服务范围、办学方式、学校建设条件等方面的差异的考虑，应根据城镇、农村的实际情况分别配置。按照提高教学质量、方便学生入学、保证学生安全的原则，一般应在乡镇、镇区以上城镇设中学，中心村及规模较大的行政村设小学，行政村及较大的自然村应设学前教育设施。距中心村小学距离远的基层村，可设小学分校或初级小学，安排低年级小学生就近入学（图 3-10）。

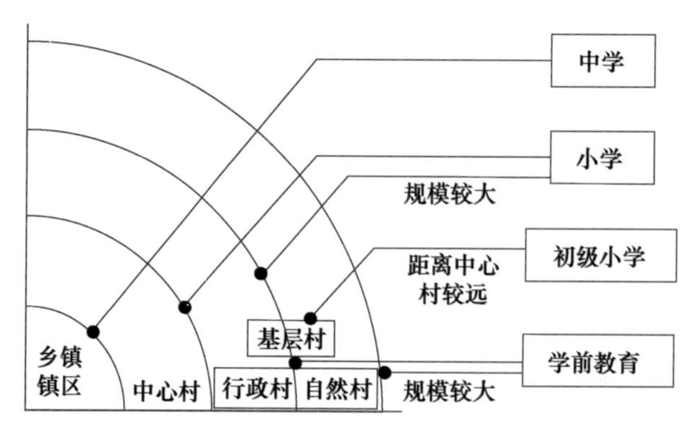

图 3-10　村镇社区教育设施布局

资料来源：作者自绘

（1）选址要求

学校选址要求依据《中小学校设计规范》（GB 50099—2011）、《城市普通中小学校校舍建设标准》（建标〔2002〕102 号）、《托儿所、幼儿园建筑设计规范》（〔87〕城设字第 466 号）、《农村普通中小学校建设标准》（建标 109—2008）的相关条款并结合村镇的实际情况进行考虑。

在中小学设施方面，首先考虑到中小学的特点，对学校的选址要求进行了细化，尤其针对部分新建学校选址中存在位于干道交叉口附近或被市政道路穿越的问题，增加了相应规定。学校的选址应该在交通方便、地势平坦开阔、空气流通、阳光充足、排水通畅、环境适宜、基础设施比较完善的地段；同时应该避开高层建筑的阴影区、干道交叉口等交通繁忙地段、地形坡度较大的区域、不良地质区、洪水淹没区、各类控制区和保护区以及其他不安全地带；并要求架空高压输电线、高压电缆、输油输气管道、通航河道及市政道路等不得穿越校园。

其次，依据《中小学校设计规范》（GB 50099—2011）第 4.1.3 条、第 4.1.7 条的内容，学校的选址不应与集贸市场、公共娱乐场所、医院传染病房、太平间、看守所、消防站、垃圾转运站、强电磁辐射源等不利于学生学习、身心健康以及危及学生安全的场所毗邻；与各类有害污染源（物理、化学、生物）的防护距离应符合国家相关规定。

再次，依据《中小学校设计规范》（GB 50099—2011）第 4.1.6 条的规定，明确学校主要教学用房设置窗户的外墙与铁路路轨的距离不应小于 300 m，与高速路、地上轨道交通线或城市主干道的距离不应小于 80 米，并且学校的主要入口不应开向公路；当距离不足时，应采取有效的隔声措施（图 3-11）。

最后，由于校车及学生家庭私家车已对学校周边交通产生影响，并有进一步加剧的趋势，所以在学校选址时强调要考虑车流、人流交通的合理组织，减少学校与周边城市交通的相互干扰，同时规定学校布局应合理组织人流、车流和车辆停放，创造安全和安静的学习环境，减少对城市交通的干扰。

在幼儿园设施方面，依据《托儿所、幼儿园建筑设计规范》(〔87〕城设字第 466 号）第 2.1.2 条的内容，规定幼儿园选址布局原则：一是幼儿园选址应远离各种污染源，并满足有关卫生防护标准要求；二是考虑到方便家长接送的情况，应该避免交通干扰；三是场地应该满足日照充足、场地干燥、排水通畅、环境优美或接近村镇绿化带（图 3-11）。

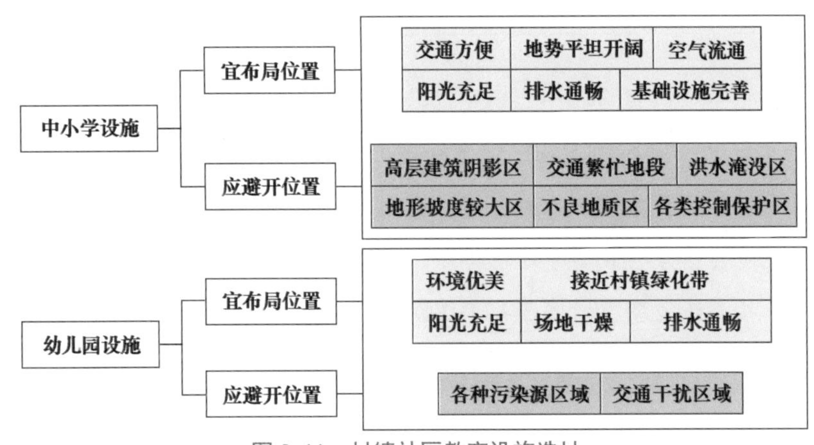

图 3-11　村镇社区教育设施选址

资料来源：作者自绘

（2）配置标准

村镇教育设施配置标准从乡镇和农村两个方面分别制定。

乡镇教育设施的规划配置包括幼儿园、小学学校、初中学校的建筑面积和用地面积、规划服务分口等指标标准。依据《中小学校设计规范》(GB 50099—2011)、《城市普通中小学校校舍建设标准》(建标〔2002〕102 号），结合实际情况并参考国内其他城市的相关标准，确定了表 3-11 中的乡镇教育设施项目配置标准。

表 3–11　乡镇教育设施项目配置标准

设施名称	用地面积规模 /m^2	规划服务人口 / 万人	备注
幼儿园、托儿所	1400（3 班） 2400（6 班） 3400（9 班） 4500（12 班） 5400（18 班）	0.3 ～ 1.5	应有独立院落和出入口，按其服务范围均衡分布，设于方便家长接送的地段。幼儿园的建筑及用地应满足日照规定。分期建设的、配套建设的幼儿园原则上应安排在首期建设。室外游戏场地人均面积不应低于 4 m^2
小学	9200（6 班） 15700（12 班） 21900（24 班） 27000（30 班）	0.7 ～ 2	分期建设的，首期建成校舍的建筑面积不应低于《农村普通中小学校建设标准（建标〔2008〕159 号）》中相应基本指标的规定
初中	17900（12 班） 25700（18 班） 30000（24 班）	2 ～ 4	

农村地区基础教育设施主要包括幼儿园与小学。由于大部分农村人口在逐年减少，儿童随父母向城镇流动的情况在增加，农村适龄儿童有下降趋势，因此，规划时应充分结合当地农村实际情况，在有条件的行政村配置幼儿园；农村小学应按照“村完全小学—初级小学”体系，在镇乡辖区范围内统筹规划布局。其中村教育设施项目配置应符合表 3-12 的规定。

表 3–12　村教育设施项目配置

设施名称	规模 /(m^2·处)	生均用地规模 /(m^2·生 $^{-1}$)	班额数 /(生·班 $^{-1}$)	备注
幼儿园、托儿所	780 （3 班） 1500 （6 班）	≥ 10	20	① 幼儿园办学规模宜为 3 ～ 6 班，适龄学生较多的区域可结合实际情况设置 9 班、12 班 ② 幼儿园应有独立占地的室外游戏场地，每班的游戏场地面积不应小于 60 m^2 ③ 幼儿园适龄学生数不足时，可设置 1 班幼儿园，建筑面积不应小于 200 m^2，用地面积不应小于 260 m^2 ④ 2 班幼儿园教学楼若为 1 层建筑，用地面积不应小于 520 m^2 ⑤ 3 班幼儿园教学楼若为 1 层建筑，用地面积不应小于 780 m^2

续表

设施名称	规模/（m^2·处）	生均用地规模/（m^2·生$^{-1}$）	班额数/（生·班$^{-1}$）	备注
小学	4320（6 班） 640（12 班）	≥ 16	45	① 村完全小学办学规模宜为 6 ～ 12 班 ② 初级小学包括 1 ～ 3 年级，建筑面积不应小于 500 ㎡，用地面积不应小于 720 ㎡ ③ 学校运动场应至少设置一组 60 m 直跑道

此外，基础教育设施的布局应符合服务半径的要求，对初中、小学、幼儿园的配置不应超出服务半径，不应过于集中布点或合并布点。根据《城市居住区规划设计标准》（GB 50180—2018）的相关规定，结合地方实际，确定中小学和学前教育设施的服务半径：幼儿园、托儿所应在 5 分钟生活圈内设置，适宜的服务半径为 300 米；小学应在 10 分钟生活圈内设置，适宜的服务半径为 500 m；初中应在 15 分钟生活圈内设置，适宜的服务半径为 800 ～ 1000 m。

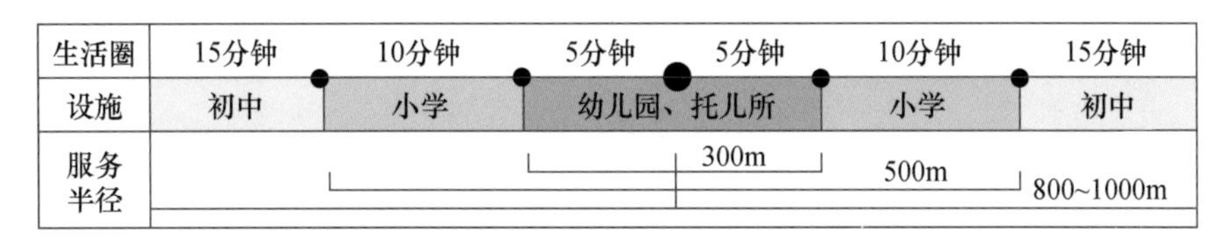

图 3-12　村镇社区教育设施服务半径布局

资料来源：作者自绘

3. 医疗卫生设施

医疗卫生设施主要包括医疗保健设施和防疫设施两类：医疗保健设施包括医院（含中西医结合医院）、卫生院、门诊部、社区卫生服务站、村卫生室（所）等；防疫设施包括计、妇幼保健站、防疫站等。

在乡镇医疗卫生设施项目的配置中，主要依据乡镇性质、类型、规模，经济社会发展水平，居民经济收入和生活状况，风俗民情及周边条件等实际情况，并能充分发挥其作用而确定。同时，由于各地的情况千差万别，视不同乡驻地具体情况在规划时选定，但应满足对项目配置的基本要求。

（1）选址要求

医疗服务设施和公共卫生服务设施的选址原则依据《综合医院建设标准》（建标 110—2008）、《中医医院建设标准》（建标 106—2008）、《乡镇卫生院建设标准》（建标 107—2008）、《疾病预防控制中心建设标准》（建标 127—2009）、《精神专科医院建设标准》（征求意见稿），结合地方实际确定。

首先，村镇医疗卫生设施选址，应该符合以下几个原则：① 应满足设施使用的功能与环境要求，须选址在交通方便、环境安静、地形比较规整、工程地质条件稳定、基础设施条件较好的地段；② 选址不宜与市场、学校、幼儿园、公共娱乐场所、消防站、垃圾转运站、强电磁辐射源等毗邻；③ 应避开地形坡度较大的区域、干道交叉口等交通繁忙地段、不良地质区、洪水淹没区、污染源和易燃易爆物的生产与储存场所、各类控制区和保护区以及其他不安全地带；④ 同时架空高压输电线、高压电缆、油气管道、通航河道及市政道路等不得穿越医院；⑤ 有传染性、放射性或需要特殊隔离的医院，应考虑隔离措施，与周边居民区的距离应符合国家有关防护距离的规定。

其次，针对村镇医疗卫生设施的布局，规定乡镇卫生院、防疫站、宜集中设置。

最后，针对医疗卫生设施中乡镇卫生院设施的选址提出以下要求：① 选址宜方便群众、靠近行政、商业中心，位置醒目，交通方便，要节约土地，不占用耕地，同时要选在地势较高、基地稳固、地形规划的位置，并配有必要的防洪排涝设施；② 选址宜充分利用当地的水、电、路等基础设施；③ 选址宜在环境安静、远离污染源、处于居住集中区下风的位置，与少年儿童活动密集场所应有一定的距离；④ 选址应远离易燃易爆物的生产和储存区，远离高压线路及其设施。以上这四个要求中：对于选址应充分利用当地的水、电、路等基础设施是从方便群众就医及乡（镇）卫生院本身的业务性质提出的具体要求，对“三通”（道路、水、电）尚未完备的地区，尽量利用当地原有水源（水库、河流、井泉、过境供水线路等）和原有道路（包括土路）、排水沟、绿化等，以节省基建投资；对于卫生院选址应靠近居住集中区下风位置是以当地夏季主导风向为依据提出的要求；而少年儿童活动密集场所是指中小学、幼儿园、托儿所等，停尸房等不利于学生学习和身心健康的建筑及设施不得置于有少年儿童活动密集场所一侧。

（2）配置标准

在村镇医疗卫生设施的分级配置上，要求村镇医疗卫生设施按综合医院、乡镇卫生院和村卫生室（所）三级配置：综合医院主要设置在镇区人口 5 万以上的中心镇区；乡镇卫生院设置于乡、镇区或集镇；中心村应设村卫生所；基层村要设标准化卫生室（图 3-13）。

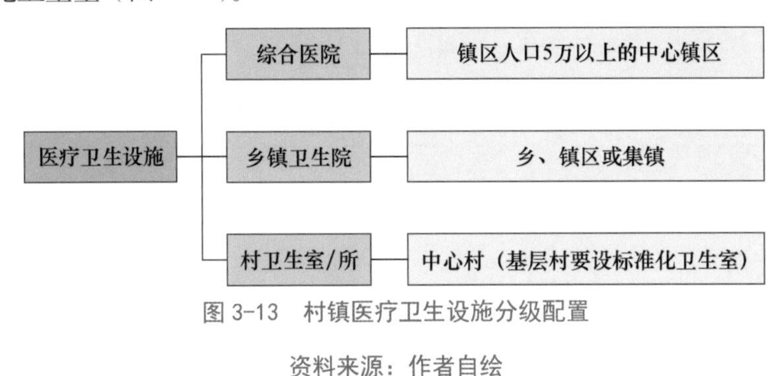

图 3-13　村镇医疗卫生设施分级配置

资料来源：作者自绘

乡镇卫生院规划配置应符合表 3-13 的规定，每个镇乡应设置一所乡镇卫生院，床位数规模按照辖区内全域常住人口 1.2 ～ 1.7 床·千人 $^{-1}$ 配置。表格中乡镇卫生院规划配置中的用地和服务人口规模标准依据《乡镇卫生院建设标准》（建标 107—2008）进行规定，由于该标准规定不宜设置 100 床及以上的乡镇卫生院，且未规定相应的配置标准，若按服务人口规模计算，规划确需设置 100 床及以上的乡镇卫生院时，按表 3-13 中提出的规定执行。另外中心镇设中心卫生院，其规划服务人口应不限于本镇，在计算人口规模时需增加镇外服务区域 1/3 的人口。

表 3-13　乡镇卫生院配置标准

设施名称	床位规模 / 床	一般规模 /（㎡·处 $^{-1}$）		配置标准 /（㎡·床 $^{-1}$）		备注
		用地面积	建筑面积	用地面积	建筑面积	
乡镇卫生院	1 ～ 20	430 ～ 2000	300 ～ 1100	80	48 ～ 55	100 床及以上的乡镇卫生院宜按此配置标准设置
	21 ～ 99	2000 ～ 9900	1100 ～ 5445			

村这一层面的医疗服务设施的规划配置应符合表 3-14 规定。每个行政村应设置一处村卫生室（所），有条件的行政村可进行增设，其中村卫生室的建筑面积不得少于 80 m^2。建筑面积的规定参考我国多地的村卫生室（所）配置现状数据，村卫生室（所）的实际面积普遍超过 100 m^2，除少数结合农民自家住房设置的卫生室不超过 50 m^2，中位数接近 60 m^2。在此基础上，建筑面积配置标准还应结合医疗设施本身有其储藏、卫生隔离等要求。

表 3-14　村医疗服务设施配置标准

设施名称	最小规模 /（m^2 · 处$^{-1}$）		服务半径 /m	备注
	用地面积	建筑面积		
村卫生室（所）	—	80	1500	独立占地的村卫生室（所），占地面积不低于 115 m^2，业务用房面积不低于 80 m^2

4. 文化体育设施

（1）选址要求

在进行文化体育设施选址时，要先确定文化体育设施配置项目，例如在体育设施方面，中心镇应包括体育场、游泳池（馆）和体育馆等；一般乡镇体育设施包括室内体育活动中心和室外活动场地；中心村、基层村一般不单设体育场地，体育活动设施与村民委员会、村民广场、绿化用地综合布置。在确定配置项目符合准则的前提下，应考虑到全国各乡镇（村）情况有别，在实际选择设施时可以依据乡镇（村）的性质、类型、规模，经济社会发展水平、居民经济收入和生活状况，风俗民情及周边条件等实际情况，进行分析比较确定。

在进行村镇文化体育设施布局设置时，一方面，应结合其他公共服务设施集中在村镇中心设置，以共同形成集约高效的公共活动中心，这类中心一般位于乡镇的中心地段，便于服务整个乡镇；另一方面，应紧邻村镇的主要交通干线，设施布局在交通便利的地段便于人群的集散，同时也要考虑对生活休息的干扰，宜结合公园绿地等公共开敞空间设置。

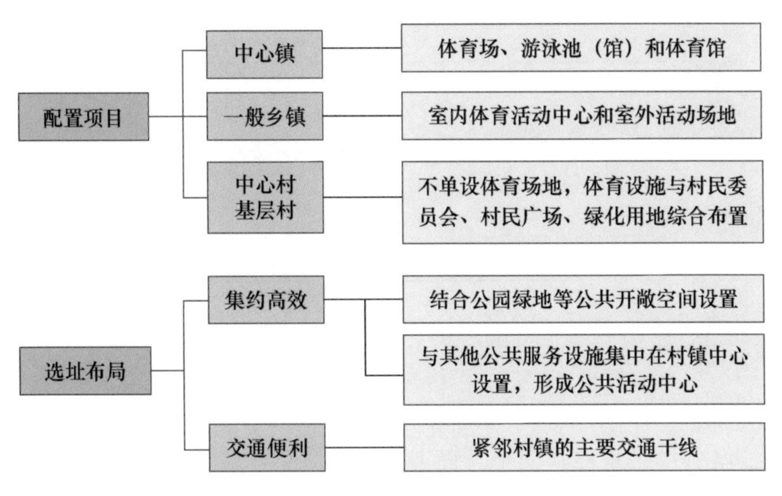

图 3-14　村镇文化体育设施配置布局

资料来源：作者自绘

（2）配置标准

体育设施方面，乡镇、中心村和基层村的体育设施用地配置指标中提出乡镇体育设施用地面积可采用 250 ～ 700 m^2· 千人 $^{-1}$，用地面积不应少于 5000 m^2。中心村和基层村体育设施配置标准为用地面积 100 ～ 150 m^2· 千人 $^{-1}$，用地面积总量应不小于 800 m^2。

为更好地贯彻《全民健身计划（2011—2015 年）》（国发〔2011〕5 号），并结合每个地方的实际需求，提出每个镇乡均应配置一处及以上全民健身活动中心（小型）和健身广场，其中健身广场可以单独设置，也可与绿地、广场等用地混合设置。行政村应配置一处村民体育健身场地，其基本标准参照《关于实施农民体育健身工程的意见》（体发〔2006〕13 号）相关要求，规定要有一块混凝土标准篮球场，配备 1 副标准篮球架和 2 张室外乒乓球台。

文化设施方面，乡镇、中心村和基层村的文化设施用地配置指标中提出乡镇文化设施用地面积可采用 300 ～ 870 m^2· 千人 $^{-1}$，用地面积不应少于 6000 m^2。中心村和基层村文化设施用地面积为 160 ～ 250 m^2· 千人 $^{-1}$，用地面积总量应不小于 900 m^2。其中，乡镇综合文化站按照《乡镇综合文化站建设标准》（建标 160—2012）进行配置，在计算设施规模时，应同时满足设施最小规模与千人指标的下限值。

表 3–15　村镇文体设施配置标准

设施名称	分级	用地面积 /（m^2· 千人 $^{-1}$）	总用地面积 /m^2
体育设施	乡镇	250 ～ 700	5000
	中心村和基层村	100 ～ 150	800
文化设施	乡镇	300 ～ 870	6000
	中心村和基层村	160 ～ 250	900

5. 商业服务设施

（1）选址要求

商业服务设施选址应从两个方面考虑：第一是商业服务设施在区域中的协调布局标准，第二是商业服务设施在乡镇和农村这两个层级制定具体选址标准。

在区域中的协调布局标准方面，在规划商业服务设施等级层次、用地规模、设施数量时，为协调乡镇商业服务设施的区域布局，应依据上级行政区商业网点规划要求执行；若无商业网点规划或商业网点规划未给出具体指导，应征询上级行政区商业主管部门的意见。这是因为通常情况下，乡镇规划对商业服务设施布局的考虑局限于一个乡镇的范围内，对相邻乡镇商业集贸设施的区域性布局缺乏考虑，不利于商业服务设施的区域协调，难以防范区域商贸恶性竞争情况的出现。为解决这一问题，做到区域协调，应在进行商业服务设施布局时遵循上位规划或上级商业主管部门的意见。

在具体选址标准方面，有如下考虑。首先，在乡镇层级。商业服务设施的选址应有利于人流和商品的集散，并不得占用公路、镇区干路、车站、码头、桥头等交通量大的地段；不应布置在文化、教育、医疗机构等人员密集场所的出入口附近和妨碍消防车辆通行的地段。重型建筑材料市场、钢材市场、牲畜市场等影响镇容环境和有易燃易爆物的商品市场，应设在村镇的边缘，并应符合卫生、安全防护的要求。由于乡镇集贸市场具有人流集聚的特点，对周边交通状况及自身设施支撑有一定的要求。因此，本书参考了现行行业标准《乡镇集贸市场规划设计标准》（CJJ/T 87），对一般性集贸市场、特殊商品市场的选址和相应配套设施的规划提出了要求。

其次，在农村层级。商业服务设施的选址宜根据村民自身商业服务需求和市场需求进行设置，其规划应结合村性质、规模、经济社会发展水平、乡村居民经济收入和生活状况、风俗民情及周边条件等实际情况进行。村商业服务设施主要是考虑其满足村民日常生活需求的功能，并主要为市场自发设置。同时考虑到市场调节的不确定性和村民生活需求的刚性，规定在规划时应结合村的性质、在一定区域内的职能、风俗民情及周边条件等因素，引导配置必要的商业设施。

其中村商业服务设施选址应符合下列要求：可结合其他公共服务设施集中设置；同类型项目应均匀分布，满足村内居民的使用。以上这两点要求中，提出村商业金融设施在选址上应以统筹布局、集中设置的方式为主是本着集约用地和发挥规模效益的原则；提出同类商业金融业设施项目应均匀分布、均衡布局是出于对设施服务半径的要求及周边村交接的情况的考虑（图 3-15）。

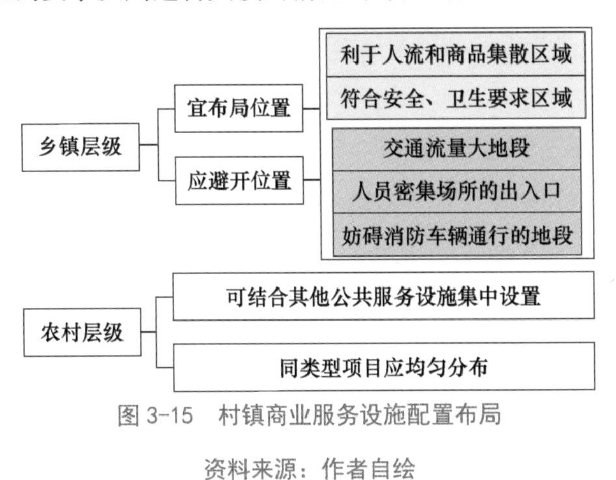

图 3-15　村镇商业服务设施配置布局

资料来源：作者自绘

（2）配置标准

集贸市场在促进我国广大农村地区商品流动、经济繁荣中起到了桥梁和纽带作用，近年来随着改革开放和城乡建设一体化发展，集贸市场需求普遍增长，尤其是一些商贸、工贸性质的乡镇，出现了商品类型集聚化的趋势。

基于以上要求，对集贸市场（这里所指的集贸市场主要为本乡范围村民日常生产生活服务的项目类型，对于一定区域内规模集聚并主要对外部服务的类型不做要求）提出具体配置标准：乡镇集贸设施用地面积应按平常集会人流规模确定，小商品市场可按上市人数人均 1.5 m^2 或每个摊位 3 ～ 5 m^2 确定，并应安排好大集或商品交易会临时占用的场地，休集时应考虑设施和用地的综合利用。由于集贸市场设施的主要相关因素不在于乡镇，而在于乡镇类型、区位、交通、经商基础等优势，因此集贸市场设施用地和建筑规模宜按其经营、交易的品类、销售和交易额大小、赶集人数以及相关潜在需求和国家与地方有关规定确定。而农贸产品市场以销售蔬菜、水果、粮油、副食品等日常用品为主，主要服务于乡镇人口，具有内向型，与乡镇人口关联性较大，因此根据相关标准和各地实践统计提出农贸市场的用地规模。

上述提出的乡镇设置项目，是在参照现行国家标准《镇规划标准》及北京、河北等地研究和实践经验的基础上，结合全国各地乡镇规划案例提出的。考虑到乡镇的规模、性质不同，规定了应设置和可设置的项目，供各地在规划时选定。此外，为了与乡镇商业服务设施相配套，对于快递服务站点设施做出要求。邮站（快递服务站）宜与其他公共服务设施合建，在首层设置。

6. 社会保障设施

社会保障设施是指由政府建设的敬老院、老年服务中心（活动中心）、养老服务站（活动室）等老年人服务设施，以及儿童福利院、残疾人服务站等救助管理设施。村镇地区的社会福利事业是体现社会主义新农村、关注民生的重要指标之一。为了使农村老年人口的生活有保障，同时解决残疾人的生活问题和孤残儿童的抚养问题，在参照《乡村公共服务设施规划标准》的基础上，将敬老院、老年服务中心、儿童福利院、残疾人服务站等确定为配建项目。

（1）选址要求

社会保障设施分级按照乡镇（含集镇、民族乡）、行政村（含自然村）两级配置。乡、镇作为乡村社会福利设施的重点建设地区，应为老年人、残疾人、孤残儿童提供必要的公共服务；村级地区可根据弱势群体的实际规模和结构，按需配建社会保障服务站点等基层设施，并可与其他公共服务设施结合设置（图3-16）。

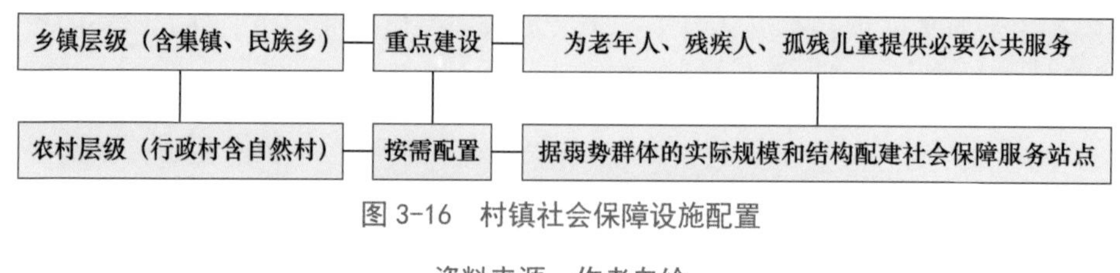

图 3-16　村镇社会保障设施配置

资料来源：作者自绘

社会保障设施选址应充分考虑老年人、儿童、残疾人的特殊要求，并应符合下列规定：① 应选择在地势平缓、地质条件较好的地段。出于对老年人、儿童、残疾人生理和心理需求的考虑，为满足三类群体在安全和体能方面的需要，明确社会福利设施应选择在地形平坦的地段布置，且应避开自然灾害易发区。② 应选择阳光充足、通风良好、交通便捷、市政环境较好的地段。由于老年人、儿童、残疾人均对环境的敏感度较高，特别是对阳光、空气有较高的要求，所以应选择在绿化条件较好、空气清新、阳光充足、避开干扰的地段布置。同时基于方便老年人、儿童、残疾人的出行和需要护理的考虑，提出设施应尽量选择在交通方便可达，供电、给排水、通信等市政条件良好的地段布置。③ 应避开高速公路、快速路及交通量大的交叉路口等噪声污染大的地段。④ 宜靠近或结合医疗卫生设施布局。由于老年人、儿童、残疾人对医疗服务的要求较高，遵循节约用地、方便使用和设施共享的选择，社会福利设施宜与医疗卫生设施邻近或联合设置。

（2）配置标准

村镇社会保障设施配置标准从乡镇和农村两个方面分别制定。

乡镇老年社会保障设施的规划配置应符合表 3-16 的规定。表中敬老院、老年服务中心的配建规模，是为了保障老人的生活服务质量，降低老年社会保障设施建设的随意性。同时根据《地方残疾人综合服务设施建设标准》，残疾人综合服务设施建筑面积相对较小，故表中没有对残疾人服务站建设用地指标做出硬性要求。

表 3-16　乡镇社会保障设施配置标准

类别	项目名称	一般用地面积规模 /（m^2· 处 $^{-1}$）	服务规模 / 万人	服务半径 /m
老年社会保障设施	敬老院（养老院）	≥ 6000	3 ～ 5	2000
	老年服务中心（活动中心）	—	0.5 ～ 2.5	500
社会救助设施	残疾人服务站	—	—	—

农村老年社会保障设施规划配置方面，规定应按照每处≥ 150 m^2 的标准配置，可结合村级公共服务中心设置。考虑服务规模和服务水平，村的孤残儿童、

残疾人宜送往乡镇级社会保障设施进行救助。

7. 环卫、市政及交通公用设施

（1）选址要求

环卫、市政及交通公用设施选址要求包括公共厕所、垃圾处理、雨水设施、燃气设施、供水和消防设施以及照明设施6个方面（图3-17）。

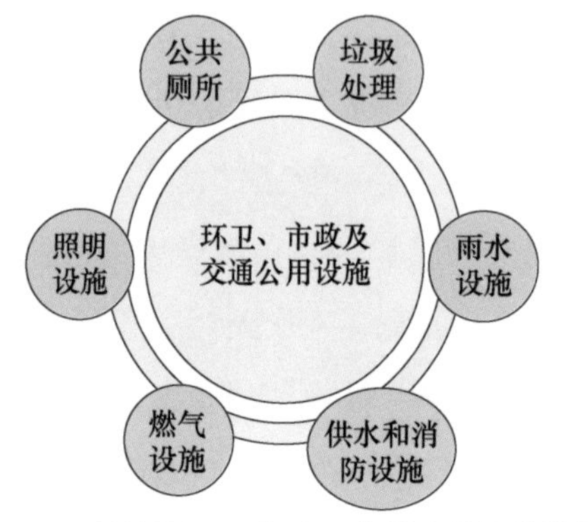

图3-17　村镇环卫、市政及交通公用设施配置

资料来源：作者自绘

① 公共厕所方面，考虑此类设施在全国范围内存在巨大的地域差异，根据《农村公共厕所建设与管理规范》（GBT 38353—2019）及所在区域的经济发展水平、特点和人流量规划设置一类、二类、三类农村公共厕所。对于旅游型村落，乡村旅游区参照《旅游厕所质量等级的划分与评定》（GB/T 18973—2016）配置旅游厕所，按照景区的规划统一布局，数量需满足游客需求，同时公共厕所设计也应符合GB/T 18973—2016的要求。

② 垃圾处理方面，若干农户共用1个垃圾分散收集点，分散收集点应设置易腐垃圾和不易腐垃圾收集容器；分散收集点的服务半径不宜超过200 m^2。通过华北、华南、东南、西南等地区的广泛调查研究，我国农村地区往往采用垃圾收集点（箱、筒）、垃圾转运站、垃圾中转站（部分地区在乡镇设有此等级）三级转运模式，将垃圾运往县城统一的填埋场、处理厂。而中东部地区以及西部部分地区的垃圾收集、转运已经完全实现机动车全覆盖。因此，考虑垃圾投放和分类的要求，垃圾收集点不宜过于密集，故推荐服务半径为200 m^2 以内。

③ 雨水设施方面，雨水排放应结合村庄地形，融入海绵城市建设理念，通过明渠、管道等多种途径有组织排水，实现雨水有序排放或资源化利用。

④ 燃气设施方面，有条件的村庄优先供应天然气，燃气管网埋地敷设。根据华北、华南、东南、西南等地区的调查显示，除少量发达地区外，绝大多数村镇仍使用石油液化气作为生活用气的来源。少量邻近县城的乡村已通天然气，部分地区还在普遍使用植物秸秆、木柴等作为生活能源。由于石油液化气使用本身具有一定的安全隐患，因此推荐逐步推广天然气这类清洁能源。

⑤ 供水和消防设施方面，对于居民日常生产生活用水供应管道，采用区域一体化供水，村庄密集区、主要公共场所供水管网按照间距不超过 120 m^2 配建消火栓。考虑到消防设施微型化是当前社区层面消防力量建设的主要方式，鼓励部分有条件的地区配建微型消防设施，安装消火栓。但是，对于缺水地区以及部分地形复杂地区，经济条件落后地区，仍以快速覆盖生活用水为目标。

⑥ 照明设施方面，在行政村主要公共场所、道路设置路灯，同时宜选用环保节能型路灯。

（2）配置标准

村镇社区环卫、市政及交通公用设施的规划配置应符合表 3-17 的规定。表中给出了村镇交通、市政、环境卫生及安全防灾等设施的用地要求和设施规模，设施在进行配置时需要同时满足服务规模和服务半径的要求。考虑到部分设施常需要结合其他设施合并设置，因而没有约定用地面积指标。

表 3–17　村镇环卫、市政及交通公用设施规划配置标准

类别	项目名称	一般用地面积规模 /（m^2· 处 $^{-1}$）	服务规模 / 万人	服务半径 /m
环卫、市政及交通公用设施	车站、停车场	≤ 5000	≤ 0.3	500
	公交站亭	—	—	1000
	社区消防站	—	≤ 0.3	500
	防洪堤	—	—	—
	防灾避难场所	3000	≤ 0.3	800
	公共厕所	—	≤ 0.2	500
	垃圾收运点	40	≤ 0.3	800
	环卫设备间	—	≤ 0.2	1000

3.3.2 生产服务设施选址要求与配置标准

村镇社区生产服务设施是为农业、工业生产提供公共服务、信息服务的设施。其中，农业综合服务设施包括科技服务与农业技术服务设施、就业和社会保障服务设施、畜牧兽医服务设施、农资服务设施、产品检验与检疫设施、农业仓储设施、农田水利设施、电力设施、物流服务设施（图 3-18）。

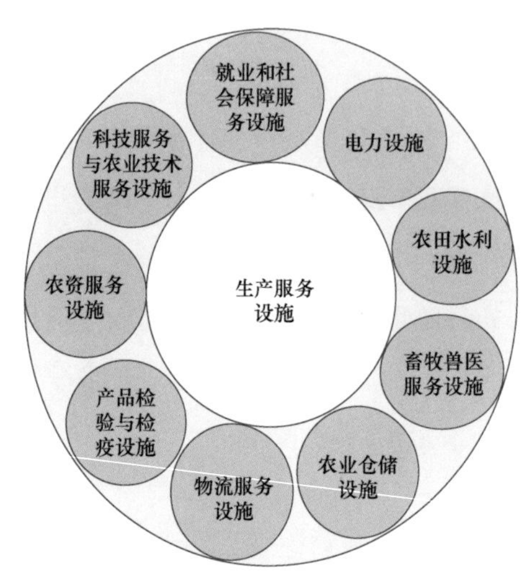

图 3-18　村镇生产公共服务设施分类

资料来源：作者自绘

1. 科技服务与农业技术服务设施

科技服务与农业技术服务设施特指服务于农业生产的小规模农作物育种试验、林果业育苗、试种等的设施，该类设施一般不独立占地。基于华北、华南、东南、西南等地区的广泛调查研究，我国广泛使用的农业技术产品基本不需要农户进行二次试验，但部分经济作物仍需要育苗、移植等环节。此类空间占地规模小，但对土壤、灌溉条件要求高。

2. 就业和社会保障服务设施

就业和社会保障服务设施特指提供就业服务、创业服务以及社会保障服务的设施，一般在乡镇层面设置。就业和社会保障服务设施提供职业介绍与职业指导、就业登记与失业登记、流动人员人事档案管理服务、就业见习服务、就业援助等就业信息服务。提供创业教育、创业培训、就业技能培训、鉴定和生活费补贴等创业服务。此外，还包括失业保险、工伤保险、同工同酬、劳动人事争议调解仲裁、劳动关系协调、劳动用工保障等社会保障服务。

3. 畜牧兽医服务设施

畜牧兽医服务设施特指服务于畜禽防疫、检疫，兽医卫生监督，疫病的监测、诊断、治疗，饲料、兽药监督与管理，畜牧生产技术推广，基层畜牧兽医体系管理等的设施，一般在乡镇层面设置。该类设施多包括动物防疫检疫、饲料兽药监测管理、兽医卫生监督检验、畜禽品种改良、基层畜牧兽医体系管理等职能。多数乡镇考虑合并设置，部分乡镇以及规模较大的中心村可根据需要增设相应服务站。

4. 农资服务设施

农资服务设施指为农业生产提供工具、装置、化肥厂、农药等基础生产资料的设施。乡镇应设置集中的农资服务中心，鼓励规模较大的村设置农资服务站。在市场化的生产要素资源配置过程中，经常出现价格波动大、品质良莠不齐等情况，考虑到农资设备对于作业人员安全、农产品卫生安全、农业生产等方面存在不可逆的风险，因而，有必要进行引导和干预。

5. 产品检验与检疫设施

产品检验与检疫是对动、植物产品进行安全检验检疫，这是乡镇级政府的职能之一，因此乡镇应设置此类设施。

6. 农业仓储设施

农业仓储设施包括临时堆放、晾晒农产品的场地，也包括长期储存粮食、瓜果、肉类等农产品的仓库。通过广泛调查，我国广大农村仍存在晾晒、临时堆放农产品的需求，分户经营的情况下，此类空间浪费十分严重，可考虑集中设置，同时此类空间可兼容体育文化活动场地等多种用途。此外，粮食、瓜果、肉品仓库对室内通风、温度、湿度条件要求比较高，不适用于分散存储，应鼓励有条件的乡镇建设专门的仓库，集中建设管理。

7. 农田水利设施

农田水利设施方面，乡镇、村应建立河道、灌溉渠、机井等结构完整、级配合理的水利设施，确保旱涝调节功能；同时灌溉机井应建设管理完善的泵房，建筑面积不小于 16 m^2。基于华北、华南、东南、西南等地区的广泛调查数据显示，我国的农业灌溉主要使用河水、地下水两种水源，河道的疏通主要由乡镇负责，灌溉渠网、机井泵房由村集体负责，用来保障旱季的作物灌溉和雨季的排涝功能。其中考虑到机井坠人风险，在部分区域已建设的泵房中将抽水设备固定安置在机井上，并落锁管理，既可以保护农业设备的安全，也可以防止意外坠井事件的发生。

8. 电力设施

电力设施主要用于生产服务，包括大功率用电设备的专用线路、变压器等，需要设置必要的防护措施。考虑到我国普遍使用的大型农具中，仍有大量设备需要使用 380V 以上的电力，因而需要配置专门的高压线路和变电装置。

9. 物流服务设施

物流服务设施方面，乡镇应在公路沿线设置物流服务站，用于提供农业产品的运输、分拣、包装等服务，提供基础的加油、加水，临时休息，临时装卸货物等服务。鼓励有条件的乡村或特色农业村设置物流服务站，用于集中处理货物的配送、分装以及发售。以乡镇为单位，集中设置专门的农产品运输服务设施，可实现非高速公路网沿线的农产品运输服务站点连线成网。我国有部分产品优势特色突出的乡村，对物流配送服务的要求比较高，可因地制宜，设置相应的物流服务站。

村镇环卫、市政及交通公用设施规划配置标准如表 3-18 所示。

表 3–18　村镇环卫、市政及交通公用设施规划配置标准

设施名称	配置要求
科技服务与农业技术服务设施	该类设施一般不独立占地
就业和社会保障服务设施	该类设施一般在乡镇层面设置
畜牧兽医服务设施	该类设施一般在乡镇层面设置
农资服务设施	乡镇应设置该类设施，鼓励规模较大的村设置
产品检验与检疫设施	乡镇应设置该类设施
农业仓储设施	鼓励有条件的乡镇设置该类设施，集中建设管理
农田水利设施	乡镇、村应完整设置该类设施
电力设施	按需配置该类设施
物流服务设施	乡镇应设置该类设施，鼓励有条件的乡村或特色农业村设置

除以上九类设施外，乡镇以及部分特色乡村应设置信息服务与展销服务设施。信息服务与展销服务设施可以用于管理农业、产业信息，提供信息统计、发布服务。在乡镇层面设施可结合乡镇人民政府设置，乡村则宜结合公共管理服务设施设置。同时在配置设施时需要维护网络销售秩序，做好监督、服务工作，全面保障农业产品销售网络的健康发展。

此外，机耕路网也是农业生产的基础性服务设施，故在乡村规划中应预留机耕路的建设空间，主要路网宽度不小于 4.5 m，支路网不小于 2.5 m。在成片的永久性基本农田划定中，应预留机耕路网的空间。考虑大型农机设备、消防车所需宽度 4.5 m 的要求，可以满足一般农用车的错车需求，因而主要路网宽度控制在 4.5 m 以上。小型农用车宽度普遍小于 2 m，考虑与行人错位通行，因而控制支路网宽度不小于 2.5 m。

最后，考虑我国广泛的地域差异，各地村镇的经济发展中农产品结构和类型差异巨大，无法通过耕作型、林业型等单一的方式进行统一的约束，为规范设施农用地的管理和明确各地生产性服务设施的配置要求，各地可根据地方的农业、林业、牧业、副业、渔业等需求，配置必要的生产性服务设施，生产性服务设施纳入设施农用地管理。

3.3.3　生态服务设施选址要求与配置标准

学界关于生态服务设施的研究由来已久，近年来，随着生态文明体制改革的

持续深入，我国城乡生态服务功能得到了空前的重视，部分地区已经着手探索生态服务设施的建设。但是考虑生态斑块、基质等生态空间往往依托于特定的农用地类型，地块的实际功能仍以农业生产功能为主，因而不纳入本书考虑的范畴。本书中村镇社区生态服务设施指为村镇提供基本生态服务的设施，包括生态环境综合治理设施、生态保育设施（图 3-19）。

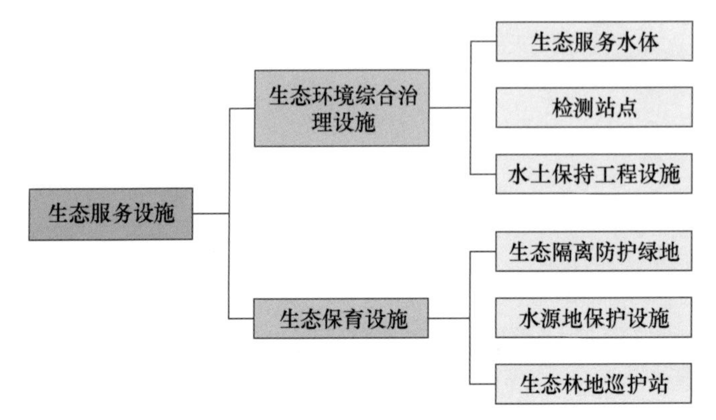

图 3-19　村镇生态服务设施配置

资料来源：作者自绘

1. 生态环境综合治理设施

生态环境综合治理设施主要分为生态服务水体、检测站点和水土保持工程设施三类。

（1）生态服务水体

生态服务水体的指标主要体现在水面率，在乡镇国土空间规划、村庄规划中，应确保水面率不低于现状；行政村用于生态作用的池塘不得变更为宅基地。由于水面率是反映小气候环境的主要指标之一，通过遥感数据解析，我国华北、华南、东南、西南、中南等地区的乡村区域曾存在大量水塘，随着近四十年的演变，这些水塘绝大多数已经填充为宅基地。水塘作为调蓄洪涝，保持村落植被和地下水位稳定，改善下垫面气候舒适性的主要生态资源，在村镇中长期得不到重视，并逐步消失，所以再次提出对水面率进行控制。

（2）检测站点

河道沿线应设置固定的水文、水质监测站点，并设置明显的标识。基于对华北、华南、东南、西南等地区的广泛调查发现，长期以来，我国居民普遍对居民点附近水体的水文、水质情况不了解，担忧附近水体的质量，并对水体污染状态无从知晓，因而无法形成公众监督，故对此提出要求。

（3）水土保持工程设施

干旱地区的乡镇国土空间规划中应按照不大于 1000 m 的服务半径，预留水土保持工程用房。我国干旱地区的水土保持工程所需的服务设施主要为作业人员临时休息、堆放工具和树苗，考虑作业半径的疲劳距离，规定服务半径不超过 1000 m。

2. 生态保育设施

生态保育设施主要分为生态隔离防护绿地、水源地保护设施和生态林地巡护站三类。

（1）生态隔离防护绿地

在河道方面，区域河道两岸的防护林带宽度应大于 50 m，乡镇内部河道防护林带的宽度应大于 20 m，同时鼓励灌溉沟渠设置林带，跨度宜大于 5 m。控制区域性河道两侧宽度主要考虑防洪河堤、堤顶道路以及沿线防护林带的要求，控制最小宽度为 50 m。乡镇内部的河道多作为灌溉使用，一般沿河规划道路，控制 20 m 林带宽度，为滨河道路预留空间。

在道路方面，高速公路、铁路沿线的防护林带宽度不宜小于 30 m。在我国多地的城市规划技术管理规定中，对高速公路、铁路沿线防护林带的宽度要求集中在 30 ～ 50 m，故本书提出标准要求不小于 30 m（表 3-19）。

表 3–19　生态隔离防护绿地设施配置

位置	图示	生态隔离防护绿地
区域河道两岸		防护林带宽度应大于 50 m
乡镇内部河道		防护林带的宽度应大于 20 m

续表

位置	图示	生态隔离防护绿地
灌溉沟渠		鼓励设置林带
高速公路、铁路沿线		防护林带宽度不宜小于 30 m

（2）水源地保护设施

针对水源保护区、水源涵养地的生态保护措施，明确饮用水源保护地周边应按照一级、二级饮用水源保护区的要求规划核心保护区和缓冲区，核心保护区内除区域重点重大项目外，禁止任何新建建筑工程，缓冲区内禁止对水体有污染的建设工程项目。同时国土空间规划确定的水源涵养地内应配备必要的水质监测设施、标识。

（3）生态林地巡护站

乡镇国土空间规划中应结合林业管理要求，划定林地防火隔离带，配置护林员作业使用的生态林地巡护站，单个巡护站建筑面积不小于 24 m^2。通过各地的调查，护林员作业的范围多进行了网格化管理，从业人员多从村镇社区的农户中选取，对于山地环境复杂的区域，巡山需要过夜的情况仍十分普遍，因此，在空间规划中配备巡护站对于最大限度改善作业环境具有重要意义。

3.4 城乡公共服务设施规划统筹

3.4.1 我国城乡公共服务设施规划统筹发展

1. 1949—1978 年——乡域城市

中华人民共和国成立之初，我国实行计划经济体制，政府统一配置公共服务设施，农村地区公共服务设施的数量较少且水平较低，设施种类有限，其中主要是计划商品的供应设施和一些必要的教育与医疗设施。此时的政策和制度主要关注城市的发展，采取的是通过农业补充工业，通过农村促进城市的城乡发展模式，人民公社制度和户籍制度都在一定程度上限制了城市与乡村之间的要素流通，导致国家在公共资源上更加倾向于城市，对于农村公共服务发展没有足够的支持，农村的公共服务落后，只能依靠自给自足，生活生产的基础服务设施缺乏。这个时期倾向城市的政策与制度虽然促进了国家经济和重工业的快速发展，但是也加剧了城乡差距和城乡二元化发展[①]。

2. 1978—2002 年——城市主导

改革开放后，农村进行了经济改革，家庭联产承包责任制的实行解放了农村的生产力，农村经济活力的提升促进了农村公共服务的发展。但是国家资源还是倾向于城市建设，城市与乡村在公共服务设施的财政投入方面存在很大差异，农村公共产品仍然需要自给自足，城乡二元分割和公共服务模式没有发生改变。

1992 年党的十四大之后，国家对于城乡矛盾与差距问题日益重视，提出了一系列促进农村发展的政策措施。在此背景下，如何使城乡公共服务去差距化、实现协调均衡发展成为国家关注的重点。

3. 2002 年—至今——城乡统筹

2002 年，党的十六大明确提出“统筹城乡经济社会发展”的概念；2003 年，中国共产党十六届三中全会明确了“五个统筹”，其中首位就是“统筹城乡发展”。城乡统筹是将城市和乡村看作一个整体，城乡各级政府在进行资源合理分配和协调发展时起到统筹的作用，打破之前城市与乡村分别治理的形式，使城市和乡村更加紧密地联系起来，对造成城乡差距的制度进行改革并消除城乡不平等情况。在公共服务资源配置方面，国家实行统一筹划配置，设立城乡资源平等互换与公共服务平衡安排机制。这样既可以减少城乡公共服务设施配置不平等问题，也可以使城乡公共服务设施协调发展，避免浪费或缺少公共服务资源现象的出现。

---

① 梁梦宇 . 新时代城乡融合发展的理论逻辑与实现路径研究 [D]. 长春：吉林大学 ,2021.

2007年，党的十七大针对城乡统筹的内容进行了丰富，并在城乡统筹的基础上提出了“形成城乡经济社会发展一体化新格局”的概念；2012年，党的十八大提出“着力在城乡规划、基础设施、公共服务等方面推进一体化，促进城乡要素平等交换和公共资源均衡配置，形成以工促农、以城带乡、工农互惠、城乡一体的新型工农、城乡关系”。城乡一体化是城乡统筹的目标，通过推动城乡的共同发展，做到城乡之间劳动、资本、资源等生产要素的有效流通，形成城乡资源合理共享。在公共服务设施方面，通过统筹公共服务与基础设施建设的城乡一体化，促进城乡公共服务系统良性互动，实现城乡公共服务的协同治理与发展。

2017年，党的十九大提出了实施乡村振兴战略，同时提出了“建立健全城乡融合发展体制机制和政策体系”。城乡融合主要通过生产要素之间、产业之间、城乡生产生活空间之间等多个方面的融合，实现城市与乡村资源的流动，促进农村现代化建设和城乡协调发展。在公共服务设施方面，在城乡融合的政策背景下，针对城乡间公共服务设施配置不公平和城乡公共服务体系分割的问题，采取按照地域等差异提供有差别的公共服务，并逐渐完善农村社会保障的机制。

在这20多年里，随着政府对于乡村公共服务投资力度加大，乡村公共服务设施统筹规划有了非常大的发展与进步。在交通基础设施方面，开展乡村水泥路的铺设和城乡之间公路的建设，实现乡村道路硬化，改善乡村交通环境。道路的畅通有利于城市与乡村之间的生产要素自由流动，促进了乡村资源向城市集中以及城市科技与信息向乡村扩散。在此基础下，乡村的商业服务设施、教育服务设施和医疗服务设施等都实现了数量和质量上的改变，并且与城市进行了更加深入的融合。除此之外，城乡一体的公共服务建设与完善，还体现在乡村公共基础设施方面，例如自来水管的铺设、电力和天然气的普及、垃圾处理和厕所革命等。总体来说，乡村公共服务设施的建设实现了从无到有，从农村自我供给到城乡统筹规划，城乡之间差距逐渐缩小，也使得城乡公共服务二元分割现象逐渐减弱。由此可见，在城乡统筹发展中，城乡公共服务设施的统筹建设配置是重要组成内容，是城乡建设过程中不可缺少的硬件连接。

3.4.2　公共服务设施城乡统筹建设的相关国家政策

从我国城乡关系的历史发展中可以看出，城乡之间发展不平衡不充分，无法满足广大农村居民对美好生活的需要，是我国社会主要矛盾的主要表现，而这其中城乡二元公共服务设施配置是矛盾中的一个主要方面。为了遏制城乡二元结构的固化，促进乡村地区社会经济发展，21 世纪以来，国家相继颁发许多政策文件，从城乡协同发展角度推动村镇地区的公共服务能力，实现城—镇乡—村公共服务设施的衔接互补。

2005 年，中国共产党十六届五中全会提出了“公共服务均等化”，对于城乡公共服务设施统筹规划提出了新的政策指导，实现城乡公共服务设施均等化配置成为新的发展目标。2008 年《中共中央关于推进农村改革发展若干问题的决定》提出“逐步建立城乡统一的公共服务机制，促进城乡间公共资源的均衡配置”的任务，并提出“统筹城乡的基础设施和公共服务建设，实现城乡的公共服务一体化”的目标。2010 年，中国共产党十七届五中全会要求“应逐步完善比较完整、覆盖城乡的基本公共服务体系”，同时提出要“统筹城乡发展，加强农村基础设施建设和公共服务，推进基本公共服务均等化”。2011 年，十一届人大四次会议指出要“缩小区域、城乡之间的公共服务差距”，同时要求“逐步实现公共服务设施均等化配置”。2014 年，《国家新型城镇化规划 (2014—2020 年)》提出了“不断提高公共服务在广大农村地区的建设配置，同时促进各个地区形成科学的合作协同关系”的要求。2016 年，在《国民经济和社会发展第十三个五年规划纲要》中要求“政府和规划部门大力建设乡村公共服务设施，以缩小城乡差距，实现社会公平”，并在 2020 年实现“城乡基本公共服务均等化”。2018 年，《乡村振兴战略规划（2018—2022 年）》提出“继续把国家社会事业发展的重点放在农村，促进公共教育、医疗卫生、社会保障等资源向农村倾斜”，并提出“逐步建立健全全民覆盖、普惠共享、城乡一体的基本公共服务体系，推进城乡基本公共服务均等化”的目标。2021 年中央一号文件提出“加快县域内城乡融合发展”，通过强化统筹谋划破除城乡分割的体制弊端，加快打通城乡要素平等交换、双向流动的制度性通道。2022 年，《关于推进以县城为重要载体的城镇化建设的意见》提出“以县域为基本单元推进城乡融合发展，增强对乡村的辐射带动能力，促进县城基础设施和公共服务向乡村延伸覆盖”（表 3-20）。

表 3–20　相关国家政策发展

时间	文件 / 会议	政策内容
2005 年	中国共产党十六届五中全会	公共服务均等化
2008 年	《中共中央关于推进农村改革发展若干问题的决定》	统筹城乡的基础设施和公共服务建设，实现城乡的公共服务一体化
2010 年	中国共产党十七届五中全会	应逐步完善比较完整、覆盖城乡的基本公共服务体系
2011 年	十一届人大四次会议	逐步实现公共服务设施均等化配置
2014 年	《国家新型城镇化规划（2014—2020 年）》	促进各个地区形成科学的合作协同关系
2016 年	《国民经济和社会发展第十三个五年规划纲要》	大力建设乡村公共服务设施，以缩小城乡差距，实现社会公平
2018 年	《乡村振兴战略规划（2018—2022 年）》	逐步建立健全全民覆盖、普惠共享、城乡一体的基本公共服务体系
2021 年	中央一号文件	加快县域内城乡融合发展
2022 年	《关于推进以县城为重要载体的城镇化建设的意见》	以县域为基本单元推进城乡融合发展，增强对乡村的辐射带动能力，促进县城基础设施和公共服务向乡村延伸覆盖

通过国家政策可以发现，实现城乡基本公共服务设施均等化布局，推动以县域为基本单元的公共服务设施统筹配置是当前实现乡村振兴战略、建设新型城镇化的有效措施和重要内容。而统筹公共服务设施在城乡的配置、完善其在城市与乡村之间全面合理覆盖在促进城乡建设发展的多个方面都起到了积极作用。

（1）统筹规划城乡公共服务设施是实现城乡公共服务设施一体化，促进城乡居民平等发展的重要内容和保障。1949 年以来，乡村的公共产品都是以自我供给为主，导致乡村公共服务设施的需求无法得到满足，出现供需不平衡的现象。而国家在城市和乡村的公共服务和基础设施上的财政资金投入有很大差距，导致城市的公共服务设施资源较为丰富，从而形成城乡不平衡的局面。在此背景下，对城乡公共服务设施进行统筹规划可以促使国家在公共服务设施数量、规模以及财政投入上做到城乡公共服务设施均等化配置，保障城乡居民都享有平等的公共服务。

（2）统筹规划城乡公共服务设施是实现缩减城乡差距的重要措施。由于缺少公共服务设施资源，乡村居民只能去更远距离寻求可以利用的公共服务设施来满足自己的使用需求，这就导致了乡村居民需要在公共服务上进行更高的支出，限制了乡村居民的基本生存权益。加强乡村地区的公共服务设施配置，满足居民的日常生活生产需求，增加农民收入等都是城乡统筹背景下解决乡村与城市的差距问题的重要内容。

（3）统筹规划城乡公共服务设施是消除城乡二元结构的有效手段，是推动乡村振兴战略和实现新型城镇化建设的重要任务之一。城乡统筹中把城市与乡村放在一个视角上进行公共服务设施的配置，使城乡可以协调发展、共同治理，促进城乡形成一个有机整体。

3.4.3　公共服务设施城乡统筹建设的新思路

1. 坚持县城在公共服务设施城乡统筹建设中的纽带作用

2022 年 5 月发布的《关于推进以县城为重要载体的城镇化建设的意见》指出，县城是我国城镇体系的重要组成部分，是城乡融合发展的关键支撑。县城作为城市与农村之间的链接和纽带，是农村居民转变自己身份特征的重要过渡区域，也是县域产业发展的重要节点，对于乡村劳动力具有强大的吸引力和收纳力。随着城镇化率的不断提升，大量农村转移人口流入县城，完善的公共服务设施配置体系在提升农民生活环境和促进县域经济发展方面起到基础保障作用。而将县城作为城乡统筹发展的中心节点，依据县城产业升级转型和居民需求，加强公共服务设施包括医疗卫生、学校、养老托幼场所、文化体育设施等的配置，可以提高县城的综合承载能力，促进良好城乡层级关系的形成与发展，推动城市与乡村协调融合发展，提高城镇化水平和层次。

2. 完善城乡公共服务设施多渠道投资机制

从城乡公共服务设施发展历史可以看出，农村公共服务设施配置主要依靠政府财政和农村集体收入，虽然国家对于乡镇地区的财政投入逐年增多，但对于大部分农村地区还是没有办法满足其需求。在城乡融合背景下，政府在城乡公共服务设施建设中需要有效引导社会资本，利用村庄自身特色产业吸引企业融资，并带动周边公共服务设施配置，补充设施短板。通过开拓多种融资方式，形成政府主导、企业和非政府组织补充的多元主体供给模式，以提供覆盖城乡的公共服务设施网络保障城乡居民可以共享公共服务，缩小城乡差距，在保证公平性的同时促进城乡公共服务设施均等化配置。

3. 依托数字科学技术构建城乡公共服务设施网络

随着数字科技的快速发展，在推动城乡统筹建设过程中应该充分利用新的科学技术来推动城乡公共服务设施网络的构建。首先，可以通过发展5G、人工智能、大数据、区块链、互联网和物联网等基础设施建设，构建城市、县城和乡镇之间的交通和物流服务网络，通过数字技术弥补农村公共服务设施的短板。其次，可以通过数字技术整合服务资源，通过打造网络信息技术平台，为给村民提供多渠道的动态反馈机制，做到及时发现并处理问题，保障公共服务设施的长期有效运作。村镇公共服务设施的科技赋能，可以提升村镇治理的科学性和智能性，提高村镇公共服务设施的服务效率和服务质量，有助于满足不同群体多层次需求。同时通过信息技术整合公共服务设施资源，形成城乡融合的公共服务平台以及运作模式，可以破除城乡壁垒和城乡之间的区隔，为城乡融合发展提供新的重要契机。

3.4.4 城乡公共服务设施规划统筹配置

无论是从国家政策文件还是从国内学者的既有研究中，都可以看出城乡公共服务设施统筹规划对于城乡融合发展的重要意义，县城作为新时代城乡融合重要切入点，完善县城—乡镇—农村公共服务设施统筹配置体系是提升县域承载力，推动农村经济发展的重要保障。而针对村镇公共服务设施统筹规划，本书主要从统筹公共服务设施在各个行政管理层级的设置方式和统筹公共服务设施的空间布局方式两个方面提出相关配置要求。

1. 统筹公共服务设施在各个行政管理层级的设置方式

村镇公共服务设施统筹设置方式如图3-20所示。

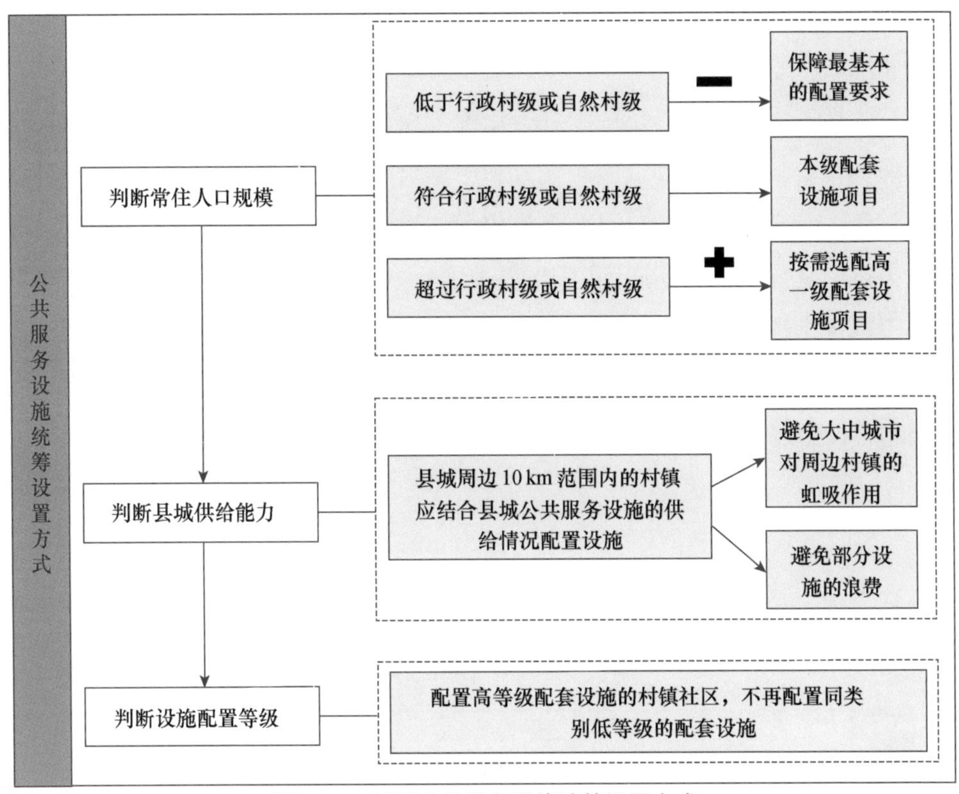

图 3-20　村镇公共服务设施统筹设置方式

资料来源：作者自绘

（1）各级乡村基本公共服务配套设施的设置应满足服务半径要求并与常住人口规模相对应，当常住人口达到行政村级或自然村级的人口规模时，应按照规定配置本级及其以下各级配套设施项目；当常住人口规模超出行政村级时，除按照本级配置公共服务设施项目外，还应根据需要选配高一级的配套设施项目，增配相应比例的用地面积、建筑面积；当常住人口规模低于自然村级时，应保障最基本的配置要求。

（2）对位于县城周边 10 km 范围内的村镇，其社区公共服务设施的配置应充分结合县城公共服务设施的供给情况，研究统筹布局方案。基于华北、华南、东南、西南等地区的广泛调查，我国城市周边普遍存在教育、医疗设施跨区域使用情况，城市周边村镇对高等级城镇配置的中小学、幼儿园、医疗机构的使用最为突出。一方面，应避免大中城市对周边村镇的虹吸作用，保障乡村基本的公共服务配套职能；另一方面，应避免部分设施的浪费，顺应居民的使用习惯，统筹配置相应的服务设施。

（3）除教育设施外，已配置高等级配套设施的村镇社区，不再配置同类别低等级的配套设施。配套设施宜充分利用建筑空间现状与建设用地现状结合设置。对于乡级政府驻地的村以及规模较大的村，按照高级别配置公共服务设施的，为避免设施重复，明确不再配置同类别低等级的配套设施，但教育设施小类之间不具备代替性。考虑节能、集约利用的原则，各级、各类乡村基本公共服务配套设施用地，宜结合零星、闲置、低效建设用地以及空置用房进行再利用，减少新增建设用地，鼓励结合建筑物现状、建设用地现状改建成公共服务设施等做法。

2. 统筹公共服务设施的空间布局方式

村镇公共服务设施统筹空间布局方式如图 3-21 所示。

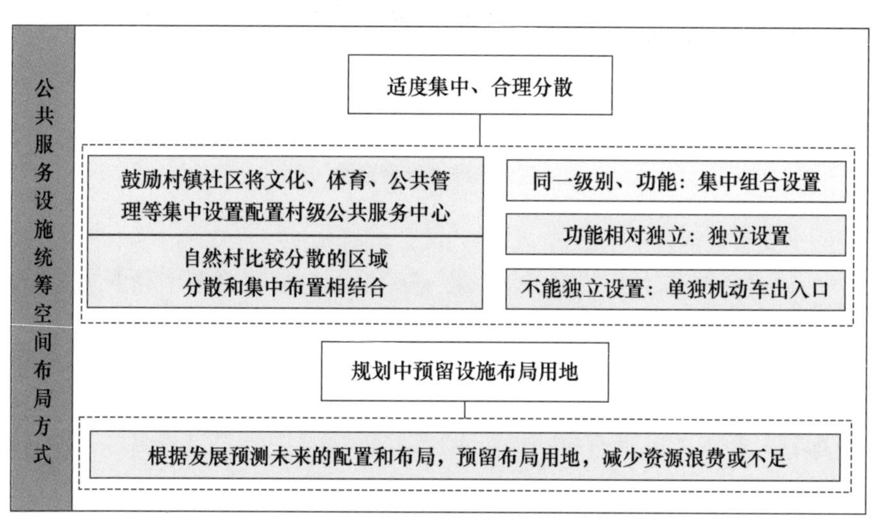

图 3-21　村镇公共服务设施统筹空间布局方式

资料来源：作者自绘

（1）鼓励村镇社区将文化、体育、公共管理等职能集中设置，配置村级公共服务中心。村级公共服务中心建筑面积不低于 200 m^2，用地面积不低于 1500 m^2，应配置必要的综合楼、篮球场、活动场地、舞台、宣传栏等设施。《村镇社区服务设施指标体系和配置技术导则》(以下简称《导则》)约定了各村级社区建设村级公共服务中心的具体要求。明确文化综合楼建筑面积原则上不低于 160 m^2，有条件的按 32 m × 19 m（其中 28 m × 15 m 为活动主场地，四周各伸延 2 m 以上辅助场地）的标准建设。确因用地条件受限，按半场标准建设。按宽度 12 m、深度 8 m、高度 0.6 m 左右建设文艺舞台。设置不少于 8 m^2 以上的宣传栏（墙）。

（2）对于自然村比较分散的区域，应采用集中与分散相结合的布局方式合理布置，鼓励同一级别、功能和服务方式类似的配套设施集中组合设置。功能相对独立或有特殊布局要求的设施可独立设置或相邻设置，不能独立设置的设施应设置单独的机动车出入口。

（3）在有条件的新开发地区，乡镇国土空间规划、村庄规划中应通过规划预留用地的方式配备需要独立占地的公共服务设施，鼓励功能兼容的设施集中设置，采取集中布置的原则，形成复合的公共服务中心。

（4）村镇社区公共服务设施的布局中，设施服务半径覆盖率的核算应以全部住宅为基数。但在我国广泛地域差异环境下，对于村庄布局过于分散、村民小组户数过少、自然村布局狭长的村镇，布局原则中其服务半径可适当降低，但应满足人口规模的设置要求。

此外，我国的乡村地域差异较大，对于林场、草场、民族乡等民族、宗教特色突出的区域，其公共服务设施往往有其特定的生活、生产需求，无法在全国层面进行统一，需要根据地方的实际情况来制定公共服务设施配置要求。

第 4 章　村镇社区服务设施一体化规划技术

4.1　村镇社区服务设施一体化规划目标与体系

2017 年党的十九大明确提出实施乡村振兴重大战略，2018 年国务院印发《乡村振兴战略规划（2018—2022 年）》，“产业振兴、人才振兴、文化振兴、生态振兴、组织振兴”的战略目标为我国乡村社区公共服务设施规划指明了发展方向。2020 年后，中国农村进入“后扶贫时代”的治理阶段，农村公共服务设施空间数量与质量的优化升级成为未来乡村“新贫困”治理的重点①。同时，在国土空间规划体系中，村镇服务设施的空间规划也需要在满足全域全要素管控要求的基础上，进一步整合服务设施空间要素与重构服务设施空间格局。此外，在城镇化、信息化、全球化的背景下，乡村地域正普遍经历“乡村空心化”“农业边缘化”以及“生产生活方式变革”等要素共同作用下的空间转型历程②③，农村地区的服务设施变得更加复杂与多元，亟须创新村镇社区服务设施规划技术以弥补既有规划方式的不足。

村镇社区服务设施一体化技术主要按照“要素—结构—功能—机制—路径”

① 李小云，许汉泽 . 2020 年后扶贫工作的若干思考 [J]. 国家行政学院学报，2018(01): 62–66, 149–150.

② 余斌，卢燕，曾菊新，等 . 乡村生活空间研究进展及展望 [J]. 地理科学，2017,37(03): 375–385.

③ 林元城，杨忍，杨帆 . 面向乡村振兴的淘宝村发展转型及其现代化治理框架探索 [J]. 湖南师范大学自然科学学报，2022,45(02): 34–45.

的思路；以公共服务设施的空间要素为主体；以城乡融合与网络流动的区域网络一体化，多中心空间供应机制下的多元供给一体化，村域公共服务空间要素重组的“三生”（生产、生活、生态）场景一体化为三大目标引领；聚焦“区域网络 - 统筹调控”“供应机制 - 支撑动力”“‘三生’场景 - 具体建设”三大视域；探索形成“区域网络一体化构建”“村域空间一体化规划”以及“社区场景一体化设计”三项子技术（图 4-1）；通过积极研判村镇社区服务设施的空间要素与相关动力演化的趋势，借助多因子空间叠加分析、空间大数据分析、场景空间图谱模拟以及空间可视化等技术方法构建村镇社区服务设施空间规划体系，进而建立普惠共享、城乡一体、以人为本的公共服务设施格局。

村镇社区公共服务设施一体化规划技术构成

构建思路	规划主体	目标引领	三大焦点	三大技术
要素 结构 功能 机制 路径	村镇社区公共服务设施空间要素	城乡多维融合与网络流行的区域网络一体化目标	区域网络统筹调控	区域网络一体化构建技术
		多中心空间供应机制下的多元供给一体化目标	供应机制支撑动力	村域空间一体化规划技术
		村域公共服务空间要素重组的“三生”场景一体化目标	三生场景具体建设	社区场景一体化设计技术

图 4-1　村镇社区公共服务设施一体化规划技术构成

资料来源：作者自绘

4.1.1　区域网络一体化目标

伴随着农村人口日益频繁、广泛的跨地域边界迁移、流动现象，农村公共服务设施与县城、大城市等高等级公共服务设施的关系日益密切，这是村镇社区公共服务设施空间规划所面临的基本现实之一。

一方面，由于大量产业服务要素与就业资源在县城或大城市进行规模化集聚，受到工资收入、就业机会等生计需求驱动，农村劳动力会自发地做出跨地区迁移以获取城市化就业服务的理性决策。

另一方面，为了更好地满足家庭成员上学、治病等民生服务需求，农村家庭的发展决策考量正由“经济收益最大化”转向“以教育、医疗为核心的综合收益最大化”[①]。在学校、医院等基础民生资源持续向县城聚集的空间转型过程中，人口城乡流动持续活跃、流动半径却逐步缩小，由异地“候鸟型”城镇化转向县城“就地型”城镇化[②]。农村家庭能在县城获得更高质量、更称心意的公共服务，但相应地也意味着村民需要支出更高的家庭生活费用、承担更高的社会经济成本。因此大量农村家庭采取的是“以家庭为单位综合成本－收益最优的城镇化配置格局”，即年轻父母一方或双方在县城里工作、小孩在县城上学、老人在乡村务农，家庭代际不同成员并非同步地实现公共服务上的城镇化，呈现明显的“城乡双栖”特征[③]。

可见，农村家庭在适应城乡公共服务设施的梯级差距时，并非全是传统认知下被动受限于本地服务约束的边缘角色，其跨等级使用县城－镇－村的公共服务设施的流动性与交互性较为明显，对营建区域一体化及连续化的公共服务设施空间网络、提升县城或镇区对乡村的服务辐射能力提出更为紧迫的现实要求。

另外，迅速崛起的“移动互联网”“快速交通网”“专业物流网”带来的“时空压缩”极大地降低了传统地域边界的空间障碍，本地与非本地的联系更加紧密，资本、信息和劳动力等要素更为频繁地嵌入城乡循环过程以及全球化流动进程，乡村空间成为复杂网络效应的集合体[④⑤⑥]。

便利的基础设施条件支撑着人口跨区域流动的规模和速度。一方面，农村本地人口向邻村、乡镇、县城获取公共服务资源的物理移动能力显著提升。另一方面，在乡村地域整体沿着“生产主义－消费主义－多功能主义－全球化乡村”的功能转型进程中，乡村旅游、休闲消费、文化再生、创意创业等活动持续兴起，

---

① 蒋宇阳 . 从“半工半耕”到“半工伴读”：教育驱动下的县域城镇化新特征 [J]. 城市规划 , 2020,44(01): 35–43, 71.

② 陈小卉 , 汤海孺 , 武廷海 , 等 . 县域城镇化的地方实践与创新 [J]. 城市规划 , 2016,40(01): 107–112.

③ 雷刚 . 县城的纽带功能、驿站特性与接续式城镇化 [J]. 东岳论丛 , 2022,43(03): 138–145.

④ 胡书玲 , 余斌 , 王明杰 . 乡村重构与转型：西方经验及启示 [J]. 地理研究 , 2019,38(12): 2833–2845.

⑤ 陈诚 . 全球化背景下国家乡村政策演变与乡村地方重组及其不确定性的理论分析 [J]. 地理科学 , 2020,40(04): 563–571.

⑥ 袁源 , 张小林 , 李红波 , 等 . 西方国家乡村空间转型研究及其启示 [J]. 地理科学 , 2019, 39(08): 1219–1227.

外来游客、基层服务人员、数字游民、创意与商贸客群等多栖社群使用乡村本地公共服务设施的频率也大幅提高，部分农村地区出现人口回流与人口置换现象。交通流、人流、信息流的要素重组使乡村成为与周边腹地互相流动、联系、变化的开放系统，也使跨地域使用公共服务设施的特征更为凸显。

技术进步也促进了农村产业空间的专业化和网络化发展，部分农业呈现“专业化、规模化 – 地域空间集聚体 – 农业产业集群”的要素重构特征，打破了乡村地域经济的原始“锁定状态”，实现原产地与消费市场、本地市场和全球市场的有效对接与融合[①]。与此类似的还有以“淘宝村”为代表的乡村电商产业集群，通过要素集中、去中介化的数字平台链接各类生产经营服务主体，并不断交汇和集聚商品流、资金流及信息流[②③]。乡村产业服务已深度嵌入区域之间大规模的复杂流动网络，产业服务设施的空间布局往往也需要协同农村、城镇等不同地区的土地利用与空间结构。

综合乡村的就业机会、公共服务需求、生活方式、功能转型、产业集群等维度，乡村地区的确广泛存在着跨等级、跨地域使用公共服务设施的客观现象。因此在构建村镇社区公共服务设施规划技术的过程中，应摆脱“城市优先”的传统思维，认识到当下中国已进入城乡融合的阶段，需要在研究范式上回应从“城乡二元的分离状态向城乡融合发展的城乡连续体形态[④]”转变的新要求。然而，目前村镇社区服务设施的供应与空间仍是按照行政等级分级划定的，未能充分利用区域协同共享的配置原则，导致难以适应已经快速流动、嵌套、互动的区域服务网络需求。在本书提出的村镇社区公共服务设施一体化规划技术中纳入区域网络一体化的规划目标与内容，是对既有配置方法的拓展和突破，有助于完善不断变化的城乡公共服务要素结构，促进城乡公共服务设施资源形成相互融合、延伸与进化的网络谱系。

---

① 罗昆燕，周扬，李松．喀斯特山区特色农业产业集群对乡村经济重构与转型的影响研究 [J]. 资源开发与市场，2022,38(05): 561–567.

② 吴彬，徐旭初，徐菁．跨边界发展网络：欠发达地区乡村产业振兴的实现逻辑：基于甘肃省临洮县的案例分析 [J]. 2022,12: 59–72.

③ 辛晖，陶欣雅．县域电子商务产业集群背景下乡村空间重构研究 [J]. 全国流通经济，2021(24): 13–15.

④ 刘守英，龙婷玉．城乡融合理论：阶段、特征与启示 [J]. 经济学动态，2022(03): 21–34.

4.1.2 多元供给一体化目标

农村地区的基本公共产品逐渐由农民自我供给转为由政府公共财政供给①，但大量村镇的财政收入相对较低且财政负担普遍严重，分税制与农村税费改革等政策②进一步影响了基层政府投资农村公共服务的意愿和能力，导致乡村公共服务设施的供应能力较为薄弱，制约着社区公共服务设施类型、质量以及空间布局等方面的建设与运营投入。公益性服务设施仍是以基础兜底型设施为主，村民难以享受到城市社区同等品质的公共服务设施。同时，由政府与专业人员主导的供给方式具有权威性、精英化特点，更为重视指标而忽视农民日益多元化、多层次的现实需求与农民真实的日常生活秩序③。针对村镇社区服务设施规划面临的“供给困境”，可采取数字技术与社会多主体相结合的多元供应方式，鼓励各方主体在公共服务设施的共建共享中发挥特色优势。

大数据、物联网、人工智能等先进技术的跨越式进步与产业化普及，促进了大规模的海量信息集成和新型应用开发，成为引领乡村公共服务设施数字化转型的重要动能。近年来，欧洲在“智慧乡村”计划中积累了大量乡村远程医疗服务、线上生活服务的数字化公共服务发展经验，我国浙江、上海等地区率先开展了以未来乡村社区实践为核心的公共服务设施规划试点，围绕乡村生产、生活、生态服务设施展开的数字增强设计已是优化乡村公共服务空间供应能力与规划体系的重要生产力。

（1）就动态满足村镇社区公共服务设施的服务需求而言，目前农村地区已经积累大量新时代网民，中国互联网络信息中心（CNNIC）发布的《第 48 次中国互联网络发展状况统计报告》指出，截至 2021 年 6 月，我国农村网民规模为 2.97 亿人，农村地区互联网普及率为 59.2%④。不断普及的智能手机、无线宽带

---

① 吴理财，李世敏，王前．新世纪以来中国农村基层财政治理机制及其改革 [J]. 求实，2015(07): 84–96.

② 文军，吴晓凯．乡村振兴过程中农村社区公共服务的错位及其反思——基于重庆市 5 村的调查 [J]. 上海大学学报（社会科学版），2018,35(06): 1–12.

③ 吴春宝．增权赋能：乡镇政府公共服务能力提升及其实现路径 [J]. 广西大学学报（哲学社会科学版），2022,44(01): 99–104.

④ 中国互联网络信息中心．第 48 次中国互联网络发展状况统计报告 [R]. 北京：中国互联网络信息中心，2021.

等网络设施与风靡的短视频、在线直播、社交媒体等应用平台，丰富了村民的线上休闲、娱乐、交往等社会活动需求，也拓展了乡村远程工作、数字化学习、现代技能培训等新型服务需求。

（2）就大力提高村镇社区公共服务设施的服务能力而言，国内外各地区的优质公共服务资源可以借助互联网、交通网进行重新整合、传导与下沉，虚实结合的公共服务供应方式将极大地拓展现有服务边界，赋予一般实体社区公共服务设施以更大的服务载量、更远的服务边界、更快的服务速率，有效缓解农村地区难以供应与维系教育、医疗等品质敏感型服务的固有难题，促进城乡居民共同享有技术发展带来的生活红利。同时，全国范围内乡镇快递网点基本实现全覆盖，不断兴起的农村电商与物流等数字经济改变了农村居民消费方式和农牧产品售卖方式，农村电商凭借线上化、非接触、供需快速匹配、产销高效衔接等优势使农村市场潜力不断释放。小规模家庭农场与农业园区迎来数字化生产机遇，将有助于提高乡村本土的就业收入与人口活力，为村镇社区服务设施的建设提供造血动力。

另外，村镇社区服务设施的供应机制需要充分利用乡村地区的多元主体力量，除了政府供给之外，还应协同村民自组织供给、市场化供给、第三方供给等方式（表 4-1），具体而言：

（1）村民自组织的服务供给具有内生式的、自下而上式的组织活力。乡村具备鲜明的自治传统和高度自治化的基层现实[①]，古代中国的政权长期悬浮于乡村社会，乡村社会表现为“无为而治”，大量的公共设施建设和公共服务由乡村社会通过自我治理来实现。费孝通先生在《乡土中国》一书中指出，中国乡土社会的基层结构是与西方社会的“团体格局”不同的“差序格局”，乡村家庭基于血缘宗族的集体合作、人际互惠、信用责任凝结了具有强大纽带作用的社会资本。虽然传统封闭稳定的村落共同体已转化为“流动的村庄”，单一的村落生活迈向乡 – 城两栖生活，但乡村社会整体上仍然是由熟悉关系建构而成[②]的。乡土社会中的共治及互助精神可以激励村民自发尝试补足公共服务的缺口，形成常见的乡镇赶集、邻里搭车、交换物品等非正规公共服务方式，发达的人际网络与道

① 张京祥 , 申明锐 , 赵晨 . 乡村复兴：生产主义和后生产主义下的中国乡村转型 [J]. 国际城市规划 , 2014,29(05): 1–7.

② 陆益龙 . 后乡土中国 [M]. 北京：商务印书馆 , 2017.

德规则还可为乡村的互助养老、医疗等公共服务提供社会性解决方案。

（2）市场化供给是指通过引入企业的经营模式和市场的竞争机制供应公共服务设施。虽然乡村地区人口空间分布较为稀疏、设施市场收益较为低下，但支撑乡村旅游、农业园区等产业的服务设施仍然吸引了大量资金投入。与乡村旅游相关的商业、文化服务设施以及与现代农业、农村电商相关的新兴产业设施需求持续增长，对于这类对市场信息更加敏锐、要素流动更为自由的服务设施，市场化的供给方式可以显著提升服务效率和发展活力。

但需要注意的是，大规模的市场投资项目首要关注的是商业资本的增值与扩张，其服务设施配置存在严重的同质化竞争现象，导致在一定时期内特定类型的服务设施过于饱和，而其他必要设施由于超量承载了并不匹配的服务规模与容量，服务品质反而逐渐下降。这类项目的服务对象主要针对外地游客而非本地原住村民，追逐效率和形象的建设模式与趋利避害、重利轻责的资本属性，会使村镇社区空间异化并加重公共服务的社会性失衡。

（3）第三方供给的主体是指独立于政府部门和市场部门之外的志愿者团体、社会组织或民间组织[①]，如农村合作组织、乡村老年协会等，在自愿、联合、共享、互助的基础上调动、安排多种社会资源来提供一定的公共服务设施。政府可以通过制定相关优惠与激励政策，鼓励结合非营利性组织将互助食堂和社区养老服务等纳入村镇社区公共服务供给体系[②]（表 4-1）。

表 4-1　不同社会主体与公共服务设施供应

公共服务设施类别	政府供给	市场供给	第三部门供给	村民自组织
行政管理设施	√			
教育设施	√	√	√	
医疗设施	√	√	√	
养老服务设施	√	√	√	√
商业服务业设施	√	√	√	√
文化体育设施	√	√	√	√

① 陈潭 . 多中心公共服务供给体系何以可能：第三方治理的理论基础与实践困境 [J]. 人民论坛 · 学术前沿 , 2013(17): 22–29.

② 吴春宝 . 增权赋能：乡镇政府公共服务能力提升及其实现路径 [J]. 广西大学学报 (哲学社会科学版), 2022,44(01): 99–104.

基于上述讨论，借助数字技术与社会主体的多元力量，构建“实体（线下）–虚拟（线上）”与“政府主导供应、村民自主参与、市场辅助配置、社会资本融入”的新型公共服务设施供应体系，有利于支撑村镇社区公共服务设施的长效、良序发展。服务设施规划与空间布局应通过协同城乡数字服务平台、对实体服务设施进行数字增强设计等方式营造乡村日常数字场景，并为全年龄段人群建立数字学习与培训空间，以数字反哺提升乡村数字服务的代际合作，使乡村数字服务设施的生活性浸润过程更为自然。同时，在公共服务设施空间规划的建设机制中，应充分调动政府、农民、企业以及社会机构的积极性，以基层政府为核心统筹协调各方社会力量，形成多中心治理的公共服务供给机制。根据不同主体的特点与优势提出合理的公共服务设施配置建议，激活公共服务设施配置效率与效益，将会对切实改善乡村地区公共服务环境发挥根本性、持续性的作用。

4.1.3　“三生”场景一体化目标

乡村是生产、生活、生态空间高度交融、联系的复合有机体，生产空间关乎农民的基础生计与产业经验，生态空间是维育生态结构与功能的自然本底，生活空间则是以乡村社区聚落为主体的日常生活场域，是公共服务设施空间规划的核心。新时期的公共服务设施空间规划应充分了解乡村“三生”空间的构成、用途及布局逻辑，合理布置与现代农业生产转型、生态空间整治以及人居生活水平提升相关的服务设施，并以“三生”空间服务场景来系统性组织各类公共服务空间要素、明确重点公共服务项目配置与建设方式。

1. 生活服务设施与场景

乡村社区聚落的生活公共服务设施与场景规划主要面临着“自然地理结构–生活空间分化”“乡村重建项目–生活空间转变”“乡村收缩–生活空间衰败”“乡村功能转型–生活需求变化”等现状与问题。

（1）乡村地区的地理空间格局及自然环境要素的差异导致乡村呈现随机、分散或聚集的空间形态与不同的空间密度，这种差异性是乡村社区公共服务设施规划布局所面临的首要难题。

（2）大量乡村社区进行了“合村并居”或“新村建设”的乡村社区重建工

作，主要是通过土地整理项目建设“拟城化”的新型农村社区。虽然集中式乡村社区较高的密度与集聚度有利于提升乡村公共服务设施的空间配置效率，但快速的改造过程使农业规模、生计、邻里、空间、行为等关系被修改[①]。

（3）乡村地区还广泛面临着“乡村收缩”造成的物质性衰败、功能性衰退和文化性衰减问题[②]。对于公共服务体系本就相对薄弱的乡村地域，在人口持续流失的趋势下，满足公共服务设施规模门槛值的空间范围不断扩大，而空间范围的扩大又容易导致公共服务设施较难满足可达性要求，即产生显著的“门槛－可达性”[③]矛盾。农村劳动力与就业岗位大量转移后，疲软的乡村经济客观上也难以满足村民日益旺盛的发展型服务需求，导致农村公共服务设施的多样性与使用活力较低，容易陷入“人口衰减－设施不当－乡村衰退”的负循环。

（4）在乡村收缩的整体挑战下，部分乡村凭借区位优势与资源禀赋较好地实现了旅游、电商、农场等功能的转型，乡村功能的多样性意味着人群职业类型的分化。不同职业的社群对于公共服务设施空间的时间成本、交通成本和价格成本等敏感程度不一，会产生不同梯度的公共服务场景需求，日常时空行为的复杂性与异质性也不断增强。

就服务设施类型而言，生活公共服务场景是由行政管理、医疗卫生、社会福利、教育培训、便民商业、文化体育等设施汇集的服务场域。“重行政而轻需求，重指标而轻空间”下的传统生活服务设施规划方法总体上造成了设施空间低效、供需错位与时空不匹配等问题，具体而言：

行政管理设施的配置数量与规模最为完善，多是以村委为核心空间进行集中式服务设施布局，主要以集约化利用与综合化服务为目的，但不一定和村民日常生活圈中的时空可达性最优效率相匹配。

医疗卫生设施主要依附村委设置，以村卫生室为主，村级医疗设施主要负责

---

① Peng J, Yan S, Strijker D, et al. The influence of place identity on perceptions of landscape change: Exploring evidence from rural land consolidation projects in Eastern China[J]. Land Use Policy, 2020, 99: 104891.

② 戴彦，肖竞，胡雨杉．乡村收缩背景下历史文化名镇保护的思考与探索：以重庆市欠发达地区为例 [J]. 城市规划学刊，2021(05): 101–109.

③ 王劲轲，毛熙彦，贺灿飞．西南山区乡村公共服务设施空间布局优化研究：以重庆市崇龛镇小学为例 [J]. 农业现代化研究，2015,36(06): 1055–1061.

满足日常生活中“小病”的看诊需求，大量村民患者实际上使用私人诊所以及县级或城市级医疗资源的意愿相对更高。

由于农村养老观念较为保守，加上乡村财政投入有限，与养老产业有关的市场与社会资本业较少介入普通乡村，因此绝大多数老人选择居家养老，但供老年人公共社交、休闲、活动的老年食堂与日间照料中心却广受好评。

教育是典型的品质敏感型设施，农村家庭对子女的教育需求不断向上流动。少数经济较好、人口较多的乡村会配有幼儿园，小学及以上的教育设施主要迁并、集中在镇区，而品质更高的教育设施则往往位于县城。多数农村家庭更为看重教育资源的质量，而非上学的出行距离，相当部分农村家庭“用脚投票”——舍近求远地将子女送到城区学校接受教育①。同时，与农业知识、数字应用、职业技能、创业就业相关的新型培训需求日益上升，但目前空间供应较为匮乏，闲置的幼儿园、小学等校区具备更新为新型学习空间触媒的潜力。

文体设施与商业设施因村庄经济水平、产业结构不同而呈现出最强的异质性，转向消费与体验经济的乡村社区，其设施数量更多、规模更大且空间分布更为全域，也更为重视满足审美、趣味、材质与功能等品质性需求。传统农业乡村多是配置公益性质的兜底型文体设施，主要集中在村委会，功能类型及空间范围与乡村社会主体——年老者的生理习惯与活动需求往往不相匹配，产生大量闲置现象。

2. 生产服务设施与场景

在数千年的传统农耕文明中，农业生产是乡村的核心功能，村庄的空间环境及其布局形式需要有利于农业生产活动。部分都市群集聚地区、沿海发达地区、大城市经济腹地地区的乡村由于在产业基底、资源禀赋、交通区位等方面具有显著优势，较早在改革开放与经济体制改革等政策指引下升级产业结构与重构产业格局。随着向现代化农业、制造业与乡村休闲旅游业转型，乡村社会经济水平和现代化水平得到快速提升，与依赖传统农业的广大乡村在生产 – 生活方式上产生了巨大差距。

---

①　赵民，邵琳，黎威．我国农村基础教育设施配置模式比较及规划策略：基于中部和东部地区案例的研究 [J]. 城市规划，2014,38(12): 28–33.

产业经济结构是影响设施布局方式的深层次原因，以第一产业为主的传统农业型乡村主要依赖经济作物种植，各类公共服务设施较少且空间要素单一；第一、三产业嵌套的混合型乡村会兼顾发展经济作物种植与乡村旅游，外地游客会周期性地、季节性地使用当地公共服务设施，公共服务设施相应更加丰富；高度发展服务业的旅游型乡村具有资源或政策支持优势，提供度假、民宿、农家乐等旅游服务，设施的外向性浓厚；部分沿海发达地区的乡村较早参与到全球化产业进程中，在建成规模与空间功能上属于"超级村庄"，公共服务设施规划方式与城市差距不大，需要为大量务工、就业的流动人口提供服务。

当下中国乡村虽然发生了巨大的经济结构分化，但农业生产仍是乡村经济中最核心与最根本的功能。传统小农经济下的普通乡村主要配置农业技术推广站，农资服务、农业与养殖检疫、农田水利以及农业仓储等农业服务设施，但设施较为基础与简单、服务功能也比较有限，与现代农业、智慧农业所匹配的高效农业生产设施的空间供给不足。支撑现代农业的物流仓储设施也需提升规模与能力，如农产品仓储保鲜冷链物流设施、农产品集散设施等，需要立足于区域综合交通、用地布局、市场需求等要素进行空间选址。同时，由于机械化、智能化的农业生产设施成本昂贵，在农业生产设施供应主体上，可激励社会化与市场化服务组织的积极性，以多方协同机制使农业机械设施与设备的出租、借用与管理工作更为高效。

在农业组织模式及相关服务设施方面，黄宗智认为20世纪80年代之后，"三大历史性变迁的交汇"产生了农业劳动产值持续上升的"隐性农业革命"，他认为对此做出重要贡献的是"小而精""新农业"的现代化农业生产模式——小规模的家庭农场，它推动单位土地的进一步劳动密集化与资本密集化，并获得更高的生产效益与劳动报酬①。这类基于农户家庭的生产与消费单位架构，不同于正规的公司雇佣机制，在混合了血缘、地缘、业缘的小规模家庭农场模式下，劳动力的就业活动更为灵活，也更为适应当下农村普遍存在的半工半耕或老人农业现象，可以保障乡村本土的人口活力与就业机会，经济水平的提高与人口的稳定是释放乡村公共服务需求、改善乡村生产服务场景的重要条件。除此之

① 黄宗智. 中国的隐性农业革命 [M]. 北京：法律出版社, 2010.

外，小规模家庭农场还高度重视通过绿色、生物、机械及数字等新技术提升农业的收益与质量，以及通过农业经济合作组织等社会组织协同调度相关治理事务，有利于培育壮大一批乡村中农阶层①②，引领形成良性、自循环的乡村社区公共服务体系，从而对支撑乡村生产性公共服务场景的新型技术设施与社会组织设施提供相关要求。

3. 生态服务设施与场景

在快速的城市化与工业化进程中，乡村生态系统受到了自然空间侵蚀、河湖水库污染、水土流失、耕地污染、农业面源污染等生态破坏，国土空间规划背景下的公共服务设施规划亟须完善生态服务设施体系来维护、改善城乡生态结构与功能。由于生态性公共服务设施涉及的空间范围与权责主体十分复杂，首先需要协调生态环境部、自然资源部、住房和城乡建设部、水利部、农业农村部等部门进行总体统筹谋划，在建立全局生态空间底图的基础上掌握全域生态要素。以生态保护红线来控制村庄建设空间与公共服务设施空间的选址与规模，对具有重大生态服务约束、生态服务风险与生态服务潜力的空间加强设施部署，如水库与保护区监测设施、气象环境与灾害监测防控设施、农业面源污染监测点设施、生态大数据处理中心等，以此补齐生态服务短板并加强生态动态管控。

营建生态性公共服务场景还应关注与缓解农村人居环境生活中的生态污染问题，如垃圾废物、河塘洗衣、生活污水对清洁卫生与自然环境的污染，农村地区宜在乡村主要居民点安置生活垃圾分类处理桶、智能收集车与智能收集驿站等定点收集设施，与乡镇、县城合作建立一体化的垃圾运输与处理体系。同时可借鉴地方先进经验开展生态洗衣房与公共厕所建设，合理规划设施的空间选址、数量与风貌，起到降低环境污染、满足村民生活需求、优化村庄环境面貌的作用。此外，还可通过生态服务设施规划助力“生态资源”转换为“生态资产”，如通过生态修复、山体绿化和乡村绿化等打造郊野公园、村镇公园等设施，通过自然驳岸与生物跳板等设施提高乡村河流驳岸的自然化设计、交通干道的动物友好设

---

① 黄宗智 . 中国新时代小农经济的实际与理论 [J]. 开放时代 , 2018(03): 62-75,8-9.

② 黄宗智 . 资本主义农业还是现代小农经济？——中国克服“三农”问题的发展道路 [J]. 开放时代 , 2021(03): 32-46, 6.

计，在提高生物多样性的基础上增加休闲、旅游、景观等功能，从而使部分生态性公共服务场景更具活力。

总而言之，“三生”空间与乡村自然、经济、生活方式融合，叠加出各具特色的“场景”，日益分化的乡村“三生”服务场景类型及服务需求使服务设施空间规划技术面临着更为突出的地域性与复杂性矛盾，从而对技术方案的弹性、灵活性与精细化适应特征提出更高要求。

4.1.4　村镇社区服务设施一体化规划体系

依据“内涵辨析 – 理论支撑 – 规划路径”的逻辑，梳理归纳出下述村镇社区服务设施一体化规划技术的构建逻辑路线（图 4-2）。通过综合研判区域结构、产业禀赋、社会人口、“三生”空间、社会资本、数字技术等关键要素内涵，建立全要素协同、多维度融合的研究骨架；进一步梳理与公共服务设施配置相关的城乡规划理论内容，并借助多因子空间叠加分析、复杂空间数据识别、场景空间模拟等方法的技术支撑，明确村镇社区服务设施一体化规划的方法路径为：从宏观 – 中观 – 微观三个维度出发，依次构建县域公共服务配置空间网络、村域公共服务设施空间规划数据库以及社区设施场景图谱，实现对村镇公共服务设施的静态的空间要素配置以及动态的生活场景模拟。

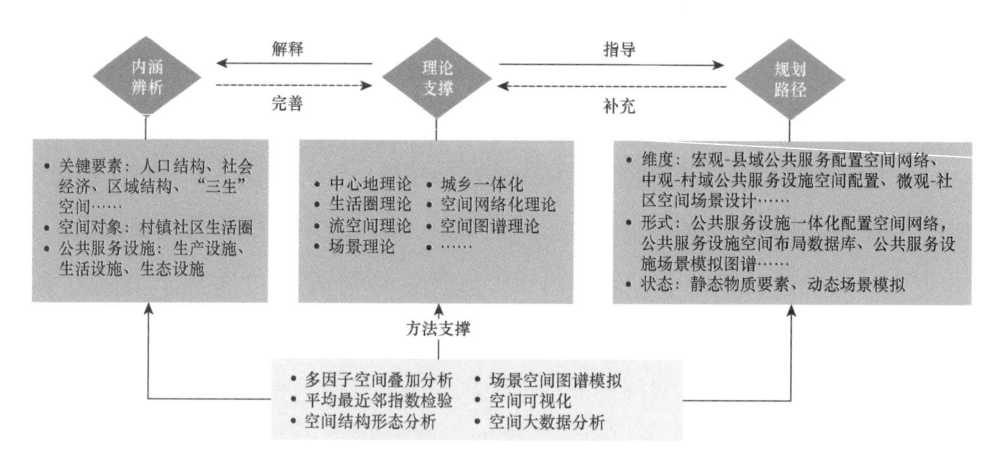

图 4-2　村镇社区服务设施一体化规划技术构建逻辑路线

资料来源：作者自绘

1. 规划理论基础

（1）中心地理论

中心地理论由德国城市地理学家克里斯塔勒和德国经济学家廖什分别于1933 年、1940 年提出。该理论建立了理想化的中心地六边形城镇网络体系模型，阐明了中心地的数量、规模和分布模式，认为在市场原则（K=3）、交通原则（K=4）和行政原则 (K=7) 支配下，中心地网络会呈现不同的结构，中心地和市场区大小按照 K 值排列成有规则的、严密的系列（图 4-3）。该理论模型是对实际城镇村空间结构的理想抽象，在一定程度上有助于构建以可达性为核心的公共服务设施空间网络。

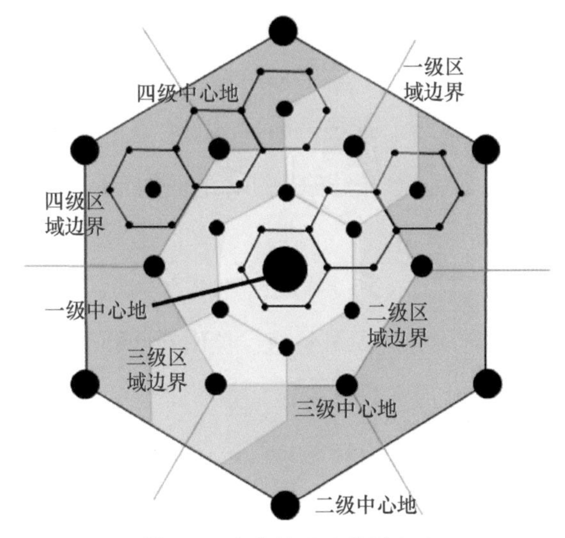

图 4-3　中心地理论模型示意

资料来源：作者自绘

我国自 20 世纪 80 年代起就已引入中心地理论开展中心城市与次级地域的关系研究[①]，由中心地理论归纳出的城镇体系“三结构一网络”与早期城镇化历史背景高度契合，能够有效引导经济活动向城镇空间集聚[②]。但中心地理论在村镇

① 王斯达 . 基于 GIS 的中心地理论在新农村建设当中的应用：以云南省安宁市为例 [J]. 测绘与空间地理信息 , 2012,35(11): 152–154.

② 张泉 , 刘剑 . 城镇体系规划改革创新与“三规合一”的关系：从“三结构一网络”谈起 [J]. 城市规划 , 2014,38(10): 13–27.

公共服务规划实践中的应用存在一些缺陷：一是重城市轻乡村，对于乡村地区生态本底的考虑相对不足；二是重计划轻市场，忽视乡村地区市场发展不均衡、不完善的限制；三是重规模等级、轻功能特色，以行政等级约束规划发展。王士君等[①]（2012）认为交通系统的演进、信息系统的发展扩大了高等级中心地（如区、县、镇）的腹地范围，提升了中心地之间的关联等级，使中心地优势转移。在出现新的信息中心地的同时也因信息鸿沟带来更大差距，导致基层中心地萎缩，要素的集聚与跃迁现象也会更加明显。周艺等[②]（2017）分析了国内不同区域类型的乡村聚落职能、规模、空间结构，认为近郊乡村受城市发展影响较大，有机会成为副中心；远郊乡村可根据不同的主导因素向农业基地、休闲旅游和其他绿色产业等方向发展；一般乡村可以综合行政、交通、自然等资源条件发展美丽乡村，从而形成“自然村落–中心村–一般集镇–中心集镇”的层级结构。可见，随着社会转型发展，在传统中心地理论的基础上需要重新审视县-镇-村行政等级、交通网络、产业职能与信息流动的特性，进而指导区域空间结构体系下的公共服务网络规划。

国外城乡服务资源体系与服务设施规划的相关实践，对于了解设施区域网络特征与探索配置方法具有一定的参考价值。英国在2000年的《未来乡村》白皮书中提出应加强基层地方政府在提供农村服务和设施方面的作用，明确规定了按照新的城乡区域划分类别，以所有住区与各类农村服务点的最短直线距离计算公共服务点的可达性（表4-2），以此作为英国乡村区域一体化均衡配置参数[③]。根据英国乡村机构 (Countryside Agency) 的调查和规定，不同类型的服务点会根据空间距离进行分级配置，并鼓励混合建设多功能设施，进而将农村类型、公共服务点类型与空间可达性相连接。

---

① 王士君，冯章献，刘大平，等. 中心地理论创新与发展的基本视角和框架 [J]. 地理科学进展，2012,31(10): 1256–1263.

② 周艺，戚智勇. 基于中心地理论的乡村聚落发展模式及规划探析 [J]. 华中建筑，2016, 34(05): 111–114.

③ 清华大学农业部规划设计研究院. 村镇公共服务设施配置技术与标准研究 [R]. 2006.

表 4-2　英格兰各类农村服务点可达性一览

统计参数	各类服务点
2km	邮局（Post offices）
	小学（Primary schools）
	酒馆（Pubs）
4km	银行或建房互助会（Banking and building societies）
	现金提取点（“免费”和“所有”两类）(Cashpoints-free&all)
	全科医师诊室（“主要场所”和“所有场所”两类）(GP surgeries-principal sites&all sites)
	全民保健牙医（NHS Dentists）
	加油站（Petrol stations）
	中学（Secondary schools）
	超级市场（Supermarkets）
8km	医院（Hospitals）
	就业服务中心（Job centres）

数据来源：改自参考文献[①]

德国的乡村地区大多不再完全依附中心地等级模式来纵向均等化分配基础设施和服务，而是以跨越行政等级和行政区划的“整合性发展”模式开展乡村更新、公共服务供给等工作。在“整合性发展”模式中，村、镇、市与区域的合作网络并不基于传统的上下级关系，而是基于平等的伙伴关系。通过建立区域共同发展愿景、实施计划以及参与主体间的合作网络，这种相对灵活和开放的发展模式可以在避免利益竞争的同时发挥区域优势和区域合作潜力，完成单个村、镇、市无法完成的任务[②]。

（2）生活圈理论

“生活圈”概念源于日本的“生活都市圈”理论[③]，是指居民行为特征在空间上反映的圈层范围。社区生活圈是满足居民日常最基本需求，居民发生短时、

① 张城国，武廷海．英格兰农村服务及设施配置研究综述 [J]. 国际城市规划，2010,25(04): 36–41, 71.

② 李依浓，李洋．“整合性发展”框架内的乡村数字化实践：以德国北威州东威斯特法伦利普地区为例 [J]. 国际城市规划，2021,36(04): 126–136.

③ 于一凡．从传统居住区规划到社区生活圈规划 [J]. 城市规划，2019,43(5): 17–22.

规律行为次数最多的生活圈。近年来，我国在各地城乡社区建设中逐渐积累了大量有关“乡村社区生活圈”的理论与实践经验，主要包括：

2018 年发布的《上海市城市总体规划（2017—2035 年）》提出按照慢行可达的空间范围，结合行政村边界划定乡村社区生活圈，统筹乡村聚落格局和就业岗位布局，合理配置公共服务和生产服务设施，满足居民文化交流、科普培训、卫生服务等需求。

2019 年《成都市乡村社区生活圈实践探索》提出乡村社区生活圈（基本生活圈）是以乡村社区为中心，涵盖其相关的生产、生活、生态和社区治理各要素的基本空间单元（图 4-4）。

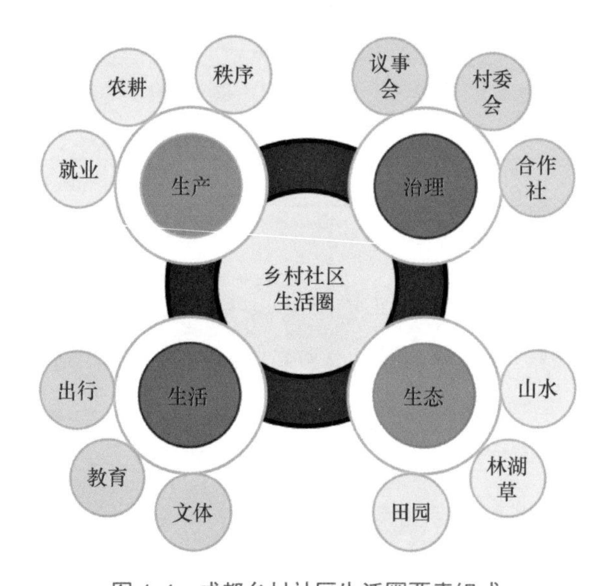

图 4-4　成都乡村社区生活圈要素组成

资料来源：作者改绘自参考文献[①]

2021 年自然资源部发布的《社区生活圈规划技术指南（试行）》提出乡村社区生活圈是指在村庄建设范围内，满足乡村居民生产、生活需求，结合乡村居民

① 清华同衡播报 . 张佳：成都市乡村社区生活圈实践探 [EB/OL]. (2019-11-13) [2022-12-15]. https://mp.weixin.qq.com/s?__biz=MzA4OTMyNzIzOA==&mid=2650767462&idx=2&sn=f1da8225596940b8d6bc22402d459709&chksm=8817b38fbf603a99ceafc5c1442a0aaa3f253d329dd2e1f21397fb5a58bd627c0b31448da46b&scene=21.html.

日常出行规律形成的乡村地理活动单元。

2021 年《上海市乡村社区生活圈规划导则（试行）》提出乡村社区生活圈是指以满足村民和新村民的日常需求为核心，慢行可达范围内涵盖生产、生活、生态、治理各要素的基本空间单元，是乡村地区宜居、宜业、宜游、宜养、宜学的社区共同体（图 4-5）。

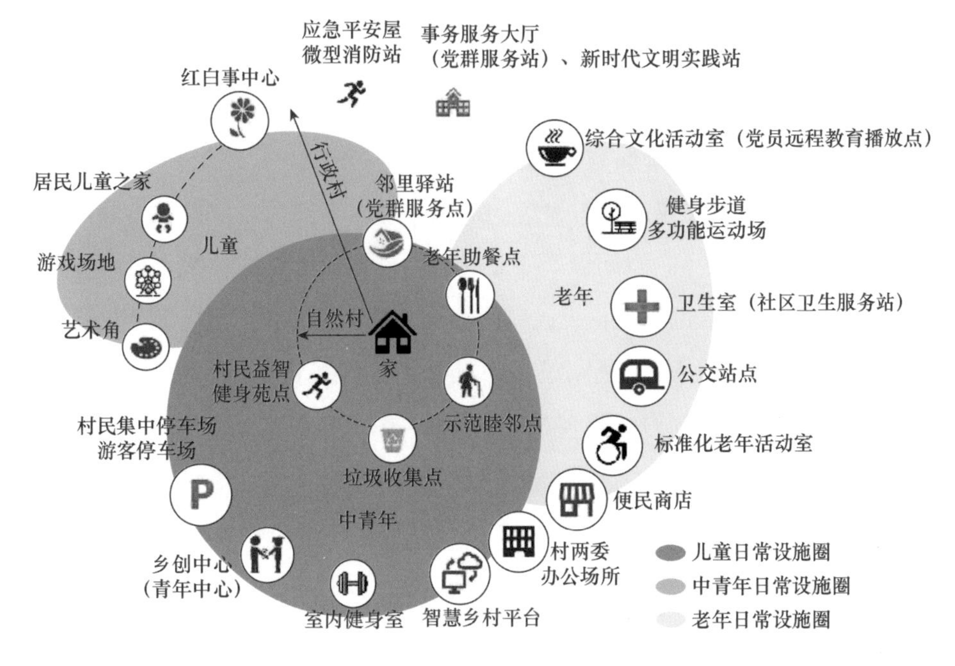

图 4-5　上海乡村社区生活圈设施布局示意

资料来源：作者改绘①

相较于以千人指标为核心的传统公共服务配置方式，乡村社区生活圈规划具有以下优势：

① 社区生活圈规划高度关注行为主体的真实时空规律与设施使用需求，意在缓解传统公共服务配置方法中重视指标、规模等级而轻视居民实际需求差异的问题，更为符合“以人为本”导向下的服务设施空间建设要求。

① 上海市规划和自然资源局. 图解上海乡村社区生活圈规划导则 [EB/OL]. (2021-12-14) [2022-12-15]. https://ghzyj.sh.gov.cn/gzdt/20211222/d3caac9191e944c6b8bd7b6d21f346a2.html.

② 乡村公共服务要素主要集中在行政村且实际服务能力有限，居民为了获取生产、生活所需的外部公共服务，大部分需要自主前往更高级的服务中心或跨村使用公共服务设施，日常活动通常突破行政边界，在空间上呈现出“镇–村”或“县–村”的圈层现象[①]。乡村社区生活圈有利于形成县城–镇区–乡村不同圈层的服务体系，改善以行政边界为基准的传统配置模式，成为优化公共服务设施区域配置网络的重要技术手段。如浙江美丽城镇生活圈分为 5 分钟邻里生活圈、15 分钟社区生活圈、30 分钟镇村生活圈、城乡片区生活圈 4 个层级，生活圈规划与城镇体系相融合形成了多层次的生活圈模式，有利于促进城市与乡村地区的公共服务设施过渡、延伸与互动。

③ 乡村地域系统普遍存在着显著的地区差异，不同的乡村具备不同的区位环境、社会人口、“三生”空间、产业发展、信息技术等特征，使乡村产生不同程度的社会空心化与社区集中化、人口回流与老龄化等态势，相应地要求各地应因地制宜地安排公共服务设施配置方式。社区生活圈由于其本身是对居民生产生活中各类要素的体系性重构，能对农村“三生”需求、聚落形态与设施要素进行高效整合，对于综合建立多维要素融合的公共服务设施规划方式更具优势。

社区生活圈规划的首要环节应是对乡村空间类型与关键变量的识别，进而使生活圈规划更具有针对性和在地性。如日本乡村公共服务设施规划基于人口密度、环境区位等因素造成的乡村空间差异，建议近郊现代农村配置类型丰富且数量较多的公共设施；远郊现代农村重点关注老年人福利设施、文化设施及基础教育设施；人口过疏化地区关注区域间的平衡及跨区域共建，完善交通等基础设施，并充实保健、福利、医疗三方面的服务[②]，进而成为有效指导社区生活圈分类与分级规划的基础（表 4-3）。

表 4–3　日本分区位村庄公共服务配置要求

村庄类型	过疏化地区农村	远郊现代农村	近郊现代农村
案例	京丹波町	桧原村	三鹰村

① 赵鹏军，胡昊宇，于昭．中国乡村交通出行与地域系统 [J]. 人文地理，2020,35(04): 1–8, 138.

② 张雅光．第二次世界大战后日本城乡一体化发展对策研究 [J]. 世界农业，2018(01): 78–83.

续表

村庄类型	过疏化地区农村	远郊现代农村	近郊现代农村
发展特征	人口持续减少，老龄化率显著提高、财政状况严峻	以巴士和私家车为主的对外交通； 一定数量的社会公共设施； 基于山林水资源本底，利用“山村振兴法”政策改善道路、水利等基础设施，重点发展观光旅游业	良好的轨道交通基础； 关注基础设施与社会公共设施建设； 发展都市农业； 兴办田园学校、提供实践机会
配置内容	为了稳定人口，需要提升传统产业，并利用本地自然资源建设观光休闲设施； 完善交通、上下水、现代信息设施等基础设施； 充实保健、福利和医疗三方面的服务； 新建公共设施时，需要综合考虑高效利用已有设施与跨区域共享共建	设置村立图书馆与移动图书馆； 结合志愿者服务设施设置儿童保育设施； 配有设施良好的小学和初中； 应对老龄化，设置具备医疗、护理功能的多功能老人福利设施； 配置包含疾病预防与健康管理功能的诊疗所	公共服务设施类型丰富、数量充足，配置有疗养院设施、市民活动设施、文化艺术设施、社会教育与终身学习设施、体育活动设施、社会福利设施、公园等
配置经验	考虑地区特点和区域平衡； 财政资金的有效使用和设施的最佳配置； 土地资源利用的均衡发展	重视满足老年人与儿童的服务设施需求； 结合社会支援服务、互助服务支撑设施运营	基础设施完善，公共服务设施充裕； 城乡均等的生活质量与服务水平

数据来源：改自参考文献①

（3）流空间理论

1996 年，卡斯特尔（Manuel Castells）提出“流动空间”概念，将空间“邻近”抽象为社会行为与关系的接近、时间与过程的共享②。相较于中心地体系“场所决定流”的空间逻辑，城市网络体系认为“流决定场所”③，以流空间为代表的城市网络理论关注的是城市间的水平关系及其流动空间的组织，为城市关

① 焦必芳，孙彬彬 . 日本现代农村建设研究 [M]. 上海：复旦大学出版社 . 2009.

② Castells M.The rise of the network society. Vol.1 of The information age: economy, society and culture[M]. Massachusetts and Oxford:Blackwell, 1996.

③ Taylor P J, Hoyler M, Verbruggen R.External urban relational process: Introducing central flow theory to complement central place theory[J]. Urban Studies, 2010, 47 (13): 2803-2818.

系以及城镇体系研究提供了新的视角。由于对节点中心性的理解产生变化，节点属性的复杂性使得其网络职能的影响逐渐超过规模等级，也就是由从属的等级关系逐渐发展为功能互补关系。然而存在互补关系的城镇不一定同处邻近区域，有可能依赖网络扩张至全球，特别是对于相对发达的超一线城市，各类“流”及其相互作用下的关系网络日益成为当下各类要素结构体系研究的主要思路①。

随着高铁、航空、信息等要素的网络化发展，我国城乡区域空间格局也出现新特征——城市空间关系由垂直的等级关系向扁平化的网络关系过渡②，跨时空性、去中心化、自由开放的要素特征使信息网络和地理空间相互融合，“流空间”对我国城乡统筹发展及公共服务资源均等化与高效化发展起到越来越显著的作用。岑迪等③（2013）认为珠三角地区已经形成城市连绵区，符合“流空间”的发展特征，中小城镇的发展地位既具有独立性也具有强联络性。基于区域人口、产业资源、就业机会出行方式的流动性特点，乡村能够吸附人流、物流、资金流、技术流等要素流，公共服务设施配置应打破城乡界限，构建双向流动的公共服务体系（图 4-6）。

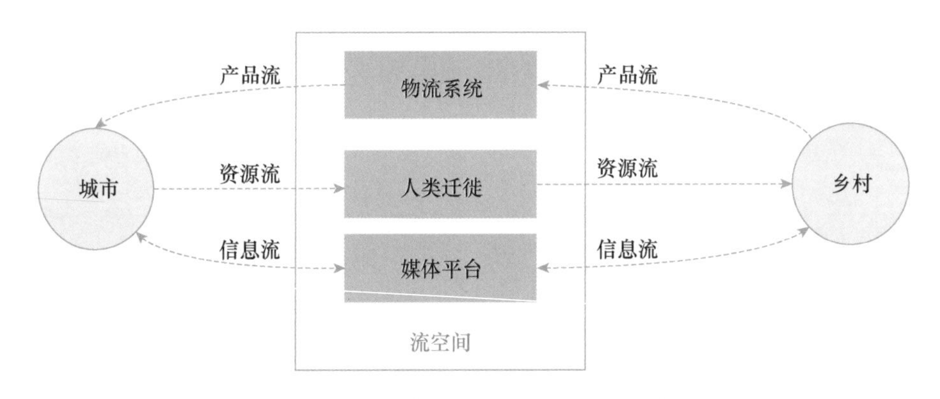

图 4-6　流空间理论下的城乡互动关系

资料来源：作者自绘

① 王士君，廉超，赵梓渝．从中心地到城市网络：中国城镇体系研究的理论转变 [J]. 地理研究，2019,38(01): 64–74.

② 程遥，王理．流动空间语境下的中心地理论再思考：以山东省域城市网络为例 [J]. 经济地理，2017,37(12): 25–33.

③ 岑迪，周剑云，赵渺希．“流空间”视角下的新型城镇化研究 [J]. 规划师，2013,29(04): 15–20.

（4）智慧乡村

在第四次工业革命背景下，数字技术渗透进现代社会生活的各个领域，乡村社会也面临着数字化转型所带来的社会关系与生产方式的深度重构。“数字”已成为新的生产要素，与土地、资本、人力一并成为嵌入乡村空间与支撑农业农村现代化的强大动力。全球迎来了建设“智慧城市”的浪潮，同时中国、欧盟、日本、美国等多个国家和地区也正大力推动“智慧乡村”实践。“智慧乡村”通过运用互联网、大数据、云计算、人工智能等信息技术，对农村发展过程中的各类信息进行数据化分析处理，以此提高农村经济发展效率、社会治理水平以及农村居民生活水平，是支撑乡村公共服务设施空间规划、拓展服务边界与优化服务品质的重要技术力量。

2017 年，欧盟先后提出“欧洲智慧乡村计划”倡议与“智慧乡村 21”项目，旨在通过数字化与智能化建设，以数字赋能公共服务体系，使乡村生活更便利、农业生产更加智能。德国东威斯特法伦－利普地区在 2018 年开始布局乡村数字化项目并在“整合性发展”框架下取得了相应成效，北部格布哈尔茨海恩镇通过搭建数字程序提升居民生活服务；意大利的 Puglialog-in 项目将与健康、旅游、农业食品、经济发展、环境和文化遗产管理等领域有关的系列数字公共服务整合至区域在线门户，以此提高数字公共服务的可及性和使用率①；比利时那慕尔省的普罗丰德维尔村全面整合、优化当地旅游资源，开发了本地旅游手机应用程序，游客可利用该程序根据喜好选择最佳旅行路线、预定餐饮和住宿等，数字导览服务使游览更具有针对性和计划性；韩国“信息化”村庄建立了高速信息网络与村级信息中心，提供村民信息化培训和电子商务服务。

国内的智慧乡村实践也产生了新型的乡村公共服务要素与方式，如乡村智慧大脑平台等“新治理”，线上电商经济与网络直播带货等“新经济”，农村淘宝驿站、乡村物流服务店等“新设施”，乡村主题的网红短视频等“新社交”。乡村综合数字平台的建设能够帮助完善村庄治理服务，有利于实时掌握与搜集村庄的生产、生活、生态等信息，以高效、云端的平台操作克服传统行政流程中的“烦琐”与“低效”，拓展基层政府治理能力；物联网发展更是直接改变了许多村庄

---

① 陈媛媛，王丹．欧洲农村开放数据的发展分析与建议 [J]. 信息资源管理学报，2021,11(04): 80–89.

的经济模式与产业结构，产业服务设施及相应基础设施的配置方式从依赖行政区划的纵向分配机制转向借助互联网与物流技术的网络共享机制；智能手机、无线上网与5G+等远程技术能使乡村医疗、教育等品质敏感型资源实现更好的跨区域服务，为软性的文化、休闲、娱乐等生活类公共服务设施提供更加便民、畅通的互动平台，降低此类公共服务设施的实体空间配置成本。然而由于乡村数字发展基础差异很大，在智慧乡村服务营建过程中需要重视三重“数字难题”：宽带基础设施、数字服务普及和居民数字素养，因地制宜地制定相关策略，降低数字技术发展带来的数字鸿沟影响。

（5）场景理论

以克拉克（Terry Clark）为代表的“新芝加哥社会学派”学者认为在后工业社会里，消费对社会发展的重要性开始逐渐超越生产，作为文化活动的载体——“舒适物”设施，以及由此带来的愉悦消费实践将驱动着社会发展，并以此提出“场景理论”①。克拉克把对城市空间的研究从自然与社会属性层面拓展到区位文化的消费实践层面，提出从消费、生产和人力资本三者来解释都市社会的新范式。“场景”包括5个要素：① 邻里、社区；② 物质结构、城市基础设施；③ 多样性人群，比如种族、阶级、性别和教育情况等；④ 前三个元素以及活动的组合；⑤ 场景中所孕育的价值观（图4-7）。“场景理论”表明在公共服

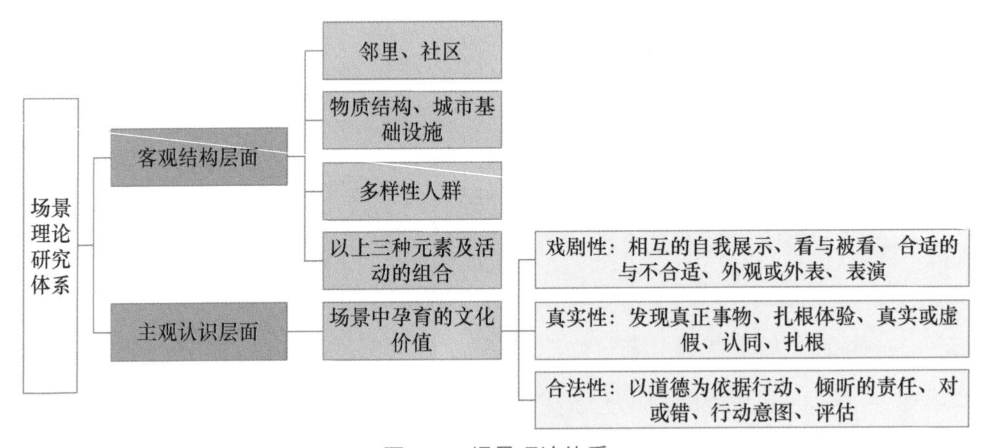

图4-7 场景理论体系

资料来源：作者自绘

① 吴军，夏建中，特里·克拉克．场景理论与城市发展：芝加哥学派城市研究新理论范式[J]．中国名城，2013(12): 8–14.

务设施规划时，可以场景为建设重点，将乡村公共服务设施置于不同的场景之下，不仅有利于重新建构生产、消费意义，还有助于重新塑造乡村生活方式与乡土美学等文化内涵。场景建设具有目标引领、问题引领与项目引领的特点，有助于将公共服务设施影响要素与建设项目在空间层面进行系统整合，使日常使用的居民更易感知与了解到公共服务设施规划的重点建成内容，促进各类主体参与公共服务设施的共同治理过程。

2. 主要空间规划技术与策略

村镇社区服务设施一体化规划技术主要涉及的三大子技术包括：

① 村镇社区服务设施的区域网络一体化构建。主要采用多因子空间叠加分析技术对公共服务设施配置空间网络类别与乡村社区生活圈级别进行识别，形成“三级三类”公共服务设施网络体系，以社区生活圈优化公共服务设施网络，并初步明确公共服务设施配置内容。

② 村镇社区服务设施的村域空间一体化规划。主要运用村镇空间形态分析以及平均最近邻指数检验的方法识别村镇社区的空间结构类型，为集聚型与分散型两类村镇空间结构制定公共服务设施空间配置要点与技术规范。

③ 村镇社区服务设施的社区场景一体化设计。主要运用场景图谱与场景规划技术，对村镇社区内的“三生”公共服务场景进行分类，并制定社区公共服务设施空间场景设计导则，直接指导相应村镇生活使用情境中对应的“三生”服务设施的规划、建设和管理。

村镇社区服务设施一体化规划技术主要采用的策略包括：推进城乡一体化，区域公共服务弹性供给；构建设施一体化网络，优化空间分布格局；打造多层级生活圈，公共服务差异化配置；识别村域空间结构，在地性落实设施空间；时空供需耦合，多情境村镇社区图谱模拟；智慧技术赋能，村镇多中心治理参与等。整个技术旨在积极补足村镇服务设施空间规划短板、促使公共服务城乡空间统筹以及培育特色空间服务功能，进而以公共服务设施空间规划促进乡村振兴。

4.2 村镇社区服务设施的区域网络一体化构建

村镇社区服务设施的区域网络一体化构建技术是从宏观区域层面统筹县城－镇区－乡村公共服务要素，在形成不同功能、不同圈层、不同特点的公共服务设施网络过程中所采取的识别、拟合等技术的集合体系：

首先，建立服务设施区域网络配置类型的识别技术，提炼出若干主要影响因素并分析县－镇－村的现状公共服务空间联系，以“城乡公共服务配置点的空间时距”这一关键空间要素对乡村设施网络进行分类，主要分为城乡共享服务型、均衡网络服务型、传统结构服务型。

其次，形成多因子综合影响下的村镇社区生活圈规划技术，以社区生活圈对区域公共服务设施进行空间网络部署与调节，将其划分为三级：基本生活圈、拓展生活圈、高级生活圈。

最后，将三级社区生活圈与三类乡村设施网络对应，形成“三级三类”的区域服务设施网络体系，并按照服务设施配置标准规划主要内容（图 4-8）。

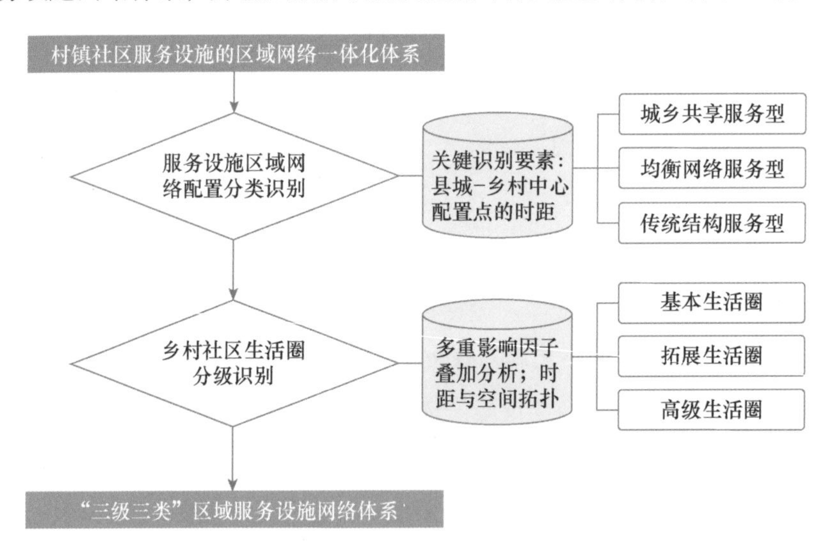

图 4-8　村镇社区服务设施的区域网络一体化体系

资料来源：作者自绘

4.2.1　服务设施区域网络配置类型及识别要点

当前我国农村地区正处于经济社会、生活需求、基础设施转型的重要时期，村民跨越行政边界获取公共服务的现象比较普遍，各级、各类服务设施在空间上广泛呈现共享性与圈层性特征，村镇社区服务设施一体化规划技术应充分借助空间网络化理念配置区域公共服务设施。2022 年 5 月《关于推进以县城为重要载体的城镇化建设的意见》强调了县城就近城镇化态势，县城将是未来村镇社区公共服务设施网络中的关键枢纽。识别县 – 镇 – 村的区域公共服务设施空间联系是构建服务网络的首要环节，其中人口、经济与交通是主要影响因素。

在人口方面，衰老型、平稳型、增长型人口结构能够反映出不同的人口活力，人口活力越高，公共服务设施需求迭代与升级的速率也会加快，更有利于促进区域公共服务要素流动。乡村人口迁移中的就地城镇化水平越高，越会强化服务设施向县城集聚的趋势，促进县城与乡村之间较为频繁的服务设施互动。

在经济方面，地方 GDP 直接影响着公共服务设施的财政投入，强劲的地方财政能力在提高区域服务设施密度与服务能级方面更具优势，进而间接提高公共服务设施的区域覆盖范围，促进县城公共服务设施向乡村地区延伸。活跃的产业与就业等要素集聚会吸引人口的聚集，进而带来产业服务设施的区域流动，部分产业与就业服务设施能够通过发达的网络联系参与到城市群际与全球化的产业发展进程之中。

在交通方面，道路网与交通可达性是道路建设水平与地理地形环境的综合反映，决定着村民使用公共服务设施空间的基本时空机会。乡村道路密度与连接度、公交设施覆盖率与私家车拥有率的提高是支撑公共服务设施扩大空间联系的前提，这些变化会极大影响公共服务设施的覆盖与效率，使不同类型乡村的村民到达县城获取公共服务的可达性差距明显，并且集中反映在联系村 – 县服务设施中心配置点需要耗费的时距上，进而成为量化识别区域公共服务设施网络的关键要素。

通过对典型村镇社区案例进行对比研究分析，结合实际路网模拟交通等时间生活圈与可达性等方式划分设施区域网络类型，乡村公共服务中心配置点到县城公共服务中心配置点的车行时间 <20 分钟的乡村应以城乡共享服务型为主，车行时间介于 20 ～ 40 分钟的乡村应以均衡网络服务型为主，车行时间 >40 分钟的乡村以传统结构服务型为主，围绕不同类型的乡村形成具有不同层次、不同功能的区域服务设施一体化网络[①]（图 4-9，表 4-4）。

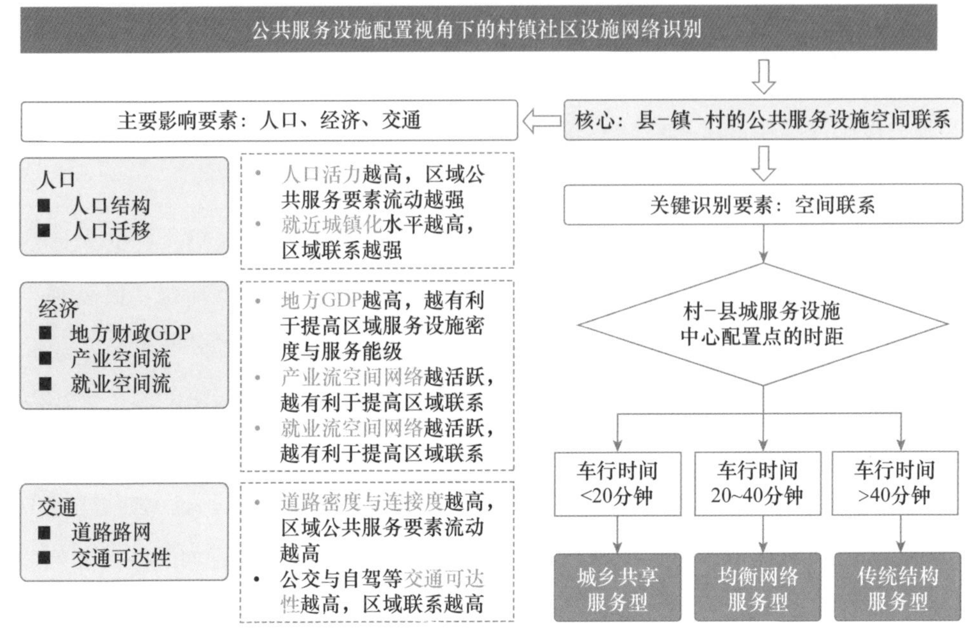

图 4-9　村镇服务设施网络识别类型

资料来源：作者自绘

表 4-4　村镇服务设施网络分类与特征

关键识别要素	网络联系	类别特征	区域网络类型
使用中心县城服务设施的车行时间 <20 分钟	与中心县城联系度高	通常位于县域近郊地区，城乡共享服务型乡村的村民的时空行为与公共服务需求有着明显的市民化特征，较易受到对应县城社会经济水平所配置的高品质、高密度服务设施的空间辐射，将乡村服务设施纳入县城周边地域系统进行融合式共享、组团式联动发展	城乡共享服务型

① 张益平．乡村振兴背景下乡村地区公共服务设施配置研究：以绵阳市安州区为例 [J]. 区域治理，2020(32): 60–62.

续表

关键识别要素	网络联系	类别特征	区域网络类型
使用中心县城服务设施的车行时间介于 20 ～ 40 分钟	与中心县城联系度中等，与镇区联系度高	通常位于县域远郊地区，处于中心镇区 – 乡村社会经济的过渡区域。人群日常时空轨迹具有镇村流动双栖的特点，在规模适宜的空间结构中促进镇 – 村公共服务设施的共享发展，成为衔接城乡服务设施需求与活化城乡服务网络的关键场域	均衡网络服务型
使用中心县城服务设施的车行时间 >40 分钟	与中心县城联系度低，与周边村庄联系度高	通常位于县域偏远地区，存在地域上的区隔劣势，乡村与县城的空间联系度较低，较难享受到县城级别的公共服务设施的空间辐射。村民应在日常生活范围内基本实现自给自足，与周边村庄加强联合发展、互补联系，在村际实现设施空间的服务共享与结构重组	传统结构服务型

城乡共享服务型配置网络下的乡村通常位于县域近郊地区，与县城中心通过便捷高效的交通网络保持密切联系，是县城市和农村社会、经济、空间功能互为渗透、互为支撑的复杂地域系统。城乡共享服务型乡村的村民时空行为与公共服务需求有着明显的市民化特征，村民的日常活动空间不断向城市中心建成区拓展①。由于具有邻近县城的区位优势，较易受到对应县城社会经济水平所配置的高品质、高密度服务设施的空间辐射，村民使用县级教育、医疗、文化等设施的交通与时间成本较低，更倾向于舍近求远以满足多样化的公共服务需求。同时，村民也相对更容易获得县城就近就业机会与更高的经济收入，近郊乡村也更易发展乡村旅游、物流、电商等非农产业，乡村人口活力较好且社群结构较为多元，除了满足本地原住民的公共服务设施需求之外，还应考虑为县城居民、外地游客提供更多类型的公共服务。因此，一方面乡村居民可以便捷地、较低成本地跨等级使用县城公共服务设施，另一方面乡村本身也成为承载县城旅游等特色服务业的重要地域空间。通过采用城村共享的协同配置模式，可以将乡村服务设施纳入县城周边地域系统进行融合式共享、组团式联动发展，避免大量设施重复建设与低效使用（图 4-10）。

① 喻明明，任利剑，运迎霞．基于时空间行为的北京市周边乡村生活圈研究 [J]. 南方建筑，2022(01): 26–33.

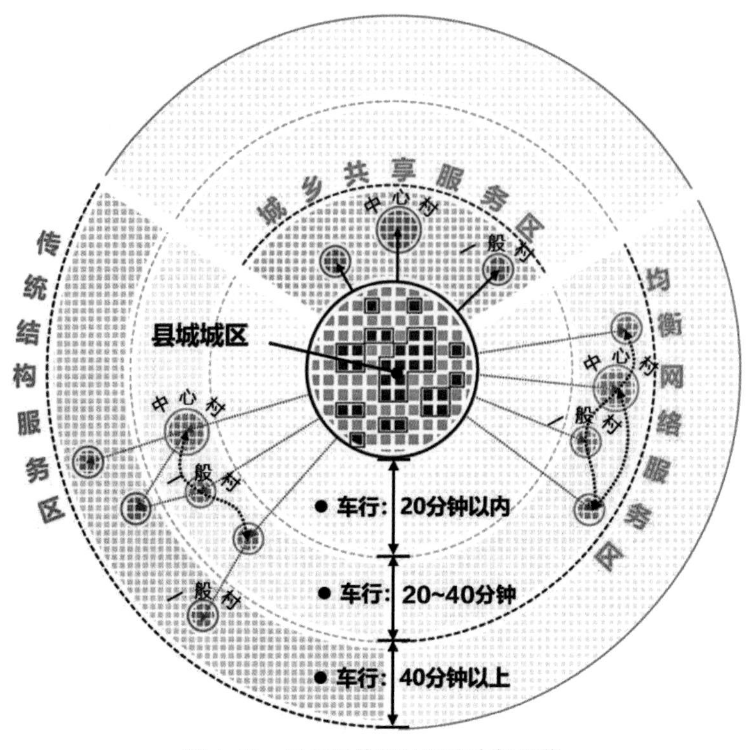

图 4-10 服务设施区域网络空间示意

资料来源：作者自绘

均衡网络服务型配置网络下的乡村通常位于县域远郊地区，处于中心镇区－乡村社会经济的过渡区域。村庄社会经济基础相对活跃，但产业结构与要素偏向于稳定保守型，村民生产活动以现代农业生产为主，兼具部分个体小商业与小规模旅游业。道路交通较为便利，能够支撑村民非日常去县城满足拓展型设施的需求，但县城等级的公共服务设施使用会受到更为明显的时间、交通与价格成本约束。相对而言，服务设施的密度与能级介于县城与乡村的中心镇区，更易吸引人群获取公共服务，从而使人群日常时空轨迹具有镇村流动双栖的特点。由于市场收益风险与公共财政有限，优质服务设施较难下沉至远郊地区的乡村，较难扭转的乡村人口流出态势也难以支撑高能级服务设施的配置门槛，因此可与县城高品质服务设施资源建立有机联系，适当采用流动式的服务内容均衡城乡两极的服务设施水平，如流动电影院、流动大戏台、流动医院门诊等（表 4-5）。同时，应依托中心镇区的次级设施资源的集聚优势，将其打造成为村镇社区生活圈的服务核心，对邻近乡村地域的各类服务要素进行统筹布局，在规模适宜的空间结构中促进镇 - 村公共服务设施共享式发展。除了完善兜底型服务设施之外，还可适度配置新业态、新技术、新需求下的品质型服务设施，成为衔接城乡服务设施需求与活化城乡服务网络的关键场域。

表 4–5　流动性公共服务模块功能一览

流动功能模块	模块可设置内容
养老模块	养老站点 + 上门服务
医疗模块	赤脚医生、线上问诊服务站点
社区服务模块	就业指导、农民培训
文化模块	露天电影、流动演出、网络服务
体育模块	可移动运动器械、民间赛事
商业模块	快递流动车、商品售卖流动车、银行服务流动车、上门生活服务

表格来源：作者改自参考文献[①]

传统结构服务型配置网络下的乡村通常位于县域偏远地区，经济水平较为落后，导致公共服务设施的数量、类型不足及运营维护水平低下，是城乡公共服务设施最为薄弱的基层环节。此类乡村在地广人稀的空间现实下居民点分布零散，交通通达能力较差，也较难平衡公共服务设施的空间可达性。村民的日常生产行为主要围绕着传统农耕活动展开，劳动力外出务工现象十分普遍，社会老龄化、空心化态势突出，人口的持续流出使规划配置的学校、文化站等公共服务设施产生不同程度的闲置与荒废，设施更新周期较长且设施使用活力较弱[①]。传统结构服务型的乡村与镇区、县城的空间联系度较低，较难享受到县城级别的公共服务设施的空间辐射，部分乡村能享受到由镇区供应的公共服务设施辐射。但在一定程度上乡村浓厚的熟人社会特征较好地被保留，村内人人熟识或者邻近村庄间的居民相互认识，对于发展流动式、互助式的公共服务设施具有较强的社会资本优势。鉴于此，传统结构服务型的乡村公共服务设施配置一方面应积极建立与中心镇区、县城的公共服务联系渠道，与周边村庄加强联合发展、互补联系；另一方面应聚焦至个体层面的生活服务设施，借助社会资本基础提高乡村居民在日常生

① 孙垚飞，黄春晓．农村基本公共服务配置的反思与建议 [J]. 规划师，2018,34(01): 106–112.

活范围内的服务便捷性，在村际实现设施空间的服务共享与结构重组。

4.2.2 服务设施网络分类及社区生活圈规划要点

1. 社区生活圈规划技术

现有城乡公共服务设施主要按照“千人指标”配置，容易忽视不同地域结构、社会经济等要素对设施空间布局的不同要求，也难以调节公共服务设施在区域之间的复杂性矛盾，导致设施供需失衡、资源闲置、效率低下等问题[②]。围绕服务设施区域网络布局的既有规划方法主要集中在两大方面：一是以数学模型、空间计量为主要技术手段，以空间可达性为主要评价指标的空间选址模型，如经典区位模型、时空行为模型与多目标决策模型等；二是以居民活动空间为研究基础、构建与优化时空行为与公共服务设施的空间拓扑关系的社区生活圈。考虑到乡村地区公共服务设施的数量、密度普遍较小且地域分化明显，以及与人群使用、交通条件、社会经济水平等多维因素紧密相关，社区生活圈规划在方法论上相对具有更强的实用性优势。近年来全国各地开展了大量的村镇社区生活圈实践，颁布了相关导则与标准，对于调节不同类型乡村的区域公共服务设施网络具有重要的现实意义（表 4-6）。

表 4-6 各地村镇社区生活圈建设要求

标准和导则	服务半径 / 时间		配置内容
浙江省美丽城镇生活圈配置导则（试行）（浙江省住房和城乡建设厅，2020 年 3 月）	5 分钟邻里生活圈	0.3 km	老幼优先，将幼儿园、托儿所、便利店、邻里中心、小型活动场地等高频使用设施优先就近布局
	15 分钟社区生活圈	1 km	与镇区建成区相对应，采用社区服务中心、社区文体中心等复合型服务中心模式，集约布置
	30 分钟镇 – 村生活圈	—	满足产业转型和消费需求的设施，如图书馆、文化馆、星级宾馆
	城乡片区生活圈	—	设施配置应符合城乡联网、片区联动，与特色类型协调，与发展定位关联

① 程文，夏雷．严寒地区村镇公共服务设施配置与布局优化 [J]. 规划师，2015,31(06): 81–85.

② 李小云，杨培良，乐美棚．基于生活圈的欠发达地区乡村公共服务设施配置研究 [J]. 中外建筑，2021(12): 72–77.

续表

标准和导则	服务半径 / 时间		配置内容
济宁市镇村生活圈配置导则（济宁市自然资源和规划局、济宁市规划设计研究院，2021 年 6 月）	5 分钟生活圈	村庄型美丽宜居乡村：500 ～ 1000 m 社区型美丽宜居乡村、城镇型：300 ～ 500 m	幼儿和老人使用的基本公共服务设施，如村民委员会、便民服务站、文化活动室、新时代文明实践站、文体广场、健身场地、卫生室、老年人活动场所、便民服务网点、快递点、公厕、垃圾收集点、微型消防站
	15 分钟生活圈	村庄型美丽宜居乡村：2 ～ 3 km 社区型美丽宜居乡村、城镇型：500 ～ 1000 m	主要包括球场、幼儿园、小学、老年互助养老院 / 老年公寓 / 老年人日间照料中心、集市、红白理事堂
	30 分钟生活圈	6 ～ 8 km	主要包括中学、便民服务中心、文化活动中心、体育健身中心、健身广场、卫生院、中心绿地、敬老院、商业设施、农贸市场等
	城乡生活圈	15 ～ 30 km	配置美术馆、文化公园、电影院、体育公园、游泳池（馆）、高中、社会培训、中医院、专科医院、综合医院、中心卫生院、大型超市、购物中心、商业步行街、老人护理院、老年公寓等
社区生活圈规划技术指南（报批稿）（中华人民共和国自然资源部，2021 年 6 月）	城镇社区生活圈	15 分钟层级	宜基于街道社区、镇行政管理边界，面向全体城镇居民，配置内容丰富、规模适宜的各类服务要素
		5 ～ 10 分钟层级	宜结合城镇居委社区服务范围，配置城镇居民日常使用，特别是面向老人、儿童的基本服务要素
	乡村社区生活圈	乡集镇层级	宜依托乡集镇所在地，统筹布局满足乡村居民日常生活、生产需求的各类服务要素，形成乡村社区生活圈的服务核心
		村 / 组层级	宜依托行政村集中居民点或自然村组，配置满足就近使用需求的服务要素，并注重相邻村庄之间服务要素的错位配置和共享使用
上海乡村社区生活圈规划导则（试行）（上海市规划和自然资源局，2021 年 12 月）	行政村	800 ～ 1000 m	以行政村为主要单元，以便民服务中心为核心构建一站式的乡村便民中心，同时结合村庄特定需求进行差异配置
	自然村	300 ～ 500 m	以自然村为辅助单元，以邻里驿站为核心构建一站式的乡村邻里中心，配置满足老年人、儿童等弱势群体的日常保障性公共服务设施和公共活动空间

在服务设施区域网络一体化的配置要求下，作为调节城乡资源均等化分配的重要工具，村镇社区生活圈能从区域的角度对乡村公共服务设施进行统筹规划①，打破受制于行政管辖范围的资源供应政策，有利于配置多层级的县城–集镇–乡村等公共服务设施。不同层级的生活圈，依据其空间规模尺度具有不同的物质载体和服务设施要素。在承接与优化区域网络结构的同时，社区生活圈还可以深入具体的“三生”服务场景，并明确公共服务设施的数量、类型及布局方式，有助于社区服务设施与个体日常生活相连接，使公共服务紧密围绕村民的实际时空行为。相比于传统公共服务设施配置规划，村镇社区生活圈的空间规划模式更易实施弹性的菜单式、模块式配置策略，对不同地域、不同阶段的乡村公共服务设施空间规划具有更强的适应性与实用性。因此，以村镇社区生活圈为核心的公共服务设施空间规划范式相对更为贴合新时期乡村地区的公共服务设施规划的编制内容与要求。

村镇社区生活圈的识别与划定方法在总体上呈现传统调查数据与多源大数据、定性抽象描述与定量计算模拟相补充的趋势，结合时间地理学中“时距”的概念，以时距为依据划分而成的“时间生活圈”是目前比较常见的划定方法之一②。时间生活圈指的是乡村居民使用某类公共服务设施而愿意承受的最大时间距离的空间覆盖地域，其空间范围大小与地形地貌、出行方式等因素直接相关③。在出行成本和层次需求的博弈作用下，村镇社区生活圈会自发形成不同圈层的空间体系。

构建村镇社区生活圈规划技术应以供需平衡为立足点，一方面村镇社区生活圈是居民实际时空行为与使用规律的空间集成，必须以村民的人本需求为导向；但另一方面，社区生活圈与公共服务设施空间配置需要理性地考虑建设投入成本与空间发展效益，综合社会人口、产业经济、地质地形等要素进行全局式的谋划。

---

① 官钰，李泽新，杨琬铮 . 乡村生活圈范围测度方法与优化策略探索：以雅安市汉源县为例 [J]. 规划师，2020,36(24): 21–27.

② 孙德芳，沈山，武廷海 . 生活圈理论视角下的县域公共服务设施配置研究：以江苏省邳州市为例 [J]. 规划师，2012,28(08): 68–72.

③ 张贝贝 . 新型乡村生活圈规划及其公共服务设施配置研究 [D]. 济南：山东建筑大学，2018.

因此，借鉴既有技术研究成果①②，在本次构建的村镇社区生活圈规划技术中，首先，应对居民使用公共服务设施的情况进行意愿调查，在获得理想状态下的期望时距的同时，借鉴并引入时空地理行为技术了解村民实际的生活轨迹与设施使用频次，对生活圈时距进行分级与初次修正；其次，对影响使用公共服务设施的重要环境因子（如社区居民点分布、社会经济、产业空间、道路交通等）进行适地性筛选并拟定评价体系，通过空间可视化分析、要素叠加分析等方式明确关键的生活圈服务节点与中心，并且结合上位规划与空间成本－效益分析对生活圈时距进行二次修正；最后，调用 ARCGIS 空间地理平台的网络分析等模型，将生活圈节点、中心、时距与实际路网相拟合并建立空间拓扑关系，落实生活圈的空间服务范围与设施配套内容，最终形成多因子综合影响下的村镇社区生活圈规划技术（图 4-11）。

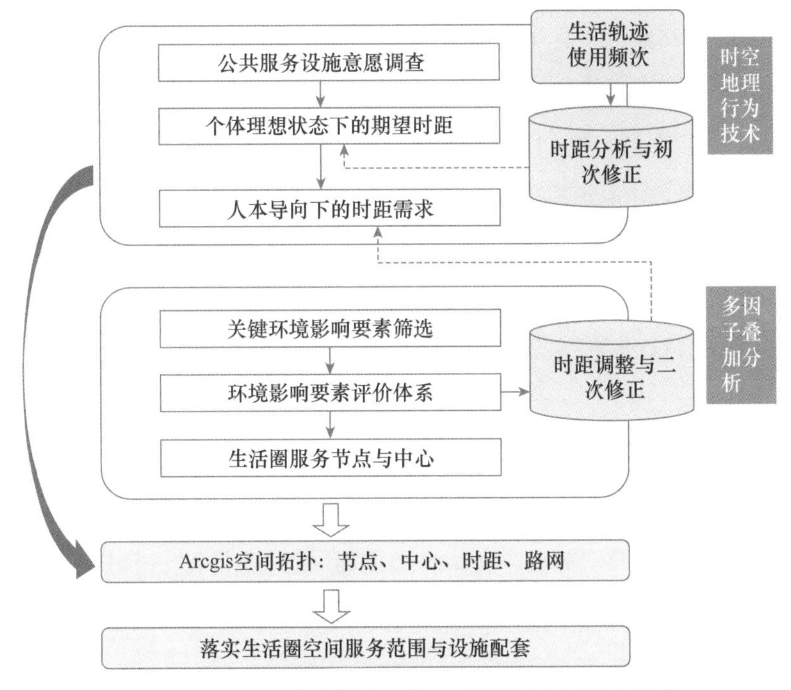

图 4-11　多因子综合影响下的乡村社区生活圈规划体系

资料来源：作者自绘

① 李小云，杨培良，乐美棚．基于生活圈的欠发达地区乡村公共服务设施配置研究 [J]. 中外建筑，2021(12): 72–77.

② 赵万民，冯矛，李雅兰．村镇公共服务设施协同共享配置方法 [J]. 规划师，2017,33(03): 78–83.

2. 不同公共服务设施网络类型的社区生活圈规划要点

根据生活圈特征[①][②]划定"基本生活圈－拓展生活圈－高级生活圈"三级设施圈层，然后与三类乡村公共服务设施网络相对应，形成"三级三类"村镇社区生活圈，以此来协调配置区域公共服务要素（表 4-7，表 4-8）。

（1）基本生活圈

日常公共服务要素集聚的基本空间单元，通常是居民出行方式以步行为主，出行时距一般控制在 15 分钟之内所形成的村域空间范围。由于基本生活圈规模小且贴近日常生活，乡村居民具有高度相似的公共服务需求与时距偏好，城乡共享服务型、均衡网络服务型、传统结构服务型三类乡村都应满足居民在 15 分钟内享受到基础公共服务。基本生活圈旨在满足村民日常耕作、便利购物、休闲活动、幼儿教育、养老照料和社区基础医疗等日常生存生活型需求，主要配置居民日常频繁使用且服务半径较小的公共服务设施。基本生活圈是传统结构服务型乡村的重点空间，因为其经济基础与优质服务水平较低，同时面临着严峻的老龄化与空心化态势，应以完善村民日常服务设施的密度、可达性与质量为主要任务，促进城市与村民在日常生活场域的服务均等化，并以基本生活圈起到统筹村域、链接镇区与县城的空间功能。传统结构服务型乡村在基本生活圈营建中应充分利用多元社会主体拓宽公共服务设施建设渠道，并因地制宜、因人制宜地对农业耕作、老年活动、流动医疗等设施进行精细化配置。

（2）拓展生活圈

日常较高等级的公共服务要素集聚的过渡型空间，居民出行方式以车行和公共交通为主。由于三类乡村邻近县城的距离有所差异，交通路网、设施密度等要素不同程度地影响公共服务设施可达性，进而导致使用到这一圈层的公共服务设施所耗费的时间成本也不尽相同，总体上是城乡共享服务型控制在 10 分钟之内、均衡网络服务型控制在 20 分钟之内、传统结构服务型控制在 30 分钟之内。拓展生活圈主要以基础较好、交通便利、区位适中的重点镇区为依托，在一定地域范

① 朱查松，王德，马力．基于生活圈的城乡公共服务设施配置研究：以仙桃为例 [C]//. 中国城市规划学会：规划创新：2010 中国城市规划年会论文集，2010: 2813–2822.

② 罗静茹，周垒，周学红．"乡村生活圈"在县域乡村公共服务设施规划实践：以四川省西昌市为例 [C]//. 中国城市规划学会：活力城乡美好人居：2019 中国城市规划年会论文集（18 乡村规划），2019: 1695–1705.

围内将发挥集聚村域与镇区人口和服务的作用。旨在满足小学教育、集市贸易、医疗保健、金融电信、电商物流等需求，主要配置公共服务设施服务半径相对较大、兼顾满足本地与周边居民使用需求的服务设施。拓展生活圈是均衡网络服务型乡村公共服务配置的重点空间，在保证基础生活圈服务与设施配置的基础上，均衡网络服务型乡村凭借适中的人口密度、区位优势与产业规模建立起城乡双向联动的网络体系，起到承接县城与乡村双重地域的重要功能。

（3）高级生活圈

高等级公共服务要素集聚的区域性空间，居民通常跨越行政等级边界使用，出行方式以车行为主。城乡共享服务型乡村凭借区位优势更易就近获取完善的高等级优质服务资源，而传统结构服务型则需要付出最高的时空成本，总体上是城乡共享服务型控制在 20 分钟之内、均衡网络服务型控制在 40 分钟之内、传统结构服务型控制在 60 分钟之内形成的空间范围。高级生活圈旨在满足高水平教育、大型购物、品质医疗、优质文体、生产技术等高等级需求，主要配置居民需求频度较小、服务半径较大的公共服务设施。高级生活圈是城乡共享服务乡村的重点空间，虽然文化馆、综合医院、中学等具体服务设施主要在县城地域上建设，但是由于城乡共享服务型乡村与县城邻近，部分乡村本身甚至就能与高等级设施空间形成镶嵌、融合的分布格局，因此在丰富高级生活圈的设施内容与空间可达性方面更显优势。城乡共享服务乡村的高级生活圈在一定程度上与县城城市社区生活圈高度重合，应当充分借鉴城村共享的协同机制，尽可能结合城市布局安排设施，使区域之间的设施配置更为高效、良序且富有流动性。

表 4–7　“三级三类”村镇社区生活圈体系

村庄类型	生活圈层级	出行方式	出行时距	服务范围
城乡共享服务型	基本生活圈	步行	15 分钟	村域
	拓展生活圈	车行、公共交通	10 分钟	集镇
	高级生活圈	车行	20 分钟	县域
均衡网络服务型	基本生活圈	步行	15 分钟	村域
	拓展生活圈	车行、公共交通	20 分钟	集镇
	高级生活圈	车行	40 分钟	县域
传统结构服务型	基本生活圈	步行	15 分钟	村域
	拓展生活圈	车行、公共交通	30 分钟	集镇
	高级生活圈	车行	60 分钟	县域

表 4-8 村镇社区生活圈及公共服务设施配置

大类	中类	项目	基本生活圈	拓展生活圈	高级生活圈
生活服务设施	公共管理与服务设施	村民委员会、党群服务点等行政管理机构	●	○	○
		公安、法庭、治安管理机构	○	●	●
		建设、市场、土地等其他管理机构	○	○	●
	教育设施	幼儿园、托儿所	●	○	○
		小学	○	●	○
		初级中学	○	○	●
		高级中学、完全中学	○	○	●
	医疗卫生设施	卫生室	●	○	○
		卫生院	○	●	○
		药店与诊所	○	●	●
		专科医院、综合医院	○	○	●
	文化体育设施	文化活动室（站）	●	○	○
		健身场地（体育设施）	●	○	○
		文物、纪念、宗教类设施	○	○	○
		图书室	●	○	○
		体育公园	○	●	○
		体育馆	○	○	●
		文化馆、艺术馆等	○	○	●
	商业服务设施	综合修理、理发、劳动服务类设施	○	●	○
		邻里便利店	●	○	○
		综合购物超市	○	●	●
		社区物流驿站	●	○	○
		邮政寄发中心	○	●	●
		集贸市场、加工、收购点	○	●	●
		旅社、饭店、旅游类服务设施	○	●	●
		银行、信用社、保险机构	○	●	●
	社会保障设施	儿童保障服务设施	○	○	●
		社区互助点、日间照料中心	●	○	○
		养老院	○	●	●
		救助管理服务设施	○	○	●

续表

大类	中类	项目	基本生活圈	拓展生活圈	高级生活圈
	交通、市政公用设施	公共厕所、垃圾收运点、环卫类设施	●	●	●
		微型消防站	●	○	○
		消防站、防洪堤、防灾类设施	○	●	●
		停车场	○	○	●
		公交首末站	○	●	●
生产服务设施	农业综合服务设施	农田水利设施	○	○	○
		电力设施	●	●	●
		物流服务设施	○	●	●
		农业仓储设施	○	○	●
		产品检验与检疫设施	○	●	●
		就业和社会保障服务设施	○	●	●
		畜牧兽医服务设施	○	●	●
		科技服务与农业技术服务设施	○	●	●
		农资服务设施	○	○	●
	工业配套设施	仓储物流设施	○	○	○
		交通、市政公用设施	○	●	●
	信息服务设施	信息服务与展销	○	○	●
生态服务设施	生态环境综合治理设施	生态环境监测点	○	●	●
		生物监测站	○	●	●
		小游园	●	●	●
		中型公园	○	●	●
		综合郊野公园	○	○	●
	生态保育设施	水源地保护设施	○	●	●
		生态林地巡护站	○	○	●

注：●：必须（应该）配置；○：选择性（有条件）配置。
部分项目可在便民服务中心、邻里驿站中组合集中设置。

4.3　村镇社区服务设施的村域空间一体化规划

村镇社区服务设施的村域空间一体化规划技术主要立足于村域层级的空间规划范围，针对不同乡村空间类型，对公共服务设施布局的空间结构与配置体系进行系统性规划，主要包括两大内容：

首先，定性、定量识别村域空间形态的基底类型，初步划分为“集聚型”和“分散型”两大类，考虑到集聚型乡村社区空间的复杂性，结合空间要素特征与集聚型空间基底，进一步分为城郊混合型、合村并居型、传统集聚型三类，并分别归纳总结上述村镇社区的常见问题及特征。以此为依据，明确村镇社区公共服务设施的空间规划结构，以城 – 村 – 社多中心辐射式、村 – 社多中心一体式、村 – 社单中心串联式、村 – 社单中心离散式为主。

其次，对应不同村镇社区的空间基底特征与公共服务空间结构，拟定公共服务设施的空间配置要点，以期结合村庄社区空间发展特点提出更具适应性的规划策略（图 4-12）。

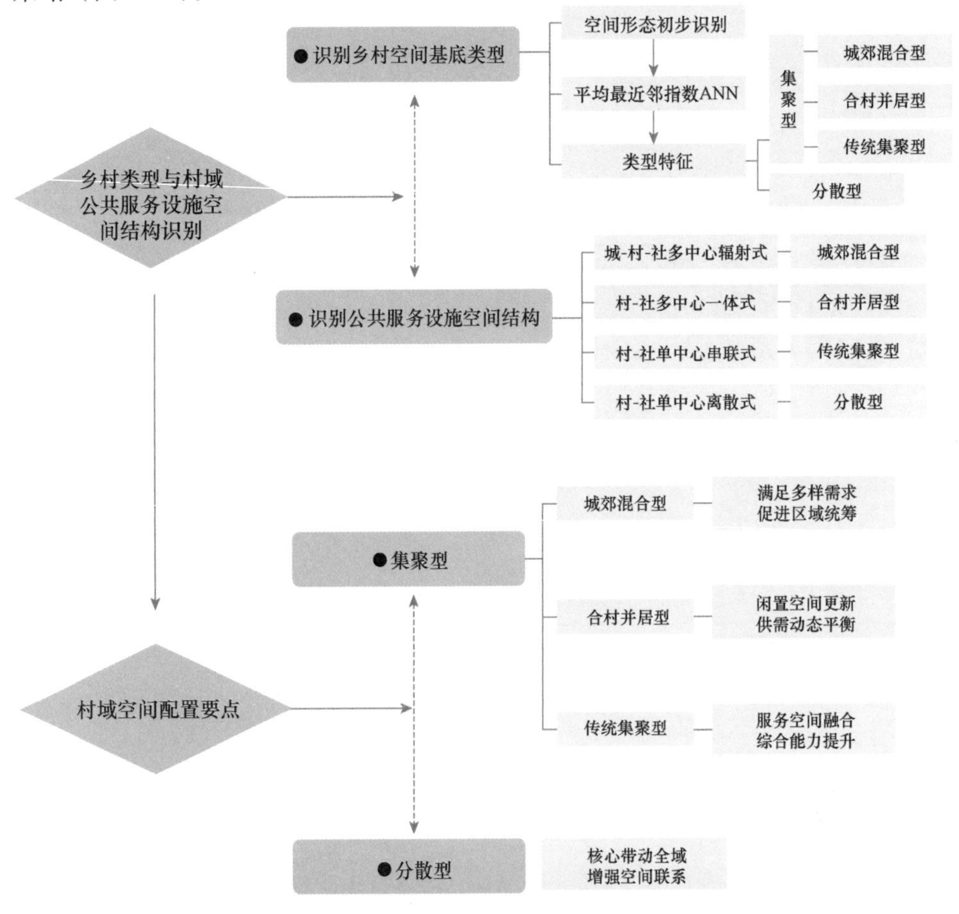

图 4-12　村镇社区公共服务设施的村域空间配置一体化规划技术路线

资料来源：作者自绘

4.3.1 村镇社区空间基底类型识别及设施空间结构布局

1. 村镇社区空间基底类型识别

空间是公共服务设施锚点与建设的物质载体，村镇社区空间基底主要是指村镇居住聚落的空间结构形态，受到自然地理、交通条件、经济水平、产业结构以及文化传统等多要素的共同影响。村镇社区的空间基底特征直接影响公共服务设施的空间布局，由于我国乡村社区地域分布广泛且环境差别明显，不同空间基底类型的公共服务设施空间结构存在较大差异，准确识别空间基底类型对于公共服务设施布局规划具有重要意义。

村镇社区的空间基底形态可结合定性与定量方式进行识别与检验。定性识别主要是结合经验和实地调查方法，通过分析村镇社区的影像及用地资料、现场空间感知信息，对社区聚落的空间距离、联系度、网络趋势进行定性评价，初步判断并进行集聚或分散两大类型的划分。定量识别是指利用计算模型分析空间数据结构，在既有研究中，通常选取平均最近邻指数 ANN[①]、最邻近距离法、地理探测器法[②]、变异系数 C_v 值[③]等量化分析方法来划分乡村聚落空间形态类型。综合考虑数据获取与识别工作的可操作性，可选用平均最近邻指数 ANN 对定性评价得到的乡村空间基底类型进行量化检验。平均最近邻指数是村域各居民点之间的平均观测距离与预期平均距离的比值（公式 1），在根据各村社居民点空间数据判断集聚点位、并获得各点位之间的交通联系的基础上，可调用 Arcgis 工具测算 ANN 值，若村镇社区空间的 ANN 值小于 1，空间数据表现的模式为集聚，则符合集聚型空间基底；若 ANN 值大于 1，空间数据表现的模式为离散，则符合分散型空间基底（表 4-9）。

$$ANN=\bar{D}_O / \bar{D}_E \quad (1)$$

式中：ANN 为平均最近邻指数，$\bar{D}_O$ 为平均观测距离，$\bar{D}_E$ 为预期平均距离。

① 吴益坤，罗静，罗名海，等 . 大都市区周边乡村聚落空间格局研究：以武汉市为例 [J]. 长江资源流域与环境 , 2022,31(01): 37–48.

② 杨忍 , 刘彦随 , 龙花楼 , 等 . 中国村庄空间分布特征及空间优化重组解析 [J]. 地理科学 , 2016,36(02): 170–179.

③ 邓平 , 王志城 . 基于 Voronoi 图的农村居民点空间分布特征研究 [J]. 地理空间信息 , 2015, 13(01): 125–127.

表 4-9　空间基底识别样本比较

名称	区位	地形	基本形态	产业结构	人口流动	空间基底初步识别	ANN检验	空间基底类型
永坪寨村	重庆市	山地	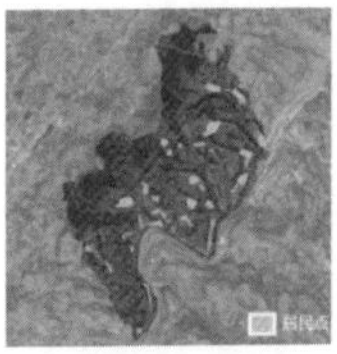 居民点	种植业+养殖业	人口流失	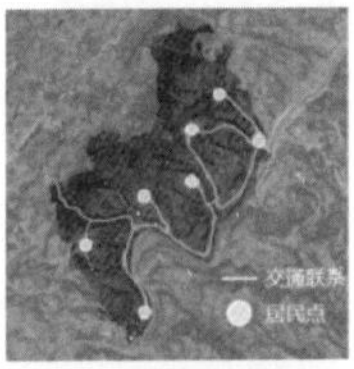 交通联系 居民点	ANN=1.23	分散型
甲居藏寨	甘孜藏族自治州	高原	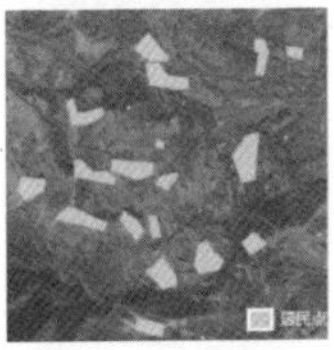 居民点	农业+旅游业	人口流失	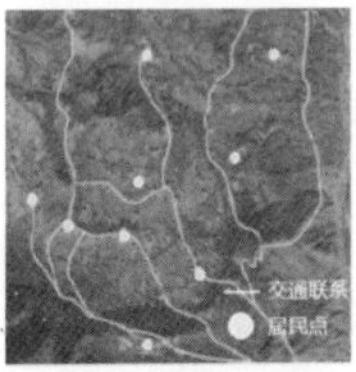 交通联系 居民点	ANN=1.1	分散型
大源村	广州市	平原	 居民点	工业+服务业	人口增加	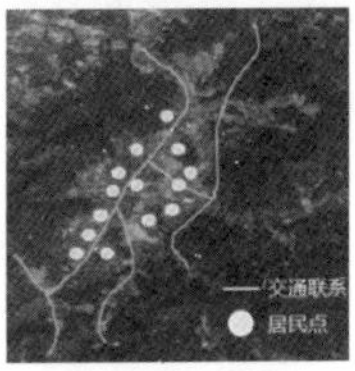 交通联系 居民点	ANN=0.41	集聚型
玉露寺村	德州市	平原	 居民点	种植业	人口流失	 交通联系 居民点	ANN=0.39	集聚型

（1）集聚型村镇社区的特征与问题

集聚型村镇社区多分布在平原、沿海等地形阻隔较小的区域，具有居民点聚落集中、服务设施空间集聚的显著特征。不同集聚类型的村镇社区存在不同的建筑空间布局特征和公共服务需求，需要在不同空间情景下因村施策。综合考虑社会、经济与空间环境特征等影响因素，总结归纳出国内目前常见的三类集聚型村镇村社区，主要包括城郊混合型、合村并居型以及传统集聚型（表 4-10）。

① 城郊混合型村镇社区

此类村镇社区在地理区位上与城市中心城区的距离更近、联系更密切，能够凭借交通与租金优势，吸引中心城区外溢的产业、人口等资源集聚，同时带动周边的小型村镇聚落呈现向心集聚的发展态势。一方面，城郊混合型村镇社区的社会人口较为复杂，存在大量第二、三产业等非农业人员，同时吸引了一定规模的外来流动人口，使公共服务设施需求更具多样性、圈层性，人口密度的增加与社群结构的分化对公共服务设施空间的便利性及品质性也提出更高要求。另一方面，由于不同类型产业的空间集聚，如电子商务、物流仓储、小型制造业和旅游服务业等业态，打破了传统乡村“三生”空间融合模式下的产业空间格局，产业服务设施空间更为现代化与公司化。此外，乡村建设用地与空间要素较为混杂，空间产权主体多元，形成半城半村、城村交织的空间形态，部分人口或产业集聚的社区聚落与城市社区的空间组织及管理逻辑有较高的相似性和重合度，也会出现现代产业空间与传统生活空间功能混合的局面。社区交通条件在中心城区的发展辐射下得到较大改善，道路与公交可达性较高，具备较好的与其他地区服务设施协同配置的基础潜力。

② 合村并居型村镇社区

此类村镇社区主要受到自然灾害、重大基础建设项目、乡村空心化及农村土地整理政策的影响，通常由若干个小规模的自然村合并、重组为一个集中社区。在社区空间模式上，可分为早期的集中上楼式多层楼房与近年来的别墅式田园社区，前者的公共服务设施主要结合建筑底商服务空间布局，后者的公共服务设施通常以小型的多功能单体建筑来组织，社区的绿化、体育与社区管理等服务设施和资源更为丰富。虽然两类集中社区在建筑空间与服务设施的环境布局上有些许差异，但总体上都是因循城市小区的发展逻辑，集中社区的设施条件与服务水平均普遍高于原村庄，但也广泛存在乡村生产、生活方式被动城市化造成的问题。

一方面，集中社区的服务设施配置主要集中于生活服务设施，对生产、生态服务设施的关注不足，居住空间的规模化集聚通常伴随着农业用地的集约化与园区化经营，使村民原来的生产活动距离被拉长；另一方面，集中社区的居民一般来自不同地方或不同村庄，新社区居民从原人际关系中脱嵌，乡土熟人社会关系被削弱为半熟人社会。人群密度在空间上被加强，但社会资本潜力却难以被激活，现代服务物业管理模式也会增加村民使用日常服务的成本与抑制发展意愿，加剧乡村公共服务设施的可持续管理与调节机制不健全等问题。此外，集中社区内部的交通流线往往组织得较为清晰、便利，外部交通条件的路网与公交可达性因社区规模而异，与其他村镇、城市服务设施的联系程度比较一般。

③ 传统集聚型村镇社区

此类村镇社区多是受宗族血缘关系与自然地理影响，由若干个家庭长期生活集聚而成的，社会关系较为稳固。相较于前两种集聚型社区，传统集聚型村镇社区以居民自发建设的传统农居和现代农居为主，空间尺度与规模较小。传统的公共服务设施空间与日常生产、生活空间往往较为邻近，并互相交融形成乡村社区有机体，设施主要为本村居民服务，自下而上形成的生活性支路与居民点聚落的联系较为密切，内部服务可达性较好。目前，少量自然景观和人文资源较好的乡村能够借助乡村旅游发展机遇改善公共服务设施，但不合适的新建服务空间可能会对传统空间造成一定程度的挤压甚至破坏。除此之外，大量乡村社区面临着服务空间闲置、社会自治服务能力变弱等问题，加上本地人口向外持续流失，导致公共服务设施配置的数量、类型较为单一，服务空间需求也日益萎缩。

表 4-10　集聚型村镇社区现状特征与问题归纳

集聚类型	产业特征	社区特征	交通特征	主要问题
城郊混合型	产业多元发展，第二、三产业为主要动力	人群结构复杂，户籍与职业分化明显；社区空间较为混杂，半城半村、城村交织	邻近中心城区，具有交通便捷、物流通达的区位优势	公共服务设施空间布局存在要素复杂化、难以有序及协同管理等问题
合村并居型	以现代园区与传统农业为主，少数乡村发展旅游服务业与小规模工业	服务对象为搬迁安置的本地或异地农村居民；社区空间主要包括集中上楼式多层楼房与别墅式田园社区	内部交通清晰、便利，但外部路网与公交可达性一般，生产活动的交通距离较长	公共服务设施空间布局存在被动城市化、脱离实际需求、难以持续运营等问题
传统集聚型	以传统农业为主，少数乡村具备旅游服务业发展优势	社区人群结构较为稳定，主要是自发建设的传统农居和现代农居，空间有机性较强	原始交通系统承载量有限，内部生活性支路的可达性较好	公共服务设施空间布局存在需求萎缩、空间闲置、新旧空间冲突等问题

（2）分散型村镇社区的特征与问题

此类村镇社区多分布在山地、高原等地形阻隔较大的区域，村域“三生”空间较为碎片化。生活空间呈小家户自由分布的空间态势，局部社区居民点沿对外交通干道集中，主要与小农经济下的生产力以及生产、生活方式相匹配。低密度、低道路通达性的交通条件与破碎度高、敏感性强的山地用地条件较难满足乡村产业转型条件，如空间选址、综合园区与交通基础等，使之难以形成规模化、网络化、跨地域化的产业集群，也较难提高村内就业水平与经济收益，进而加剧人口流失问题与制约服务设施建设水平。为了保障公共服务设施的空间配置效率，服务设施多集中在村委会进行一体化布置，但全域的空间可达性与均等性较弱，也与村民的日常生活行为有所脱离，导致公共服务设施使用频率与活力较低，服务设施配置的规模效率与社会效应之间的冲突异常显性（表 4-11）。

表 4-11　分散型村镇社区现状特征与问题归纳

产业特征	社区特征	交通特征	主要问题
产业结构单一，以传统农业为主，产业要素集约化发展难度大	居民点呈小家户 – 离散式分布，以自建民房为主，“三生”空间碎片化	由于地形阻隔，村内道路密度与连通性不强	公共服务设施可达性与均等性较弱，生活、生产服务设施配置效率受限

2. 村镇社区公共服务设施空间结构类型识别

在集聚与分散型村镇社区空间基底基础上，综合考虑社区设施中心及节点的数量、等级与联系，交通、产业及空间等要素流的作用机制，总结出以下较为合理的公共服务设施空间结构（表 4-12）。

（1）城郊混合型村镇社区——城 – 村 – 社多中心辐射式

城郊混合型村镇社区由于总体服务人口规模较大，通常设有独立建设的行政管理服务中心。根据社区空间范围与设施空间服务半径的规划要求，能够形成 1 处及以上的社区综合服务中心及若干节点。同时该类社区与中心城区或周边县镇保持着良好的交通空间联系，容易享受到外部服务设施中心的辐射作用，可以通过调节设施空间选址与完善公交可达性等方式，结合本地与周边的服务设施中心打造多中心协同的空间结构，实现区域资源共享和互动，提供城村共享、层次丰富、种类多样的公共服务体系。

（2）合村并居型村镇社区——村 – 社多中心一体式

合村并居型村镇社区因为主要采用的是类城市化的社区空间与服务设施组织模式，在社区自身层面会形成社区综合服务中心，通常提供小型超市、快递、棋牌交往、幼儿园等日常生活服务，在社区中心或临街空间等活力空间进行设施一体化布局。除了形成大规模的集中社区之外，一些乡村会在不同地段布置几处小规模的集中社区组团，自然形成多中心空间格局。同时，农村基层行政治理功能要求必须配置村级公共管理服务中心，它与社区服务中心在服务功能上各有侧重点，两者具有一定的独立性，同时在空间上呈现多元联系，主要包括邻近、居中以及远离等。

（3）传统集聚型村镇社区——村 – 社单中心串联式

传统集聚型村镇社区的各类空间联系比较集中，社区居民点与乡村公共管理服务设施多是围绕村庄广场、祠堂等重要公共空间布局的，作为一个有机融合的空间整体，两者共同形成多功能服务中心。同时，在社区不同空间环境分布小型的体育健身设施、历史文化设施、景观服务设施等服务节点，中心与节点、节点与节点之间的空间距离较近，在较好的建筑与交通“串联”条件下，服务互动较为频繁。

（4）分散型村镇社区——村 – 社单中心离散式

在用地零散性且道路通达性较弱的基础环境约束下，为了保证服务设施的空间配置效率，分散型村镇社区通常仅在村民委员会及附近居民点形成村社合一的服务中心，在各个村社与小户居民点周边形成日常社区服务节点。但是中心与节点、节点与节点之间的空间距离较远，整体呈各点离散式服务状态，可以通过完善慢行交通与可视化全域设施空间信息等方式优化设施空间联系，能够在一定程度平衡空间可达性与规模门槛的冲突。

表 4–12　不同类型村镇社区公共服务设施空间结构

空间基底类型		公共服务空间结构	重要公共服务空间	空间图示
集聚型	① 城郊混合型	城 – 村 – 社多中心辐射式	村民委员会、城市及县镇服务中心、社区综合服务空间	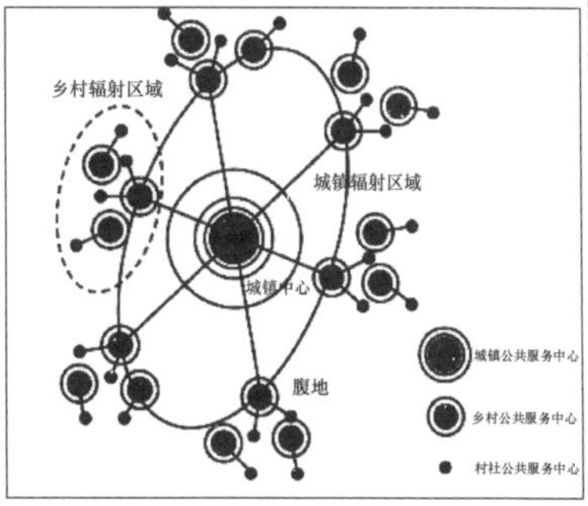 乡村辐射区域 城镇辐射区域 城镇中心 腹地 城镇公共服务中心 乡村公共服务中心 村社公共服务中心
	② 合村并居型	村 – 社多中心一体式	村民委员会、集中社区公共活力空间	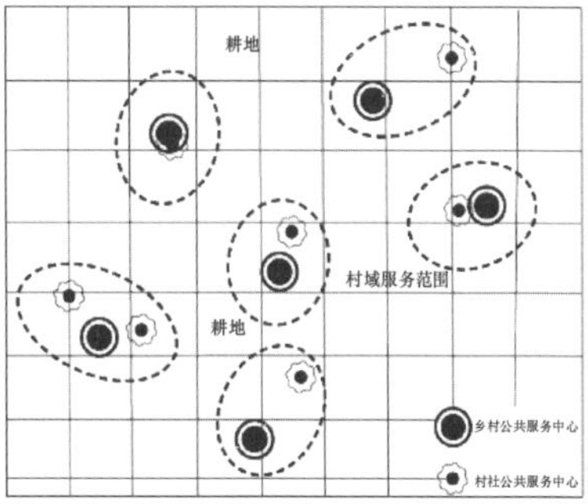 耕地 村域服务范围 耕地 乡村公共服务中心 村社公共服务中心
	③ 传统集聚型	村 – 社单中心串联式	村民委员会及附近居民点	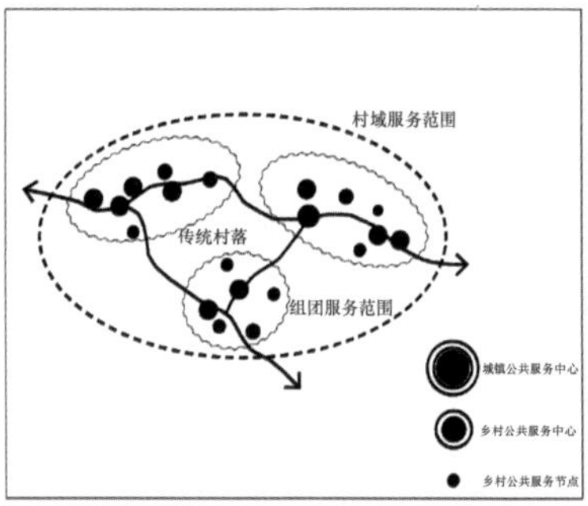 村域服务范围 传统村落 组团服务范围 城镇公共服务中心 乡村公共服务中心 乡村公共服务节点
分散型		村 – 社单中心离散式	村民委员会及各村社服务节点	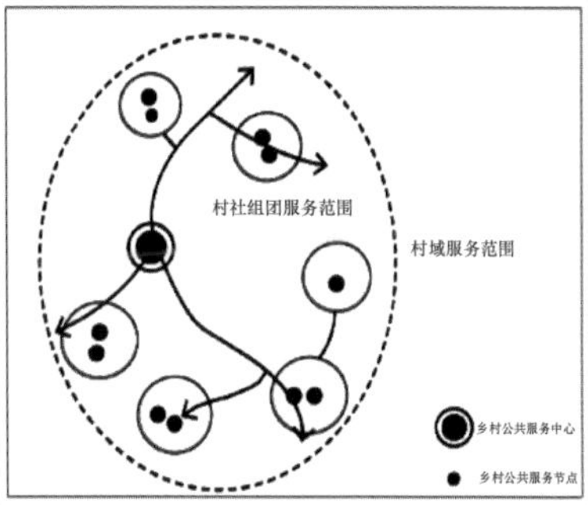 村社组团服务范围 村域服务范围 乡村公共服务中心 乡村公共服务节点

4.3.2 集聚型村域空间的服务设施配置要点

根据村镇社区服务设施分级分类与配置标准，对集聚型、分散型村域空间的生活服务设施、生产服务设施、生态服务设施明确空间配置要点。

1. 城郊混合型村镇社区

城郊混合型村镇社区的公共服务设施要素较为丰富，应充分借助区位、交通与产业优势，建立城镇乡区域统筹、线下线上服务统筹的空间配置体系，满足不同社群多样化的服务设施需求（表 4-13）。

（1）生活服务设施配置要点

提高设施服务覆盖率，建立社区－乡村－县城的网络体系，对服务设施进行多中心空间布局。

① 公共管理与服务设施：本地村委会负责基层行政服务功能，其他服务功能可与附近的城市或城镇级别设施共享服务。

② 教育设施：打造多层次的教育设施供应体系，幼儿园应根据社区人口规模和服务半径进行多点布置，其他教育设施可被纳入县城与乡镇教育设施规划进行统筹配置，同时建议结合文化设施与乡创中心、活动中心为中青年提供通识教育服务，结合村委会老年活动中心为老年群体提供终身教育服务。

③ 医疗卫生设施：打造多圈层的医疗卫生设施空间体系，包括公益与市场两类医疗设施，以综合社区医院为中心，以私人诊所、社区药店等便民设施为节点，并且充分统筹与调动县城优质医疗资源进行流动式诊治服务。

④ 文化体育设施：根据社区空间规模进行均衡配置，宜结合公园、广场等公共开放空间布局，并通过城市绿道、慢行步道形成区域文体网络。

⑤ 商业服务设施：依据市场规律布局商业服务设施，提供日常购物、综合商业等不同层次的服务。

⑥ 社会保障设施：公益性社会保障设施可结合医疗卫生设施、公共管理设施布局，同时还可积极引入市场化的养老服务、托幼服务设施，后者对景观环境、服务品质的要求更高。

⑦ 交通、市政公用设施：交通、市政公用设施宜与城市基础设施规划相协

调，公共厕所、垃圾收运点、环卫类设施应布局在社区居民点附近。

（2）生产服务设施配置要点

应在完善农业综合服务设施的基础上，重视与优化第二、三产业服务设施的空间布局，尤其是物流、仓储等产业基础设施以及电商、直播等新兴产业服务设施，以此拓展乡村产业资源销售渠道与方式，引领乡村产业数字化转型。

（3）生态服务设施配置要点

应将水体、森林等生态空间纳入区域生态保护体系，统筹布局生态保育设施与生态环境综合治理设施，社区居民点也应完善绿色人居治理设施。

表 4-13 城郊混合型乡村公共服务设施配置要点

空间基底类型	城郊混合型	
1. 服务设施配置原则	满足多样需求，促进区域统筹	
2. 服务设施组织方式	● 生活服务设施	多中心布局，多层次体系
	● 生产服务设施	重视与优化第二、三产业服务设施
	● 生态服务设施	统筹区域生态保护体系

2. 合村并居型村镇社区

合村并居型村镇社区的服务设施数量与类型较为完善，空间集中度较高，但存在村域其他非集中社区居民使用服务设施较为不便，即空间均等性较差的问题。同时，由于乡村公共服务设施主要依赖于基层财政投资，有限的经济水平难以支撑设施的可持续运营与维护，加上普遍的劳动力流失与人口老龄化态势，共同催生出较为突出的服务设施挂牌与闲置现象，因此该类社区公共服务设施配置的关键是通过动态平衡服务设施的供需关系来激活存量设施的服务效率（表 4-14）。

（1）生活服务设施配置要点

生活服务设施是供需关系失调问题最为严重的设施类型，可先进行供需均衡视角下的生活服务设施使用评价，在此基础上，以存量更新为主要思路，优化现有服务设施与适度新增服务设施。

① 公共管理与服务设施：优先在原址空间基础上对存量空间进行改、扩建，

并通过升级服务内容提高数字化与现代化治理水平。

② 教育设施：合村并居型的人口规模较为集中，应相应配置社区幼儿园。其他教育设施可依赖乡镇与县城的辐射服务，在必要情况下酌情配置。

③ 医疗卫生设施：宜根据社区人口与需求变化改建医疗卫生设施，在村域范围内主要满足日常医治需求，一般可布局在村委会或集中社区的公共服务中心。

④ 文化体育设施：主要在集中社区内部或周边布置体育健身设施与休闲娱乐设施，村史馆、图书室等正式文化设施可在村委会布置，并且建立开放共享制度，提高服务设施的使用效率。

⑤ 商业服务设施：主要布局在集中社区活力较强的公共空间，包括建筑底商、广场与道路交叉口附近，邮政、快递、物流配送网点应落点于交通枢纽或实现上门服务，旅社、饭店、便民超市、药店等设施根据村域资源和市场条件自由落点。

⑥ 社会保障设施：可邻近医疗卫生设施配置、促进医养结合，还可布局在村委会或集中社区的公共服务中心，增强社会保障设施的养老、托幼等功能。

⑦ 交通、市政公用设施：宜主要布局在集中社区附近，其中防洪堤等防灾类设施则应根据灾害情况进行适地性配置。

（2）生产服务设施配置要点

此类社区多数采用综合农业园区或小型家庭农场的规模化经营方式，农业生产空间经过用地整合后呈现较强的系统性，可在大、中型生产空间附近集中布局生产服务设施。就业和社会保障服务设施可主要结合村委会或集中社区布局，仓储物流设施应与大型农业生产空间建立便捷的空间联系。

（3）生态服务设施配置要点

由于此类社区居民的生产、生活方式在空间范围上收束性与集聚性较强，其生态服务设施的配置需要考虑人居集中建设活动对自然环境的影响，应在集中社区配置绿色人居治理设施与生态环境综合治理设施，如人工用水循环系统、生活垃圾回收处理设施等，其他生态服务设施应根据村庄生态保育情况进行针对性选址。

表 4-14　合村并居型乡村公共服务设施配置要点

空间基底类型	合村并居型	
1. 服务设施配置原则	闲置空间更新，供需动态平衡	
2. 服务设施组织方式	● 生活服务设施	以存量更新为主要思路，结合供需关系优化服务体系
	● 生产服务设施	主要布局在大、中型农业生产空间
	● 生态服务设施	综合考虑集中社区活动与自然生态空间的生态服务治理功能

3. 传统集聚型村镇社区

传统集聚型村镇社区的公共服务设施布局应努力实现乡村公共服务与公共生活的功能交汇，使服务设施空间布局与生活 – 服务空间的有机交融状态相适应，部分发展传统乡村旅游的社区还应提高综合服务能力，并重视化解传统与现代、开发与保护等空间冲突（表 4-15）。

（1）生活服务设施配置要点

一方面，应整合既有服务空间与社会资本，挖掘现有生活设施的服务潜力，增强设施配置效率；另一方面，对于部分具备人文旅游发展优势的传统集聚型社区，在服务对象上应兼顾本村人口与外地游客，也应对全域的人文与景观服务资源进行一体化布局。

① 公共管理与服务设施：可对现有村级公共管理与服务设施进行功能改造，还可在重要的旅游服务空间，如村口景观处、关键景观空间等地段增设综合管理设施。

② 教育设施：主要配置社区幼儿园，其他教育设施宜与乡镇或县城协同配置。

③ 医疗卫生设施：可与村民委员会合设，宜根据医疗条件与需求变化升级现有医疗卫生设施，在重要的旅游服务空间还可增设小型医疗点与流动医疗驿站。

④ 文化体育设施：主要在社区公共开放空间布置体育健身设施与休闲娱乐设施，文物保护服务设施宜在各村历史文物保护体系下统一部署。

⑤ 商业服务设施：结合游客量评估，积极完善餐饮、住宿、购物、体验等

商业服务设施，主要布局在人群活力较强的日常公共空间与旅游景观空间。

⑥ 社会保障设施：可邻近村委会、医疗卫生设施或社区公共活动中心布局，充分调动传统集聚乡村的人际关系网络与社会互惠资本优势，在熟人关系的基础上发展社区互助养老。

⑦ 交通、市政公用设施：综合社区服务与旅游服务功能的基础设施空间网络宜布局在交通便捷处，其中防洪堤、防灾类设施则应根据灾害情况进行适地性配置。

（2）生产服务设施配置要点

与合村并居型社区相似，可在大、中型生产空间附近集中化布局生产服务设施，仓储、物流等工业配套设施应与大型农业生产空间建立便捷的空间联系。

（3）生态服务设施配置要点

与合村并居型社区相似，应在社区居民点配置相关绿色人居治理设施与生态环境综合治理设施，其他生态服务设施应根据村庄生态保育情况进行合理选址与建设。

表 4–15　传统集聚型乡村公共服务设施配置要点

空间基底类型	传统集聚型	
1. 服务设施配置原则	服务空间有机融合，提高综合服务能力	
2. 服务设施组织方式	● 生活服务设施	在更新现有服务设施的基础上，在关键旅游空间增设旅游服务设施，兼顾为本村人口与外地游客服务
	● 生产服务设施	主要布局在大、中型农业生产空间
	● 生态服务设施	综合考虑集中社区活动与自然生态空间的生态服务治理功能

4.3.3　分散型村域空间的服务设施配置要点

分散型村域空间的服务设施配置原则主要是尊重乡村“三生”空间现状格局，重点打造服务设施中心，以极核效应带动全域服务设施升级。通过增强各类服务设施节点的空间联系，使各类服务设施功能单元既满足基本的规模效率要求，又能在合适的空间环境中共同发挥作用（表 4-16）。

（1）生活服务设施配置要点

乡村社区聚落分散布局、缺乏中心，可以村委会及相邻居民点为空间主体集中化配置公共管理服务设施、教育设施、医疗卫生设施、社会保障设施，可结合规模较大的村社居民点分散化布局文化体育设施、商业服务设施、交通及市政公用设施。

① 公共管理服务设施：以村委会为核心整合村域服务设施，采用改建、扩建的空间更新方式完善村委会的服务功能，打造复合共享的服务综合体。

② 教育设施：结合本村儿童规模配置幼儿园，其他教育设施可结合多个乡村、乡镇合并设置。分散型乡村的幼儿园可邻近公共管理服务中心布局，以此依托其他设施如乡村警务室、医务室的社会服务支持能力。

③ 医疗卫生设施：因为服务人口有限、规模较小，乡村医务室在空间上可与村委会合设。考虑老年人出行不便与就医可达性较差的难题，可在较大规模的居民点附近设置乡村医生流动服务站，同时提供全面管理的“签约医生”，充分发挥乡村医生的特点，创新农村医疗卫生多样化的服务模式。

④ 文化体育设施：文化活动站、图书室宜与村委会合设，体育设施、健身场地则分散布局于各村社居民点，方便人群日常使用，而文物、纪念、宗教类设施则在现状空间的基础上根据发展需求进行适当改、扩建。

⑤ 商业服务设施：在人流量与交通量较为集中的居民点附近设置小型便民驿站、便民超市等商业服务，同时满足快递寄存、邻里聊天等活动需求。

⑥ 社会保障设施：在村委会附近建设养老服务站、居村儿童之家等社会保障设施，提供日间照料与养育托管服务。

⑦ 交通及市政公用设施：车站、停车场、生活性交通设施宜落点于主要道路附近与交通枢纽处，防洪堤、防灾类设施则应根据灾害情况进行适地性配置，公共厕所、垃圾收运点、环卫类设施宜落点于各村社居民点附近的交通便捷处。

（2）生产服务设施配置要点

因地制宜结合传统农业生产空间与现代农业园区空间布局农业综合服务设施，就业和社会保障服务设施可主要结合村委会或商业空间布局。少量的工业配套设施则应根据乡村用地情况与发展政策进行科学的空间选址，满足物流运输、集约发展等要求。

（3）生态服务设施配置要点

分散型乡村社区的生态敏感性较为突出，应基于地形地貌、用地属性、植被河流等要素选址，并进行生态空间适宜性与生态空间协调性评价，然后筛选出重点的生态空间单元并配置生态服务设施。

表 4–16　分散型乡村公共服务设施配置要点

空间基底类型	分散型	
1. 服务设施配置原则	核心带动全域、增强空间联系	
2. 服务设施组织方式	● 生活服务设施	以村委会及相邻居民点为空间主体，以较大规模的居民点为节点
	● 生产服务设施	主要邻近农业生产空间布局
	● 生态服务设施	基于生态空间敏感性与重点生态空间单元配置设施

4.4 村镇社区服务设施的社区场景一体化设计

公共服务场景能够系统性组织各类公共服务空间要素、明确重点公共服务项目与建设方式，可以作为在微观社区建设层面创新乡村公共服务设施规划的重要抓手。在场景一体化设计中，首先基于人本视角和发展目标识别推导出场景谱系，然后以在地性与实用性为原则，制定关键的场景设计导则与设计示范项目，从而指引村镇社区开展服务设施场景设计一体化工作。

4.4.1 服务设施场景谱系与设计要点

传统城乡公共服务设施规划的重点往往在于设施规模指标的测算与分配，对公共服务设施的空间要素组织普遍考虑不足，同时规划内容形式较为单一，通常以“条文”和“清单”为主，往往不能充分指引公共服务设施的空间建设布局。此外，对于呈现显著空间异质性的村镇社区空间系统而言，简单指标导向下的公共服务设施配置容易脱离地域实际生产生活场景，造成社区居民的时空规律和真实需求与公共服务设施的空间布局相错位，也缺乏通过引入、整合设施项目来构建关键服务场景的布局方案，进而导致产生村镇社区公共服务设施资源的低效利用与重复建设等问题。针对上述问题，在对区域尺度的公共服务设施网络与村域尺度的公共服务空间结构进行识别与优化之后，需要在服务设施规划的“末端”——即微观的社区尺度上具体安排与设施建设紧密相关的空间要素与功能组织。因此本书引入“场景一体化”的营建方式，分别从“生产”“生活”“生态”空间的使用需求出发构建具体场景，基于在地性与实用性的原则形成多元化、差异化、精细化的公共服务设施空间场景图谱体系，以此指导相应的公共服务设施的空间选址、布局与建设（图 4-13）。

近年来在全国各地的服务设施规划与社区空间规划中，空间场景化的营建方式正被广泛探索和实践。成都在乡村生活圈场景实践中提出“1+8+S（scene）”的服务体系，1 个乡村社区生活圈在 8 项基本公共服务配套的基础上，因地制宜根据场景营造目标进行设施选配，具体包括扶老携幼、共建共享的服务场景，生活富裕、多业融合的产业场景，青山绿水、美田弥望的生态场景，蜀风雅韵、茂林修竹的空间场景，天府农耕、勤劳尚美的文化场景，社集联动、村民自治的共治场景，智慧生产、智能互联的智慧场景；浙江在未来社区实践中，结合未来社

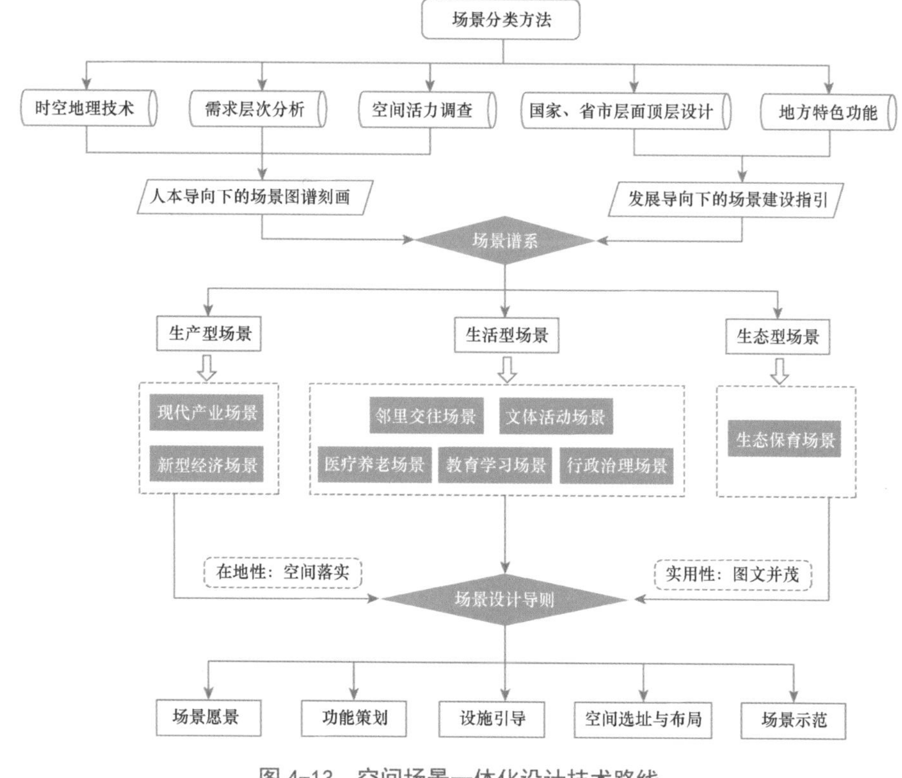

图 4-13　空间场景一体化设计技术路线

资料来源：作者自绘

区的全生活链图景与全功能体系架构，形成了未来社区“9+X”场景系统，包括邻里、教育、健康、创业、建筑、交通、低碳、服务、治理场景；上海在正式颁布的《上海乡村社区生活圈导则（试行）》中，基于生产、生活、生态、治理的策略引导，构建了八类乡村社区特色场景，包括睦邻友好场景、健康养老场景、自然生态场景、创新生产场景、未来创业场景、艺术文创场景、旅游休闲场景、智慧治理场景；嘉兴在《嘉兴市全域乡村生活圈建设导则》中提出将积极构建包括产业、风貌、文化、邻里、健康、低碳、交通、智慧和治理在内的九大场景（表4-17）。

表 4–17　各地社区服务场景建设要求

标准和导则	策略与方法	场景分类	场景内容
成都3.0版本的乡村生活圈场景（成都市商务局，2021年）	“1+8+S（scene）”按需配置菜单式的配置模式，即1个乡村社区生活圈、8项基本公共服务配套基础，“S”就是因根据场景营造目标进行设施选配	扶老携幼、共建共享的服务场景；生活富裕、多业融合的产业场景；青山绿水、美田弥望的生态场景；蜀风雅韵、茂林修竹的空间场景；天府农耕、勤劳尚美的文化场景；社集联动、村民自治的共治场景；智慧生产、智能互联的智慧场景	包括场景的活动功能、发展机制、建设项目与设计指引等内容
《未来社区——浙江理论与实践探索》（浙江省发展和改革委员会、浙江省发展规划研究院编，2021年9月）	以全局性视角审视社区发展，围绕多样化人群需求和特征、立足不同要素的协同性和在地性构建场景，推动实现现实与虚拟场景的有机结合	“9+X”场景系统：“远亲不如近邻”的未来邻里场景；“终身学习”的未来教育场景；“全民康养”的未来健康场景；“大众创新”的未来创业场景；“艺术与风貌交融”的未来建筑场景；“5、10、30分钟出行圈”的未来交通场景；“近零”的未来低碳场景；“优质生活零距离”的未来服务场景；“党委统领、政府导治、居民自治、平台智治”的未来治理场景	在公共场域空间、内容组织生态、配套机制设计和技术模式创新四个方面构建场景体系
《上海乡村社区生活圈规划导则（试行）》（上海市规划和自然资源局，2021年12月）	按照生产、生活、生态、治理的策略引导，因地制宜、应对未来趋势，按照不同特色主题功能，打造特色鲜明、丰富多彩的乡村社区场景	八大场景：睦邻友好场景、健康养老场景、自然生态场景、创新生产场景、未来创业场景、艺术文创场景、旅游休闲场景、智慧治理场景	包括场景的建设目标、适用对象、功能与设施引导四个方面

续表

标准和导则	策略与方法	场景分类	场景内容
《嘉兴市全域乡村生活圈建设导则》（嘉兴市农业农村局、嘉兴市城乡风貌整治提升工作专班办公室，2022 年 6 月）	场景分级分类：划分重点建设与一般建设场景；探索特色场景：结合自身特色重点建设，体现个性化内容，树立乡村独有品牌；侧重各有不同：市级和省级未来乡村侧重各不同	九大场景：产业、风貌、文化、邻里、健康、低碳、交通、智慧和治理	包括场景的基本要求、指标体系、建设指引与场景导向四个方面

结合场景理论与场景实践，服务设施的空间场景化营造技术主要是在规模适宜的社区范围内，将日常生产、生活、生态服务中涉及的物理建成环境、服务设施载体等空间要素重组为联系紧密的有机体，并与行为需求、文化习俗、生活习惯等非空间要素互动、调节，重要的公共服务设施节点与村镇社区聚落形态、乡土文化叠合，营造出各具特色的村镇社区“场景”，从而形成既能彰显地方文化价值又能链接不同功能需求的服务空间场域。通过提供场景服务的愿景、功能、设施、建设与相关示范等内容，在一定程度上能有效避免传统服务设施规划造成的功能单一、活力匮乏等问题，让“遥远、冰冷”的指标数据转化“日常、明晰”的实体场所，切实提高村民在日常可及的公共服务设施使用中的参与度、幸福感和便利性。

1. 村镇社区公共服务设施场景分类

村镇社区公共服务设施场景的基本分类应从生产、生活、生态空间的服务需求出发，可相应分为生产空间场景、生活空间场景以及生态空间场景三大类型。村镇社区作为农牧产品、粮食与加工业的重要供给源，与现代农业相关的生产功能是乡村最为基本的功能类型，与之相关的生产型服务场景可以助力提升乡村产业经济水平与提高劳动生产效率；同时，农村地区广袤优良的自然环境对于生态环境保护高度敏感，生态型服务场景可以起到维育生态格局、创造自然宜居生活环境的作用，同时还可以提供亲近自然的生态研学与休闲体验服务活动。生活型公共服务设施则是村镇社区居民日常生活必不可少的关键服务设施载体，也是服务场景规划的核心内容。

在三大公共服务设施空间场景分类的基础上，一方面，借助时空地理技术、需求层次分析、空间活力调查等方法，分析公共服务设施的使用效率、空间活力以及村镇居民日常生活的时空活动轨迹等内容，进一步归纳出不同村镇社区的公共服务需求类型与服务层级，在人本导向下进行场景图谱刻画，丰富与完善满足村镇居民实际生产需求和生活期望的公共服务场景类型。另一方面，结合国家、省市等不同层级政府提出的顶层设计及地方发展诉求，充分考虑数字经济、物联网与交通网、特色文化等要素对于村镇社区公共服务空间场景的影响，完善发展导向下的场景建设指引。结合实地调研、案例经验与规划示范项目的技术实践，本书在生活型、生产型、生态型服务场景的分类基础上，将场景细分至 8 类基础性场景与 5 类拓展性场景（表 4-17），并围绕基础性场景进行设计导则与示范工作（图 4-14）。

（1）生活型服务场景

基础性场景 5 类：互惠融洽的邻里交往场景、喜闻乐见的文体活动场景、惠民互助的医疗养老场景、高效智治的行政治理场景、共享多元的教育学习场景。

拓展性场景 3 类：交通出行场景、儿童照管场景、便民商业场景。

（2）生产型服务场景

基础性场景 2 类：多产融合的现代产业场景、数字互联的新型经济场景。

拓展性场景 1 类：乡村创业场景。

（3）生态型服务场景

基础性场景 1 类：生境修复的生态保育场景。

拓展性场景 1 类：人居整治场景。

表 4–18　村镇社区服务设施场景分类

	基础性场景	拓展性场景
生活型服务场景	●互惠融洽的邻里交往场景	● 交通出行场景
	● 喜闻乐见的文体活动场景	● 儿童照管场景
	● 惠民互助的医疗养老场景	● 便民商业场景
	● 高效智治的行政治理场景	
	● 共享多元的教育学习场景	

续表

	基础性场景	拓展性场景
生产型服务场景	● 多产融合的现代产业场景	● 乡村创业场景
	● 数字互联的新型经济场景	
生态型服务场景	● 生境修复的生态保育场景	● 人居整治场景

值得注意的是，公共服务设施空间场景并非恒定不变的，生产、生活、生态服务场景之间本就呈现高度交融、互动的状态，细分的场景类型、规模及功能也应随村镇社区发展的动态演变而调整，进而提高公共服务设施空间场景的结构韧性。考虑到未来乡村产业、社会需求、文化保护等方面的发展趋势，各地可因地制宜地补充拓展性场景，拓展性场景的配置内容及方式可参考基础性场景进行完善。

图 4-14　生产、生活、生态服务场景分类图谱

资料来源：作者自绘

2. 场景设计要点

（1）生产型服务场景

生产型服务场景是村镇社区发展的动力源，在完善农业生产设施建设的基础上，可依托大数据、云计算、生物、环保等先进技术提供就业创业服务和配

套设施，冲破乡村地域限制、升级产业结构与助力产业发展。生产型服务场景应以“产村融合、要素集聚”为空间布局原则，可考虑适当集聚各类优势生产要素以形成重要服务空间，如自然条件优越的生产种植区，要邻近对外交通便捷的交通干道的生产与运输中心等。同时，可根据乡村不同的聚落形式与经济结构，提出产业园区集聚式、家庭农场分散式、现代小农自由式的生产型服务场景组织模式。产业园区集聚式的场景空间占地较为独立，规模较大，时空组织较为固定；家庭农场分散式的场景空间规模相对适中，时空组织具有一定弹性；现代小农自由式的场景空间规模较小，分布较为零散，时空组织较为灵活。

（2）生活型服务场景

生活型服务场景是村民日常使用与设施布局的核心，是重新联系乡村日常生活与公共服务的关键内容。生活型公共服务设施空间场景设计应关注与追求“以村民需求”为导向的设计，在公共服务设施规划的全生命周期中，综合时空活动、社会网络、使用意愿、绩效反馈等主、客观指标来衡量不同层次的需求，调节不同类型、等级、规模的公共服务设施的比例组合和空间安排。同时，以精细规划为抓手，建立供需耦合、刚弹结合、时空转换的服务设施定制模块，提高不同地域、不同阶段的乡村公共服务设施规划的动态性、灵活性与适应性。

（3）生态型服务场景

生态型服务场景是保护乡村生态本底、管理乡村自然资源资产与推动自然环境可持续发展的基础。生态型公共服务设施空间场景设计旨在建立联系各类生态设施的完整网络，提高生态系统的服务能力。首先，应在多个部门单位的协作统筹下，建立生态空间底图，掌握全域生态空间要素，选择重点区域开展生态保护措施；其次，应围绕社区居民聚集点打造绿色低碳空间，缓解农村人居环境生活中的生态污染问题，并以精细管理和精准分类为特色，完善环境监测、垃圾分类、污水处理等设施。

4.4.2 生产型场景设计导则与示范

1. 多产融合的现代产业场景

通过丰富与完善产业服务设施类型及结构打造一、二、三产业相互融合的现代产业场景，有利于优化乡村产业与资源结构、提升农产品附加值与农民收入，促进乡村多功能转型。

（1）场景愿景

打造功能多样、业态丰富、产村融合的乡村现代产业新格局，以产业激活公共服务需求、以公共服务助力产业升级。

（2）功能策划

以家庭农场、智慧农业、休闲观光三大功能为主。小规模家庭农场应完善农业基础设施、农资服务设施以及社会组织设施等，建立健全农业现代机械的租用与配置机制，以此支撑本地农户的产业经济发展；智慧农业应加快农业结构调整、延伸农业产业链，在“互联网 + 现代农业”的模式下置入农业科技研发、农产品加工、特色农产品展示与产品策划设施；休闲观光服务应满足外地游客与本地居民多样化的休闲需求，丰富乡村“食、宿、游、购、娱、体”等功能，适当提供农耕文化展示、农家乐游憩、度假住宿、果农采摘、野餐烧烤等旅游服务功能，有序发展新型乡村旅游休闲产品（图 4-15）。

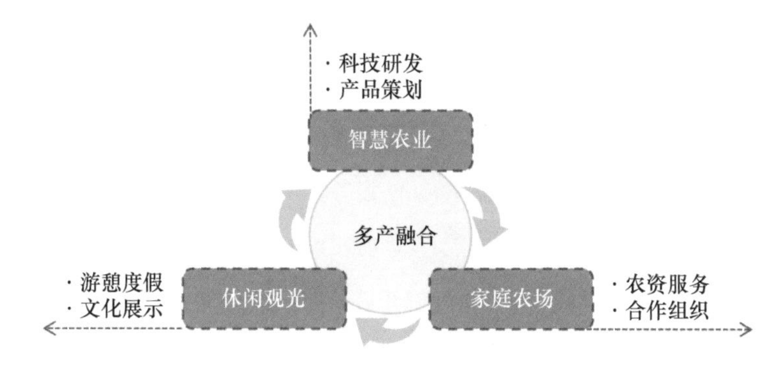

图 4-15　多产融合的现代产业场景功能策划

资料来源：作者自绘

（3）设施引导

在现代产业场景中，基础服务设施涉及农业生产基础设施、现代农业培训设施、农业旅游服务设施三大类型，具体包括农业仓储设施，农田水利、电力设施，农业技术开发与培训设施，农资服务设施，旅游服务管理设施，旅社、饭店等旅游类服务设施，超市、药店等购物类设施，车站、停车场等生活性交通设施；弹性设施则主要聚焦于智慧农业升级以及助力乡村旅游服务，打造智慧农业配套设施、智慧化生产加工车间、智能导览设施、农产品销售展示中心、采摘点（图 4-16）。

图 4-16　多产融合的现代产业场景设施引导

资料来源：作者自绘

（4）空间选址与布局

打造产村融合的空间布局，应在建立优势“三生”资源与产业空间清单的基础上进行全域化统筹设计。除了农业种植基地之外，农产品加工与研发空间可重点基于交通设施的网络优势，实现与外部资源的高效连接，还可结合村庄主要公共服务中心布局，便于发挥公共服务中心服务集中、信息丰富的优势，也可依托生态或文化环境优越的地段进行布局，为农业产学研的创业者提供更为优质的服务环境。发展特色旅游服务业的村庄应向“三生”有机结合的布局转型升级，使村域旅游设施的点位和流线分布更为整体、合理与有趣。同时，农村住宅可从单一的居住功能拓展至农家乐、民宿、民俗体验、线上直播等经营活动功能（图 4-17）。场景示范如图 4-18 所示。

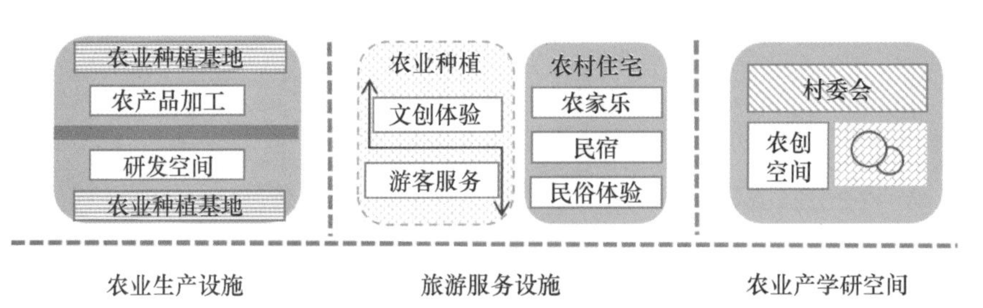

图 4-17　多产融合的现代产业场景空间组织

资料来源：作者自绘

图 4-18　多产融合的现代产业场景示范

资料来源：作者自绘

2. 数字互联的新型经济场景

基于互联网、物联网等信息技术的线上电商、直播带货等新业态正向农村地区迅速延伸，弥补了乡村线下消费与产业就业的不足。同时，菜鸟乡村、京东物流等乡村物流服务正在完善县、乡、村三级农村物流体系，推动形成以农产品供应、消费品寄送为基础的高效畅通的农村寄递物流体系。集成电商、物流、信息技术的新型经济场景，可为乡村快递服务业、线上电商经济、跨地区农产品运输服务提供基础优势。

（1）场景愿景

完善乡村线上直播与物流配送服务，推动城乡生产与云端消费有效对接，支撑乡村新经济、新服务发展。

（2）功能策划

重点打造乡村直播带货与乡村物流配送功能，可依据乡土生活特色、乡村产品特色定制直播内容，提供人文型直播、销售型直播、生活型直播等多种形式，发展乡村自媒体就业与线上带货渠道。在乡村物流配送方面，整合各类社会资源搭建共享式配送网络，既满足村民日常消费与服务的普通快递需求，也为乡村、村镇农产品提供专业化供应链寄递服务（图 4-19）。

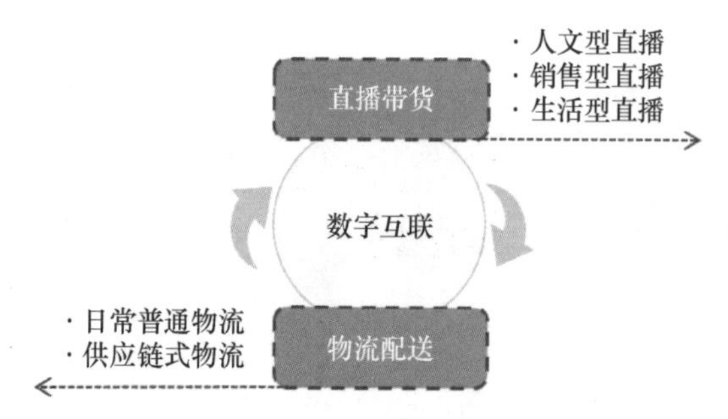

图 4-19　数字互联的新型经济场景功能策划

资料来源：作者自绘

（3）设施引导

在新型数字经济场景中，基础设施主要包括提供培训指导的创业服务站、支撑信息流动的网络基础设施、实现大范围乡村物流的运输服务站与物流仓储设施以及服务于村民日常快递的便民驿站；弹性设施则包括农村电商服务站、媒体中心、电商直播创业示范点等设施（图 4-20）。

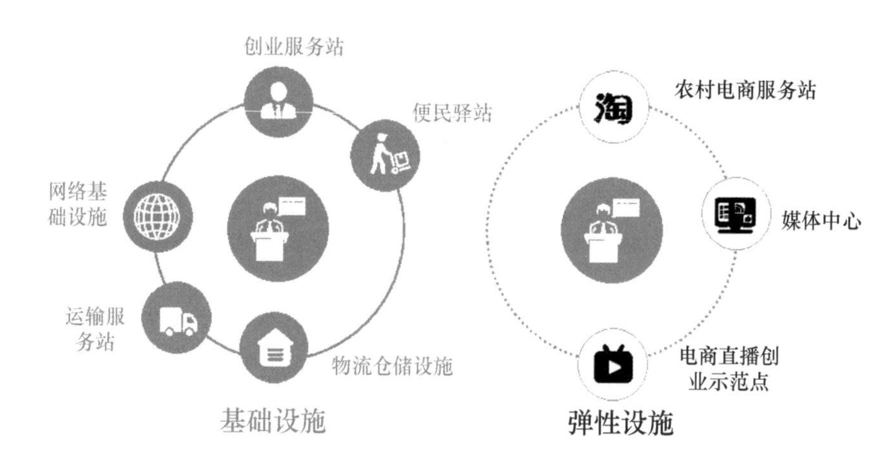

图 4- 20　数字互联的新型经济场景设施引导

资料来源：作者自绘

（4）空间选址与布局

直播带货空间可布置在村内特色空间处，包括彰显乡村自然景观、农畜产品生产的田间地头，以及乡村博物馆、名人故居、乡村集市等特色文化、商业场所，需要通过完善线上直播设备与网络传输设施增强上述实体空间的数字共享能力（图4-21）。物流设施主要集中在农畜产品生产加工点或村镇交通便利处，可结合乡村小卖部、农业技术推广站、修理站等较为贴近社区人流的日常场所提供普通快递服务。远期可划定乡村物流快件中转存储场地和作业人员休憩整备场所，并适当加快探索应用无人机、自动配送机器人等新型快递物流模式和技术。新型经济场景示范如图4-22所示。

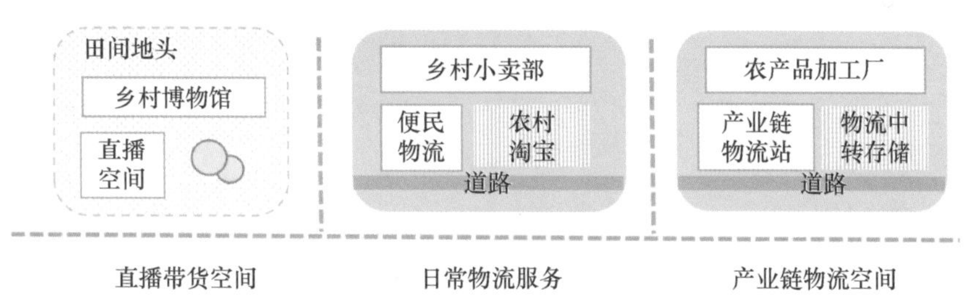

图4-21　数字互联的新型经济场景空间组织

资料来源：作者自绘

图4-22　数字互联的新型经济场景示范

资料来源：作者自绘

4.4.3 生活型场景设计导则与示范

1．互惠融洽的邻里交往场景

我国传统农村的基本社会架构是基于血缘、地缘的熟悉关系建立起来的，虽然在现代化与市场化的巨大冲击下，乡村社会形态发生重要嬗变，由互相熟知的“熟人社会”向联系较弱的“半熟人”社会①及“无主体熟人社会”“弱熟人关系”等过渡。但相比于市场竞争逻辑下高度“原子化”“个体化”的城市社会，乡村社区整体上仍旧具有较为密切的互惠互助、情感联系、道义信用、人际往来等社会网络，是促进公共服务设施可持续发展的关键社会资本。因此，在公共服务设施的场景营建中，可以突出社区交往和乡土文脉等功能，营造交往、交融、交心的邻里交往场景。

（1）场景愿景

围绕乡村公共服务设施建立互助互持的邻里交往机制，借助乡村社会资本、熟悉关系、人际情感打造村落共同体，活化乡村社区邻里文化与支撑邻里服务的社会化供应机制。

（2）功能策划

以邻里交往、设施互助与互惠激励三大功能为主（图 4-23）。在邻里交往方面，根据事件频率与当地特色，合理策划日常交流、公共议事、节日风俗等功能；在设施互助方面，重点关注农村留守老人、儿童群体，通过邻里之间的扶持关照、社会资源的共享整合，提供出行购物互助、紧急救助帮扶、乡村共享食堂、终身学习书屋等服务；在互惠激励方面，创新“人人贡献”邻里贡献积分机制，建立信用评价体系，构建服务换积分、积分换服务的激励机制②，以邻里积分提升居民互助度。

① 贺雪峰．未来农村社会形态：半熟人社会 [J]. 中国社会科学报，2013(08): 1–2.

② 孟刚．未来社区 [M]. 杭州：浙江大学出版社，2021.

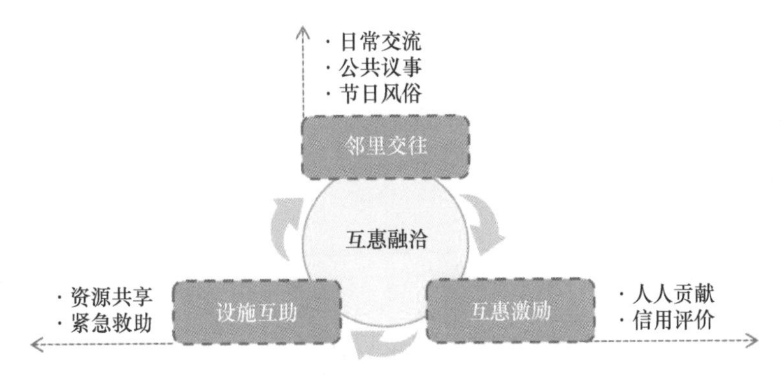

图 4-23　互惠融洽的邻里交往场景功能策划

资料来源：作者自绘

（3）设施引导

在邻里交往场景空间中，必须配置的基础设施主要包括社区活动中心、活动广场、邻里紧急救助设施，应按相关标准和要求建设；弹性设施包括共享食堂、家风村约宣传墙、邻里资源互助站、线上社区生活平台、红白事中心、社区议事调节室等（图 4-24）。

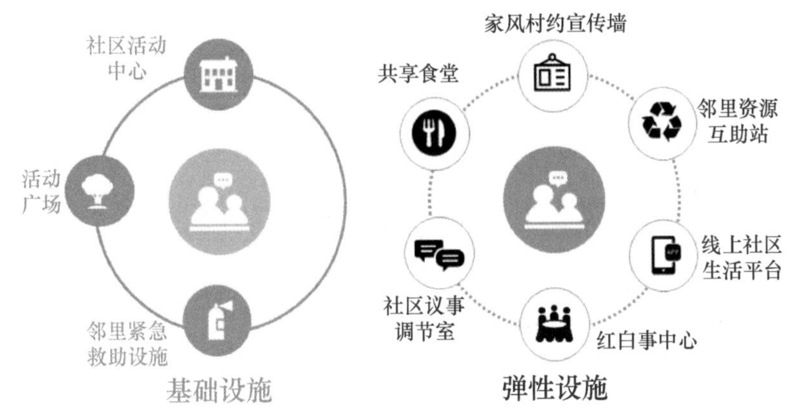

图 4-24　互惠融洽的邻里交往场景设施引导

资料来源：作者自绘

（4）空间选址与布局

邻里交往场景应以便于开展较为集中的人际活动的空间载体为基础，一方面可在乡村人流、信息最易集聚的村委会、小卖部、乡村集市、红白事中心等场所适当规模化地布置配套设施，成为“大集中”的邻里场景中心；另一方面可在社区居民点聚集的地方，通过新建社区交往空间或置换闲置空间打造“小集中”的配套设施服务点，同时可结合现有的大树、庭院、街角营建自然社交空间（图4-25）。场景示范如图4-26所示。

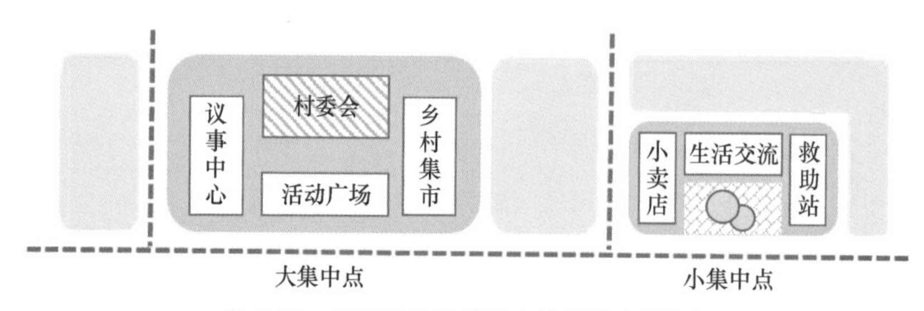

图4-25　互惠融洽的邻里交往场景空间组织

资料来源：作者自绘

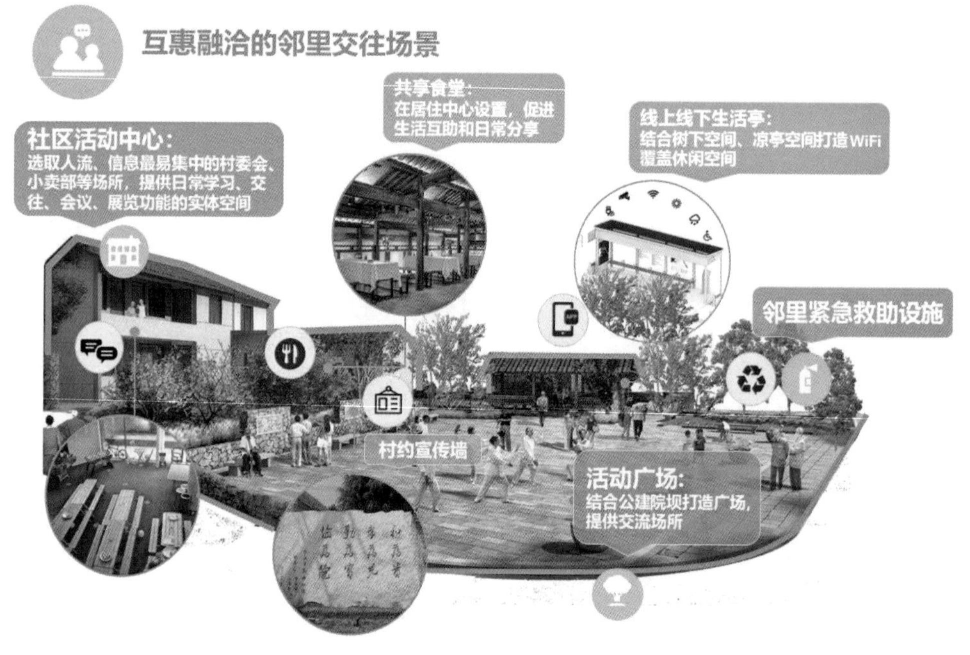

图4-26　互惠融洽的邻里交往场景示范

资料来源：作者自绘

2. 喜闻乐见的文体活动场景

目前乡村地区的文化设施主要是村图书室、村史馆、礼堂等，村民普遍反映由于文化程度偏低、农活生计负担较重，加上基层维护运营困难，实体文化设施的挂牌现象较为突出。同时随着手机短视频、电视节目在乡村的下沉与风靡，虚拟形式的文化传播与休闲方式正被广泛接受；而以篮球场、乒乓球场、简易健身器械为主体的体育设施及场地，在与生活空间脱离、青壮年大量流失、年久失修与维护不足等因素影响下，产生了不同程度的闲置与低效问题。不同地域、人文与历史条件下的广大乡村仍然保持着较强的地方性特色，根植于乡村土壤的民间歌舞戏曲、节日活动、乡土体育等文体内容彰示出绵延的生命力，同时数字技术的深度应用为乡村文体活动的传播与交互提供了平台。喜闻乐见的文体活动场景既有利于将文体活动和农村生产生活紧密结合，又将以趣味性、艺术性、互动性等增强文体活动的参与度。

（1）场景愿景

以本土文化底蕴与线上互动技术为载体，因村制宜地丰富乡土文体活动形式，挖掘并整合多类型的文体资源，调动参加文体活动的积极性。

（2）功能策划

集中文化体验、体育健身、互动文体三大功能（图 4-27）。文化体验功能主要服务于当地村民，包括完善乡村图书室、村史馆、文化活动中心等传统文化服务，组织露天电影、节日庆典等流动文化服务，以及城村共享高品质的线上学习、休闲资源等线上文化服务；体育健身功能以邻近社区居民点的日常锻炼、适应于乡村的民间歌舞以及与农业生产相结合的田间活动为主；互动文体功能的服务对象则拓展至外地游客，一方面以虚拟现实、增强实境等技术促进

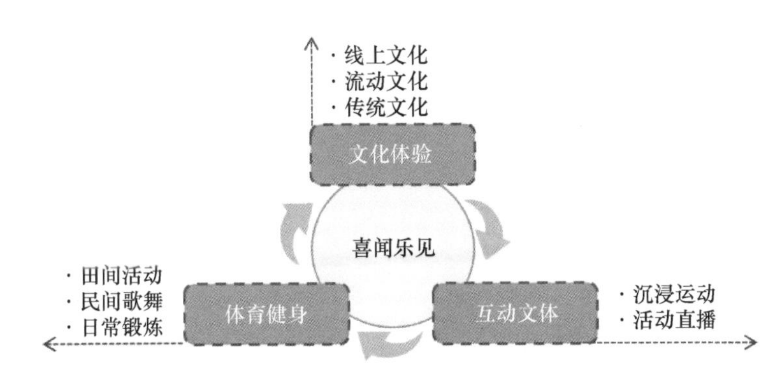

图 4-27　喜闻乐见的文体活动场景功能策划

资料来源：作者自绘

人机交互活动与乡土文化宣传，提供智慧运动场等沉浸式运动体验，宣传乡村优秀民俗、农耕、节庆、名人等文化资源；另一方面，以线上短视频、自媒体带动文体活动直播，使数字技术赋能乡村文体服务，进而提高乡村知名度与吸引力。

（3）设施引导

在文体活动场景中，必须配置的基础设施包括以阅览、书画为主体功能的图书室，篮球场、羽毛球场等运动场地，以及配有健身器械的健身角；体育方面的弹性设施包括整合乡村步道资源的健身步道，融入数字技术的交互型体育设施，以及适合在田间地头开展歌舞、比赛等锻炼活动的田间休闲设施；文化方面的弹性设施包括以乡村艺术、历史文化为核心的私人或公共小型文化展示馆，基于巡演式、周期性的露天电影、百姓戏台等流动文化设施，依托本地文化、文物资源打造的民俗文化设施，以及拥有海量资源的线上图书平台（图 4-28）。

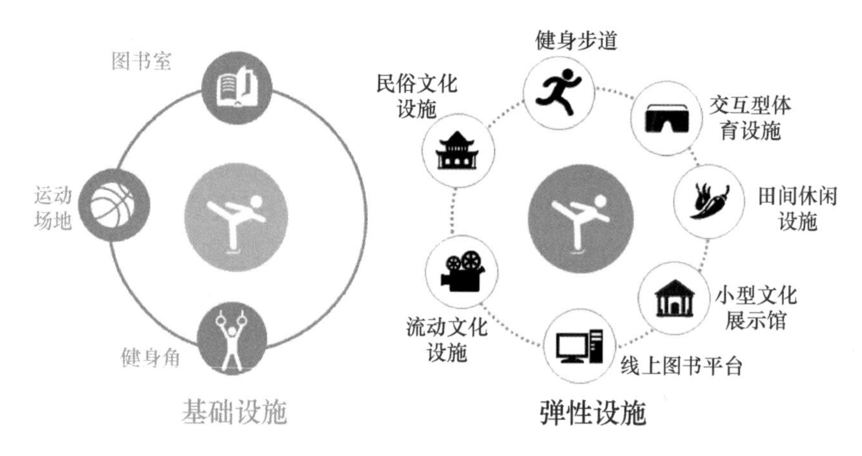

图 4-28　喜闻乐见的文体活动场景设施引导

资料来源：作者自绘

（4）空间选址与布局

图书室等正式文化资源可围绕村委会等公共管理职能场所、村史馆等文化宣传职能场所或学校培训中心等教育提升职能场所进行集约化设置，提高空间配置效率，同时应增强实体空间的数字服务能力，提供线上网络与共享学习资源。除此之外，应挖掘并整合特色乡土建筑、宗祠、庙宇等民间文化资源，将其活化为传承乡村文化的重要节点，成为策划与举办乡村风俗活动的空间触媒与旅游资源；居民聚落较为集中的乡村可在社区中心设置适宜规模的体育场地与配套器械，居民聚落较为分散的乡村可采取中心－节点的布局方式，在村委会、小卖部、游客中心等人流较多的公共空间设置体育活动中心，在一定规模的居住组团附近设置体育活动节点，体育场地微观布局应向外开放、便于识别（图 4-29）。文体活动场景示范如图 4-30 所示。

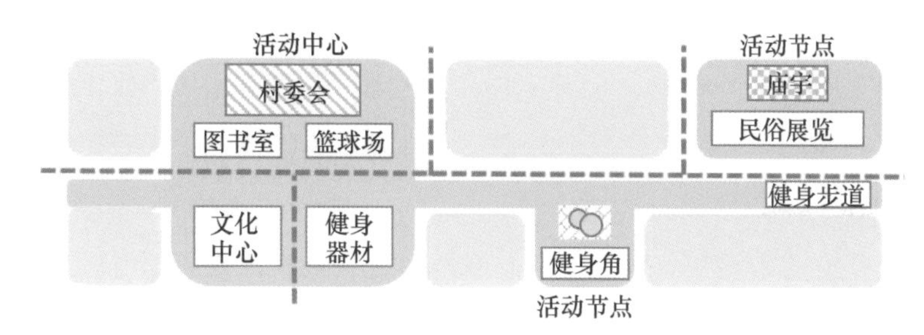

图 4-29　喜闻乐见的文体活动场景空间组织

资料来源：作者自绘

图 4-30　喜闻乐见的文体活动场景示范

资料来源：作者自绘

3. 惠民互助的医疗养老场景

在我国“未富先老”的老龄化社会背景下，农村老年人的医疗与养老问题十分严峻。农村普通老年人以家庭养老为主，主动养老与养老风险意识较低，在心理上对目前主要为失能、半失能或孤寡老人提供养老服务的乡镇养老院、福利院等机构养老场所较为排斥，乡村“家庭养老功能弱化、社会养老体系不全、养老队伍建设滞后”的养老困境亟待破解。此外，农民养老支出受限、农村居住空间分散等难题也导致难以推进社会养老的市场化服务。同时，村镇医疗资源简陋、卫生管理体系薄弱且乡村医师薪资较低，乡村基层只能提供基础兜底型的日常诊治服务，现有的医疗服务设施难以满足村民多层次的求诊需求。值得注意的是，结合较为稳定的乡村熟人社会资本与日益普及的新型数字技术来看，当下农村发展互助养老与线上医疗的优势与潜力逐渐增强，可进一步深化惠民互助的医疗养老场景。

（1）场景愿景

充分了解乡村老年人的医养需求，整合多级医疗资源与养老社会资本，打造有温度的、多层次的城乡医养共同体格局。

（2）功能策划

主要提供惠民医疗、互助养老、健康生活三大功能（图 4-31）。在惠民医疗方面，应在村卫生院（室、所）的基础医疗服务上，完善医疗药品与更新诊治设备，与镇、县、市级的医院合作完善“线上医疗”体系，建立远程医疗、流动问诊等乡村医疗模式，同时鼓励符合资质的乡村医师提供相应的诊疗服务。在互助养老方面，仍应以家庭养老为主体，村集体可设置日间照料中心等社区养老机构为乡村老年人提供日常休闲、餐饮与交流服务，同时可通过志愿服务、低偿服务、“时间银行”等方式，鼓励低龄健康老人为高龄、生活不能自理的老人提供互助养老。在健康生活方面，可通过建设“互联网 + 农村医养”的线上服务平台，完善农户健康信息库和健康档案，定期组织健康知识宣传活动，促进健康管理和卫生预防。

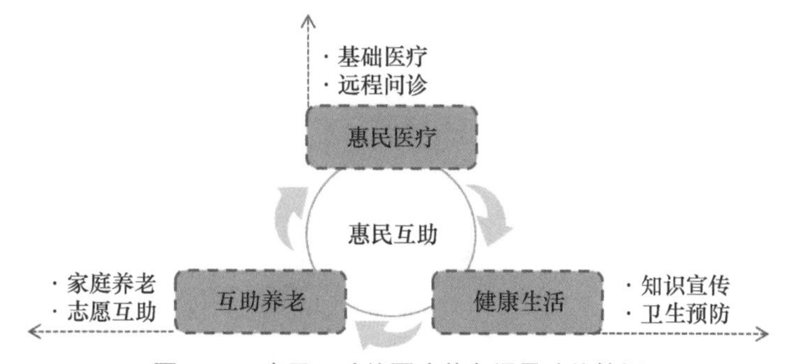

图 4-31　惠民互助的医疗养老场景功能策划

资料来源：作者自绘

（3）设施引导

在医疗养老场景中，必须配置的基础设施主要用以满足兜底服务需求，包括村镇卫生室、标准化老人活动室，长者照护之家等；弹性设施则进一步提供互助、流动服务以及特色康养功能，主要包括流动医疗服务站、远程医疗设施、老年人食堂、老年康养旅居设施（图 4-32）。

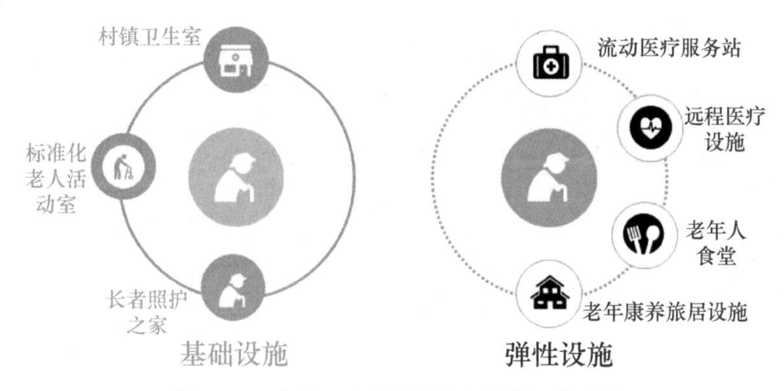

图 4-32　惠民互助的医疗养老场景设施引导

资料来源：作者自绘

（4）空间选址与布局

医疗养老场景在空间模式上采用“多点居家 – 集中共享”的空间模式（图 4-33）。面向自理老人可优化居家养老环境，通过设置无障碍设施、采用防滑地面等进行住宅适老化更新。对于集中共享式的机构养老场所，可将其与乡村卫生服务中心有机结合，形成医养结合的空间模式，并对部分老旧失修的村级诊室、治疗室、观察室进行空间更新与数字升级。此外，可在社区居民点集中地段，充分利用闲置民房、教室、庭院等资源，大力发展符合农村实际的社区互助养老。医疗养老场景示范如图 4-34 所示。

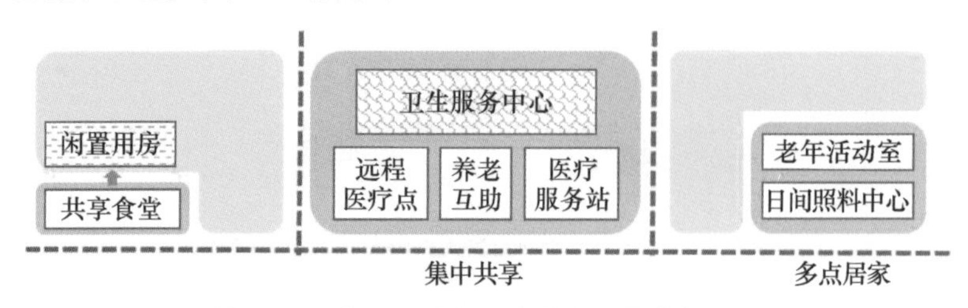

图 4-33　惠民互助的医疗养老场景空间组织

资料来源：作者自绘

图 4-34　惠民互助的医疗养老场景示范

资料来源：作者自绘

4. 高效智治的行政治理场景

乡村行政服务是我国基层治理的关键内容，以村委会为主体的行政空间也是乡村公共服务设施布局的核心场域，发挥着统率与调整村镇设施的主导作用。但在长期城乡二元分割的体制下，乡村行政服务设施在服务内容、服务能力及服务空间等方面都与城市同类设施具有较大差距，存在上级财政依赖度高、治理能力薄弱、设施能级较低等问题。伴随着网络化、信息化和数字化技术在农村地区中的迅速发展，基于乡村智慧行政管理平台的数字服务、高效智治的行政治理场景将有效弥补公共服务末端治理的不足。同时，也积极鼓励多元主体共同参与到乡村治理事务之中，进而推进乡村治理能力现代化、提升基层党建信息化水平。

（1）场景愿景

结合数字技术推动乡村行政服务升级，加强智慧治理平台建设与完善治理服务机制，提升乡村精细化、科学化治理水平，促进城村信息共享与服务共享。

（2）功能策划

行政治理场景主要围绕智慧平台、智治链条、多元共治三大功能展开（图 4-35）。智慧平台建设是数字乡村服务的系统中枢，可对接整合人口管理、行政信息、社会服务、设施监测等各类数据，集成政务信息调度、5G 监测与监管、线上便民业务、设施导航可视化等高效合作的子系统，搭建一体化、可感知、界面友好的智慧乡村应用平台。在此基础上，在村域内合理部署传感器、摄像头、蓝牙、WiFi、人工智能设备等设施打造智治链条，面向不同人群的全生命周期特征提供定制化、多样化的界面风格与辅助功能，使智慧平台的技术服务能更有效地、便捷地、实时地应用。基于互联、互动、互享的数据技术平台，促进行政管理人员、村民、企业、社会组织等不同主体充分地了解及参与乡村事务，在多元共治中提高行政设施的服务绩效。

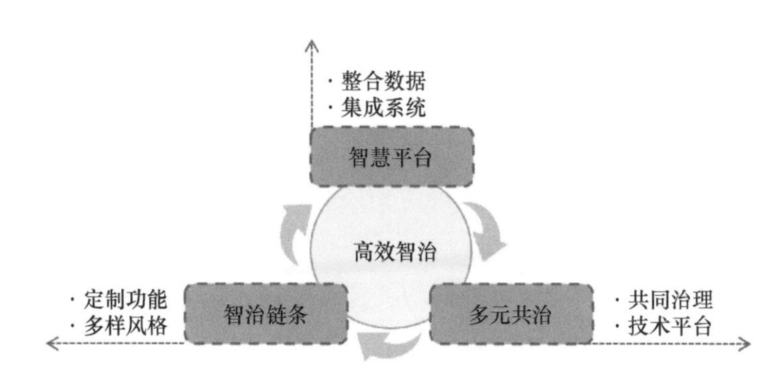

图 4-35　高效智治的行政治理场景功能策划

资料来源：作者自绘

（3）设施引导

在行政治理场景中，必配的基础设施除了满足传统的行政办公职能之外，还应加强应急管理与安全监测，总体上包括行政办公室、便民服务大厅、社区警务室、党建活动室、应急站、监控摄像设施等；弹性设施则主要包括智慧乡村办公平台、智慧法律机器人、智能导览设施等（图 4-36）。

图 4-36　高效智治的行政治理场景设施引导

资料来源：作者自绘

（4）空间选址与布局

可对传统的村委会等行政空间进行数字化改造，整合各类新设施与新平台，打造线上线下互动的新型行政服务空间。对于部分村域面积广袤、旅游职能突出的村庄，可以在村委会等核心空间之外的关键空间节点设置行政服务的自助终端机器与音影宣传设备，提升服务效率。同时，由于乡村行政管理空间是展示治理能力与乡村风貌的主要窗口，因此经济条件较好的、文化底蕴较为丰厚的乡村，可利用本土化的建筑材料与建筑语言优化场所风貌，以此引领乡土建筑重生、焕发地域特色生机（图 4-37）。在邻近村委会或社区居民集聚点的地段，可为农村合作组织、第三方机构、村民主体专门设置用于办公、活动、议事的基层治理场所，也可根据功能特点在现有公共建筑空间灵活地插入治理功能模块。行政治理场景示范如图 4-38 所示。

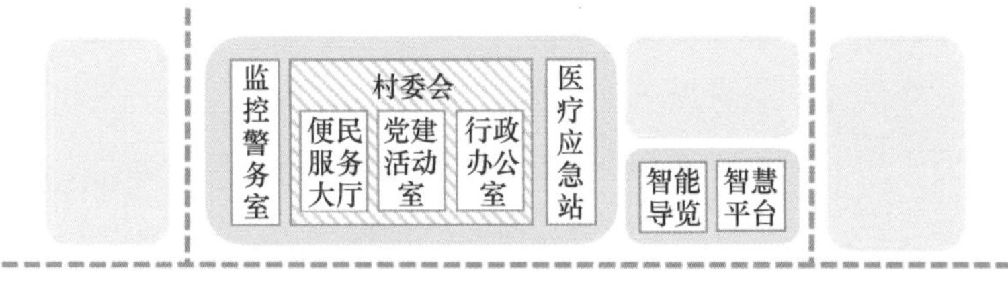

图 4-37　高效智治的行政治理场景空间组织

资料来源：作者自绘

图 4-38　高效智治的行政治理场景示范

资料来源：作者自绘

5. 共享多元的教育学习场景

乡村教育设施目前以幼儿园与小学为主，两类教育设施一方面受到了乡村办学条件相对不足、师资生源结构较差、课程建设动力不足等难题的制约，另一方面在持续加深的老龄化、少子化的态势下，农村大量儿童随外出打工的父母外流至城镇地区，乡村日益减少的学龄儿童及家庭人口导致优质教育资源进一步向城镇集中，而大量乡村本身也因聚落分散、交通不便存在较为明显的通学劣势。此外，产业化、数字化发展进程较快的乡村相应衍生出了学习现代农业、线上农业、旅游管理等知识的教育需求，乡村中老年人学习使用智能手机、平板电脑、短视频与通信软件等互联网新事物的需求也进一步释放，因此乡村学习空间的配置应根据多元人群需求与市场发展规律进行结构性优化，通过协同区域教育资源网络与创新供应乡村学习空间来营造共享多元的教育学习场景。

（1）场景愿景

基于乡村社会、经济与空间特性，依托数字网络平台与区域教育资源，打造城村统筹、线上共享、多元利用的乡村教育设施布局模式，优化资源配置结构与促进村民终身学习。

（2）功能策划

考虑村民学习的全生命周期特征，乡村教育场景以青少年儿童的教育学习、中老年人的职业学习及老年人的数字学习等功能为主，体现城乡统筹、多元利用及线上共享等情形下共享多元的功能筹划方式（图 4-39）。儿童教育学习除传统授课学习功能外，可融合接入海量教育资源的线上学习功能、回归乡村自然生态与传统文化的乡土学习功能，因地、因人施策以提高乡村教育水平与教育特色；在中老年人的职业学习方面，主要提供现代农业生产培训、线上直播及销售培训、产业管理培训、旅游及餐饮服务培训等功能，降低村民提高职业技能的学习成本，促进乡村学习、就业风貌欣欣向荣；老年数字学习服务可以缩小家庭代际的数字鸿沟，拓展老年人的社交与求知方式，减缓心理焦虑与适应时代发展，可定期组织适老的、易学的、安全的数字学习讲座与线下交流活动，以学习积分与礼品奖励鼓励与吸引老年人积极参与。

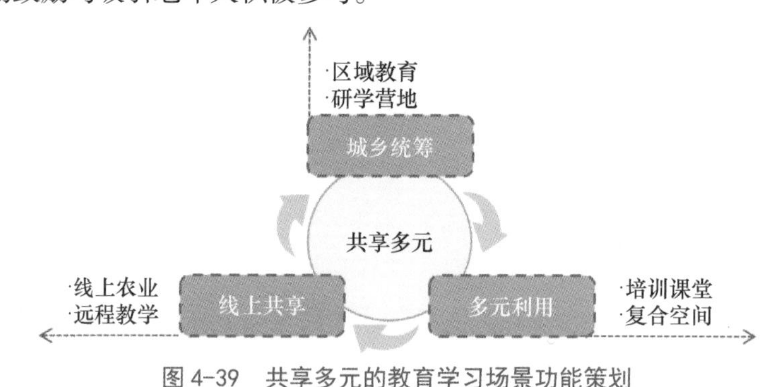

图 4-39　共享多元的教育学习场景功能策划

资料来源：作者自绘

（3）设施引导

在教育学习场景中，基础设施主要围绕学龄儿童，包括幼儿园、小学等固定设施以及乡村校车站点流动服务设施，同时还应考虑设置全民参与、全龄友好的农家书屋；弹性设施则主要覆盖自然学习、就业学习及线上学习的内容，打造自然教育设施、就业技能培训站及网络课堂（图 4-40）。

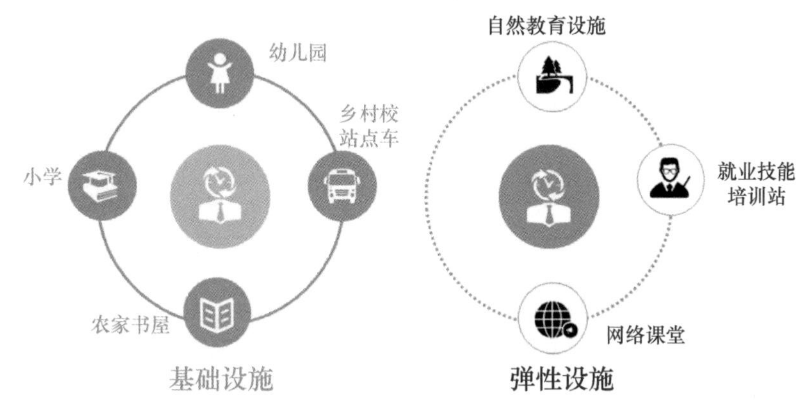

图 4-40 共享多元的教育学习场景设施引导

资料来源：作者自绘

（4）空间选址与布局

乡村幼儿园、小学等教育设施应选址安全、规模合理，教室应配置一定数字教育设施，可借助乡村特有的生态资源与自然禀赋，营造共享农场、户外运动等研学营地、自然实践教育地，充分激发偶然性、非正式学习机会。由于学生流失、寒暑假期等造成的学校闲置空间可更新为流动式的社会学习空间，为职业培训与数字培训提供场地，提高学习空间的复合利用效率。另外，可依托村委会活动室、社区活动室、乡村广场等人群较为集中的空间设置共享阅览室、培训课堂等学习空间与组织学习活动（图 4-41）。教育学习场景示范如图 4-42 所示。

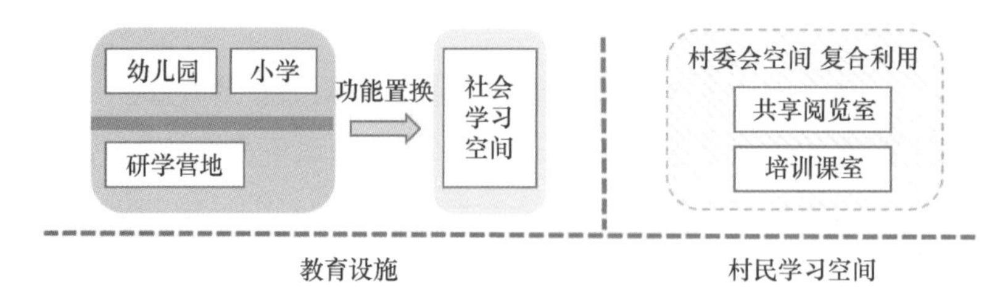

图 4-41　共享多元的教育学习场景空间组织

资料来源：作者自绘

图 4-42　共享多元的教育学习场景示范

资料来源：作者自绘

4.4.4　生态型场景设计导则与示范

生态型场景只有生境修复的生态保育场景。

传统乡村聚落高度强调天人合一的有机生态格局，但在我国农村经济快速增长的进程中，农村环境治理设施较为缺乏、城乡生活污染向农村转移排放、农业产业绿色环保水平低、农业生产面源污染严重等问题导致农村的生态污染态势日益严峻。农村生态环境污染治理是实现乡村振兴、建设美丽乡村的关键基础环节，在此背景下，旨在修复乡村生态环境、完善生态服务设施的乡村生态保育场景具有重要意义①。

（1）场景愿景

遵循“生态优先”的原则，以生态保育场景优化乡村生态格局，改善乡村生态环境，升级乡村生态服务，促进乡村环境可持续发展。

（2）功能策划

乡村生态保育场景主要包括生态污染监测、生态环境修复、生态服务宣传三大功能（图 4-43）。通过部署相关传感器、监测设备与监测驿站对村镇全域开展野生动植物观测、水质监测、空气监测等工作；在生态环境修复方面，应对乡村山水林田湖草的自然生态系统进行专项修复整治，并结合自然优势打造自然公园、森林绿道、湿地溪流等绿色休闲场所，置入乡村社区污水循环处理、垃圾无害化处理等技术设施，提高乡村生活的绿色环保低碳水平；同时，应积极宣传生态文明理念，有效提高农民和游客的环保意识，倡导村民积极参与保护与改善乡村环境。

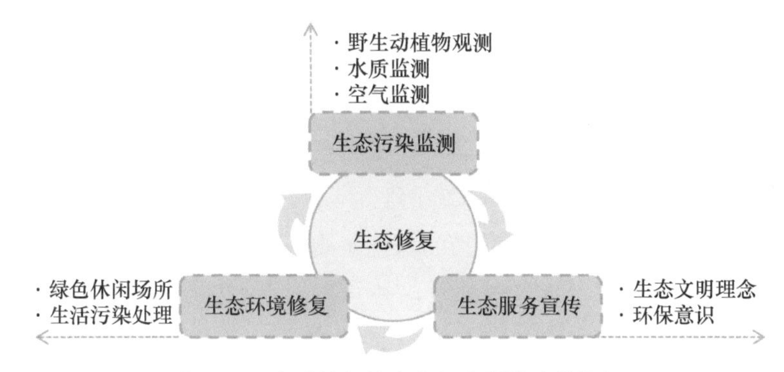

图 4-43　生境修复的生态保育场景功能策划

资料来源：作者自绘

（3）设施引导

在生态保育场景中，基础设施主要围绕垃圾处理、污水处理、厕所改造、生态监测四大方面，包括垃圾分类投放点、垃圾无害化处理点、污水循环处理点、农村家庭卫生厕所、生物监测设施、环境及灾害监测设施；弹性设施则包括低碳

① 李关勤 . 美丽乡村背景下的农村生态环境污染问题及治理方法 [J]. 农家参谋 , 2021(09): 11–12.

生活宣传设施、生态公厕、生态休闲设施等（图 4-44）。

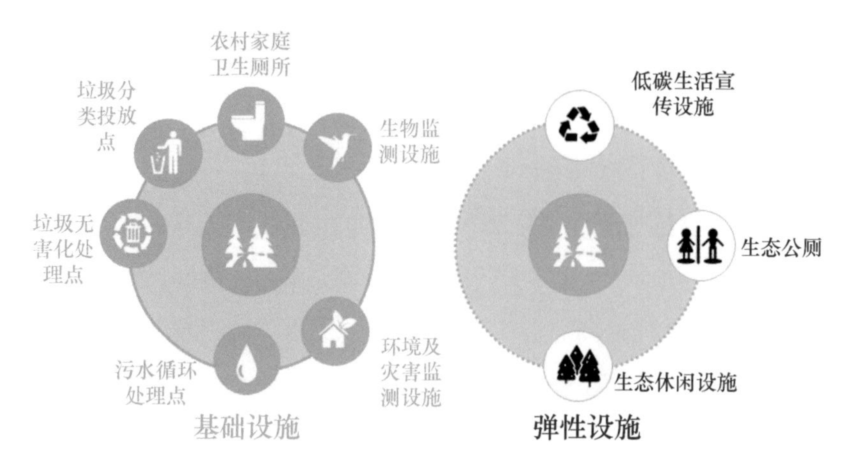

图 4-44　生境修复的生态保育场景设施引导

资料来源：作者自绘

（4）空间选址与布局

利用地理、植被、建设开发等多类型数据识别村镇生态敏感空间，合理布局地质与洪水灾害预警设施、生物监测与重点生态维育设施等；围绕居民聚集点打造生活低碳空间，完善垃圾分类设施、污水处理设备、绿色建材与能源使用（图 4-45）。此外，还可在适合人类活动的绿色景观区域设置山体郊野公园、滨水慢行绿道等生态休闲场所，兼顾物种多样性与景观美学性、社会交往性的复合功能。生态保育场景示范如图 4-46 所示。

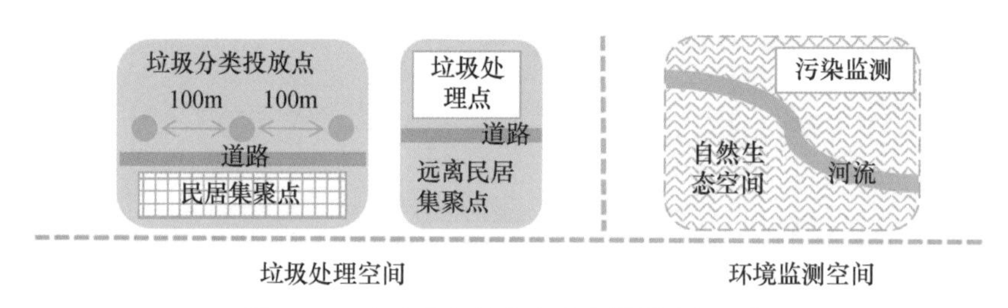

图 4-45　生境修复的生态保育场景空间组织

资料来源：作者自绘

图 4-46　生境修复的生态保育场景示范

资料来源：作者自绘

第5章　村镇社区服务设施效能评估与监测技术

本章从“村镇社区服务设施指标体系和配置技术导则”的设施分类和具体设施指标控制的角度出发，在“村镇社区公共服务设施一体化规划技术”的设施配置水平评估基础上，进一步对乡村已建成的公共服务设施进行效能评估。本研究的效能评估可以作为规划技术体系适宜性的评价标准，并为研发村镇公共服务监测评估信息管理平台提供技术支撑。

本章分别从生活服务设施、生产服务设施、生态服务设施三方面建立分析框架，基于理论研究和效能内涵构建效能评估指标体系，并分别建立各类设施的效能评估模型。根据评估模型的数据需求构建监测指标体系，结合多种智能技术和便携智能设备实现数据采集，构建监测技术体系。利用仿真技术模拟处于规划中的服务设施使用情况并进行效能评估。目的是通过定量方式对设施效能评估思路和评估体系进行完善，推动村镇社区设施效能评估的科学化进程。

5.1　村镇社区设施效能评估

5.1.1　效能评估概念、方法及流程

1. 概念

“效能”最初是在物理领域出现的，表示的是“物体运动能量释放和做功效果的一种体现和评价”。美国著名管理学家切斯特•巴纳德（Chester Irving

Barnard）最早提出了效能原则。他指出，“当一个组织系统协作得很成功，能够实现组织目标时，这个系统就是‘效能’的”。彼得 · 德鲁克 (Peter F. Drucker) 认为，效能是指选择合适的目标并实现目标的能力，包括两个方面的内容：一是所设定目标必须适当；二是必须达到目标。彼得 · M. 克特纳、罗伯特 · M. 莫罗尼等人则认为“效能”是指服务对象接受服务后所取得的结果（生活质量的变化）。这些学者都对什么是效能进行了解释，从而进一步对效能的目标属性和能力属性做出论证，并认为效能是一个系统的概念。

本书对效能的内涵总结为：效能是衡量事物达成目标程度的一种尺度，是实现目标所显示的能力和所获得的效率、效果、效益的综合反映。它与其他衡量尺度相比，能更有效、更全面地评价事物的完成程度[①]。

2. 方法

本研究基于系统评价理论，应用综合评价法对农村社区公共服务设施效能进行评估。综合评分法是按照不同指标的评价标准，对各指标进行评分，采用层次分析法或者其他方法对指标分权，最后将指标权重与各指标数值加权相加，求得总分。这个方法通过打分的方式，能够将定性的问题量化，对定性的问题进行综合排序，并将不同数据源的指标进行无量纲化定量分析。

5.1.2　生活服务设施效能评估

1. 效能定义及评估维度

生活服务设施指的是服务于居民日常生活需要的各项设施，根据设施性质及作用，可以将生活服务设施效能界定为公共服务设施与人产生良性互动的效果。从双元互动角度看，公共服务设施效能直接涉及人与设施两个主体的互动，因此，可以将公共服务设施效能看作描述人与设施的互动关系值（图 5-1）。

---

① 张舒，陈天 . 高密度城市公共空间效能评价及决策模型构建 [J]. 现代城市研究，2020(02): 81–89.

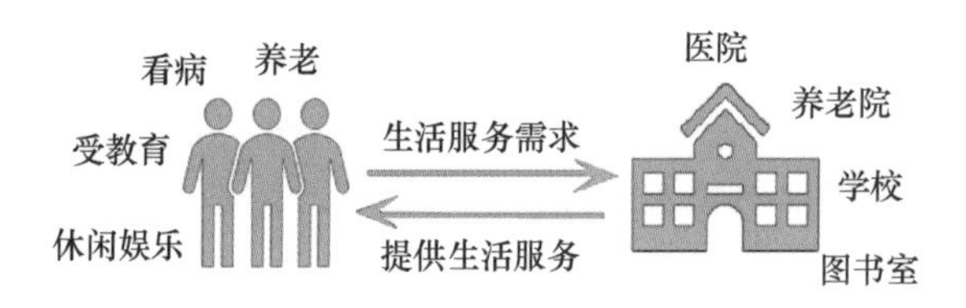

图 5-1　生活服务设施双向互动示意

资料来源：作者自绘

某类生活服务设施效能指的是生活服务设施与人良性互动的程度，对于这种类型生活服务设施效能评估，其实就是对这种互动程度的评估。结合系统效能评估的过程性评价模式，对生活服务设施所进行的效能评估可以从解构人与设施互动的三个过程入手：人接近生活服务设施－人共享生活服务设施－人使用生活服务设施（图 5-2）。

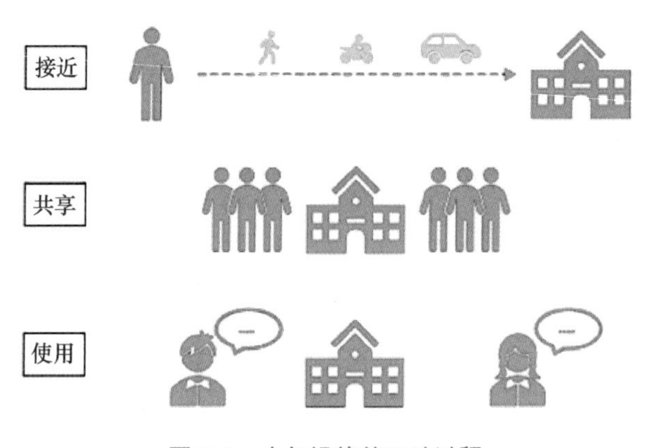

图 5-2　人与设施的互动过程

资料来源：作者自绘

城市规划领域用空间可达性来概括人接近生活服务设施的过程，人离设施越近，即代表其可达性越好；人共享生活服务设施的过程，可以概括为在空间可达范围内生活服务设施的使用情况，也就是设施是否有效发挥了自身服务水平，这些都可通过生活服务设施的使用率来评价；人使用生活服务设施的过程中，服务设施的服务质量决定着人对生活服务设施的使用是不是满意的，生活服务需求有没有得到满足。

因此三个过程分别对应三个维度：空间可达性、使用率、服务质量。分别设定评估目标为：便利可达、使用率高、使用满意（图 5-3）。

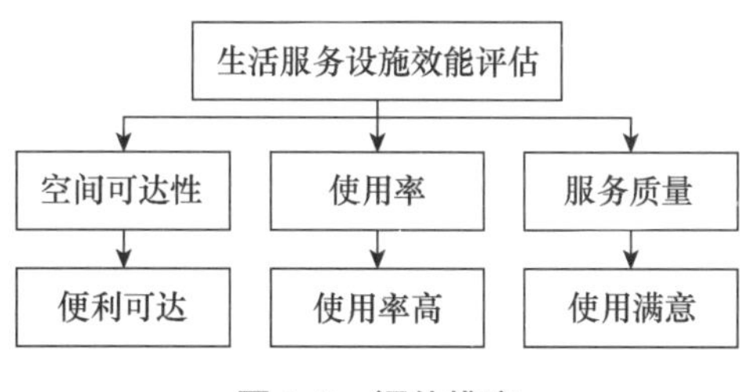

图 5-3　评估维度

资料来源：作者自绘

2. 空间可达性评价

关于生活服务设施空间可达性的评价方法，国内外已经积累了大量成果，研究思路比较成熟。刘贤腾在研究空间可达性的内涵后总结出空间可达性的三种测算方法论，分别是基于空间阻隔、基于机会累积以及基于空间相互作用①。空间阻隔论认为，从一点到另一点的可达性取决于两点间的空间阻隔，阻隔程度越低，可达性越好；机会累积论则将居民采用某种交通工具在一定时间范围内所能接触到的设施数量作为可达性指标；空间相互作用论则认为，两点间的可达性不仅受到两点间空间阻隔的负面影响，而且会受到供需点活动规模的正向影响。其中空间相互作用论将需求点（出发点）、供给点（目的地）、交通网络（连接要素）三者有效地紧密结合在一起，并且将供需点的规模类型加以考虑，是当下最普遍使用的可达性测度理论（图 5-4）。

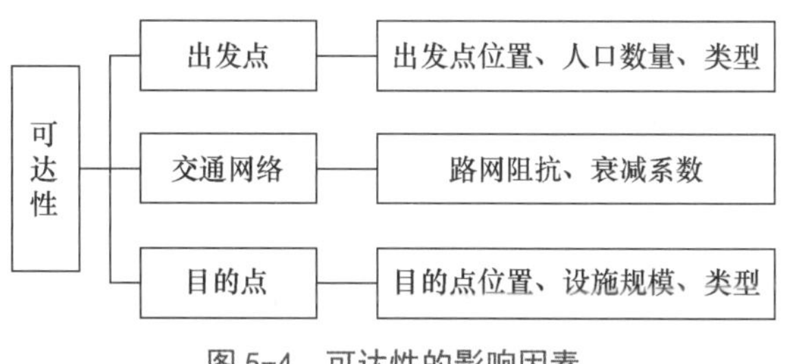

图 5-4　可达性的影响因素

资料来源：作者自绘

① 刘贤腾 . 空间可达性研究综述 [J]. 城市交通 , 2007(06): 36–43.

基于以上三种方法论以及其他地理空间测度技术，衍生出了多种对于设施空间可达性具体测度的方法模型，各种方法都会有它的优势和不足，在运用时需要结合特定的适用环境进行讨论。本研究结合相关研究成果将各类方法整理如表5-1所示。

表 5–1 可达性测度方法

方法分类	原理	相关因子	优缺点
比例法（统计指标法）	单元范围内资源总量与服务人口总量的比值	设施数量、面积、人口数量等	优点：简单易于理解； 缺点：不能反映单元内部可达性变化、未考虑空间因素、忽略了设施的跨区域服务
覆盖率法（缓冲区分析法）	设施服务范围面积与居民分布范围面积的比值	设施服务半径	优点：简单区分服务可达和不可达区域； 缺点：未考虑实际空间阻隔、无法反映服务半径内部差异
最近距离法	服务人群到设施的最近距离（包括欧氏距离、基于路网的道路或时间距离）	路网、交通速度、道路非直线系数	优点：直观易懂； 缺点：忽略了设施本身的质量
平均时间法	服务人群到一定范围内各个设施的平均时间	路网、交通速度、出行忍耐距离	优点：直观易懂； 缺点：假定认为人到各个设施的意愿、机会均等
加权最短距离法	按照居民到各个设施的出行概率作为权重，累计权重与各出行路线产生阻抗的乘积	出行偏好、使用频率、交通速度	优点：考虑了出行偏好、使用规律且简单易懂； 缺点：出行概率很难严格确定
机会累计法	设定的出行时间或范围内，居民可以获取的服务设施资源数量	出行极限时间、设施数量	优点：考虑了空间阻隔； 缺点：未考虑距离衰减、出行极限时间 / 距离不易确定
潜能模型法	通过计算设施点与居民点之间因阻抗因素产生的相互吸引力关系，汇总居民获取设施服务的能力	设施服务能力因子（面积、床位数、职工数等）、距离摩擦系数、设施距离	优点：考虑了设施规模、距离衰减等因素； 缺点：未考虑人的出行极限距离、设施资源在服务人群中存在竞争因素，操作复杂难以理解

续表

方法分类	原理	相关因子	优缺点
两步移动搜寻法	以设施服务半径为阈值，通过供需双方两次搜寻，汇总居民点获取设施服务的能力	设施服务半径、设施服务能力因子（面积、床位数、职工数等）	优点：考虑了设施规模，人的出行极限距离； 缺点：用二分法分析设施服务能力不科学，服务半径难以确定，未考虑距离衰减
网络分析法	以矢量道路网为基础，计算按照某种出行方式（步行、自行车、公交车、机动车等）在某一阻力值下的文化设施服务范围	交通速度、道路系统	优点：结果直观易懂； 缺点：依赖于质量较高的道路数据，这类数据往往难以获取

综上所述，空间可达性测度方法有很多，除此之外也还有很多改进形式。本书研究的是农村生活服务设施，这些设施类别较多，且不同类别的设施在服务范围、使用特征、规模要素、空间位置等方面都存在较大差异，因此对于不同类别设施空间可达性进行测度时，需要选择与设施特点相符合的测度方法，并结合农村特点对各类测度模型在参数上进行改进。

基于对空间可达性测度方法的归纳，现对农村社区公共服务设施的空间可达性测度与研究，会依据设施是否跨居民点使用，把公共服务设施分成两类，并且用两种测度方法计算设施的空间可达性；两种测度方法分别是覆盖率法和加权时间法。表 5-2 为设施对应的空间可达性评价方法。

表 5–2　设施对应的空间可达性评价方法

空间可达性评价方法	公共服务设施种类	特征
覆盖率法	商业设施（除集贸市场）、文化体育类	就近使用
加权时间法	教育类、医疗类、社会保障类、公共管理与服务类、集贸市场	区域协同

各类设施要根据实际使用的交通方式进行空间可达性评价，各类交通方式速度如表 5-3 所示。

表 5-3 各类交通工具时空距离[①②]

交通方式	平均速度 /($km \cdot h^{-1}$)	出行极限时间 /min	出行距离 /km
步行	5	15	1.2
自行车	15	15	3.75
电动车	20	25	8.3

(1) 评估技术路线

以居民点为单位计算各类设施空间可达性值，对可达性值进行标准化，以居民点人口分布为依据设置权重，对各类设施可达性值进行加权汇总，从而得到行政村域内各类设施的可达性评分值。

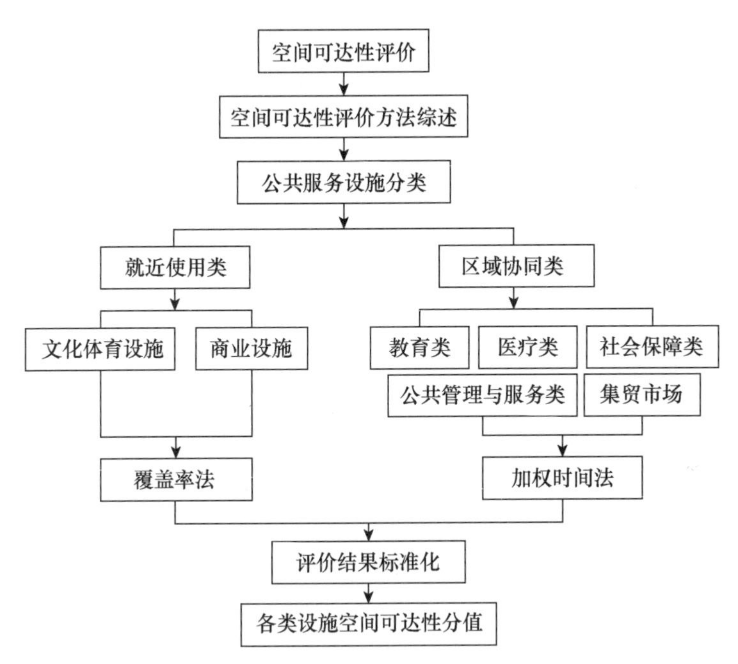

图 5-5 空间可达性评价技术路线

资料来源：作者自绘

① 李永玲 . 厦门市保障性社区公共服务设施配套情况及交通可达性分析 [D]. 厦门：厦门大学 , 2014.

② 魏有焕 . 基于改进潜能模型的湘潭市农村医疗服务可达性测度研究 [J]. 甘肃农业，2020(05): 92–95.

（2）评估模型构建

① 覆盖率法

覆盖率法，强调区域内的空间可达性，而较少关注区域之间的相互影响，适用于非跨居民点使用的公共设施空间可达性的计算。覆盖率法的研究范围针对的是村居民点。其具体计算步骤分为两步。第一步，计算出所研究村庄每个居民点的公共服务设施的覆盖率；第二步，对所研究村庄每个居民点的公共服务设施的覆盖率，根据居民点人口数量进行加权平均，最终求得所研究村庄一类公共服务设施的覆盖率，这个结果也就是这类公共服务设施的空间可达性。

设居民点公共服务设施可达性为 A_i，居民点的面积为 S，设施服务半径为 R，从属于居民点的该类公共服务设施数量为 n，该类公共服务设施的服务范围面积为 S_i，根据不同空间分布情况，赋予权重 w，则当且仅当 $n>0$ 时，设施空间可达性 $A_i=S_i/S$。其中

$$S_i=n\pi R^2w$$

当 $n=1$ 时，w 显然等于 1，则 $S_i=\pi R^2$。

当 $n>1$ 时，w 与 n 的大小、公共服务设施的空间分布相关联。此时设居民点中所求公共服务设施间的最小距离为 D_{min}，最大距离为 D_{max}，当 $D_{min}>R$ 时，同种类设施间服务面积没有重叠，故 $w=1$，$S_i=n\pi R^2$；当 $D_{min}<R$ 时，有部分公共服务设施的服务面积重叠，此时 $S_i=n\pi R^2w$，$w=1-(S_{重叠}/n\pi R^2)$。综上，可得出不同场合设施空间可达性 A_i 的计算公式（表 5-4）。

表 5–4　覆盖率法可达性计算原理

计算公式	场合
$A_i=(\pi R^2)/S$ 单一设施服务面积	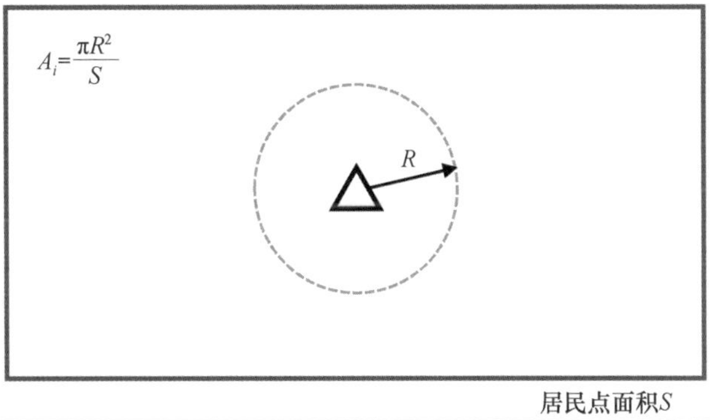 $A_i=\frac{\pi R^2}{S}$ R 居民点面积 S

续表

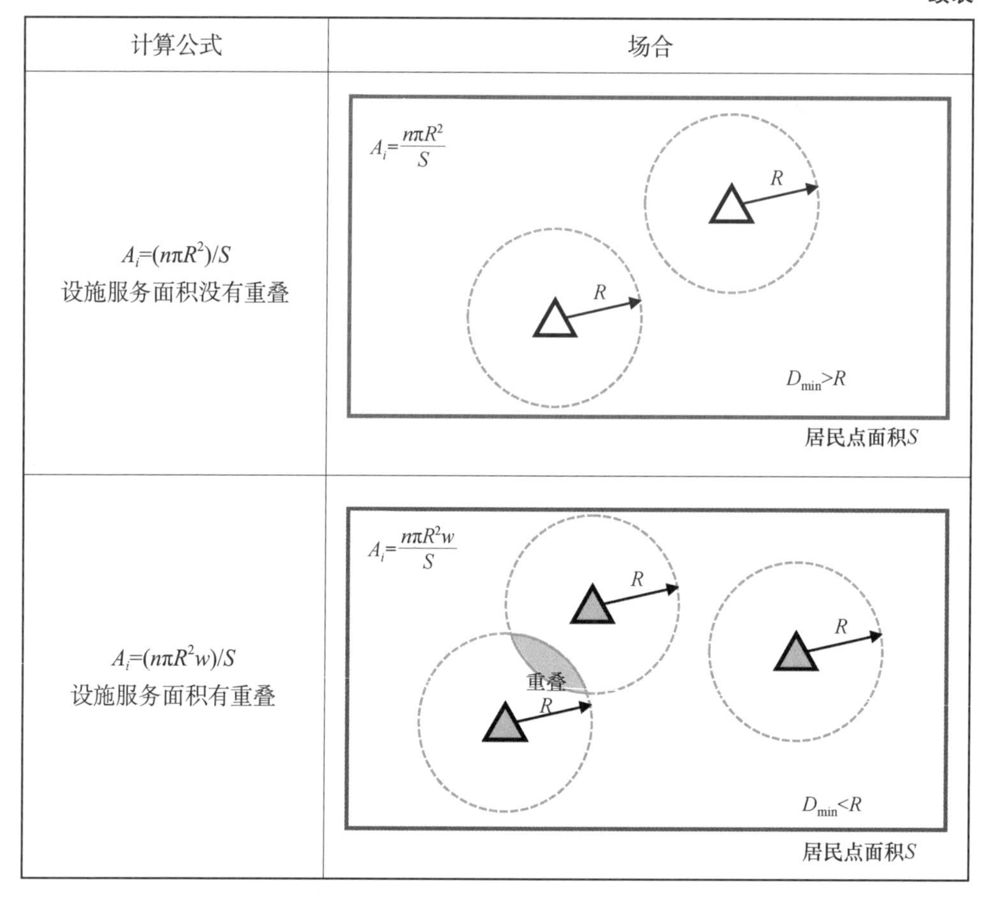

计算公式	场合
$A_i=(n\pi R^2)/S$ 设施服务面积没有重叠	
$A_i=(n\pi R^2 w)/S$ 设施服务面积有重叠	

R 与多种因素相关，包括最大步行容忍时间、到达交通方式等，本模型以人步行 15 分钟的距离作为设施的服务半径来进行计算。

加权平均，计算该类公共服务设施的空间可达性 A_1。假设本次研究的行政村的公共服务设施空间可达性为 A_1，居民点数量为 *N*，居民点公共服务设施的可达性为 A_i，则

$$A_1=\sum_{i=1}^{N} W_i A_i$$

其中，W_i= 居民点人口 / 行政村总人口。

至此，根据覆盖率法模型，代入所研究村庄数据，就可以计算出所研究村庄的公共服务设施的可达性。

② 加权时间法

加权时间法是基于地理信息系统（GIS）评价设施空间可达性的方法之一。

这个方法主要将居民去距离居住场所最近的教育类、医疗卫生类、养老服务类及文化类等多种设施花费的时间作为参数来进行加权平均，进而评价这类设施是不是具有较好的空间可达性。本节以文化类设施图书室为例子，对加权时间法模型进行详细的解释说明。

如果在某一区域内设有图书室，通过调研发现图书室大多都建在该区域内某一村委会所在村（中心村），也就是说图书馆位于中心村居民点内部，那么这个中心村范围内居民多采用步行的方式较为便捷地前往该村村委会图书室实施对应的活动，设中心村范围内居民距该图书室的实际距离为 d_a，步行前往该图书室所花费的时间为 t_a，而该中心村对该图书室具有可达性（以 A_1 表示），赋可达性值为 1，即 $A_1=1$。但对于这个区域内的其他居民点来说，由于中心村与居民点之间存在一定的空间距离，该图书室位置处于居民点的外部，也就是说位于其他居民点的居民无法通过步行的方式到达该图书室开展活动，因此居民更多选择骑电动车的方式到达该地点，设处于其他居民点的居民前往该图书室的实际距离为 d_b，骑行前往该图书室所花费的时间为 t_b。受限于地理空间的位置，中心村及不同居民点的居民与这个图书室之间的距离会存在较大的不同（$d_a<d_b$），所以采取的出行方式也会有所不同，但实际上，不同出行方式的出行速度也有较大差异：正常人步行速度 v_a 为 5 ～ 7 km/h，而电动车车速 v_b 大约为 20 km/h，即 $v_a=5$ ～ 7 km/h$<v_b=20$ km/h，则中心村居民前往该图书室所花费的时间 $t_a=d_a/v_a$，而处于其他居民点的居民前往该图书室所花费的时间 $t_b=d_b/v_b$ ，从数学角度上推理，t_a、t_b 之间的关系不容易被确定，具体取决于不同居民点的居民距该图书室的距离。在前文中，已经定义图书室对于中心村居民空间可达，如果想要使其他居民点的居民对于该图书室空间也具备可达性，则应满足 $t_b \leqslant t_a$，即 $t_b/t_a \leqslant 1$。

进一步分析区域范围内任一居民点对该图书室的整体空间可达程度：中心村居民采用步行前往该图书室所耗费时间 t_a 的最大值为 T，即 $\max t_a=d_a/v_a=T$，则 T 也是从随便一个居民点出发选取骑电动车的方式前往该图书室所耗费的最少的可达时间。对于区域内随便一个居民点来说，由于从居民点 i 质心到该图书室的实际距离难以一个一个地对其进行测量，所以在本研究中用居民点 i 质心到这个图书室欧氏距离 D_i 来测量，考虑到道路不是一条直线，再用 D_i 来乘以道路非直线系数（一般取 1.4）作为任一居民点 i 质心到该图书室的距离，电动车速度依然记

以 v_b，则从居民点 i 质心到该图书室的时间 T_i 即为 $T_i=1.4\times D_i/v_b$ ，将 T_i 与极限可达时间 T 相除求比值，可进一步判断居民点对该图书室的空间可达性。总结居民点的空间可达性 A_i 的计算公式为

$$A_i=\frac{T_i}{T}$$

当 $A_i\leqslant 1$ 时，该村到该图书室为空间可达。

将上述公式进一步推演至区域范围内所有居民点对任意一处设施的空间可达性，如图 5-6 所示。假如，区域内于中心村建设有众多各类设施，同时有居民点 n 个。记任意一个居民点 i 质心（i=1, …, n）到任意一个设施所需要花费的时间为 T_i，对于任意一个设施可达性的计算来说，要计算所有居民点到达这个设施的可达性，再对 T_i 进行加权求和，再与极限可达时间 T 求得比值。空间可达性 A_1 的计算公式可以表示为

$$A_1=\frac{\sum_{i=1}^{n}W_iT_i}{T}$$

其中，W_i 为根据居民点 i 的人口数量 P_i 所赋予居民点 i 的权重系数，$W_i=P_i/\sum P_i$。当 $A\leqslant 1$ 时，该设施在区域范围内具有可达性。

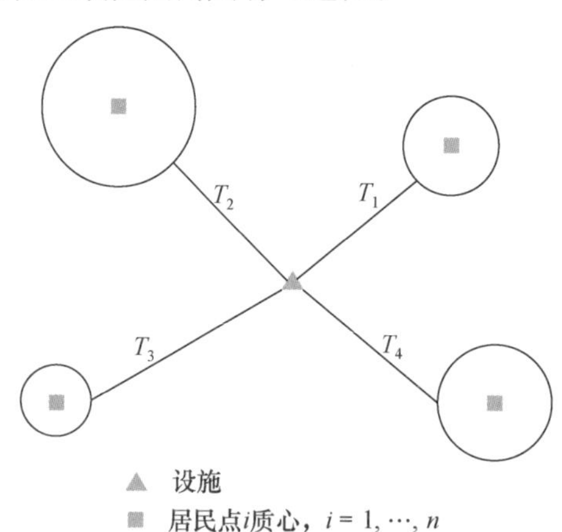

图 5-6　加权时间法空间可达性计算原理

资料来源：作者自绘

3. 使用率评价

（1）评价原则

对人进行生活服务设施的共享过程进行评价，在空间可达的范围内评价生活

服务设施的使用情况以及设施是否有效发挥了设施应该具备的服务水平，这体现在设施的选择使用上，可以通过生活服务设施的使用率来进行评价。文献中对使用率的描述通常为使用效率、设施出行频率或使用频率等。丰玮从出行距离、出行模式、出行频率来描述居民对各类生活服务设施的使用情况，涉及的出行频率使用设施年使用率来测度[①]；吴梦萦等以设施使用频率对商业设施、文体设施及医疗设施的使用情况进行分析，并提出相应的建议[②]；张婵娟等用超效率 DEA 和 Malmquist 指数模型进行设施使用率测算，分析了我国农村基本生活服务领域的“逆均等化”的问题[③]。以使用率来描述人使用生活服务设施情况时，因为不同设施服务性质存在不同，不同设施使用率与设施效能的相关性也会存在不同，因此需要分情况讨论。

（2）使用率指标分类

本书采用服务人数比作为使用率指标。因为部分设施无法通过实地调研或监测调研的方式来计算服务人数比，具体包括医疗类、公共管理与服务类和商业类中的集贸市场，所以采用使用频率指标来计算（表 5-5）。

表 5–5　使用率指标

使用率指标	服务设施
服务人数比	教育类、社会保障类、文化体育类、商业类（除集贸市场）
使用频率	医疗类、公共管理与服务类和商业类中的集贸市场

（3）评估模型构建

① 服务人数比

服务人数比为设施使用人数与设施应服务人数的比值，其中存在三种情况（图 5-7）。一是设施使用人数不足，即使用人数小于应服务人数；二是设施使用超负荷，无法满足人群使用需求；三是设施使用人数达到应服务人数数值，该情

① 丰玮 . 公共服务设施配置与居民出行间关系研究 [D]. 合肥：合肥工业大学 , 2012.

② 吴梦萦 , 王雷 . 老年人日常生活圈公共服务设施使用情况研究 [C]// 中国城市规划学会共享与品质：2018 中国城市规划年会论文集 (15 控制性详细规划), 2018.

③ 张婵娟 , 尚虎平 . 农村基本公共服务“过犹不及”诱致的逆向不均等：面向东中西部 24 个乡村的实证探索 [J]. 行政论坛，2021(6): 146–153.

况下设施使用率评分最高。计算公式为

$$A_2=\begin{cases}\dfrac{M}{W}, & M \leqslant W \\ \dfrac{2W-M}{W}, & M>W\end{cases}$$

其中，M 为设施使用人数，W 为设施应服务人数，在此以教育类的小学为例，A= 小学上学儿童数 / 学校可服务总人数。

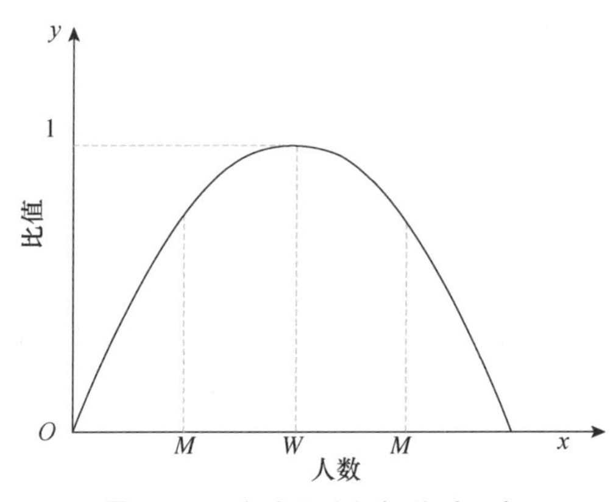

图 5-7　服务人数比指标关系示意

资料来源：作者自绘

在数据获取上，设施应服务人数 = 设施实际面积 × 标准千人指标。设施使用人数计算分为以下两类：

保障基本权益类设施（教育类、社会保障类）：主要保障人们的基本需求，是人们日常生活中规律性使用的设施。其设施的使用人数可以直接通过调研获得。

提升生活品质类设施 [文化体育类、商业类（除集贸市场）]：主要为提升人们的日常生活品质。设施使用人数通过视频监测数据获取。通过预调研确定居民常用时间段，在该时间段内通过视频监测间隔固定时间获取一次使用人数，最终取多天平均值作为设施使用人数。

② 使用频率

数据通过问卷调研形式获取，问卷模拟如图 5-8 所示。满意度评价采用李克特 5 级量表进行打分，其中勾选“从不”赋值 20 分、“偶尔”赋值 40 分、“较常”赋值 60 分、“经常”赋值 80 分、“每次”赋值 100 分（图 5-8）。

*1.在您生病时使村卫生室的频率

○ 生病每次都去村卫生室就医
○ 生病经常去村卫生室就医
○ 生病较常去村卫生室就医
○ 生病偶尔去村卫生室就医
○ 生病从不去村卫生室就医

图 5-8　医疗类设施使用率评价问卷模拟

资料来源：作者自绘

使用频率计算公式为

$$A_2=\frac{\sum_{i=1}^{N} M_i}{N}$$

其中，M_i 为使用者 i 的使用频率得分，N 为有效问卷数。

4. 服务质量评价

（1）服务质量内涵及评估方法

① 服务质量内涵。生活设施服务质量的评价依据的是人与设施互动的第三个过程，也是设施发挥效能最关键的过程，即人在使用设施后依据主观感知对设施服务质量进行的判断。

② 评价方法。本节引入使用后评价（Post Occupancy Evaluation）的方法对各类生活服务设施服务质量进行评价。使用后评价分为主观评价和客观评价，其中：主观评价的重要方法之一是满意度评价，其更加侧重定性结合定量的主观评价方式；而客观评价通过对专家、学者的访谈来制定标准，根据标准对建成环境进行打分，从而分析结果是否达到了相应的标准。本研究站在使用者角度出发，采用满意度评价的方法。满意指的是一种心理状态，设施满意度也就是通过建立指标体系来定量评价受众群体对设施服务质量的心理感受①。

③ 评价流程。满意度评价一般采用问卷调查的方式。根据构建的满意度评价指标体系，设计满意度调查问卷，对研究范围内的居民发放问卷，收集受访者对各项内容的评分，一般用李克特 5 级量表进行打分，回收问卷对各项指标的得

① 曹阳，甄峰．南京市医疗设施服务评价与规划应对 [J]. 规划师，2018, 34(08): 93–100.

分进行加权汇总，得到受访者对某类设施的满意度评分。

（2）满意度评价指标体系初步构建

由于本研究涉及的设施类别过多，为了使指标体系便于推广，本研究采用综合评价类的方式对各类设施采用统一的评价维度，同时借鉴单类设施评价对各维度进行细致说明。通过文献归纳[①]，本研究对于设施满意度初步选择以下几个维度进行评价：设施齐全性、设施完好性、人员服务质量、环境适宜性（图 5-9）。

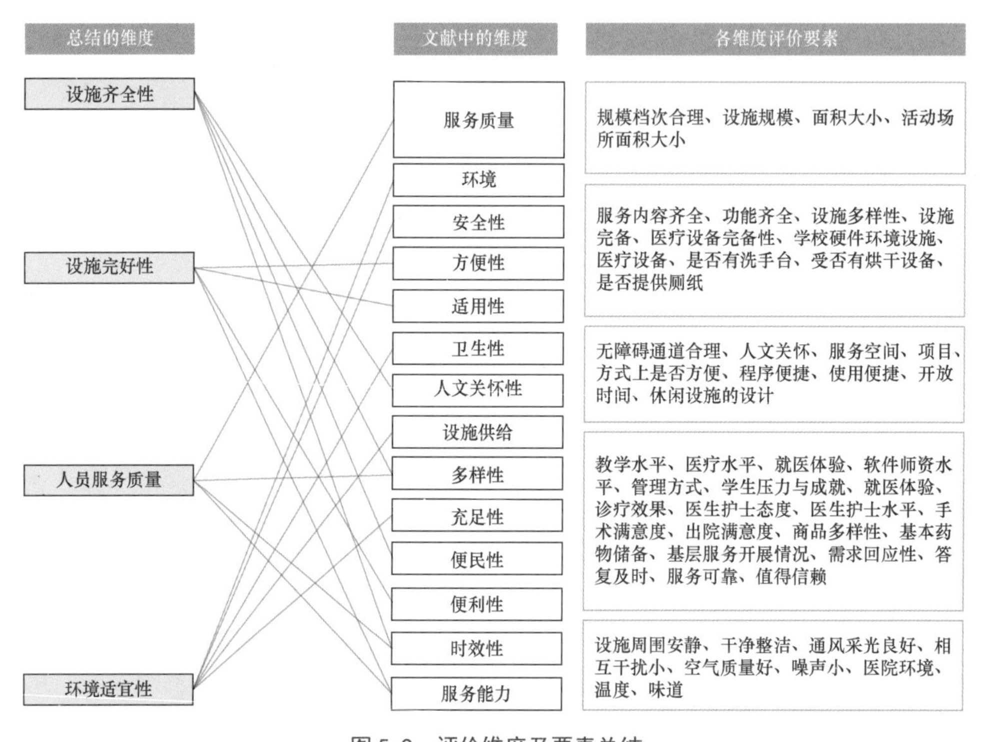

图 5-9 评价维度及要素总结

资料来源：作者自绘

① 设施齐全性。设施齐全性指的是设施中配备的硬性设施是否齐全，是否能满足村民的使用需求；对于以老年人以及儿童为主要群体的农村社区来说，设施齐全性对于使用满意度评价尤其重要。

② 设施完好性。设施完好性指的是设施中提供的硬性设备是否都具备良好性能，是否能够正常运转，设备的外表是否整洁以及是否能够方便使用；往往人

① 朱坚鹏 . 基于 AHP 的住宅区公共服务设施评价体系研究 [D]. 浙江大学 , 2005.

们在使用某项设施时，会希望这项设施有多样功能，从而可以更加便捷地获取多样服务。

③ 人员服务质量。人员服务质量主要是指该类设施主要服务的相关从业人员数量能否满足村民的使用需求，以及服务过程中的水平及态度，如教师的教学水平，医生的诊疗水平，养护人员的服务态度，卫生室、医院的基本药物储备、医疗设备等。对于学校、医院、养老院等设施，教师和养护人员的专业水平以及服务态度直接决定了学生和老年人对于受教育和养老服务的满意度。

④ 环境适宜性。环境适宜性主要包括三个方面：一是设施建设的硬件环境，如通风采光等；二是指人实际使用时感知到的设施的面积大小；三是指设施后续在运营过程中是否有专人维护，主要表现在卫生清洁、设备完好程度等方面。不同的人感受到的设施规模大小是不同的，往往文化类设施如图书室、活动场地类设施如广场等比较强调这一指标。

（3）设施使用满意度评价指标筛选

本研究将设施小类作为一级指标，将各类设施满意度评价维度作为二级指标。根据第 3 章总结文献得到用于评价农村社区生活服务设施使用满意度的 4 个维度：设施完善性、服务时效性、环境适宜性、价格合理性。为了得到不同类别生活服务设施满意度评价的维度，将 4 个维度设置成生活服务设施关注度调查问卷向居民发放，居民可以根据各类设施的现况对以上维度的关注度打分，设置选项为“非常关注”“较为关注”“一般”“很少关注”“从不关注”，对应分值分别为“5”“4”“3”“2”“1”，一共回收到 63 份问卷，采用 SPSS 软件对指标的关注度平均值以及变异系数进行计算，得到各类生活服务设施满意度评价维度，如表 5-6 所示。

表 5-6　各类生活服务设施满意度评价维度

	设施齐全性	设施完好性	人员服务质量	环境适宜性
教育设施类	●	●	●	●
公共管理与服务设施类	●	●	●	●
医疗卫生设施类	●	●	●	●
社会保障设施类	●	●	●	●
体育设施类	●	●		●
文化设施类			●	●
商业服务设施类	●	●	●	●

（4）评估流程

根据各项生活服务设施满意度评价指标，为每一类设施的每一项指标设计相应问卷内容。考虑到农村居民文化程度有限情况，在问题设置上需要尽可能简单易懂。表 5-7 以教育类设施满意度评价指标及问卷内容设计为例说明。

表 5-7　教育类设施满意度评价指标及问卷内容设计

设施类别		二级指标	指标访谈内容
教育类设施	小学	设施齐全性	学校硬件设施配备
		设施完好性	学校设施方便程度
		人员服务质量	教师配备数量
		环境适宜性	美观整洁度

考虑个别情况，该调查问卷也可以通过访问者与居民访谈，由访问者根据居民表述内容判断各项内容的评分。

问卷数量按照每个自然村 10% 的比例回收。若该行政村为 2000 人，下辖三个自然村分别为 500 人、800 人、700 人，则三个自然村分别需回收问卷 50 份、80 份、70 份。

满意度评价采用李克特 5 级量表进行打分，其中勾选“很不满意”赋值 10 分、“不满意”赋值 20 分、“一般”赋值 50 分、“满意”赋值 90 分、“很满意”赋值 100 分。以下以教育类设施满意度评价为例说明（图 5-10）。

（5）评估模型构建

服务水平满意度评价中，各项生活服务设施的权重可以根据问卷中调查对象对设施的重要性排序来确定，各项指标的权重由专家打分决定。将各项设施服务水平满意度评价的得分乘以相应的权重，并求得总和，即为生产服务设施服务水平满意度评价最终得分。生活服务设施使用率评价模型如下：

$$A_3=\sum_{i=1}^{N} M_i W_i$$

其中，M_i 为指标 i 的得分，W_i 为指标 i 的权重，A_3 为生活服务设施服务水平满意度评价得分。

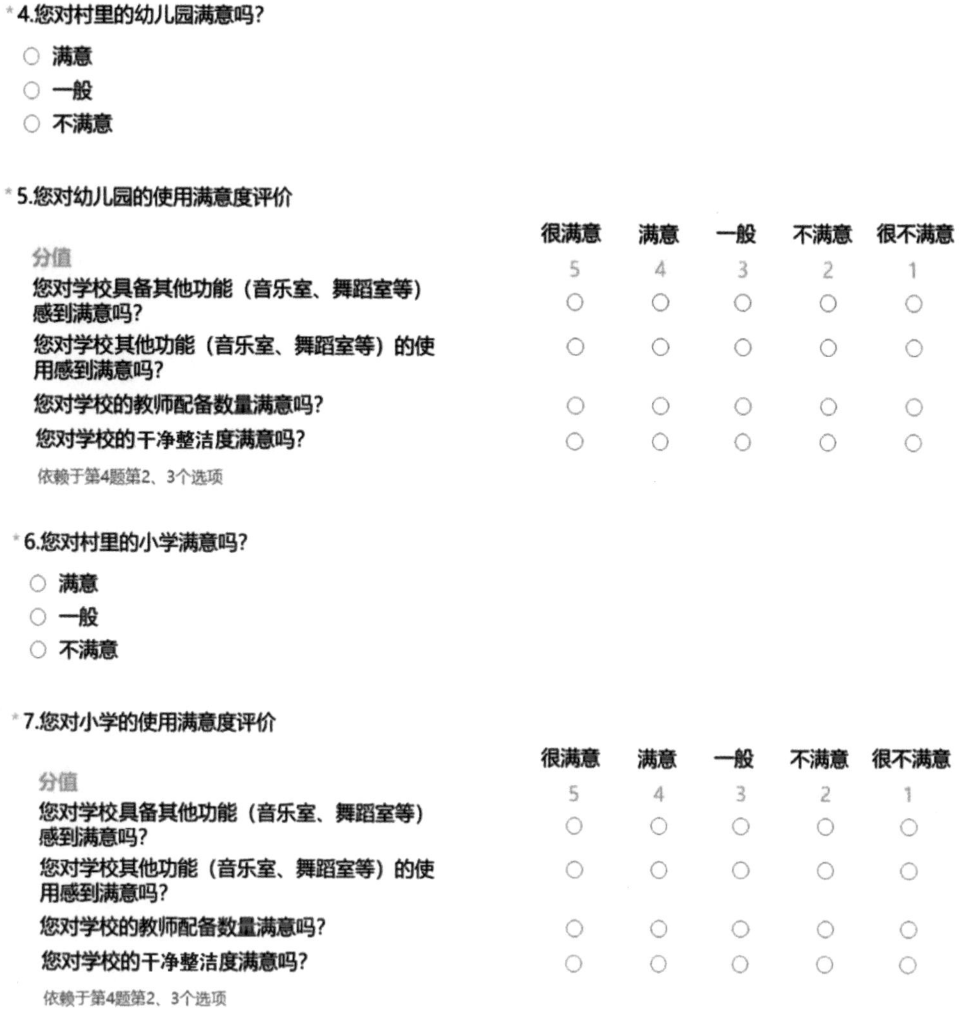

* 4.您对村里的幼儿园满意吗?

○ 满意
○ 一般
○ 不满意

* 5.您对幼儿园的使用满意度评价

	很满意	满意	一般	不满意	很不满意
分值	5	4	3	2	1
您对学校具备其他功能（音乐室、舞蹈室等）感到满意吗?	○	○	○	○	○
您对学校其他功能（音乐室、舞蹈室等）的使用感到满意吗?	○	○	○	○	○
您对学校的教师配备数量满意吗?	○	○	○	○	○
您对学校的干净整洁度满意吗?	○	○	○	○	○

依赖于第4题第2、3个选项

* 6.您对村里的小学满意吗?

○ 满意
○ 一般
○ 不满意

* 7.您对小学的使用满意度评价

	很满意	满意	一般	不满意	很不满意
分值	5	4	3	2	1
您对学校具备其他功能（音乐室、舞蹈室等）感到满意吗?	○	○	○	○	○
您对学校其他功能（音乐室、舞蹈室等）的使用感到满意吗?	○	○	○	○	○
您对学校的教师配备数量满意吗?	○	○	○	○	○
您对学校的干净整洁度满意吗?	○	○	○	○	○

依赖于第4题第2、3个选项

图 5-10　教育类设施满意度评价问卷

资料来源：作者自绘

5. 指标体系构建

将各类生活服务设施效能各维度的指标进行汇总。向城乡规划领域专家发放生活服务设施权重问卷 30 份，回收 30 份。利用 AHP 层次分析法进行权重计算，最终得到各类生活服务设施效能评估指标体系如表 5-8 ～表 5-13 所示。

表 5-8　公共管理与服务设施效能评估指标体系

设施效能	一级指标（权重）	二级指标（权重）	三级指标（权重）
公共管理与服务设施效能	A_1 公共服务中心（0.51）	B_1 空间可达性 0.31	C_1 可达性值（1.00）
		B_2 使用率 0.34	C_2 使用频率（1.00）
		B_3 服务质量 0.35	C_3 设施齐全性 0.25
			C_4 设施完好性 0.25
			C_5 人员服务质量 0.26
			C_6 环境适宜性 0.24
	A_2 经济、中介机构 0.49	B_4 空间可达性 0.31	C_7 可达性值
		B_5 使用率 0.34	C_8 使用频率
		B_6 服务质量 0.35	C_9 设施齐全性 0.25
			C_{10} 设施完好性 0.25
			C_{11} 人员服务质量 0.26
			C_{12} 设施关怀性 0.24

表 5-9　教育类设施效能评估指标体系

设施效能	一级指标	二级指标	三级指标
教育类设施效能	A_1 幼儿园 0.50	B_1 空间可达性 0.34	C_1 可达性值（1.00）
		B_2 使用率 0.32	C_2 服务人数比（1.00）
		B_3 服务质量 0.34	C_3 设施齐全性 0.24
			C_4 设施完好性 0.25
			C_5 人员服务质量 0.27
			C_6 环境适宜性 0.24
	A_2 小学 0.50	B_4 空间可达性 0.34	C_7 可达性值
		B_5 使用率 0.32	C_8 服务人数比
		B_6 服务质量 0.34	C_9 设施齐全性 0.24
			C_{10} 设施完好性 0.25
			C_{11} 人员服务质量 0.27
			C_{12} 环境适宜性 0.24

表 5-10　社会保障设施效能评估指标体系

设施效能	一级指标	二级指标	三级指标
社会保障设施效能	A_1 养老服务站 0.54	B_1 空间可达性 0.33	C_1 可达性值（1.00）
		B_2 使用率 0.31	C_2 服务人数比（1.00）
		B_3 服务质量 0.36	C_3 设施齐全性 0.25
			C_4 设施完好性 0.25
			C_5 人员服务质量 0.26
			C_6 环境适宜性 0.24
	A_2 残疾人之家 0.46	B_4 空间可达性 0.33	C_7 可达性值（1.00）
		B_5 使用率 0.31	C_8 服务人数比（1.00）
		B_6 服务质量 0.36	C_9 设施齐全性 0.25
			C_{10} 设施完好性 0.25
			C_{11} 人员服务质量 0.26
			C_{12} 环境适宜性 0.24

表 5-11　医疗卫生类设施效能评估指标体系

设施效能	一级指标	二级指标	三级指标
医疗卫生类设施效能	A_1 村卫生室	B_1 空间可达性 0.34	C_1 可达性值（1.00）
		B_2 使用率 0.31	C_2 使用频率（1.00）
		B_3 服务质量 0.35	C_3 设施齐全性 0.25
			C_4 设施完好性 0.26
			C_5 人员服务质量 0.26
			C_6 环境适宜性 0.23

表 5-12　商业服务类设施效能评估指标体系

设施效能	一级指标	二级指标	三级指标
商业服务类设施	A_1 旅社、饭店、旅游类服务设施 0.22	B_1 空间可达性 0.33	C_1 可达性值（1.00）
		B_2 使用率 0.33	C_2 服务人数比（1.00）
		B_3 服务质量 0.34	C_3 设施齐全性 0.25
			C_4 设施完好性 0.25
			C_5 人员服务质量 0.26
			C_6 环境适宜性 0.24

续表

设施效能	一级指标	二级指标	三级指标
商业服务类设施	A_2 超市、药店、购物类设施 0.27	B_4 空间可达性 0.33	C_7 可达性值（1.00）
		B_5 使用率 0.33	C_8 服务人数比（1.00）
		B_6 服务质量 0.33	C_9 设施齐全性 0.25
			C_{10} 设施完好性 0.25
			C_{11} 人员服务质量 0.26
			C_{12} 环境适宜性 0.24
	A_3 综合修理、理发、劳动服务类设施 0.25	B_7 空间可达性 0.33	C_{13} 可达性值（1.00）
		B_8 使用率 0.33	C_{14} 服务人数比（1.00）
		B_9 服务质量 0.34	C_{15} 设施齐全性 0.25
			C_{16} 设施完好性 0.25
			C_{17} 人员服务质量 0.26
			C_{18} 环境适宜性 0.24
	A_4 集贸市场、加工、收购点 0.26	B_{10} 空间可达性 0.33	C_{19} 可达性值（1.00）
		B_{11} 使用率 0.33	C_{20} 服务人数比（1.00）
		B_{12} 服务质量 0.34	C_{21} 设施齐全性 0.25
			C_{22} 设施完好性 0.25
			C_{23} 人员服务质量 0.26
			C_{24} 环境适宜性 0.24

表 5-13　文化体育设施效能评估指标体系

设施效能	一级指标	二级指标	三级指标
文化体育设施	A_1 村文化活动室 0.50	B_1 空间可达性 0.34	C_1 可达性值（1.00）
		B_2 使用率 0.33	C_2 使用频率（1.00）
		B_3 服务质量 0.33	C_3 设施齐全性 0.33
			C_4 设施完好性 0.34
			C_5 环境适宜性 0.33
	A_2 体育健身场地 0.50	B_4 空间可达性 0.34	C_6 可达性值（1.00）
		B_5 使用率 0.33	C_7 使用频率（1.00）
		B_6 服务质量 0.33	C_8 设施齐全性 0.33
			C_9 设施完好性 0.34
			C_{10} 环境适宜性 0.33

5.1.3　生产服务设施效能评估

1. 效能定义及评估维度

生产服务设施为农业的产前、产中、产后各个环节提供服务，其主要目标微观上是协助农业经营主体解决在生产经营过程中遇到的各种问题，宏观上是不断充实和完善自身服务功能，加速实现农业现代化[①]。目前我国生产服务设施亦存在诸如服务人员不足、业务能力差、服务能力薄弱等问题[②]。因此，将生产服务设施的效能定义为是否有效发挥设施自身服务水平，是否能够满足使用者的生产需求。根据《导则》中的配置标准，只对村域范围内可能设置的生产服务设施进行效能评估（图 5-11）。

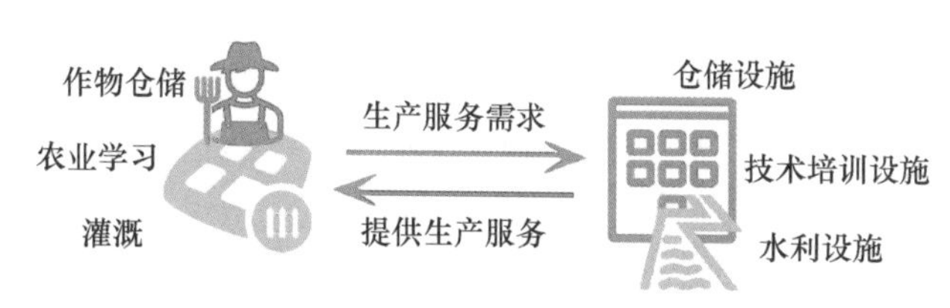

图 5-11　生产服务设施双向互动示意

资料来源：作者自绘

生产服务设施的效能体现生产服务设施与人良性互动的程度，那么对于该类服务设施效能的评估其实就是对该种互动程度的评估。结合系统效能评估的过程性评价模式，对于生产服务设施发挥自身服务水平、满足使用者生产需求可以从解构人与设施互动的两个过程入手：人使用生产服务设施 – 设施使用后评价。因此，两个过程分别可以与两个维度相对应：使用率与服务质量，并分别可以通过使用率和服务水平满意度两个指标对其进行评估。针对不同类型的生产服务设施需要根据设施特点对评估维度进行调整：

基础类生产服务设施只需要考虑基本效能有没有得到有效发挥，保障农民生产权益，因此，对基础类设施的服务水平只进行服务水平满意度评价；提升类生

① 武慧芳．山东省农业生产性服务业发展存在的问题及政策建议 [J]. 农村经济与科技，2020,31(09): 232–234.

② 李原园，徐震，黄火键，等．农村水系生态环境主要问题与对策浅析 [J]. 中国水利，2021(03): 13–16.

产服务设施是否有效发挥了自身服务水平，具体体现在设施的选择使用和使用后评价中，从使用率和服务质量两个维度进行评价，具体评价指标为使用率与服务水平满意度（图 5-12、表 5-14）。

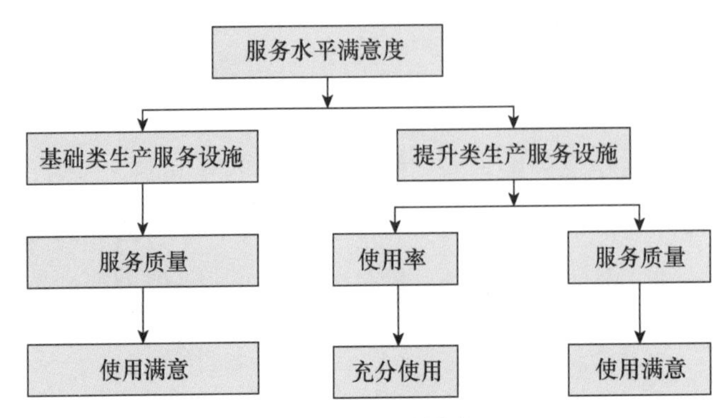

图 5-12　评估维度

资料来源：作者自绘

表 5-14　生产服务设施一级指标体系

设施类别	类别	设施	一级指标
农业生产设施	基础类	农田水利设施	服务水平满意度
		电力设施	
		物流服务设施	
		农业仓储设施	
	提升类	科技服务与农业技术服务设施	使用率 服务水平满意度
		农资服务设施	
		产品检验与检疫设施	
工业配套设施	基础类	交通、市政公用设施	服务水平满意度
		仓储物流设施	
信息服务设施	提升类	信息服务与展销设施	使用率 服务水平满意度

2. 使用率评价

（1）使用率内涵与解析

生产服务设施使用率指的是农户在生产活动中对生产服务设施的使用频率，是在人使用设施的过程中能够反映设施服务水平发挥情况的指标。基础类生产服务设施是生产活动所需的最基本设施，这类设施被农户普遍使用，使用率不能客观反映设施效能的发挥情况。提升类生产服务设施存在选择使用的情况，当设施使用率较高时，一定程度上可以反映出该设施服务水平发挥情况较好，也就是农户愿意在生产活动中对设施进行更为频繁的使用，进而促进其生产活动；当村镇配备了设施但该设施使用率低，则说明农户在生产活动中不常使用该设施，该设施的服务水平存在一定问题，导致农户对该设施的使用需求较低，需要进一步通过使用后满意度问卷调查查明该设施服务效能存在的问题。

（2）评估方法及流程

因生产活动本身具有季节性，并且不同农业类型生产服务设施使用率也不同，很难通过直接检测的方式获得使用数据，因此本研究采用问卷调查形式来获取使用率数据。在筛选使用率问卷调查对象时，应选择年龄在 18 ～ 50 岁且参与生产工作的农村居民。

使用率采用李克特 5 级量表进行打分，分值分别表示村民对各个设施的使用情况，其中，0 表示没有使用过，20 表示使用率低，50 表示使用率中等，90 表示使用率高，100 表示使用率很高。

以下以农资服务设施使用率评价指标及问卷内容设计为例说明。

其中，如果农户选择了没使用过该设施，则需要回答没使用过该设施的原因。若农户在问卷中选择的原因是“不需要用”该设施，则该评价者对该设施的问卷设为无效问卷；若选择“因为设施服务质量太差不想使用”，则该评价者对该设施的使用率记为 0 分（图 5-13）。

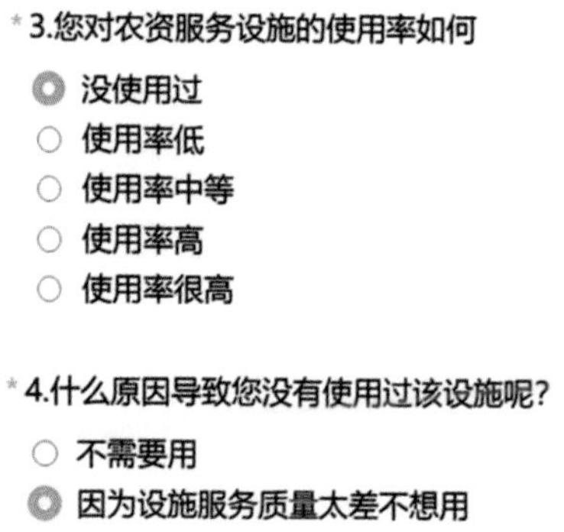

* 3.您对农资服务设施的使用率如何

- ◉ 没使用过
- ○ 使用率低
- ○ 使用率中等
- ○ 使用率高
- ○ 使用率很高

* 4.什么原因导致您没有使用过该设施呢?

- ○ 不需要用
- ◉ 因为设施服务质量太差不想用

图 5-13　使用率评价问卷模拟

资料来源：作者自绘

（3）评估模型构建

使用率评价中，对生产服务设施使用率指标得分进行汇总，计算该项设施使用率指标得分的总和，再将总和除以该项设施的有效问卷数，得到的使用率平均得分即为该项生产服务设施使用率评价最终得分。生产服务设施使用率评价模型如下：

$$A_1=\frac{\sum_{i=1}^{N}M_i}{N}$$

其中，N 为有效问卷数，M_i 为设施 i 的使用率指标得分，A_1 为生产服务设施使用率评估得分。

3. 服务质量评价

（1）服务质量内涵与解析

生产服务设施的服务质量体现在人与设施的良性互动过程中，因此需要使用者根据使用后的主观感受对设施的服务质量进行评价和反馈。在农户的使用过程中，设施的服务质量分为提供的技术、设备的服务和人员的服务。不同的生产服务设施提供的服务侧重点不同，因此需要根据各项生产服务设施的服务内容特征对服务质量评价指标进一步细化。随着农业商品经济的发展和农业科技的进步与应用，农户逐渐成为最主要的生产服务对象。因此生产服务设施的服务质量得分由使用者（即农户）进行主观评价获取。

服务水平满意度存在二级指标。根据现有文献研究总结生产服务设施的特征与存在的问题，基础类生产服务设施与提升类不同，设施的服务内容与特征存在差异，因此二级指标需要通过文献梳理与总结的方式进行确定，针对服务质量这一维度对农村生产服务设施不同类型分别提出以下二级评价指标。

（2）基础类生产服务设施二级指标确立

基础类生产服务设施是为生产活动提供基础服务的设施，因此具体设施根据其服务功能而定。

针对农田水利设施，李古成等（2015）提出灌溉设施功能的发挥受到气候等因素的影响，水库数量、水库库容量、堤防长度等并不能作为灌溉设施的有效衡量指标，而有效灌溉面积能够综合反映灌溉设施状况，可用来衡量灌溉基础设施[①]。进一步结合我国农村实际情况，不同地区的农业产业现况存在差异，因为各地区土地面积等因素不同，水利设施的类型也不同，因此水利设施的服务质量需要通过问卷调查对设施的灌溉 / 排涝 / 抗旱能力进行综合评估，才能更加有效地评估配备的水利设施的效能发挥情况。

针对电力设施，根据《全国农村地区供电可靠率和居民用户受电端电压合格率标准》，需要确保电力设施能够正常稳定地为生产供电，原因是若供电突然被中断，直接对生产的稳定性产生影响，因此针对电力设施的服务质量要从供电稳定性进行评价。

物流服务设施是为乡村物资集散提供服务的场所，用于提供基础的加油加水、临时休息、临时装卸货物等服务，与《广东省农村物流网络节点建设标准》中提到的农村物流网络节点的服务内容相同，因此物流服务设施可以从其货物流通能力对设施的服务水平满意度进行评估。

针对农业仓储设施，根据《农业生产资料供应服务—农资仓储服务规范》中的规定，农业仓储设施是为客户提供农资商品存放、保管、仓库中转等服务的设施。农业仓储设施包括临时堆放、晾晒农产品的场地，也包括长期储存粮食、瓜果、肉类等农产品的仓库。黄继兴、谢启国（2000）总结了农业生产中农资仓储存在的问题，包括人员多、仓储量少、设施老化等问题[②]。阎芳等（2015）提出农资仓储是农资物流不可缺少的环节，是维护农资质量、保障农资安全的重要阶段，其中我国农业仓储设施存在的问题是仓储机械装备水平低、仓储环境不良、人工服务效率低下等[③]。各方面服务综合为农业仓储设施的仓储能力，因此服务水平满意度主要从这些方面进行评价。

工业配套设施中的交通、市政公用设施属于基础类设施，此类设施包含的服务内容较多，因此服务水平满意度可以从设施自身服务内容出发进行评价。

综合现有文献，根据不同生产服务设施的特点对各项生产服务设施的评价维

---

① 李谷成，尹朝静，吴清华 . 农村基础设施建设与农业全要素生产率 [J]. 中南财经政法大报，2015(01): 141–147.

② 黄继兴，谢启国 . 积极探索农资仓库改革发展之路 [J]. 农资科技，2000(05): 6–7.

③ 阎芳，赵琰，刘军，等 . 农资仓储品质保障监控系统研究 [J]. 物流技术，2015,34(17): 250–252, 299.

度进行调整，基础类生产服务设施服务质量评价指标体系如表 5-15 所示。

表 5–15　基础类生产服务设施服务质量评价指标

<table>
<tr><th></th><th>设施</th><th>一级指标</th><th>二级指标</th></tr>
<tr><td rowspan="4">农业综合服务设施</td><td>农田水利设施</td><td rowspan="6">服务水平满意度</td><td>灌溉 / 排涝 / 抗旱能力评估</td></tr>
<tr><td>电力设施</td><td>供电稳定性评估</td></tr>
<tr><td>物流服务设施</td><td>物流能力评估</td></tr>
<tr><td>农业仓储设施</td><td>仓储能力评估</td></tr>
<tr><td rowspan="2">工业配套设施</td><td>交通、市政公用设施</td><td>电力、通信、给水、排水、污水、环境卫生、消防能力评估</td></tr>
<tr><td>仓储物流设施</td><td>仓储物流能力评估</td></tr>
</table>

（3）提升类生产服务设施二级指标确立

提升类生产服务设施的服务质量评价，其内涵是人对设施提供服务过程各方面的感知满意度，包括硬件的设施建设和软件的人员服务。生产服务设施往往存在规模选址分布不均、服务人员水平较差等问题，导致农户对设施使用后满意度较低[①]。提升类生产服务设施的二级指标需在文献分析的基础上进一步确定。

针对科技服务与农业技术服务设施，黄秀娟、王文烂指出，该类设施在农业技术推广方面存在问题[②]。屈迪、罗华伟对农技推广机构效率进行评价[③]，其中农户满意度为重要评价指标，分为对推广技术的满意度和对推广人员的满意度。因此农技服务设施存在农户使用后不满意的情况，若要提升设施效能，需要根据农户使用后评价有针对性地进行提升。杨巍等认为不同的农业技术应该考虑不同的农业技术推广方法[④]。因此，针对不同的农业种类所需配备的设施与培训的技术，要综合实际情况进行考虑。对于农户的使用后评价，需要考虑科技服务与农业技术服务设施的配置情况。综合学者对农业技术推广相关设施的研究可以

① 张梦雪 . 生产服务设施的布置和选址 [J]. 商情 , 2019(30): 1.

② 黄秀娟 , 王文烂 . 农业技术推广及其绩效评价研究述评 [J]. 台湾农业探索 ,2011(05): 36–41.[63] 刘建平 . 农业技术推广及其绩效评价研究述评 [J]. 农业开发与装备 , 2015(08): 18.

③ 屈迪 , 罗华伟 . 农业科技推广机构绩效评价指标体系研究 [J]. 湖北农业科学 , 2011,50(05): 1074–1077.

④ 杨巍 , 吴敬学 , 张扬 . 我国粮食主产区农户技术获取途径的实证分析 [J]. 农业展望 , 2010(5): 57.

发现，科技服务与农业技术服务设施是为生产提供产前服务的设施，研究提升农业技术可以促进生产。针对该类设施效能的评价需要考虑农户对科技服务与农业技术服务设施的设备完好度、设备齐全度以及人员服务质量的评价。

根据《农业生产资料供应服务—农资仓储服务规范》的规定，农资服务设施是为农业生产提供工具、装置、化肥厂、农药等基础生产资料的设施。此类生产服务设施需要注意仓库、相关设备以及服务人员的配置情况。赵阳楠等在对农资供应服务体系的研究中，提到农资供应服务涉及农资门店建设管理、农资采购、农资仓储物流、农资销售、售后服务等环节[①]。对农资服务设施的规模、专业服务人员以及相应的设施设备都有一定的要求，这些方面都会对农资服务水平产生影响。因此，对于农资服务设施服务水平的满意度可以从设施规模大小、设备完好度、设备齐全度、人员服务质量 4 个方面进行评价。

产品检验与检疫设施是为生产活动提供动植物产品的安全检疫服务的设施。周广熊等总结了目前产品检验与检疫设施专业性强、检疫队伍力量薄弱、服务人员专业水平需要加强、检疫设施设备相对落后与现阶段检疫工作不相适应等问题[②]。但检疫设备主要使用人员是专业人员而不是村民，也就是说，村民没有办法在使用后对设备方面的不足进行反映，因此，根据文献总结产品检验与检疫设施服务质量单从人员服务质量方面进行评价。

针对信息服务与展销设施，楚明钦提出，在数字经济背景下，农业配套信息服务体系建设滞后，农业基层科技人员数量太少且服务力量不足，缺乏专业化的农业生产性服务信息供给[③]。刘楠、张平提出，我国农业信息化建设滞后，村民科技普及率和网络使用率很低，影响生产效率与产品销路，需加强信息化市场建设[④]。根据河南省农业会展业发展现状，阻碍河南省农业会展业高速发展的两大因素为展馆缺乏且展览面积严重不足、展馆现代化程度低。因此，综合目前存在

---

① 赵阳楠，王苏天，崔继梅，等．农资供应服务标准体系构建探讨 [J]. 中国标准化，2016(08): 67–70, 118.

② 周广熊，袁辉，赵庆阳，等．桂林市农业植物检疫工作现状及对策 [J]. 湖北植保，2021(03): 4–5, 8.

③ 楚明钦．数字经济下农业生产性服务业高质量发展的问题与对策研究 [J]. 理论月刊，2020(08): 64–69.

④ 刘楠，张平．我国农业生产性服务业发展存在的问题及对策 [J]. 经济纵横，2014(08): 65–68.

的问题，信息服务与展销设施应着重从设施配备的相应信息供给、场地规模和人员服务 3 个方面进行服务质量的评价，选取的评价指标应为设施规模大小、设备完好度、设备齐全度、人员服务质量 4 个指标。

① 设施规模大小

设施规模大小指人实际使用时感知到的设施的面积大小，这是农户在使用设施时的主观感受，表示的是该设施的规模是否能满足农户的生产需求。部分生产服务设施的相关规范对设施的规模进行了规定，但是，由于不同地区生产需求不同，不同农户的生产情况也各有差异，所以对设施的实际使用规模感受也会不同。因此，设施规模大小是需要使用满意度评价的一个重要方面，如农资服务设施与物流服务设施的规范中需要设施的规模满足相应的生产需求，需要通过农户使用后的满意度对其规模进行评价。

② 设备完好度

设备完好度指设施中提供的硬件设备是否性能良好、运转正常，零部件是否齐全、无较大缺陷，磨损腐蚀是否在规定限度内，外表是否足够清洁、整齐。在使用设施过程中也会存在设备损耗的情况，因此需要根据农户的使用后反馈对损坏的设备进行及时调整。

③ 设备齐全度

设备齐全度指配备的硬件设备是否齐全，且是否能满足村民的使用需求。比如，农资服务设施中货架、运输机等农资专业设备是否配备齐全，能否满足农户在生产活动中的使用需求；信息服务与展销设施提供的信息服务平台设备、展销所需的展览设备等是否满足农户的使用需求。

④ 人员服务质量

人员服务质量主要指该类设施相关从业人员配置的数量是否能够满足农户的服务需求。服务人员数量不足则会影响产品检疫人员的检疫水平与效率、农技培训人员的服务水平及效率、仓储物流相关服务人员的服务效率等。提升类生产服务设施中人员的服务对设施服务水平的发挥有较大的影响，该类生产服务设施的操作多需要相关从业人员的辅助。服务人员数量不足则直接影响生产活动的效率，关系着农户使用设施时的满意度。

因此综合提升类各个生产服务设施存在的问题，进一步确定满意度评价的二级指标，分别从设施规模大小、设备完好度、设备齐全度、人员服务质量 4 个方面评价（表 5-16、图 5-14）。

表 5-16　提升类生产服务设施服务质量评价指标

	设施规模大小	设备完好度	设备齐全度	人员服务质量
科技服务与农业技术服务设施		●	●	●
农资服务设施	●	●	●	●
产品检验与检疫设施				●
信息服务与展销设施	●	●	●	●

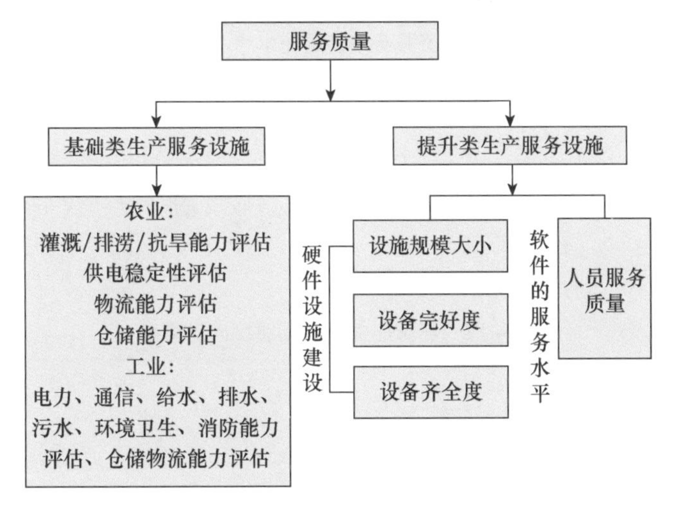

图 5-14　服务质量评价指标维度

资料来源：作者自绘

（4）评估方法及流程

满意是一种心理状态，服务水平满意度则是通过建立指标体系定量评价受众群体对设施服务水平的心理感受。满意度评价采用问卷调查的方式获得。通常采用李克特 5 级量表进行打分，分值分别表示居民对各个指标的满意程度，其中，10 表示很不满意、20 表示不满意、50 表示一般、90 表示满意、100 表示很满意。问卷中首先询问评价者是否对该设施整体服务水平满意，若选择“满意”，则该设施服务水平满意度各评价指标为 100 分，不需继续询问对该设施各项指标的满意度；若选择“一般”或“不满意”，则需要继续询问对该设施的各项指标的满意度。以农资服务设施为例（图 5-15）。

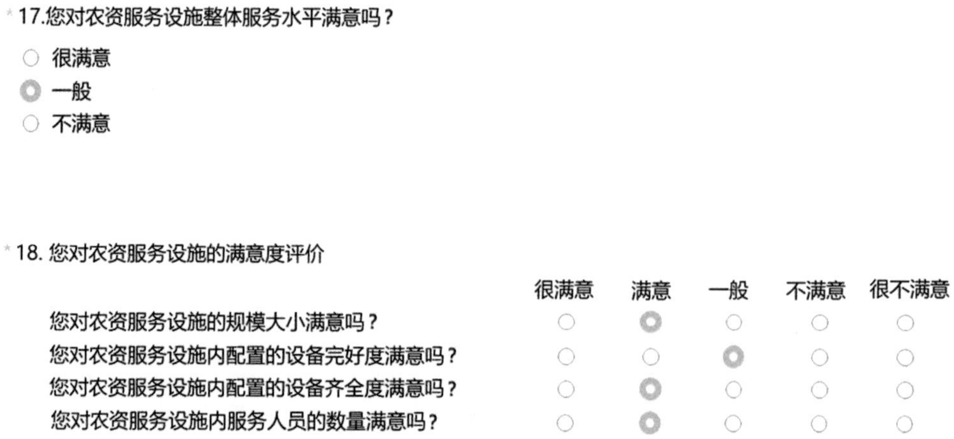

*17.您对农资服务设施整体服务水平满意吗？

- 很满意
- 一般
- 不满意

*18. 您对农资服务设施的满意度评价

	很满意	满意	一般	不满意	很不满意
您对农资服务设施的规模大小满意吗？	○	●	○	○	○
您对农资服务设施内配置的设备完好度满意吗？	○	○	●	○	○
您对农资服务设施内配置的设备齐全度满意吗？	○	●	○	○	○
您对农资服务设施内服务人员的数量满意吗？	○	●	○	○	○

图 5-15　农资服务设施服务水平满意度问卷

资料来源：作者自绘

收集图 5-15 所示问卷的评价结果，农民对农资服务设施服务水平满意度问卷得分为如表 5-17 所示。

表 5-17　农资服务设施满意度问卷得分

指标	得分
设施规模大小	90
设备完好度	50
设备齐全度	90
人员服务质量	90

（5）评估模型构建

服务质量评价中，各项生产服务设施的权重根据问卷调查对象对设施的重要性排序确定，各项指标的权重由专家打分决定。将各项设施服务质量评价的得分乘以相应的权重，并求得总和，即为生产服务设施服务质量评价最终得分。生产服务设施使用率评价模型如下：

$$A_3=\sum_{i=1}^{N} M_i W_i$$

其中，M_i 为指标 i 的得分，W_i 为指标 i 的权重，A_2 为生产服务设施服务质量评估得分。

4. 指标体系构建

将各类设施效能三个维度的指标进行汇总。向城乡规划领域专家发放生产服务设施权重问卷 30 份，回收 30 份。利用 AHP 层次分析法进行权重计算，最终得到生产服务设施效能评估指标体系，如表 5-18 所示。

表 5–18　生产服务设施效能评估指标体系

设施效能	类别	一级指标（权重）	二级指标（权重）	三级指标（权重）
农业综合服务设施	基础类	A_1 农田水利设施（0.15）	B_1 服务质量（1.00）	C_1 灌溉 / 排涝 / 抗旱能力评估（0.26）
		A_2 电力设施（0.15）		C_2 供电稳定性评估（0.26）
		A_3 物流服务设施（0.14）		C_3 物流能力评估（0.25）
		A_4 农业仓储设施（0.13）		C_4 仓储能力评估（0.23）
	提升类	A_5 科技服务与农业技术服务设施（0.15）	B_2 使用率（0.48）	
			B_3 服务质量（0.52）	C_5 设备完好度（0.32）
				C_6 设备齐全度（0.32）
				C_7 人员服务质量（0.36）
		A_6 农资服务设施（0.14）	B_4 使用率（0.48）	
			B_5 服务质量（0.52）	C_8 设施规模大小（0.23）
				C_9 设备完好度（0.26）
				C_{10} 设备齐全度（0.25）
				C_{11} 人员服务质量（0.26）
		A_7 产品检验与检疫设施（0.14）	B_6 使用率（0.48）	
			B_7 服务质量（0.52）	C_{12} 人员服务质量（1.00）
工业配套设施	基础类	A_8 交通、市政公用设施（0.52）	B_8 服务质量（1.00）	C_{13} 电力、通信、给水、排水、污水、环境卫生、消防能力评估（1.00）
		A_9 仓储物流设施（0.48）	B_9 服务质量（1.00）	C_{14} 仓储物流能力评估（1.00）

续表

设施效能	类别	一级指标（权重）	二级指标（权重）	三级指标（权重）
信息服务设施	提升类	A_{10} 信息服务与展销设施（1.00）	B_{10} 使用率（0.48）	
			B_{11} 服务质量（0.52）	C_{15} 设施规模大小（0.24）
				C_{16} 设备完好度（0.25）
				C_{17} 设备齐全度（0.24）
				C_{18} 人员服务质量（0.27）

5.1.4 生态服务设施效能评估

1. 效能定义及评估维度

生态系统服务指人类从生态系统获得的所有惠益，包括供给服务（如提供食物和水）、调节服务（如控制洪水）、文化服务（如娱乐和文化收益）以及支持服务（如维持养分循环）。其中农村生态服务设施建设目的主要是为生产空间和生活空间提供良好的生态环境基底，保证农村和农业可持续发展的能力，故将生态服务设施效能定义为基于支撑生产和生活空间的农村生态环境的支持与调节效益①。

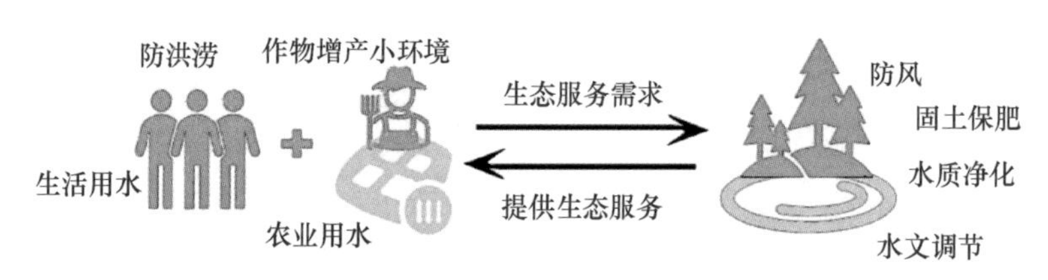

图 5-16　生态服务设施双向互动示意

资料来源：作者自绘

2. 一级指标确立

不同生态服务设施的生态服务功能不同，无法像生活类设施一样按照统一标准进行评判，故按照设施的生态服务功能进行一级指标分类。通过现有文献的整理，获得不同生态服务设施所具备的生态服务功能如表 5-19 所示。

① 刘燕 . 论“三生”空间的逻辑结构、制衡机制和发展原则 [J]. 湖北社会科学 , 2016(03): 5-9.

表5-19 生态服务设施功能综述

生态服务设施	生态服务功能指标	相关文献
水土保持设施	水土保持	
生态水体	水体自净、雨洪调节、径流管控、维持生物多样性、提供栖息地	基于水生态系统服务供需关系的苏南乡村空间形态重构①
	水质净化、防洪效益、生物支持	区县尺度下的河流生态系统健康评价：以北京房山区为例②
	水环境净化、水生境维持、水安全调蓄	基于供需平衡的北京地区水生态服务功能评价③
	调蓄洪水、气候调节、净化水质、固碳释氧、生物多样性保护	城市静态小水体生态修复措施与生态服务价值评估研究④
	调蓄洪水、河流输沙、土壤持留、净化功能、固碳、提供生境	水生态服务功能分析及其间接价值评价⑤
水源地保护设施	水源保护	我国饮用水水源保护制度现状及完善建议⑥

① 纪然，丁金华．基于水生态系统服务供需关系的苏南乡村空间形态重构[J]. 规划师，2019, 35(20): 5–12.

② 曹宸，李叙勇．区县尺度下的河流生态系统健康评价：以北京房山区为例[J]. 生态学报，2018,38(12): 4296–4306.

③ 李芬，孙然好，杨丽蓉，等．基于供需平衡的北京地区水生态服务功能评价[J]. 应用生态学报，2010,21(05): 1146–1152.

④ 熊文，孙晓玉，黄羽．城市静态小水体生态修复措施与生态服务价值评估研究[J]. 水生态学杂志，2020,41(02): 29–35.

⑤ 欧阳志云，赵同谦，王效科，等．水生态服务功能分析及其间接价值评价[J]. 生态学报，2004(10): 2091–2099.

⑥ 王彬，梁璇静．我国饮用水水源保护制度现状及完善建议[J]. 环境保护，2016,44(21): 29–35.

续表

生态服务设施	生态服务功能指标	相关文献
防护林带	涵养水源、减少土壤侵蚀、减少泥沙淤积、保持土壤肥力、改良土壤、固碳、释氧、吸收二氧化硫和滞留粉尘等	基于遥感和 GIS 的三北防护林工程生态效益评价研究：以山西省中阳县为例①
	调节气候、改善土壤、优化农业生态环境	三北防护林体系的生态效益评价指标②
	改良土壤、固碳释氧、调节气候和水源涵养	福建平潭岛沿海防护林综合生态效益评价③
	保育土壤、作物增产、生物多样性保护、固碳供氧、净化空气	山东省农田防护林生态系统服务功能价值核算④
	保持水土、防风固沙、涵养水源、保护农田、护路护岸	我国防护林建设存在的问题与对策⑤

基于文献综述的指标集合，采用专家咨询法，将初步获取的各类生态效益指标通过问卷的形式，发放给生态学领域专家以及研究者，获得专业性的建议，从而根据农村具体情况和农村生态服务设施效能定义进行指标筛选与归纳。其中农村防护林带所具备的涵养水源功能，除去特殊的水源涵养护岸林，其主要目的是涵养水源以防止土壤肥力流失，故在此合并于固土保肥功能中。最终确立生态服务设施一级指标因子如表 5-20 所示。

表 5-20　生态服务设施一级指标因子

生态服务设施	一级指标
水土保持设施	水土保持
生态水体	水文调节，水质净化
水源地保护设施	水源保护
生态隔离林带	固土保肥、调节气候（温度、湿度、风速）

① 王晓慧，陈永富，陈尔学，等．基于遥感和 GIS 的三北防护林工程生态效益评价研究：以山西省中阳县为例 [J]. 水土保持通报，2011,31(05): 171–175, 267.

② 李萍．三北防护林体系的生态效益评价指标 [J]. 现代园艺，2015(18): 167–168.

③ 张巧，黄义雄，文华英，等．福建平潭岛沿海防护林综合生态效益评价 [J]. 西南林业大学学报，2015,35(02): 63–67.

④ 陈作州，张宇清，吴斌，等．山东省农田防护林生态系统服务功能价值核算 [J]. 生态学杂志，2012,31(01): 59–65.

⑤ 史凯航．我国防护林建设存在的问题与对策 [J]. 防护林科技，2020(01): 53–54.

3. 二级指标确立及评估模型构建

在二级指标确立中，根据其上级生态效益功能有无量化评估标准，其整体原则如下：

① 部分生态服务功能可以直接进行评估，二级指标即为效能直接评估因子，其中水质净化功能通过水质综合达标率进行评估，水源保护功能通过达标水源率（水源地达标率）进行评估。

② 部分生态服务功能没有量化评估标准，无法在无对比参照物的情况下评估其生态效益好坏，故在此通过文献综述进行空间形态指标因子转译，将影响其生态效能发挥的因子作为二级指标（图 5-17）。

		一级指标	二级指标
生态环境综合治理设施	水土保持工程设施	水土保持	间接评估：效能影响因子
	生态服务水体	水文调节	间接评估：效能影响因子
		水质净化	直接评估：效能评估因子
生态保育设施	水源地保护设施	水源保护	直接评估：效能评估因子
	生态隔离防护林带	固土保肥	间接评估：效能影响因子
		调节气候（温度、湿度、风速）	间接评估：效能影响因子

图 5-17　生态服务设施二级指标确立原则

资料来源：作者自绘

（1）水土保持工程设施

水土保持是水土保持工程设施的生态功能。水土保持通过拦蓄地表径流，增加土壤降雨入渗以建立良性生态环境，改善农业生产条件[①]。水土保持工程是否通过验收是衡量其是否达到应有效能的重要标准。在此以农村水土保持设施验收合格率作为二级指标。

统一标准值处理后，其效能评估模型为

$$A=\frac{M_i}{W_i}$$

其中，M_i 为 i 类设施的验收合格数，W_i 为 i 类设施的总数。

① 王朝军 . 水土保持工程建设对农业生产的影响 [J]. 中国农业信息 , 2015(14): 16–17.

（2）生态服务水体

① 水文调节

生态服务水体通过调节水文以调节洪峰、增加枯水季节径流等，为农田生产和人类生活提高生态效益。其相关的影响因子主要有水系连通性①和河岸缓冲带结构稳定性②③。

a. 水系连通性：衡量河流是否存在水系割裂带来的水系过流能力低、水体流动性差等问题。其调研方式为无人机调研，计算方法为根据发生堵塞、断头的河段数与总河段数的比值，进行分数赋值（表 5-21）。

表 5-21　水系连通性赋分

发生堵塞、断头的河段数与总河段数的比值	赋分
发生堵塞、断头的河段数 / 总河段数≥ 2/3	20
1/3 ＜发生堵塞、断头的河段数 / 总河段数＜ 2/3	60
发生堵塞、断头的河段数 / 总河段数≤ 1/3	100

b. 河岸缓冲带结构稳定性：度量河岸潜在抵抗洪水侵蚀与破坏能力。其计算方法为实地调研，根据河岸带受侵蚀状况进行分数赋值（表 5-22）。

表 5-22　河岸缓冲带结构稳定性赋分

河岸带受侵蚀状况	赋分
强烈侵蚀，侵蚀区域 50% 以上（裸露土壤）	20
中度侵蚀，侵蚀区域 20% ～ 50%（灌木 / 地被护岸）	60
轻度或无侵蚀，侵蚀区域 <20%（硬质河岸 / 乔木＋灌木护岸）	100

② 水质净化

水质综合达标率可以直接反映水质净化效能。取 NH_3-N、TP 和 COD 三

① 曹宸，李叙勇．区县尺度下的河流生态系统健康评价：以北京房山区为例 [J]. 生态学报，2018,38(12): 4296–4306.

② 孙英．辽宁省农村中小河流治理的生态环境效益评估 [J]. 黑龙江水利科技，2020,48(03): 189–193.

③ 张峥．京杭大运河宿豫段河岸植被缓冲带综合评价 [J]. 农业科技与信息（现代园林），2013,10(03): 42–49.

项指标综合评估水质，检测其浓度是否达到标准用水级别（表 5-23），其中农业用水应达到《地表水环境质量标准》Ⅴ类水质以上标准（NH_3-N ≤ 2，TP ≤ 0.4，COD ≤ 40），工业供水应达到Ⅳ类水质以上标准（NH_3-N ≤ 1.5，TP ≤ 0.3，COD ≤ 30），水产养殖用水需要达到Ⅲ类水质以上标准（NH_3-N ≤ 1，TP ≤ 0.2，COD ≤ 20）。

表 5-23　水质净化赋分表

水质净化状况	赋分
一项指标达到标准	20
两项指标达到标准	60
三项指标均达到标准	100

最终生态水体的效能评估模型为

$$A_2=\sum W_iM_i$$

式中，W_i 为生态功能指标 i 的权重。M_i 为 i 类生态服务功能得分，A_2 为生态服务水体效能的综合评分值。

（3）水源地保护设施

水源保护是水源地保护设施的生态功能，通过保护水源质量使水源地水体达到规定水质标准。在此以达标水源率作为直接评估因子，对水源地保护设施进行效能评估，其评估模型为

$$A=\frac{M}{W}$$

式中，M 为达标水源地数量，W 为总水源地数量。

其中，达标水源地的评判标准上，一级水源保护区适用于国家《地表水环境质量标准》Ⅱ类标准；二级水源保护区适用于国家《地表水环境质量标准》Ⅲ类标准[①]。

（4）生态隔离防护林带

① 固土保肥

固土保肥是生态隔离防护林带的重要生态功能。防护林带通过地被物层和枯

① 王彬，梁璇静 . 我国饮用水水源保护制度现状及完善建议 [J]. 环境保护，2016,44(21): 29–35.

落物层截留降雨，降低雨水对土壤表层的冲刷，减少地表径流侵蚀。同时，使植物根系固定土壤，减少土壤肥力的损失，从而达到改善土壤结构的作用，达到促进农业生产的目的[①]。固土保肥效果受地形、降水、土壤、植被等多方面影响，在此仅考虑防护林植被在此方面的效能，选择具有代表性因子进行评估。

a. 树种类型：不同树种在林冠持水、地被物持水及固定土壤等方面存在差异。研究发现，混交林的水土保持效果会明显优于纯林。而在混交林中，针阔混交林的多层林冠一般会呈现出垂直互补协调的特点，能够阻拦、延长和增加雨水流经树冠的时间，具备最优的水源涵养效果及效益[②]。据此将树种配置进行赋值（表 5-24）。

表 5-24　树种类型赋分

树种类型	赋分
纯林	20
针针混交	60
针阔混交 / 阔叶混交	100

b. 林分郁闭度：郁闭度与林冠截留关系密切，林冠结构愈稠密，截留率愈高，干流率和透流率愈低[③]。据联合国粮农组织规定：林分郁闭度大于 0.7 的为密林，0.2 ～ 0.69 的为中度郁闭林，小于 0.2 的为疏林（表 5-25）。

表 5-25　林分郁闭度赋分

林分郁闭度	赋分
<0.2	20
0.2 ～ 0.69	60
⩾ 0.7	100

c. 林地覆盖率：林地面积是反映林地生态功能发挥的重要指标。在此根据农

---

① 华华 . 湘西山地不同林地类型水源涵养与固土保肥功能研究 [D]. 中南林业科技大学 , 2013.

② 潘婷 , 雷云 , 申玲芝 , 朱晓春 , 徐明 , 张健 . 针阔混交林生态系统特征及生态效益分析 [J]. 山地农业生物学报 , 2021,40(05): 40–47.

③ 王佑民 . 我国林冠降水再分配研究综述（Ⅰ）[J]. 西北林学院学报 , 2000(03): 1–7.

村具体情况，按照林带宽度进行分数赋值（表 5-26）。

表 5-26　林地覆盖率赋分

林地覆盖率	赋分
小于规定宽度 20% 以下	20
小于规定宽度 20% 以上	60
达到规定宽度	100

② 调节气候

调节气候是生态隔离防护林带的重要生态功能，防护林通过对温度、湿度、风速的调节，改善农田小气候以保证农作物丰产。其中郁闭度和群落复合度是影响温、湿度的主要因子[①]。疏透度和林带走向是影响风速的主要因子[②]。

a. 郁闭度：林冠的存在削弱太阳辐射并保持空气湿度，较高的郁闭度与温度、湿度的调节作用呈正相关（表 5-27）。

表 5-27　调节气候郁闭度赋分

郁闭度	赋分
<0.2	20
0.2 ～ 0.69	60
≥ 0.7	100

b. 群落复合度：乔灌草防护林相较于乔灌木和单一乔木防护林可有效减弱太阳辐射、稳定群落内温度和湿度。在此按照复合程度进行分数赋值（表 5-28）。

表 5-28　调节气候群落复合度赋分

群落复合度	赋分
乔木	20
乔灌 / 乔草	60
乔灌草复合	100

① 王海峰，雷加强，李生宇，等 . 塔里木沙漠公路防护林的温度和湿度效应研究 [J]. 科学通报，2008(S2): 33–42.

② 扈军亚 . 浅析农田防护林带小气候 [J]. 现代农村科技，2014(20): 40–41.

c. 疏透度：是评价农田防护林体系防风效能的重要指标。

本书利用高空间分辨率的遥感数据来实现农田防护林疏透度的定量估算，最终将疏透度分成三级：紧密型（疏透度小于 20%），疏适型（疏透度介于 20% ～ 50%）和稀疏型（疏透度大于 50%）。Perera[①]研究发现非常浓密的防护林会发生分流现象（疏透度小于 20%），增加背风面的湍流再循环，使得防护林的背风面仍然保持很高的风速。相比之下，中等疏透度（疏透度介于 20% ～ 50%）的防护林具有更好的防风效能[②]。依据前人的研究结果进行分数赋值（表 5-29）。

表 5-29　调节气候疏透度赋分

疏透度	赋分
>50%	20
<20%	60
20% ～ 50%	100

d. 林带走向：主林带走向对于防止主有害风具有重要意义，林带和风向垂直时防护效果最好。但根据具体条件，允许林带与垂直风向有一定偏离，实验证明，偏角在 30° 以内，没有明显的降低作用，但当其超过 45° 时，防护的效果显著降低[③]。因此，根据主林带与有害风的夹角进行分数赋值（表 5-30）。

表 5-30　调节气候林带走向赋分

林带走向	赋分
>45°	20
30° ～ 45°	60
0 ～ 30°	100

① 刘正兵，张超，戴特奇．北京多种公共服务设施可达性评价 [J]. 经济地理，2018,38(06): 77–84.

② 于颖，杨曦光，范文义．农田防护林防风效能的遥感评价 [J]. 农业工程学报，2016,32(24): 177–182.

③ 吴天忠，管文轲，海妮肯・山台，等．浅谈新疆农田防护林设计及主要树种选择 [J]. 防护林科技，2020(09): 72–74.

最终生态隔离防护林带的效能评估模型为

$$A_4=\sum W_iM_i$$

式中，W_i 为生态功能指标 i 的权重，M_i 为 i 类生态服务功能得分，A_4 为生态隔离防护林带效能的综合评分值。

4. 指标体系构建

将各类设施效能三个维度的指标进行汇总。向城乡规划领域和生态学领域专家发放生态服务设施效能指标权重问卷 31 份，回收 31 份。利用 AHP 层次分析法进行权重计算，最终得到生态服务设施效能评估指标体系，如表 5-31 所示。

表 5–31　生态服务设施效能评估指标体系

<table>
<tr><th>生态服务设施</th><th>一级指标（权重）</th><th>二级指标（权重）</th><th>三级指标（权重）</th></tr>
<tr><td rowspan="5">生态环境综合治理设施</td><td>A_1 水土保持工程设施（0.50）</td><td>B_1 水土保持（1.00）</td><td>C_1 设施验收合格率（1.00）</td></tr>
<tr><td rowspan="4">A_2 生态服务水体（0.50）</td><td rowspan="2">B_2 水文调节（0.49）</td><td>C_2 水系连通性（0.50）</td></tr>
<tr><td>C_3 河岸缓冲带结构稳定性（0.50）</td></tr>
<tr><td rowspan="2">B_3 水质净化（0.51）</td><td rowspan="2">C_4 水质综合达标率（1.00）</td></tr>
<tr></tr>
<tr><td rowspan="9">生态保育设施</td><td>A_3 水源地保护设施（0.51）</td><td>B_4 水源保护（1.00）</td><td>C_5 达标水源率（1.00）</td></tr>
<tr><td rowspan="8">A_4 生态隔离防护林带（0.49）</td><td rowspan="4">B_5 固土保肥（0.51）</td><td>C_6 树种配置（0.24）</td></tr>
<tr><td>C_7 群落复合度（0.26）</td></tr>
<tr><td>C_8 郁闭度（0.25）</td></tr>
<tr><td>C_9 林地覆盖率（0.25）</td></tr>
<tr><td rowspan="4">B_6 调节气候（0.49）</td><td>C_{10} 群落复合度（0.25）</td></tr>
<tr><td>C_{11} 郁闭度（0.24）</td></tr>
<tr><td>C_{12} 疏透度（0.25）</td></tr>
<tr><td>C_{13} 林带走向（0.26）</td></tr>
</table>

5.2 村镇社区服务设施监测技术体系

5.2.1 效能监测特性及监测指标

基于村镇社区服务设施服务对象和使用功能的差异，将设施分为生产、生活、生态三类服务设施展开监测。构建村镇社区服务设施效能监测指标体系，首先需要根据村镇社区服务设施效能评估指标体系和效能评估模型来制定，其次需要考虑具体设施的实际情况、生产、生活、生态服务设施的使用服务差异和特征以及数据获取的可操作性，最终选取相应的监测指标评估设施效能，并确定其监测频率。

1. 村镇社区生活服务设施

在村镇社区空间中，与其他设施相比较，生活服务设施的明显特征是：

① 与居民互动性较强。绝大多数的生活服务设施都与居民日常生活需求息息相关，其位置主要分布于村镇居民生活居住地周边，是居民日常使用频率最高的服务设施。

② 流动性较强。部分生活服务设施，如商业服务设施等，更换转让频次高，具有较强的流动性。

③ 设施跨居民点使用。由于部分乡村分为自然村和中心村，部分服务设施仅布局在中心村，因此村镇居民需要由自然村前往中心村使用相关设施。

基于以上村镇社区生活服务设施特征，结合生活服务设施的效能评估模型，将从人接近设施、使用设施、使用后评价三个角度确定三个测度内容和相应的指标。从人接近设施的角度对生活服务设施进行效能监测，即测度设施的空间可达性，涉及的相关监测指标包括设施位置、路径和居民点位置；人使用设施的角度，即测度设施的使用率，涉及的相关监测指标包括设施的使用人数、设施应服务人数等；设施使用后评价的角度，即测度设施的服务满意度。总结村镇社区生活服务设施效能监测特性如下：

① 监测指标统一。监测指标与效能评估模型的指标是一致的，即从空间可

达性、设施使用率和设施服务满意度三个方面进行监测。

② 涉及行为监测。由于生活类设施与居民生活密切相关，使用频率较高，在进行设施使用率评价时，需要涉及对设施使用者的行为进行监测。

由于生活服务设施的类型较多，有诸如医疗卫生设施之类的稳定性较强的服务设施，也有商业服务设施之类的可变性较强的设施，故需要对各类生活服务设施进行多层次的监测，分为一季度一测、一年一测和两年一测。

综上，得到村镇社区生活服务设施监测指标，如表 5-32 所示。

表 5-32　村镇社区生活服务设施监测指标

生活服务设施	具体设施	监测指标	监测方法	监测频率
公共管理与服务设施	公共服务中心	空间可达，使用频率	设施位置，使用人数（问卷）	一年一测
	经济、中介机构			一年一测
教育设施	幼儿园	空间可达，服务人数比	设施位置，使用人数（现场调查）	一年一测
	小学			一年一测
医疗卫生设施	村卫生室（所）	空间可达，使用频率	设施位置，使用人数（问卷）	一年一测
文化体育设施	村文化活动室	空间可达，使用频率	设施位置，使用人数（视频监测）	一年一测
	体育健身场地			一季一测
社会保障设施	养老服务站	空间可达，服务人数比	设施位置，使用人数（现场调查）	一年一测
	残疾人之家			一年一测
商业服务设施	旅社、饭店、旅游类服务设施	空间可达，服务人数比	设施位置，使用人数（视频监测）	一季一测
	超市、药店、购物类设施			一季一测
	综合修理、理发、劳动服务类设施			一季一测
	集贸市场、加工、收购点			一季一测

2. 村镇社区生产服务设施

村镇社区生产服务设施是为农业的产前、产中、产后各个环节提供服务的设施，能够协助农业经营主体解决在生产经营过程中遇到的诸多问题，构建生产服务设施是不断充实和完善自身服务功能、加速实现农业现代化的基本生产条件，其中包含提高农业生产经营能力的基础类设施和促进农业现代化生产的提升类设施。当前我国村镇社区生产服务设施具有如下特征：

① 分布与布局。随着我国经济水平的提高，农村社区基本完成了基础类农业生产设施的建设，包括农田水利设施、电力设施、机耕路等，主要布局在靠近对应的生产要素的地方；提升类设施为农业生产现代化服务设施，具有较高的技术要求和资金水平要求，一般位于村镇周边，服务于周边社区。

② 建设标准与管理标准。由于国家农业生产基础设施的重心放在建设上，投入比较大，对基础设施的建设标准也十分重视，已经制定了比较全面的基础设施建设标准。但受客观条件制约，生产基础设施产权不明确，管护主体、责任、经费不落实，相应的运行管理维护标准研制也比较少，这些问题的根源在于农业生产基础设施维护缺乏明确有效的技术指导与依据。

③ 使用频率。由于生产服务设施服务于农业生产，其使用频率具有季节性、周期不确定等特点。

与生活服务设施相比，生产服务设施具有种类较多、分布相对较为分散、使用频率随农业生产季节变化的特点，故而对生产服务设施采用使用后评价的监测方式。将生产服务设施的监测分为基础类和提升类两大类对象，基于生产服务设施的特征进行监测。对基础类生产服务设施基于可操作的原则进行满意度评价，测度其基本效能是否发挥、是否保障农民的生产权益。对提升类生产服务设施基于可监测和评价的视角选择了使用率和服务满意度作为效能指标。但由于生产活动的季节性和使用频率的差异性，难以通过监测直接获取使用率，因此通过问卷调查的形式获取使用率数据。总结村镇社区生产服务设施效能监测特性如下：

① 使用后评价。农村生产服务设施的建设周期较长，部分基础设施由村民自建，设施的使用过程与周期不固定，使得生产服务设施难以监测，故而对生产服务设施的监测主要基于使用后评价。

② 问卷调查。农业生产服务设施分布相对靠近农业生产要素，距离农村建成区相对较远，难以直接进行使用率的监测，故而采用问卷调查的形式直接获取使用率与服务满意度的相关数据。

因生产服务设施的使用周期与农业生产的季节性相关，需要采用问卷调查的监测方法，故而生产服务设施的监测应该按一季度一测或一年一测。

综上，得到村镇社区生产服务设施监测指标，如表 5-33 所示。

表 5-33　村镇社区生产服务设施监测指标

生产服务设施	具体设施	监测指标	监测方法	监测频率
农业生产设施	农田水利设施	服务质量	主观问卷调查	一年一测
	电力设施			一年一测
	物流服务设施			一年一测
	农业仓储设施			一年一测
	科技服务与农业技术服务设施	使用率、服务质量		一年一测
	农资服务设施			一年一测
	产品检验与检疫设施			一年一测
工业配套设施	交通、市政公用设施	服务质量		一年一测
	仓储物流设施	使用率、服务质量		一年一测
信息服务设施	信息服务与展销设施	服务质量		一年一测

3. 村镇社区生态服务设施

生态服务设施为支撑农村生产和生活空间的生态环境提供支持与调节效益。村镇社区生态服务设施具有以下特点：

① 设施差异度高。与其他类设施不同，生态服务设施涉及水土、水体、气候、土壤、植被等多个方面，因此涉及的监测指标较多且差异化程度较高。

② 与居民互动较弱。绝大多数生态服务设施服务对象为生态环境，而非居民自身，因此与居民的互动较弱。

③ 自然属性较强。部分生态服务设施，如生态水体、生态隔离防护林带等设施是植物或水体等自然形态，属于自然生态设施而非建筑物。

由于生态服务设施本体及其服务功能差异较大，无法对其按照统一的指标进行评判和监测，因此按照设施的服务功能对不同的生态服务设施设定不同的监测指标。通过文献资料明确不同生态服务设施的生态服务功能，将生态服务设施划分为水土设施、生态水体、水源地保护设施、防护林带四类，并根据设施包含内容进行二级指标细化，相关监测也在其细化的指标基础上进行。

基于以上村镇社区生态服务设施特征以及生态服务设施效能评估模型体系，总结村镇社区生态服务设施效能监测特性如下：

① 监测指标多样。由于生态服务设施差异度较高，且差异化程度也较高，故其监测指标无法归纳为统一的几类，需要根据具体的生态服务设施设定具体的指标进行差异化监测。

② 监测精细度高。生态服务设施监测涉及的如防护林冠层密度、郁闭度等指标需要精细的数据，故所需的监测精度相较其他设施更高。

③ 监测范围较广。由于生态服务设施大多数分布在村镇居住区域之外，设施分布较广且较分散，故监测范围较生活、生产服务设施更广。

生态服务设施的相关监测主要依靠遥感技术获取遥感数据，由于生态服务设施的建设更新频率较低，发挥效用的周期较长，故而生态服务设施的监测频率主要以一年一测和两年一测为主。

综上，得到村镇社区生态服务设施监测指标，如表 5-34 所示。

表 5–34　村镇社区生态服务设施监测指标

<table>
<tr><th>生态服务设施</th><th>具体设施</th><th>监测指标</th><th>监测方法</th><th>监测频率</th></tr>
<tr><td rowspan="4">生态环境综合治理设施</td><td>水土保持设施</td><td>设施验收合格率</td><td>实地调研，无人机航拍</td><td>一年一测</td></tr>
<tr><td rowspan="3">生态服务水体</td><td>水系连通性</td><td>实地调研，无人机航拍</td><td>一年一测</td></tr>
<tr><td>河岸带缓冲结构稳定性</td><td>实地调研，无人机航拍</td><td>一年一测</td></tr>
<tr><td>水质综合达标率</td><td>实地调研</td><td>一年一测</td></tr>
<tr><td>生态保育设施</td><td>水源地保护设施</td><td rowspan="2">达标水源率</td><td>实地调研，无人机航拍</td><td>一年一测</td></tr>
<tr><td rowspan="6">生态隔离防护林带</td><td rowspan="6">树种配置</td><td>实地调研，无人机航拍</td><td>一年一测</td></tr>
<tr><td>群落复合度</td><td>实地调研，无人机航拍</td><td>一年一测</td></tr>
<tr><td>郁闭度</td><td>实地调研，无人机航拍</td><td>一年一测</td></tr>
<tr><td>林地覆盖率</td><td>卫星图片识别</td><td>一年一测</td></tr>
<tr><td>疏透度</td><td>实地调研，无人机航拍</td><td>一年一测</td></tr>
<tr><td>林带走向</td><td>实地调研，无人机航拍</td><td>一年一测</td></tr>
</table>

5.2.2　村镇社区服务设施效能监测技术

村镇社区服务设施效能监测技术主要包括无人机低空遥感影像分析、实地调查结合影像分析、专业仪器分析、监控影像识别以及问卷调查五种技术，分别用以测度生产、生活、生态三类服务设施的监测指标。

1. 无人机低空遥感影像分析

（1）监测指标

生态服务设施：水系连通性、河岸缓冲带结构稳定性、疏透度、林地覆盖率、林带走向。

（2）操作指南

① 水系连通性。通过无人机调研对现有水系的连通情况进行判别，识别出发生堵塞以及断头的河段，从而计算得出水系连通性。河流是否堵塞、断头是水系过流能力、水体流动性表现的主要特征。

② 河岸缓冲带结构稳定性。通过实地无人机调研获取河岸地表植被情况，并根据实际情况判别侵蚀情况，即代表了河岸缓冲带结构的稳定情况。裸露土壤判别为强烈侵蚀，结构最不稳定；灌木及地被护岸判别为中度侵蚀，结构有一定的不稳定情况；硬质河岸及乔木与灌木护岸判别为轻度或无侵蚀，结构相对稳定。

③ 疏透度。其模型公式为

$$\text{porosity}=1.829\times(CL\times LAI\times W)^{-0.404}$$

其中，porosity 代表防护林疏透度，CL 为平均冠高，LAI 为叶面积指数，W 为林带宽度。三项数据均可通过卫星遥感相关数据直接或间接获取。研究主要使用高分一号 (GF-1) 卫星数据。

平均冠高 CL 描述的是防护林的平均树冠高度，单位以米计算。计算公式如下：

$$CL=-0.013\times PCA1+2.924$$

式中，CL 为防护林的平均冠高，$PCA1$ 为 GF-1 数据第一主成分。

叶面积指数 LAI 往往与植被指数相关性较高，经统计分析发现，在 1% 的显著水平下，比值植被指数 SR 与叶面积指数 LAI 相关性最好，计算公式如下：

$$LAI=2.438\text{SR}-2.715$$

式中，LAI 为叶面积指数，SR 为 GF-1 数据计算的比值植被指数。

林带宽度 W 可使用 eCognition 软件实现防护林带的识别及其相关属性提取。

④ 林地覆盖率。通过无人机航拍获得遥感影像数据进行林地覆盖情况的测

量。

⑤ 林带走向。通过无人机航拍获得遥感影像数据，识别林带走向。根据当地风向，计算主灾害风与林带的夹角。

2. 实地调查结合影像分析

（1）监测指标

生态服务设施：设施验收合格率、树种配置、群落复合度、郁闭度。

（2）操作指南

① 设施验收合格率。评估专家以现场调查、勘测等形式，在各自的职责要求内，对设施进行详细的分析、研究，将相应调查结果进行分析总结，最终形成一份汇总报告。对水土保持工程进行的评估主要包括以下几个方式：对工程的设计进行查看、对工程的施工情况进行查看和监测以及对财务情况进行查看等，对水土保持设施验收鉴定书、水土保持设施验收报告和水土保持监测总结报告进行详细的研究、分析，最后进行合格评估。

② 树种配置。对树种配置监测流程，包括样本照片拍摄、树种配置分析、树种配置评价。其中，样本照片拍摄需要一名测度人员，携带摄影设备前往待测度的生态隔离防护林，根据实地状况，选取具有代表性的一片区域进行拍摄，拍摄时应当充分考虑不同树种的特性，镜头应同时关注防护林的树种构成。树种配置分析要求专业人员根据防护林代表照片出现的树种及其构成给出树种配置评价。

③ 群落复合度。群落复合度监测流程包括样本照片拍摄、群落复合度分析、群落复合度评价。其中，样本照片拍摄需要一名测度人员，携带摄影设备前往待测度的生态隔离防护林，根据实地状况，选取具有代表性的一片区域进行拍摄。拍摄时应当充分考虑植物不同高度的特性，镜头应同时涵盖生态隔离防护林草地、灌木、乔木三个高度。专业人员再根据防护林代表照片出现的群落种类及其构成进行打分，最后给出群落复合度评价。

④ 郁闭度。郁闭度定义为从林地一点向上仰视，被枝叶遮挡的天空球面的比例[61]，随着数码相机的不断发展，其高性价比以及高便携性在测定林分郁闭度方面表现出极大优势。

图 5-18 体现了对实地调查影像的分析技术，是通过数码影像的 RGB 三色通道，对是否有植物以及植物的类型进行识别、提取的过程。图中 Nodata 表示不记录信息，是 Arcgis 软件中对图表信息的正确记录方式。

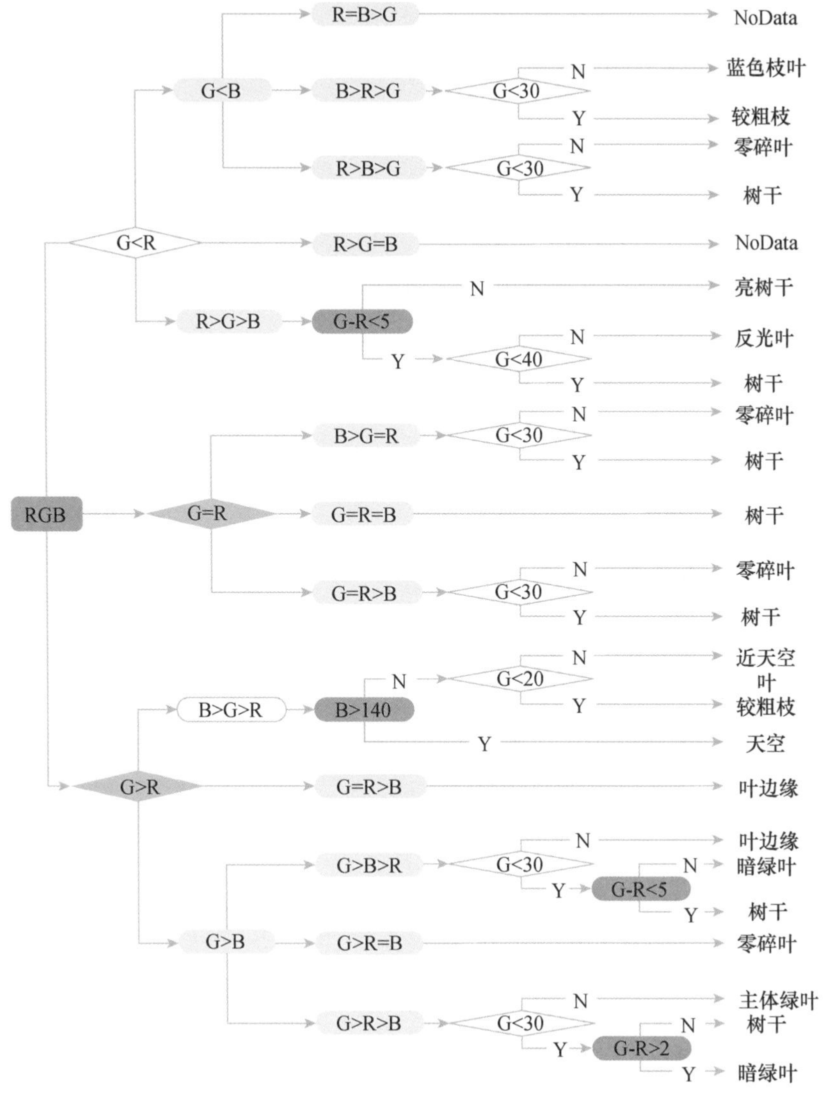

图 5-18　RGB 模式下的调查影像提取决策树

资料来源：作者自绘

3. 专业仪器分析

（1）监测指标

生态服务设施：水质综合达标率。

（2）操作指南

监测流程为水体采样、水质分析、水质综合达标率评价。其中，水体采样需要一名专业人员，前往所监测的生态服务水体进行水体样本采集，并将水体样本带回相关监测机构，进行水质分析。在进行水质分析时，根据《地表水环境质量标准》（GB 3838—2002），要求水样采集后自然沉降 30 min，取上层非沉降部分按规定方法进行分析。最终，根据水质分析结果及其设施对应的标准，完成水质综合达标率评价。

4. 监控影像识别

（1）监测指标

生活服务设施：使用率。

（2）操作指南

设施使用率数据采集主要采用监控视频分析技术，通过监控视频获取人流量数据。监控视频分析技术主要应用于使用率较高、数据要求较为精确的生活服务设施，利用设施匹配的监控探头可以直接获取设施的使用人数，结合 YoloV3 视频分析技术可以实时获取设施的使用人数，计算设施使用率，具有数据获取智能化、数据精确且能够长期监测设施使用情况的优点（图 5-19）。

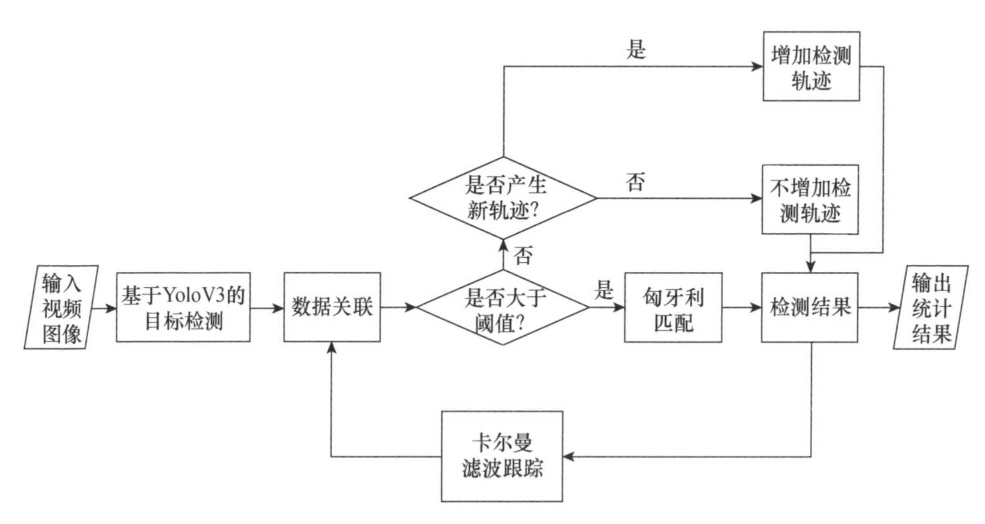

图 5-19　YoloV3-DeepSort 人数统计流程

资料来源：作者自绘

使用监控视频分析技术获取使用率，需要具有高分辨率的监控设备以支持视频分析。在确定需要监控的村镇生活服务设施数量后，采购监控设备并确定监控的位置和角度，拍摄的监控视频能够完整清晰地反映设施的使用情况，并保证监控设备的位置相对安全且不侵犯居民的生活隐私。此外需要建设包含存储设备、服务器、显示器的监控中心。根据监控设备和监控中心的位置确定监控使用的传输协议（有线和无线），完成监控设备和监控中心配置后，对是否能够获取设施的使用率数据进行测试。

5. 问卷调查

（1）监测指标

生产服务设施：使用率、服务质量；生活服务设施：服务质量。

（2）操作指南

① 使用率。问卷调查获取使用率，需要使用问卷 APP 和智能手机 / 平板作为调查设备。由于调查对象为使用生产服务设施的务农人员，年龄段在 18 ～ 50 岁，因此需要对问卷进行精简化设计，并由平台发送给问卷调查员，通过访问相关调查对象获取其使用生产服务设施的使用频率。问卷设计如图 5-20 所示。

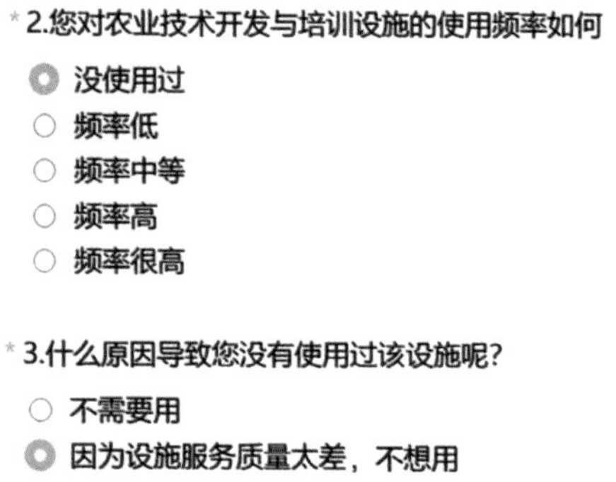

* 2.您对农业技术开发与培训设施的使用频率如何

- 没使用过
- 频率低
- 频率中等
- 频率高
- 频率很高

* 3.什么原因导致您没有使用过该设施呢?

- 不需要用
- 因为设施服务质量太差，不想用

图 5-20　生产设施使用率问卷设计示意

资料来源：作者自绘

使用率采用李克特 5 级量表进行打分，分值分别表示农民对各个设施的选择使用情况，其中，0 表示“没使用过”，20 表示使用“频率低，”50 表示使用“频率中等”，90 表示使用“频率高”，100 表示使用“频率很高”。

对获取到的问卷要进行有效问卷筛选。其中若选择“没使用过”该设施，则需要回答没使用过该设施的原因；若选择“不需要用”，则该评价者对该设施的问卷设为无效问卷；若选择“因为服务质量太差，不想使用”，则该评价者对该项打分记为 0 分。

② 服务质量。服务满意度作为一种主观使用后评价的测度因子，主要用于对生活服务设施、生产服务设施的服务质量进行评估，其调查方法是使用问卷调查 APP 对使用者进行满意度调查。

根据各项生活和生产服务设施满意度评价指标，为每一类设施的每一项指标设计相应问卷内容。考虑到农村居民文化程度有限，在问卷设计上需要尽可能简单易懂。表 5-35 以教育类设施满意度评价指标及问卷内容设计为例说明。

表 5–35　教育类设施满意度评价指标及问卷内容设计

设施类别		二级指标	指标访谈内容
教育类设施	小学	设施齐全性	学校硬件设施配备
		设施完好性	学校设施方便程度
		人员服务质量	教师配备数量
		环境适宜性	美观整洁度

考虑个别情况，该调查问卷也可以由问卷调查员者与居民进行访谈，问卷调查员根据居民表述内容判断填写，确定居民对各项内容的评分。问卷数量按照每个自然村 10% 的比例回收。若该行政村为 2000 人，下辖 3 个自然村分别为 500 人、800 人、700 人，则三个自然村分别需回收问卷 50 份、80 份、70 份。

采用李克特 5 级量表进行打分，分值分别表示居民对各个指标的满意程度，其中 ,10 表示很不满意、20 表示不满意、50 表示一般、90 表示满意、100 表示很满意。为保证问卷快捷有效，设置问卷评估流程（图 5-21）。在评估流程中首先询问评价者是否对该设施整体服务水平满意，若选择“满意”则该设施服务水平满意度各评价指标为 100 分，不需继续询问对该设施各项指标的满意度；若选择“一般”或“不满意”则需要继续询问对该设施各项指标的满意度。

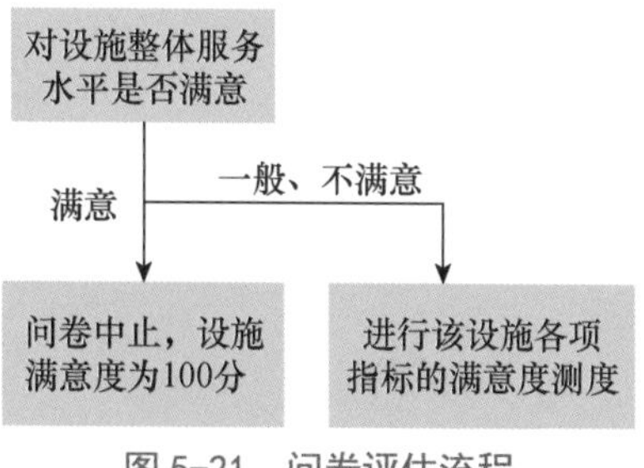

图 5-21　问卷评估流程

资料来源：作者自绘

以农资服务设施为例，农民对农资服务设施服务水平满意度问卷得分如表 5-36 所示。

表 5-36　农资服务设施服务水平满意度问卷得分

指标	得分
设施规模大小	90
设备完好度	50
设备齐全度	90
人员服务质量	90

5.3　村镇社区生活圈仿真模拟技术

5.3.1　主体建模方法相关概念

1. 如何理解 ABM 模型及主体

代理人基模型方法 (Agent-based Modeling，以下简称 ABM) 是一种基于计算机的建模方法，它通过计算机模拟出一个虚拟的人类社会，并通过设置各种社会变量为社会过程建模，从而提供了一种解释社会科学问题的动态分析途径。

什么是 Agent，目前还没有比较统一、明确的定义。Agent 一词在不同的学术背景下有着不同的含义。在计算机科学中，Agent 被解释为“智能体”或者“主体”。而在社会科学中，Agent 通常被用来指研究的对象个体，因此也常常被翻译成“主体”或“代理人”[①]。在城市规划或建筑领域，一般将 Agent 翻译成“主体”，研究每个主体之间的交互作用。

由于主体的规则是基于主体自身的特征来制定的，因此相比于主体自身，主体规则的概念更易于理解。美国东北大学学者 Rosanna Garcia 通过对 ABM 模型的研究，对主体的规则给出了更加全面的定义。在他看来，主体的规则是主体与周围环境互动而做出反馈的前提。由于这些规则的限定，系统的模拟环境可以被视作一个虚拟的社会，其中一个主体采取的行动可能会对另一个主体产生的行动造成影响，而主体也会不断改变自己的行为来适应外部环境，从而可能会使复杂系统出现“涌现”的现象[②]。

学术界一般认为，基于主体的 ABM 模型相比于以数学理论为基础的模型，能够通过对复杂系统中各个因子和它们之间的相互作用进行建模与仿真模拟，从而将复杂系统中各个主体的行为和整体复杂系统间的相互影响结合在一起。因此，这种基于主体的建模方法的核心机制其实是使用微观的局部行为规则来代替宏观的复杂公式计算，并且通过不同主体之间的互相影响促进整个复杂系统结构的发展，这与现实中的城市系统结构的从下至上的运行规律基本相符。另外，基于主体的建模方法还可以通过实时动态显示界面来直接显示城市及空间的演变过程，并且利用计算机编程语言对城市系统中非物质环境等影响因素进行优化，从而使得计算机模拟及分析结果更加科学准确[③]。

2. ABM 模型的优点和建模原则

（1）ABM 模型的优点

①ABM 模型分析更易上手

相较于传统的数学分析模型，ABM 模型不需要通过大量的数据收集和准备，只需要对主体的行为规律和特征进行归纳总结，制定相应的主体规则，然后采用计算机语言将规则进行编译即可做到仿真模拟。同时因为 ABM 模型中每个主体

① 黄璜．社会科学研究中“基于主体建模”方法评述 [J]. 新华文摘，2010(22)：155–157.

② Rosanna G. Uses of agent based modeling in innovation/new product development research [J]. Journal of product innovation management，2005，22(5)：380-398.

③ 刘润姣，蒋涤非，石磊．主体建模技术在城市规划中的应用研究评述 [J]. 城市规划，2016（5）：105–112.

规则相互独立且不易干扰，研究人员能随时修改其中任一规则的参数而不会影响其他规则的正常运行。这种方法不但可以大幅度减少在传统数学模型校核时因为修改某一数值而导致修正所有数据所浪费的精力和时间，还能为同一规则及参数用以模拟更多方案提供了可能[①]。

② 更适用于对人类社会的建模

人类社会可以视为一个非常典型的复杂系统。每个个体的行为不是独立发生的，而是与其他个体和外部环境相关联的，这会导致在相同的行为规则下可能出现不同的行为和目标。如此一来，简单的线性求和方法便不适合对人类社会这样的复杂系统进行分析，而能够解决非线性问题的微分方程法，方程本身就较为复杂，很难从结果中进行分析判断[②]。因此，通过计算机模拟一个“人工社会”，基于 ABM 方法来创造大量的主体，同时根据规则进行自主行动和自由交互，且不会有太多的外部环境影响。这样一种更有操作性的研究方法，能够更好地适用于对复杂社会问题的研究。

（2）ABM 建模的原则

① 理论和现实结合

利用 ABM 方法进行仿真模拟的目的就是通过了解系统现象背后运行的机制，对模型主体的行为特征和模式进行拟合，随时将系统中的过去转变为现在，从而预测系统的未来。ABM 模型其实就是一个涵盖了现实中主体各种行为规则的高度整合的虚拟世界，所以对于主体运行规则的制定一定需要大量真实的研究案例，每一条行动规则都需要有合理科学的现实证据或相关理论作为支撑。只有通过观测现实所得到的数据并将其进行拟合分析，才能将现实社会中的现象量化为模型机制，以此来设计仿真模型。

② 主体规则简化

在社会科学研究中，ABM 模型在建模过程中的最大难点并不在于数据的获取与分析，也不在于后期计算机编程，而在于在主体复杂繁多的各类特征中找到和研究预期结果能够相匹配的对象。当保留的特征越多，模型的有效性就越难进

---

① 张永安，田钢 . 多主体仿真模型的主体行为规则设计研究 [J]. 软科学，2008,22(3): 14–19.

② 朱玮，王德，Harry T. 多代理人系统在商业街消费者行为模拟中的应用：以上海南京东路为例 [J]. 地理学报，2009，64(4)：445–455.

行解释，过多的要素也会让模型难以被验证和校核。相反，如果删除的特征过多，模型的模拟结果可能会和现实有较大差距。因此在设计主体的规则时，要找到一个动态平衡点，在简化各种繁多规则的同时，又能保证模型是有效且可以反映问题的，同时其模拟的结果是可控的。针对规则的制定一定需要最大限度删减现实社会中与主体不相关或弱相关的影响因素，确保和主体有关的每一条规则都能在构建的 ABM 模型中基本反映现实情况。

③ 多次检验

在 ABM 模型的仿真模拟中，由于主体行为规则和模型的初始模拟参数是由实验者通过对现实社会中现象的归纳总结以及对调研数据的整理所得，因此在很多情况下模型模拟的实验结果可能会出现与现实不符或其他各种技术问题。所以，我们需要在原来模型的基础上修改主体的行为规则和模型模拟参数，并进行校核。通过多次模拟—检验—模拟的步骤直到模型建立成功，达到模型模拟的预期结果。

3. ABM 模型的建模和校核方法

（1）ABM 模型建模方法

伴随着有关主体智能体的建模理论和研究技术不断发展，国内外学者开发了一系列的适用于主体建模体系的智能体架构，比如 BDI、MIDAS、PECS 等，并提供了相应的智能体建模工具，这些主体建模体系架构为针对主体行为的描述及研究提供了更加完整和科学的方法。在这些建模方法中，普遍认为每个主体的思维状态都包括信念（Belief）、愿望（Desire）和意图（Intention）三个方面，因此 BDI 模型一直以来都是基于主体行为建模研究的重点[①]。

有学者通过对理性的主体行为进行描述性地研究，建立了以信念、愿望和意图为主体思维认知特征的模型理论[②]。通过对主体的信念、愿望和意图的研究以

---

① 金贝贝．基于 BDI-Agent 模型的网民集群行为建模研究 [D]. 南京：南京理工大学，2018：16–20.

② Allen J , Brachman R J , Sandewall E , et al. Proceedings of the 2nd International Conference on Principles of Knowledge Representation and Reasoning[M]. San Francisco: Morgan Kaufmann Publishers,. 1991：473-484.

及它们之间相互联系的说明，可以模拟出主体的行为结果。例如，本研究“居民对住区公共空间进行选择来进行户外活动”为例，假设有 A、B、C 三个社区公共空间供居民选择，居民的信念就包括到公共空间的距离、对公共空间的偏好等特征，居民的愿望即根据自身属性选择需要进行何类户外活动的需求，而在信念和愿望共同作用下，居民最后会产生一个行为意图：选择 A、B、C 中一个公共空间进行该类户外活动。

由此可见，BDI 模型具有较强的逻辑性，同时更加形式化，模型进行步骤和 BDI 之间的关系更加单向化和唯一化，每个主体进行行为决策都必须经过“外部环境→信念修正→愿望生成→意图筛选→行为选择”这唯一途径 ，这种在信念、愿望和意图之间保持理性平衡的方法，可以在一定程度上更好地解决问题，能够模拟出更为真实的结果。

（2）ABM 模型校核方法

本研究在构建村镇社区服务设施的 ABM 模型时，因为模型简化的原则，根据文献研究和调研结果，以及考虑到一部分自变量的可度量性、代表性、可操控性，会删减掉一部分与村镇社区服务设施无关的变量后再进行模拟，这会给模型结果带来一部分误差。为了验证仿真模型的可信度和科学性，模型的校核是必不可少的一个阶段，没有验证，模型就很难解释真实发生的结果。

ABM 模型的仿真模拟由两个过程组成：概念模型结构的搭建和用编程技术转译成计算机模型，因此 ABM 模型的校核也需要对两个过程分别进行：过程校核和结果校核①。

① 过程校核

ABM 模型的过程校核主要分为概念模型结构校核和计算机模型校核两方面，模型结构中对于模型研究目的的确认、模拟参数的选取以及模型结构框架的制定大多为定性判断，主要采用文献总结、专家判断、实证数据拟合等方法确定。在建模初期，就需要通过搜集的数据、理论筛选出合适且合理的模型模拟参数。而在计算机模型校核中，主要还是分析计算机模拟的编程代码是否解释了所有规则

---

① 杨敏，熊则见. 模型验证：基于主体建模的方法论问题[J]. 系统工程理论与实践，2013(6)：1458–1470.

和输入了所有参数，这种校核较为简单。

② 结果校核

模型模拟的主要目的就是对现实世界现象的重现，并以此来对现象进行解释，甚至能对未来进行预测。根据我们在现实世界中观测、探索到的现象和规律，与通过规则建立出来的 ABM 模型输出结果进行比较。如两者相似度较大，则可确定模型能较好反映现实世界中现象的运行特征，模型能大致符合现实世界真实的客观规律[①]；如两者相似度较小或基本无相关性，则要回到概念模型建构和计算机模型编译的过程中校核所采用的公式、算法、代码等，以确定是否正确。

5.3.2 村镇仿真模拟技术

1. 基于居民时空行为规律构建 ABM 模拟模型

（1）模型主体规则和参数设置

构建 ABM 模拟模型需要行为主体的活动参数、空间环境参数和公共服务设施参数。通过实地调研和问卷调查，收集公共服务设施的相关空间要素，统计不同年龄段居民使用不同农村社区公共服务设施的使用情况，包括设施使用人数、使用时长和活动路径，总结居民使用农村社区公共服务设施的使用偏好和行为特征，最后通过相关性分析得出居民日常行为的时空规律。基于相关文献综述总结，学术界一般认为影响居民使用公共服务设施的要素有：空间环境要素，设施的规模指标、覆盖性指标和品质性指标等，将以上指标作为设施吸引力参数并赋予指标权重，作为 ABM 模型的主体规则和参数设置。

（2）构建模型框架

基于 BDI 模型，结合居民使用公共服务设施的偏好和使用行为特征、环境要素和设施吸引力构建 ABM 模拟模型框架（图 5-22），通过软件转译为计算机语言，仿真模拟出一天内农村社区居民使用公共服务设施的时空行为并代入空间环境中，实时动态地反映设施使用情况的动态变化。

---

① Gilbert G N. Agent-Based Models[M]. London：Sage Publications，2008: 2-3.

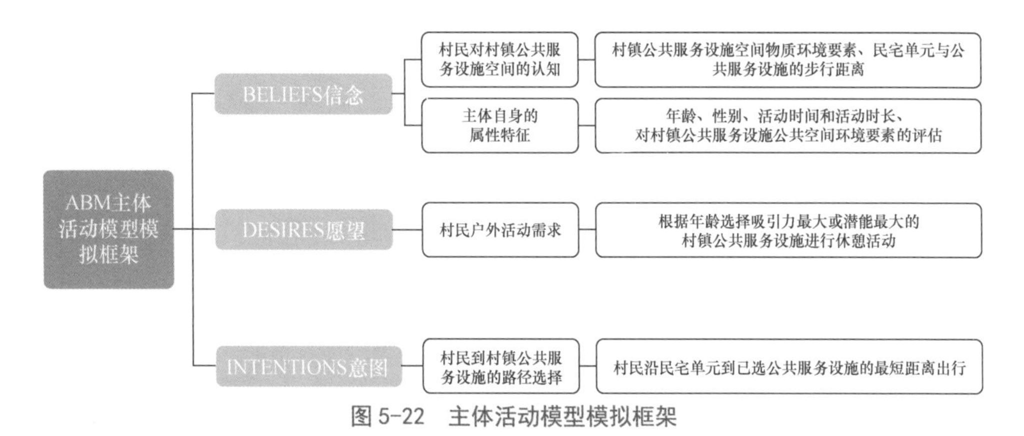

图 5-22　主体活动模型模拟框架

资料来源：作者自绘

（3）模型验证及参数修正

由于 ABM 模拟的环境是虚拟的，参数设置和模拟结果具有一定的随机性，因此需要用实地调研结果与模拟结果进行对比，从而验证模拟的合理性。首先要统计多次的模拟结果，然后用实际调研结果验证模拟结果，不断调整模型参数，直到模拟结果与实际结果在误差允许范围之内，以此为依据确定模型参数的准确性。

2. 基于仿真模拟构建 ABM 设施布局优化模型

在模拟模型的基础上，通过不断改变设施配置和布局，计算设施供给是否满足居民使用需求，以及设施容量、用地选择和居民意愿作为优化农村社区公共服务设施配置的规则和参数，计算出优化后的农村社区公共服务设施布局，观察改进方案对于居民公共服务设施选择和使用行为的影响，并结合实地调研得到居民对公共服务设施的优化意见，验证模型的合理性。选取其他农村社区输入设施、空间要素和人口要素运行模拟模型、优化模型及验证模型的适用性。

3. 提出农村社区公共服务设施配置和布局提升策略

结合模拟和优化模型的结果，以自下而上的视角分析农村社区服务设施在配置和布局中存在的问题，基于不同人群的时空行为规律和使用需求剖析不同类型设施供给和布局中存在的缺陷，提出农村社区公共服务设施配置和布局的提升策略，促进居民使用公共服务设施，打造宜人的农村社区居民公共服务设施生活圈。

4. 应用前景

基于实地调研数据构建农村社区居民日常生活的时空行为规律，能够为农村社区相关研究提供与居民的行为特征相关的实证数据；构建的行为模拟模型能够动态地模拟农村社区居民的行为；扩展该模型框架在村镇社区层面关于个体行为和空间环境关系的应用研究，并推广运用到其他社区层面外部空间环境的研究中，为主体建模技术在城市规划领域社区层面应用提出合理的理论方法体系和实施模拟框架。

基于 ABM 模拟和优化模型能够剖析不同类型人群对于不同类型公共服务设施的需求以及布局中存在的问题，并且能够明确而具体地提供改进策略和方法，同时可以在模型中模拟改进后的情况，更加直观地为农村社区公共服务设施规划提供有力的设计依据，为将来的农村社区设计及改造提供示范和借鉴的作用。

第6章　村镇社区服务设施规划案例

6.1　斗门镇公共服务设施规划实践

6.1.1　村镇社区基本特征

1. 地理区位

斗门镇位于珠江三角洲的西南部，地处黄杨山与虎跳门水道之间，在珠海市以及斗门区的西部。它东靠国家风景保护区——黄杨山，西隔虎跳门水道与江门市新会区沙堆镇相望，南邻乾务镇，北与莲洲镇接壤。斗门镇地势自东北向西南倾斜，有山体、丘陵、山坡旱地和沙田等地貌，地处亚热带季风性气候，四季常青，气候宜人。

斗门镇镇区至斗门中心区 10 km，至珠海市区 40 km，至珠海西部中心城区 15 km，至珠海港 47 km，至珠海机场 32 km。斗门镇拥有由黄杨大道、粤西沿海高速、珠港大道、斗门大道等陆路交通和虎跳门水运交通的优势，对外交通便利。

2. 社会经济特点

斗门镇镇域总面积 105.77 km^2，下辖 1 个居委会、1 个管理区和 10 个行政村。2011 年，全镇常住人口约 7.39 万人，其中户籍人口 4.27 万人，外来人口 3.12 万人；截至 2019 年年末，斗门镇户籍人口 4.66 万人。可见，斗门镇人口呈现增长态势。

目前斗门镇产业发展以第一产业和第二产业为主，第三产业发展所占比重相对较低。第一产业主要是以种植水稻、养殖鱼虾（南美白对虾、鲈鱼等）、培植花卉等为主。第二产业以电子、轻工、轻纺、陶瓷等为主，镇内设有市级工业区——龙山工业区。依托自然景观和历史人文景观，形成了“一山一寺一温泉，一皇一将一家族”这一具有独特风格的旅游资源，第三产业重点发展旅游业和住宿餐饮业等。同时，南方影视城这一省级重点项目正建设发展中。

3. 城乡发展主要矛盾

首先，由于快速城镇化进程中的“二元”结构，引起“城市－村镇”区域在社会、经济、生态和文化等方面存在差距，城乡关系存在诸多不协调即失衡之处。对于斗门镇来说，户籍、土地、住房政策、基础设施等制度差异，以及医疗、教育等基本公共服务非均等化，在一定程度上剥夺了村镇区域的发展权利。其次，斗门镇镇域内“三次”产业之间缺乏有机联系，联动发展程度较低，尚未实现“产－城－镇”的深度融合发展。最后，现行的土地管理体系和产权制度导致村镇区域的土地缺乏明晰的产权，并且农用地向建设用地转变及集体建设用地流转存在一定的规划管制的制约，抑制了村镇区域的土地发展权。

4. 设施配套现状

斗门镇现有服务配套设施可分为乡镇级和村级。全镇共有1所中心幼儿园，3所托儿所，8所小学，3所中学；1所中心医院，且每个村配备村级卫生组织。镇中心区公共服务设施配套较为齐全，其中生活类公共服务设施包括斗门镇政府、斗门镇中心卫生院、斗门镇敬老院、1所中学和1所小学、南门文化中心、2个公园以及多个广场，接霞庄及多处宗祠、遗址等历史文化遗迹，沿斗门大道和斗门古街分布各类商业设施。生产类服务设施包含农田水利设施、农业仓储设施、就业和社会保障服务设施等，相对比较完善。生态类服务设施包括村保护生态服务水体、隔离防护绿地等。村级公共服务设施可基本满足居民的基本需求。

6.1.2　规划示范

1. 规划思路

（1）功能因地制宜，设施灵活布置。突出地方特色，充分利用斗门镇历史文化资源和良好的农村生态优势，建立良好的农村空间形态和设施空间网络。

（2）加强区域联系，实现设施共享。统筹安排区域内各自然村之间的关系，力求交通联系便捷，尽可能地实现设施共享和资源互补。

（3）引入特色文化，带动镇域发展。将街区历史保护与基础设施改造相结合，提出积极性的发展保护措施，以适应现代社会的发展要求。

（4）强调建设时序，改善生活质量。合理安排“三生”空间公共服务设施的规模、数量及布局，进行分期实施规划，提升农村居住环境，保证居民生活质量。

2. 主要策略

（1）公共服务设施分级与分类配置

分级与分类配置对于实现公共服务设施使用效率最大化、减少公共服务设施资源浪费具有十分重要的作用。分级配置是指应在农村居民需求层次导向下构建公共服务梯次体系；分类配置主要是指从村民需求类型出发，结合斗门镇发展现状，将公共服务设施划分为生产、生活和生态类，优先考虑建设情况较差但又是居民日常生活所需的公共服务设施。

（2）构建公共服务设施共享圈

为促进公共服务设施的城乡一体化发展，应打破行政界线的限制，基于生活圈理论对村镇公共服务设施进行配置。以居民生活行为习惯与意愿作为出发点，兼顾考虑各项公共服务设施的门槛人口数、设施规模效应以及公共服务主管部门管理的便利性等因素，在不同等级的公共服务中心配置与之级别相对应的公共服务设施项目。

（3）公共服务设施特色化发展

斗门镇历史文化资源丰富，而公共服务是彰显城市历史文化的重要载体之一。一方面，在公共服务设施规划理念上，应强化全域规划理念，要整体考虑公共服务设施之间的关系及其所处环境特性；另一方面，在设施配置上，应建立文化保护与发展相关管理机构，重视公共文化服务设施和旅游配套设施的建设，强化商业设施、公共空间等的历史文化符号。

3. 服务设施配置要点

（1）生活类服务设施配置要点

① 公共文化服务设施：与历史人文环境相结合，促进文化事业特色发展，丰富村镇居民生活。

② 商业设施：增加一定数量的商业设施，并提高现有商业设施的质量，支持斗门镇旅游业发展。

③ 市政设施：完善村镇道路、电力网络和环境设施建设，增强其服务能力，支撑村镇长远发展。

（2）生产类服务设施配置要点

① 科技服务与农业技术服务设施：协助农业经营主体解决在生产经营中出现的问题，促进农业现代化生产。

② 信息服务与展销设施：促进农业产品加工与工业互动发展，同时发挥观光农业、市民农园的优势，带动旅游、餐饮、住宿等服务业发展。

③ 旅游业配套设施：提升旅游舒适度，丰富游客旅游生活，展现“乡土”特色，提升村镇吸引力。

（3）生态类服务设施配置要点

增加公共绿地，重视生态保育。增设污染治理服务、环境监测服务设施等，改善村镇环境卫生，推动农村形成绿色发展方式和生活方式。

6.1.3 技术创新特色

斗门镇社区公共服务设施规划涉及的主要技术创新包括村镇社区服务设施一体化规划技术和村镇社区服务设施效能评估与监测技术。

1. 主要创新

通过对斗门镇的区域结构、产业禀赋、社会人口、“三生”空间、社会资本、历史文化等关键要素的内涵进行综合研判，从宏观、中观、微观三个维度出发，依次构建斗门镇区域公共服务设施配置空间网络、村域公共服务设施空间结构规划数据库以及村镇社区公共服务设施场景模拟图谱，最终实现对斗门镇村镇公共服务设施的静态空间要素配置以及动态生活场景模拟。

通过村镇社区服务设施一体化规划技术，重点涉及的三大空间规划技术包括“区域公共服务设施配置一体化网络构建”“村域公共服务设施空间配置一体化规划”和“村镇社区公共服务设施空间场景一体化设计”。首先，通过区域公共服务设施配置一体化空间网络构建，主要采用多因子空间叠加分析技术，对村域公共服务设施配置空间网络类别与乡村社区生活圈级别进行识别，初步明确公共服务设施配置内容；其次，通过村域公共服务设施空间配置一体化规划，运用村镇空间形态分析以及平均最近邻指数检验的方法，识别斗门镇为集聚型村镇空间结构，以问题及发展需求为导向，制定公共服务设施空间配置要点与技术规范；最后，村镇社区公共服务设施空间场景一体化设计，通过运用场景图谱与场景导则规划技术，对斗门镇的生产、生活、生态公共服务场景进行分类，制定社区公共服务设施空间场景设计导则，直接指导生产、生活、生态公共服务设施的规划项目和设施的空间选址、布局、建设和管理。

在村镇社区公共服务设施一体化规划技术的基础上，结合斗门镇的实际情况，进一步细化生产、生活、生态公共服务设施的效能评估模型，构建监测指标体系。通过对斗门镇进行实地调研、问卷调查、无人机低空遥感影像分析以及监控影像识别的方式实现数据采集，构建监测技术体系，得到斗门镇现有公共服务设施使用情况，并据此确立斗门镇村镇社区服务设施初步规划方案。进而，利用村镇社区生活圈仿真技术模拟处于规划中的斗门镇服务设施使用情况，并进行效能评估，衡量规划后的村镇社区服务设施服务能力。后续将通过监控影像识别的方式对斗门镇的公共服务设施的服务能力进行定期监测，对其效能进行长期、系统地综合评估。

村镇社区服务设施效能评估与监测技术旨在通过定量方式推动斗门镇村镇社区设施效能评估的动态化、精准化、系统化进程，为规划技术体系适宜性评价标准，并为研发村镇公共服务监测评估信息管理平台提供技术支撑。

2. 研发技术的运用

（1）生产服务设施上

① 增设旅游业配套设施：增设商业娱乐功能场地与相关服务型配套设施。

② 增设农业综合服务设施：增设农资服务设施。

（2）生活服务设施上

① 增设公共文化服务设施：增设历史文化设施和历史传统风貌保护区。

② 增设商业设施：增设商业娱乐设施与商业娱乐居住设施。

③ 增设市政设施：完善村镇道路规划与建设。

（3）生态服务设施上

① 增设生态环境设施：增加公共绿地，重视生态保育；增设污染治理服务与村镇卫生处理设施。

② 增设生态保育设施：增加生态林地巡护站、环境监测服务等设施。

6.2 半山村社区公共服务设施规划实践

6.2.1 村镇社区基本特征

1. 地理区位

半山村位于福建省尤溪县城北部，尤溪中下游西岸，依山傍水，风景秀丽，交通便利。距南宋著名理学家、教育家朱熹诞生地——尤溪县城 10 km，距梅仙镇区 4 km，位于县城半小时生活圈内。村庄东侧有国道 G235，可由 2019 年 3 月底建成通车的半山大桥往北通往镇区，往南进入县城。规划范围 301.82 hm^2，东与汶潭村隔河相望，西与通演村山体接壤，共有 8 个小组，村庄历史悠久，可追溯至明清时期。

2. 社会经济特点

半山村位于城镇开发边界以外，区位条件相对较好、人口相对集中、公共服务与基础设施配套相对齐全；休闲旅游服务等产业突出，资源条件相对优越，已有一定发展基础；对周边一定区域的经济社会起辐射作用，具有一定发展潜力。地势“背山面水，西高东低”，自然资源丰富，物种多样。截至 2017 年，半山村工业产值为 1140 万元，农业产值为 1544 万元，产业结构比为 1 ∶ 1.35，工业、农业发展相对均衡，但工业和农业产值仍然低于汶潭和通演两村。2017 年度人均纯收入为 10790 元。目前，半山村黄金百香果种植基地被列为福建省百香果示范园，2017 年产值达 200 余万元；村内工业主要是农产品粗加工以及石粉厂，属于传统制造业，生产水平不高，经营状况不佳，对本地税收和就业贡献度偏低，是典型的以农业种植为主的生产型乡村社区。

3. 城乡发展主要矛盾

工农业经济实力不强，农业受水资源影响较大，旅游定位已明确，具有一定知名度，但旅游市场尚未打开，旅游产品尚未成形。旅游服务业发展诉求强烈，村民在乡就业渴望度高；重点发展农家乐、乡村旅游、特色农产品种养殖与加工等，但道路、给水、排水等基础设施较为缺乏，同时应增添旅游服务设施，为发展旅游夯实基础。

4. 设施配套现状

半山村有包括村卫生所、村委会、幸福院、综合服务站、幼儿园和文化活动场所、运动场地等在内的多处公共服务设施。目前村庄内的中小学生在县城及梅仙镇就读。村庄公共服务设施有待完善，仅能满足基本生活服务需求。目前村庄自来水管网尚未入户，村民用水主要来自山上流水，沿山脚分布有多处取水点。村庄无排水及污水处理设施，污水主要通过每家修建化粪池处理。全县各村最早实施垃圾分类，已建成多处垃圾收集站，配置有 200 个专用垃圾桶，已形成“村收集 – 镇转运 – 县处理”体系，配有两名保洁人员统一管理，并建有公共厕所 4 处。生产类：现有电源为 35 千伏梅仙变电站供电，设计容量为 2 × 20 兆伏安，容量充足。村庄电力线路已基本覆盖全域。现状从梅仙镇电信支局接出电信线路进入村庄。“三网”4G 信号已覆盖村域范围。

6.2.2 规划示范要点

1. 规划思路

通过分析半山村公共服务设施现状，可以发现在乡村建设中存在生产、生活、生态公共服务设施配套明显不足的现象。面对新形势，原有的公共服务设施规划思路需要进行调整，主要体现在以下方面：整合各类公共服务设施，而非局限于原有的公共服务设施分类标准。强调“生活圈”概念，打造新型乡村公共服务设施规划体系。强调公共服务设施先导战略，积极通过政府调配公共资源。采用多种供应模式，降低公共服务设施供应成本，提升运作效率。合理制定规范标准，预留各类公共服务设施用地。

本次规划是乡村总体规划层面下的公共服务设施专项规划，各类公共服务设施发展目标的实现，无不需要一定的空间环境相依托。规划将生产、生活、生态规划与地区事业发展相融合，以规划的方式将各发展目标对空间的需求进行落实。因此，本次规划必须做到研究的前瞻性与布局的务实性高度结合。

2. 主要策略

结合模拟和优化模型的结果，以自下而上的视角分析农村社区服务设施在配置和布局中存在的问题，基于不同人群的时空行为规律和使用需求剖析不同类型设施供给和布局中存在的缺陷，提出农村社区公共服务设施配置和布局的提升策略，促进居民使用公共服务设施，打造宜人的农村社区居民生活圈。

3. 服务设施配置要点

设计团队通过进镇驻村访谈，在多角度、多方向充分了解村民意愿和需求的基础上，结合省定贫困村建设新农村示范村达标基本标准，从以下几点进行服务设施配置。

（1）生活服务设施

① 公共服务设施：新规划 1 处综合服务站。

② 医疗设施：优化卫生站与邻近建筑的交通关系，提高群众到达的便捷性。

③ 文体设施：新增 1 处健身运动场地，新增 1 处文化活动场所。

④ 福利设施：新增 1 处老年服务中心。

⑤ 市政公用设施：敷设给排水管道。完善半山村内的电力系统，消除安全隐患。通信线路应结合道路改造同时完成。垃圾统一回收处理。增设防灾设施。

⑥ 道路设施：完善对外交通与内部交通系统，改造纵“五线”连接线，打通支路网，开发河道，形成水陆一体的环状道路网络。用宅间闲置地分散停车。

⑦ 商业服务设施：新增一处村邮站和一处超市。新增两处民宿，可新增两处餐饮。

（2）生产服务设施

① 农业综合服务设施：打造为二级乡村旅游特色名村，第一、二、三产业融合发展样板基地。

② 工业配套设施：依托现有仓储物流设施，完善周边交通与市政公用条件，形成以农业服务为先，兼顾工业使用的融合型配套服务设施体系。

③ 信息服务设施：规划建设信息服务站点。

（3）生态服务设施

① 生态环境综合治理设施：增设生态服务水体、监测站点和水土保持工程设施三类生态环境综合治理设施。

② 生态保育设施：增设生态隔离防护林带、生态林地巡护站两类生态保育设施。

6.2.3　技术创新特色

1. 主要的技术创新

该规划以半山村的实际情况出发，基于以人为本的规划理念，从“需求 - 供给”角度构建了新型乡村服务体系和公共设施配置标准。

本书中，村镇社区的服务设施指标体系和配置技术导则突出三个方面的创新。首先，建构了生产、生活、生态有机统一的村镇社区服务设施分类体系，不局限于公共管理与服务、教育设施、医疗卫生设施、文化体育设施、商业服务设施、社会保障设施、交通和市政公用设施等生活服务设施；注重对农业生产设施、工业配套设施以及其他生产服务设施的配置要求；强化了对生态环境综合治理设施、生态保育设施以及其他生态服务设施的管控。其次，注重城乡服务设施统筹配置。考虑到我国广泛的地理气候、文化宗教等地域差异，发展阶段差异，农业、牧业、林业、山地、平原等不同类型村落的设施布局要求，农村老龄化、空心化的特点以及城市对周边村落的虹吸和城乡设施一体化统筹等，制定具有广泛实践指导价值的设施配置技术导则。最后，落实各类设施的具体化控制指标。分别给出设施的选址要求和配置标准，明确每一类设施的建筑面积、用地面积等配置规模要求、建设要求。总之，村镇社区的服务设施指标体系和配置技术导则对于我国广泛开展的乡镇国土空间规划、公共服务设施专项规划、村庄规划的编制具有直接的指导意义和应用价值，对乡村振兴领域的规划研究具有直接指导意义，具有广泛的理论、实践应用前景。

2. 研发技术的运用

（1）生产服务设施

① 增设农业综合服务设施：打造为二级乡村旅游特色名村，第一、二、三产业融合发展样板基地。新增两处试验田，服务于生产的小规模农作物育种试验、林果业育苗、试种等。新增 1 处农资服务站，新增 1 处仓库，新增 2 处泵房，新增 2 处物流服务站。

② 增设工业配套设施：鼓励有条件的乡村设置物流服务站，用于集中处理货物的配送、分装以及发售。

③ 增设信息服务设施：综合考虑服务站点的物流运输、服务半径以及产品打包等需求，1 处规划建设信息服务站点，规划与仓储用地复合建设。

（2）生态服务设施

① 增设生态环境综合治理设施：新增 3 处水质检测设备，每一处独立水域均应配置 1 套水质监测设备。新增 2 处污染源检测设备，遵循节约集约原则，可与仓储用房共同设置。新增宽度 50 cm 排水沟。新增 3 处沟头防护设施。

② 增设生态保育设施：沿村庄发展边界，设置生态隔离防护林带。新规划 2 处生态林地的巡护，规划至林木种植区、农业综合种植区或者百香果种植区内。

半山村公共服务设施规划如图 6-1 ～图 6-3 所示。

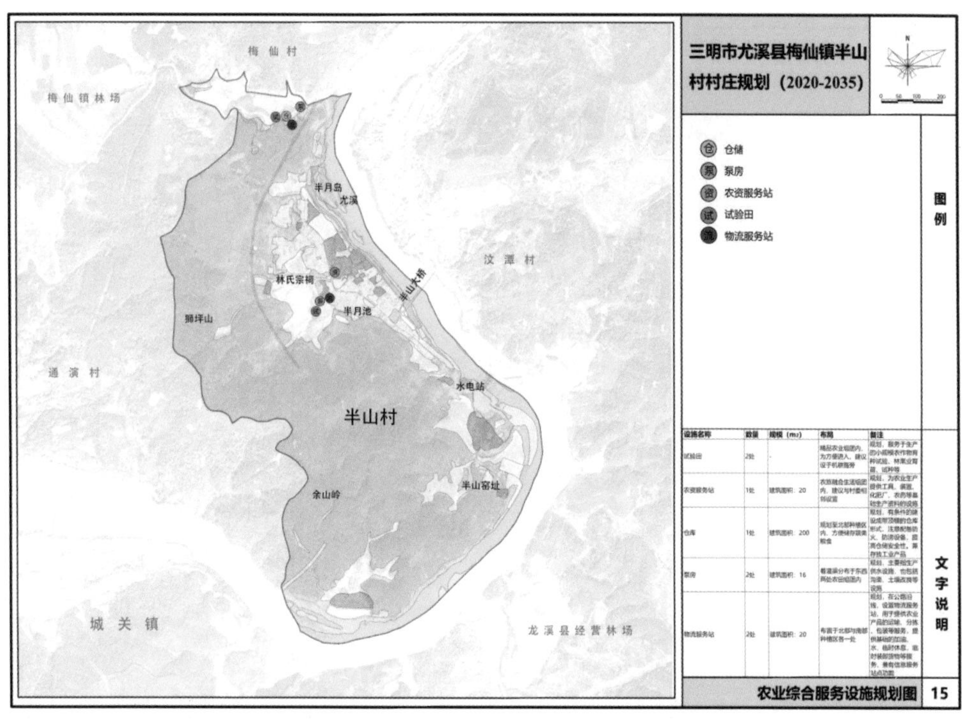

图 6-1　半山村农业综合服务设施规划

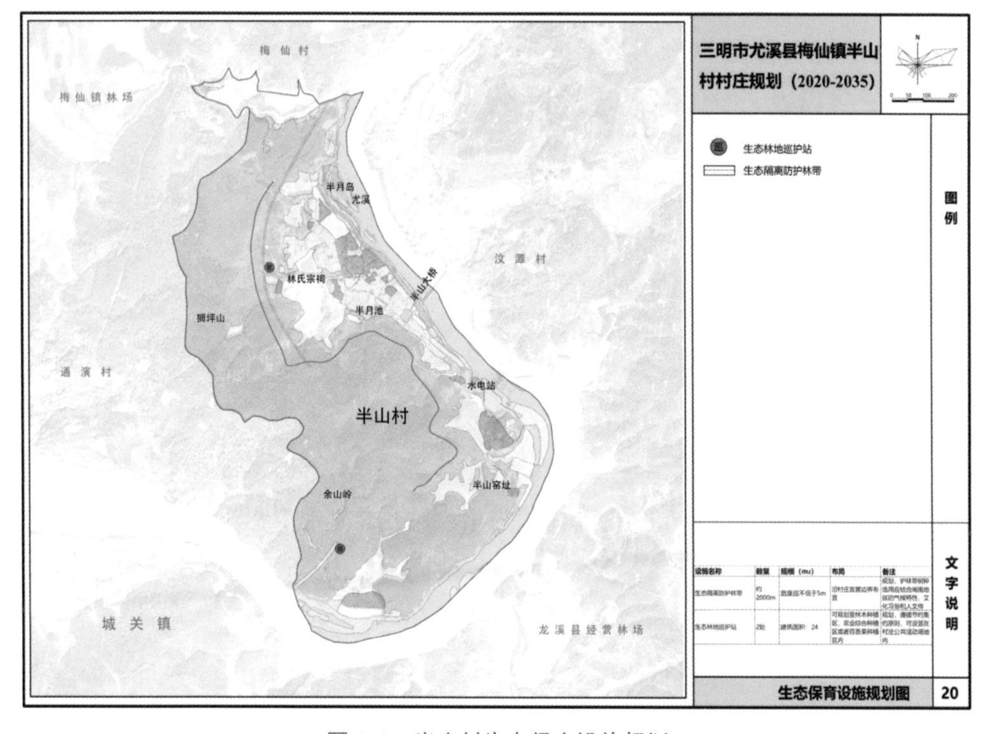

图 6-2　半山村生态保育设施规划

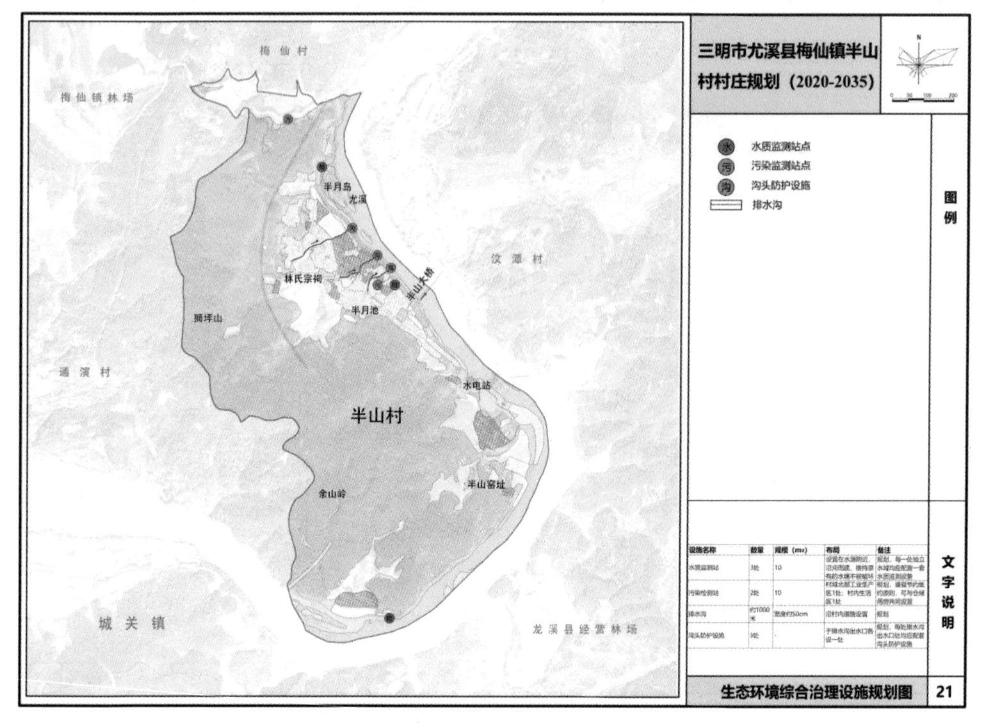

图 6-3　半山村生态环境综合治理设施规划

6.3　十字口村社区公共服务设施规划实践

6.3.1　村镇社区基本特征

1. 地理区位

十字口村地处重庆市丰都县兴龙镇中部，位于丰都县北部特色农业－物资集散经济片区。十字口村距离丰都县城 40 km，距离镇区 4 km，东邻社坛镇踏水桥村，南至本镇铺子村，北至本镇大岩树村，村域面积 10.07 km^2。十字口村为典型的山地乡村，全村地貌以低山和丘陵为主，村西北侧地形相对陡峭。

2. 社会经济特点

2019 年年末，十字口村户籍人口为 3688 人，常住人口为 1230 人，60 岁以上常住人口占比达到 38.94%，净流出人口 2458 人，儿童流出外地的比例达到 85%，面临着严重的人口老龄化、空心化等社会难题。十字口村的主导产业是以种植业、养殖业为主的第一产业，农产品流通效率低且农业空间布局分散，均以家庭为单位自主经营，规模化水平较低。种植的农作物以红心柚、榨菜为主，红心柚种植园面积较大，已建成 2 个榨菜初加工区，养殖业以养殖牛、猪和水产为主。

3. 城乡发展主要矛盾

十字口村地理区位较为偏远，距离丰都县城需要耗费 1 小时车程，较难受到县城的经济与公共服务辐射作用。社区居民点空间主要沿仁崇路干道呈线性布局，与镇区保持着较好的交通联系。在村庄自身设施服务水平及运营能力较低的现实条件下，镇区可以作为村庄公共服务补给的重要来源，但目前村－镇服务设施的统筹规划仍较为滞后。在山地环境影响下，十字口村“三生”空间较为碎片化，生态空间主要分布于坡度 15° 以上的丘陵和山地，集中在村域的西北与东南部；生活空间向中央谷地的交通干道沿线集中，村民的日常生活空间主要围绕着传统农耕活动展开，社区公共生活与实体空间呈衰落态势；村庄没有系统性整合农业生产空间，产业无法形成规模效应与品牌效应。

4. 设施配套现状

十字口村目前以日常的基本公共服务设施为主，以公共管理与服务设施为服务中心配置村“党支部和村委会”办公室、新时代文明实践站，邻近村委会布置村卫生室、便民超市、金融服务点与儿童之家。村内无幼儿园、小学等教育设施，适龄儿童只能去镇区、县城上幼儿园和小学。村内无社会福利与养老设施，适老服务缺乏保障。村内现有 1 处位于村庄北部的法华寺，在规模较大的居民点配有 3 处室外健身场地，但健身设施较少考虑老年人的身心需求。目前村内有崇兴花炮制造企业、瑞金养殖场等生产企业，储水池、榨菜池等生产服务设施以及 1 处李子丘水库。

6.3.2 规范示范要点

1. 规划思路

十字口村目前存在较为明显的区域联系薄弱、“三生”空间衰败等问题，服务设施规划需要对村庄综合发展要素与公共服务设施进行一体化评估，重点分析县城－镇区－乡村的公共服务设施网络以及村域“三生”空间功能结构。本规划依据公平与差异、品质与关怀、更新与利用、复合与集约的原则，积极落实生产、生活、生态服务设施在“三生”空间基础上的空间布局，结合具有特色的公共服务场景设计，完善与提升十字口村的公共服务设施体系。

2. 主要策略

重构县域与村镇的空间联系，立足于城乡连续体的视角，根据公共服务流动性、区域性、跨等级性的特点，健全区域一体、全民覆盖、普惠共享的乡村基本公共服务体系。同时综合十字口村的上位规划、现有公共服务设施分布体系以及村民对设施的使用需求，识别并划分出自足性、共享性、通勤性、拓展性生活圈层，起到协调公共服务设施空间结构的作用。以场景为公共服务设施的微观组织单元，从“生产融合、生态永续、生活美丽、文化繁荣、共治共享、智慧升级”六个维度营造六大服务场景，明确重点场景的空间落位、设施与功能以及节点改造对比，指引服务设施要素的具体建设。

3. 服务设施配置要点

（1）生活服务设施

① 公共管理与服务设施：现有设施较为完善，将其改建为综合服务中心，构建以人为本、复合共享、多方治理的乡村管理平台，提高数字化与现代化治理水平。

② 教育设施：打造多层次的教育设施供应体系，结合居民需求新增 1 处幼儿园，建议结合文化设施与乡创中心、活动中心为中青年提供通识教育服务，结合村委会老年活动中心为老年提供终身教育服务。

③ 医疗卫生设施：扩建原卫生室，提供就诊治疗与健康保障服务，结合线上预约、远程诊治、药品配送与流动医疗设施等方式提高农村医疗服务水平。

④ 文化体育设施：增设 1 处文化活动场所，扩建原室外健身场地，对现有文体设施进行全龄友好性、虚实互动性改造。

⑤ 商业服务设施：保留原有金融服务点，扩建现有邻里便利店，增设乡村

旅社、乡村饭店、乡村快递基站、集贸市场，同时完善线上乡村便利购平台以及电商销售功能。

⑥ 社会保障设施：整合既有服务空间与社会资本，保留原有儿童之家，并增设 1 处残疾人之家。

⑦ 交通、市政公用设施：保留原有变压器与垃圾收运点，新增 1 处公共厕所。

（2）生产服务设施

农业综合服务设施：在保留原有设施的基础上，采用线上线下一体化供应的方式，增设物流服务设施 – 智慧物流仓储设施、畜牧兽医服务设施 – 数字化种猪监控室、智能化榨菜生产车间，并结合村庄公共管理服务设施配置线上数字生产管理平台。

（3）生态服务设施

① 生态环境综合治理设施：在村庄南部增设生态环境检测站点与污水处理设施。

② 生态保育设施：在法华寺周边新增生态林地巡护站和水源地保护设施。

6.3.3 技术创新特色

1. 主要技术创新

本规划在服务设施一体化规划技术中创新地采用了 2 项子技术。

一是在国土空间规划背景下，结合“三生”空间分析技术配置“三生”服务设施。首先基于地形地貌、用地属性、植被河流等要素建立“三生”空间本底评价体系，通过空间适宜性与空间协调性评价，挖掘“三生”空间的空间演变规律与要素特征，形成“三生”空间分析底图。在此基础上，综合村庄公共服务定位来识别、筛选出具备不同“三生”服务功能的重点空间单元，并对其主导功能、设施类型进行初步配置，为详细的“三生”服务设施空间布局规划奠定基础，进而提高十字口村公共服务设施规划管控全域空间、统筹“三生”要素的服务水平。

二是借助场景规划技术来系统性组织服务设施。公共服务场景是服务设施的功能、结构以及种类多样性的总和，本规划在公共服务设施的建设末端，构建了“生活富裕、多业融合的产业场景”“连点成网、闲话桑麻的生活场景”“青山绿水、良田美池的生态场景”“文化促进、体美共育的活动场景”“社集联动、村民自治的共治场景”“智慧生产、智能互联的智慧场景”六大场景。各类场景均明确了空间点位、设施项目以及空间改造效果，有助于指导公共服务设施微观建设与拓展设施服务绩效。

2. 研发技术的运用

（1）生产服务设施

增设农业综合服务设施：增设 1 处邻近县道的物流服务设施——智慧物流仓储设施，1 处邻近原有储水池位置的畜牧兽医服务设施——数字化种猪监控室，1 处智能化榨菜生产车间以及 1 处数字生产管理平台。

（2）生态服务设施

① 增设生态环境综合治理设施：新增 1 处生态环境检测站点，1 处污水处理设施。

② 增设生态保育设施：新增 1 处生态林地巡护站、1 处水源地保护设施。

十字口村相关规划如图 6-4 ～图 6-8 所示。

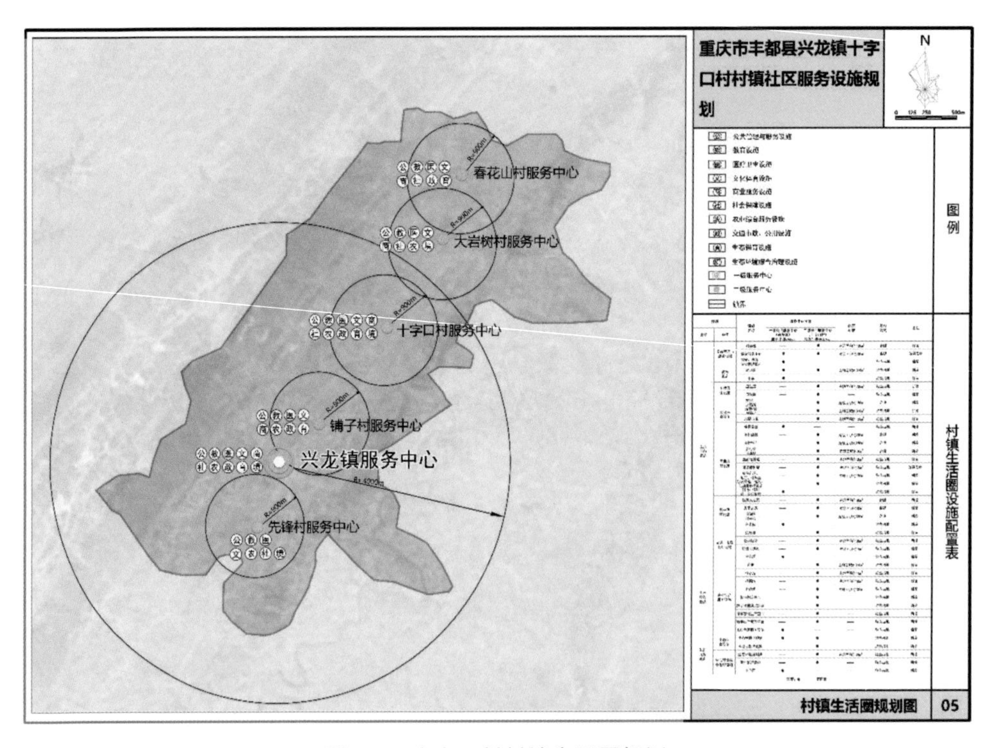

图 6-4　十字口村村镇生活圈规划

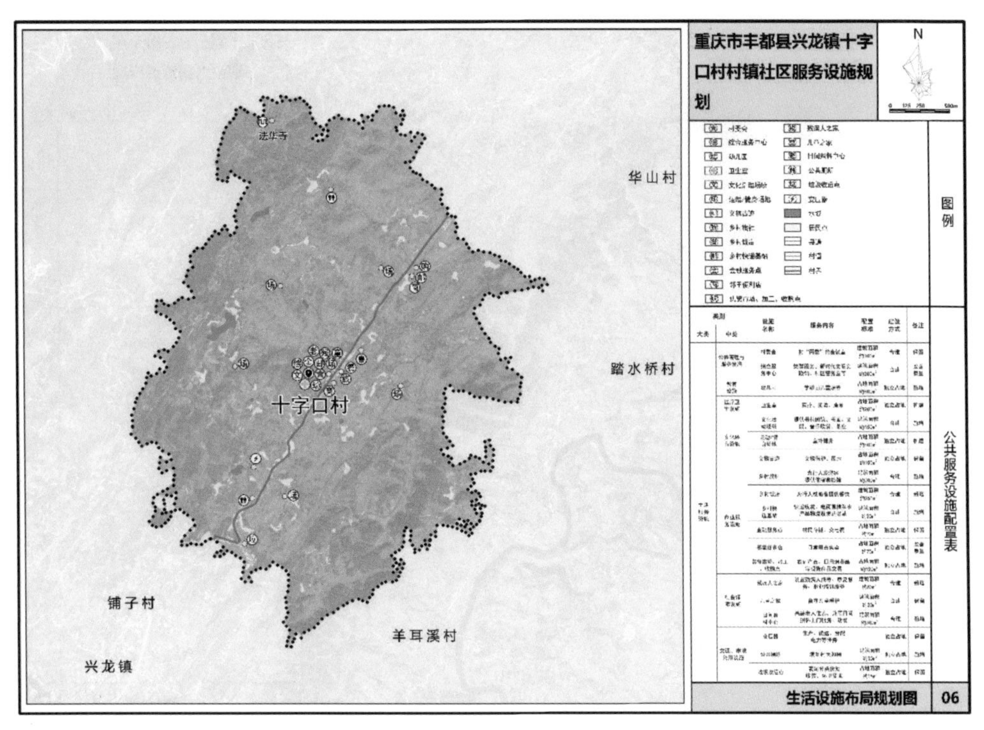

图 6-5　十字口村生活设施布局规划

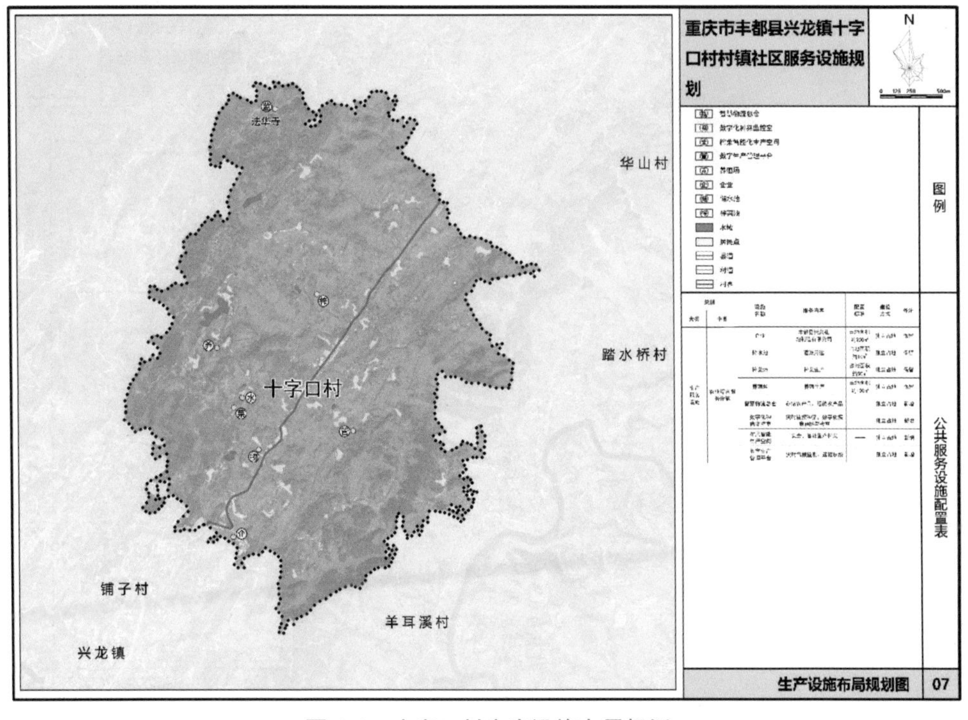

图 6-6　十字口村生产设施布局规划

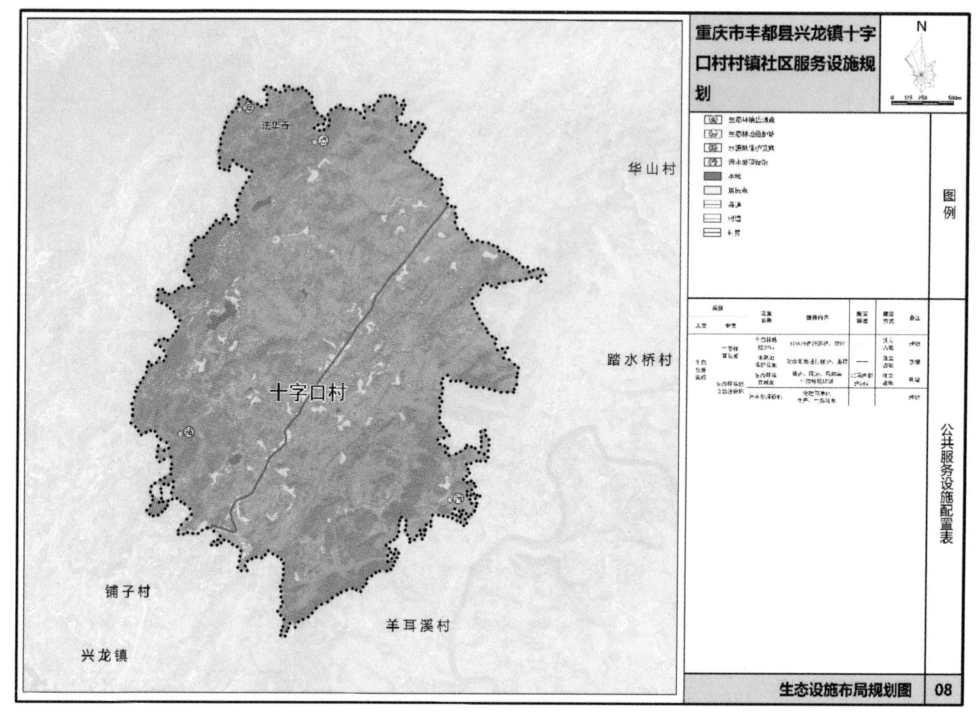

图 6-7　十字口村生态设施布局规划

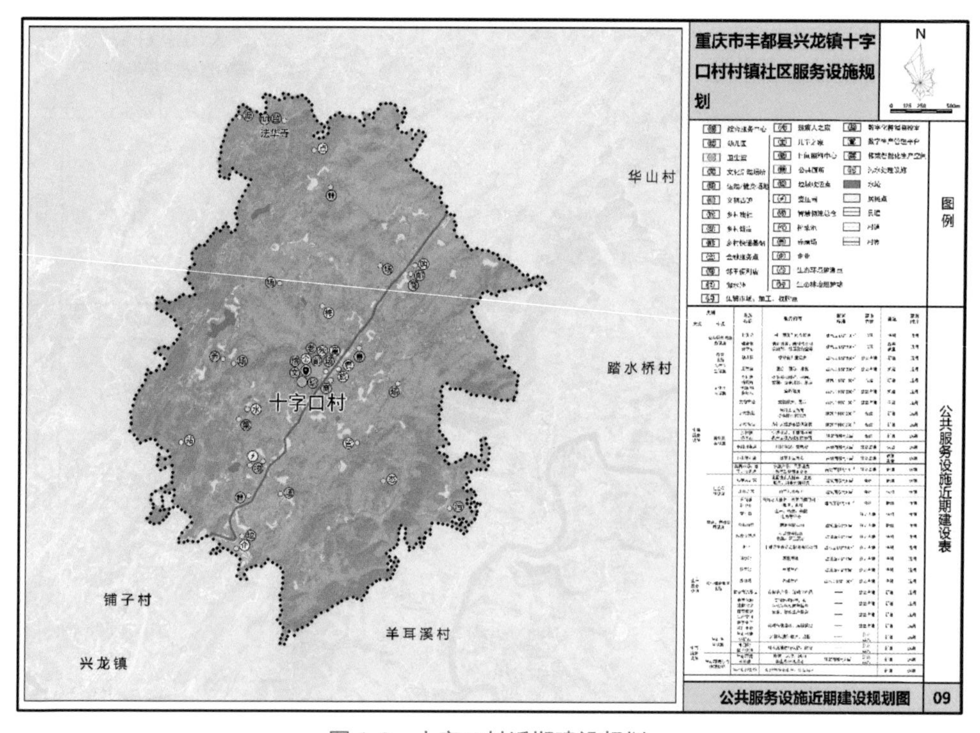

图 6-8　十字口村近期建设规划

6.4 经通村社区公共服务设施规划实践

6.4.1 村镇社区基本特征

1. 地理特征

经通村位于福建省尤溪县城北部，梅仙镇区西部，交通便利，距南宋著名理学家、教育家朱熹诞生地——尤溪县城约 15 km，距梅仙镇区约 2 km。村庄可由村道往东通往镇区，通过 Y011 和 G235 往南进入县城。

2. 社会经济特征

全村土地总面积 11 286 亩，其中森林面积 7139 亩，耕地面积 1292 亩，粮食产量 613 吨。经通村近一半劳动力在工矿企业工作，有 15% 的劳力从事矿产运输。2007 年年底在全县率先成立经通养猪专业合作社，引进了“猪 – 沼 – 果”生态养殖新模式，既保护了环境，又增加了全村收入。截至 2019 年，养殖区已规划面积 400 亩，种植血橙、苦柚等果树 290 亩，年创产值 300 万元。经通村全村有林地面积 7937 亩，种植绿竹近 700 亩，户均 1.6 亩以上，家家户户都种植绿竹。通坑自然村叶星朗一家种植绿竹达 35 亩，按亩产值 1000 ～ 1200 元计算，年可收入 3.5 万～ 4.2 万元，全村仅此一项人均可增加收入 500 ～ 600 元。

3. 城乡矛盾

经通村矿产资源很丰富，但利益分配不合理。金东、三福两个公司的主要采矿区都在经通村境内，每年从该村区域内开采出来的矿石超过 20 万吨，村民没有从中直接得到利益。由于采矿区位于居民区，严重影响了村民的正常生产生活，地下水枯竭，农田被征占，导致大量民众搬出。生态养殖以家庭式经营为主，规模较小，抗风险能力低，协会运作还不够规范。竹林经营管理较为粗放，停留在锄草松土及少量施肥上，离高产培育仍有较大差距。

4. 公共服务设施现状

目前经通村公共服务设施现状为，位于村域中心的村委会 1 处，文化活动室 1 处，村卫生所 1 处，运动场所 2 处，文化活动中心 2 处，普惠金融便民点 1 处，公厕 2 处，缺少幼儿园、生活市场、公共停车场。前村庄已实现自来水管网入户，村民用水主要来自村庄自来水厂，村庄无排水及污水处理设施，污水主要通过每家修建化粪池处理。现有电源为 35 千伏梅仙变电站供电，设计容量为 2×20 兆伏安，容量充足。村庄电力线路已基本覆盖全域，分布有 6 个变压器。

6.4.2 规划示范要点

1. 规划思路

提升经通村公共服务设施水平，满足经通村经济、生活、环境发展的需要，促进空间平等与社会和谐。合理确定各项公共服务设施建设指标，安排各项设施的用地布局，建设与乡村空间发展相适应的公共服务设施体系。为经通村后续的公共服务设施建设提供指引。

2. 主要策略

结合模拟和优化模型的结果，以自下而上的视角分析农村社区服务设施在配置和布局中存在的问题，基于不同人群的时空行为规律和使用需求剖析不同类型设施供给和布局中存在的缺陷，提出农村社区公共服务设施配置和布局的提升策略，促进居民使用公共服务设施，打造宜人的农村社区居民生活圈。

3. 服务设施配置要点

（1）生活服务设施

① 公共管理与服务设施：规划改造整治现有村委会，根据村庄需求，完善村委会服务职能，提高村委会服务水平。

② 教育服务设施：建议结合商业设施新建 1 处小型幼儿园或托儿所。

③ 医疗设施：改造村庄卫生室，完善现有卫生室服务职能。

④ 文体设施：增设健身场地，共设置 3 处活动广场。

⑤ 福利设施：规划保留并升级幸福院；为老人儿童提供必需活动场所，同时复合设置儿童之家，保障儿童各项权益。

⑥ 市政公共设施：完善并升级给排水管网；配备新公厕 1 处，增加垃圾收集桶；改善消防设施规划。

⑦ 商业服务设施：增加旅游与居民日常商业服务设施。

（2）生产服务设施

① 农业综合服务设施：增设物流仓储规划用地，布置物流仓储设施，设置农产品集散中心。

② 工业配套设施：完善周边交通与仓储等需求，对道路进行整修，建立物流仓储配套设施，使仓储可以对农业和工业服务，兼顾农业、工业适用的融合型配套服务设施体系。

③ 信息服务设施：继续从梅仙镇电信支局接出电信线路并进入村庄，沿现有和规划道路铺设至各户。

（3）生态服务设施

① 生态环境综合治理设施：增设生态服务水体、监测站点和水土保持工程设施。

② 生态保育设施：增设生态隔离防护林带和生态林地巡护站两类生态保育设施。

6.4.3　技术创新特色

1. 主要技术创新

该规划从村的实际情况出发，基于以人为本的规划理念，从“需求－供给”角度构建了新型乡村服务体系和公共服务设施配置标准。该规划基于“要素－结构－功能”的分析思路，依托乡村社区公共服务设施全要素一体化的空间布局规划技术，借助遥感数据和实地测量，研究乡村公共中心、生产生活服务设施空间协同、城乡公共服务设施空间衔接以及特色、专属设施的空间关系和布局方法。该规划通过乡村服务设施远程检测技术系统，建设控制中心和分布式检测体系；基于公共服务设施基本内涵，在投入产出、供需关系和互动发展三个层面建立分析框架，对乡村公共服务设施效能评估技术进行研究，对乡村公共服务设施综合效能进行量化评估。该规划依托“生活圈”概念，通过搭建乡村公共服务设施监测评估信息管理平台，建立“监测－评估反馈－干预”的全流程一体化评估监测系统。

2. 研发技术的运用

（1）生产设施

① 增设农业综合服务设施：增加 3 处高标准农田建设工程；1 处综合服务中心；1 处农产品集散中心；1 处农业仓储设施；1 ～ 2 处物流服务设施与生态停车场；1 处传统农耕体验园；1 处休闲垂钓区。

② 增设工业配套设施：增加仓储物流设施，增加 1 处竹林加工设施，增加 1 处竹艺手工体验作坊。

③ 增设信息服务设施：建设专用消防通信设施，逐渐建成有线、无线相结合的火灾报警及指挥系统。

（2）生态设施

① 增设生态环境综合治理设施：增加 1 处水质检测设备，增加 1 处污染源监测设备，增加 1 处水土保持工程用房。

② 增加生态保育设施：增加生态隔离防护林带，增加生态林地巡护站。

经通村相关设施规划如图 6-9 ～图 6-11 所示。

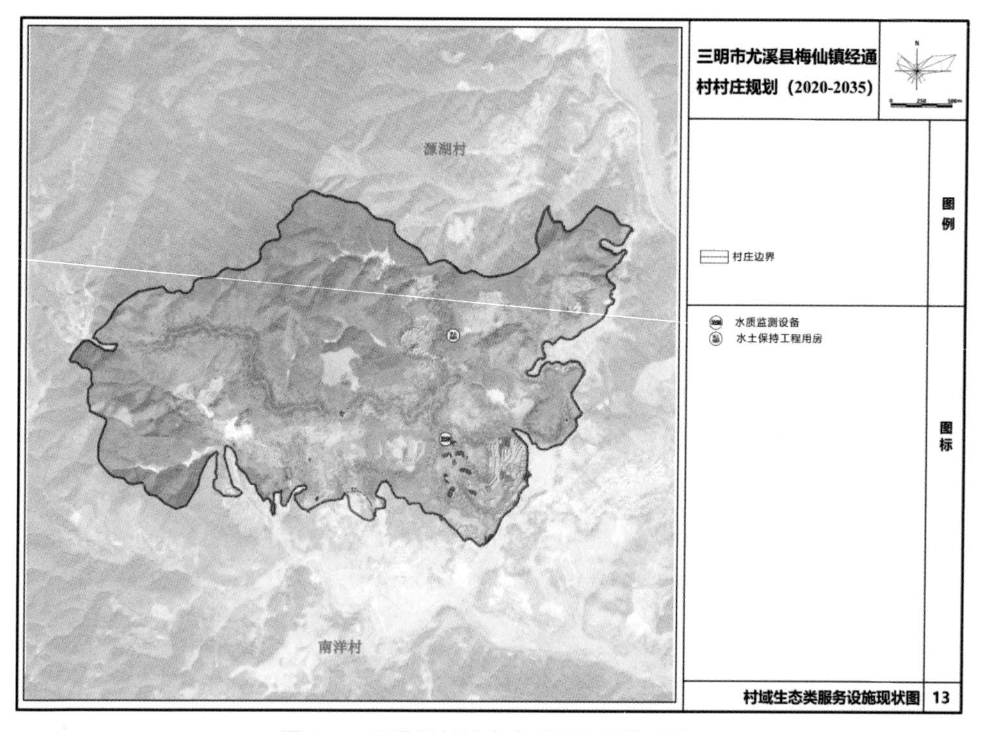

图 6-9　经通村村域生态类服务设施现状

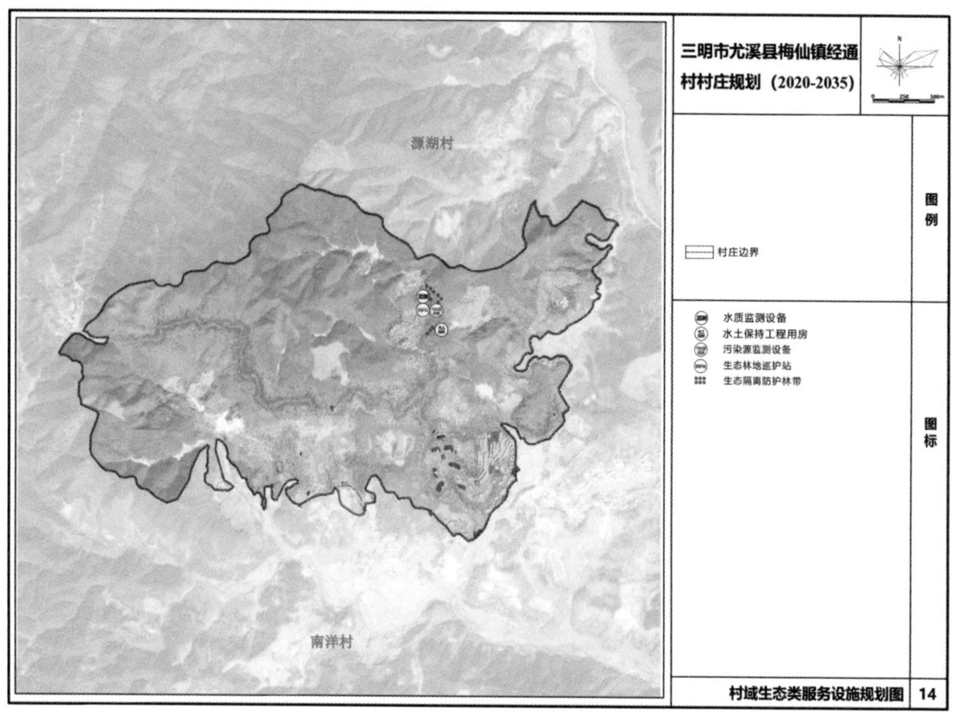

图 6-10　经通村村域生态类服务设施规划

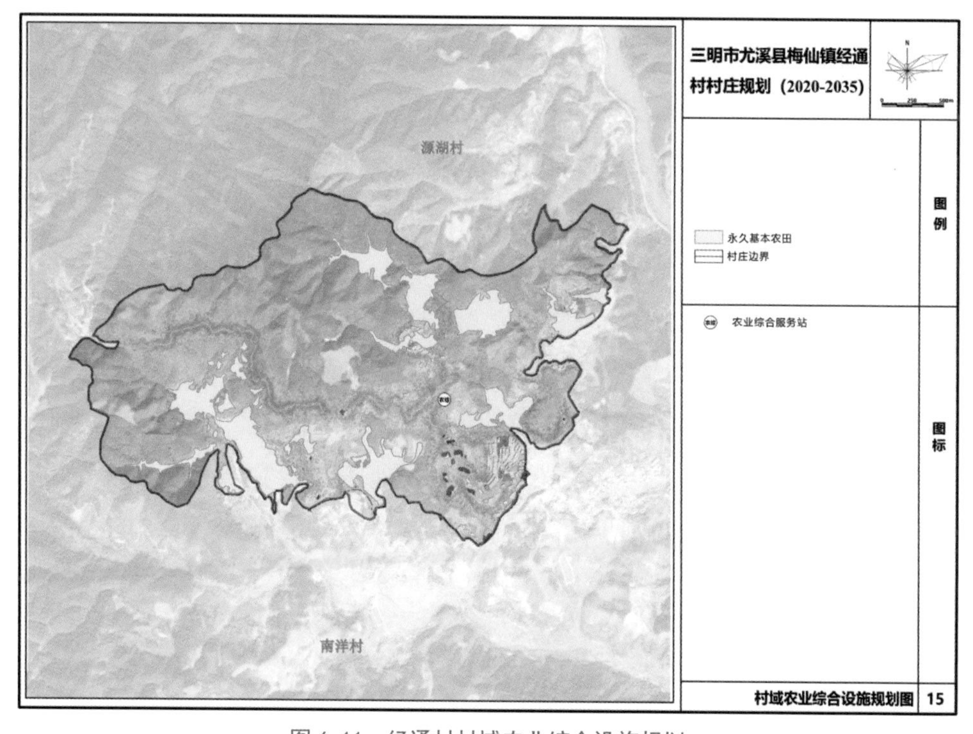

图 6-11　经通村村域农业综合设施规划

6.5 永坪寨村社区公共服务设施规划实践

6.5.1 村镇社区基本特征

1. 地理区位

永坪寨村位于重庆市丰都县仁沙镇西部，东邻本镇石盘滩村，西临兴龙镇春花山村，南邻本镇李家坪村，北临本镇古佛村。村域面积 4.35 km^2，村内有多条乡镇道路，村委会所在地距离仁沙镇政府车程约 2.2 km，距离丰都县政府约 45.4 km。

2. 社会经济特点

2018 年永坪寨村户籍人口 2343 人，常住人口 995 人，净流出人口达 1348 人，人口流失问题突出。常住人口以留守老人和儿童为主，留守老人约占老人总数的 78%，留守儿童约占儿童总数的 52%。永坪寨村经济水平在镇域处于落后梯队，农业以水稻、玉米种植为主，养殖业多以家庭为单位进行自主经营。永坪寨村是典型的山地型乡村，山地坡度、坡向对村内的居民点分布影响较大，社区空间多为小户散点式结构，从而对建设用地整理与设施配置效率带来挑战。

3. 城乡发展主要矛盾

永坪寨村缺乏历史性、地域性、特色性的文化与景观旅游资源，支撑乡村产业转型的条件——农产品比较优势、市场化投资水平、交通网与智慧化基础都较为薄弱，导致难以形成规模化、网络化、数字化的产业集群，进而使村内就业水平与服务设施建设水平较低。在人口收缩与山地环境的约束影响下，现有低密度、低道路通达性的社区居民点较难激活社区活力，使服务设施配置的门槛——可达性矛盾更为显性。

4. 设施配套现状

永坪寨村现有公共服务设施空间结构以村委会为核心进行集中式布局，部分设施呈现点状零散分布。服务设施数量与类型较为缺乏，以基础兜底型设施为主，空间可达性较低。永坪寨村目前配有村委会、便民中心与社会治安工作站等公共管理与服务设施，结合村委会配置了文化活动室和篮球场、乒乓球场等运动健身场地以及卫生院、养老服务站。村内无幼儿园、小学等教育设施。在居民点较集中的村庄中部和村委会等处设有垃圾收运站。村庄在种植区域配置有农田水利设施，在与渠溪河交汇处设有排污口，但缺乏污水处理设施，旱厕存在脏乱差问题。村庄内多为生产绿地，无公共绿地。

6.5.2　规划示范要点

1. 规划思路

永坪寨村的公共服务设施配套目前存在设施难以支撑村庄产业升级、设施与村民时空需求匹配度低、设施项目建设可持续性不足等问题，需要全局地、动态地研判公共服务设施与村庄整体发展的关系。本规划以服务“三生”空间、引导村庄发展和激发内生动力为规划目标，综合运用镇村空间一体化、“三生”空间一体化与场景空间一体化的公共服务设施配置方法，缓解村庄设施受限于山地地形与经济水平的服务劣势。

2. 主要策略

永坪寨村邻近镇村的公共服务设施类型齐全、品质高，可以结合服务设施的空间模拟和优化模型，以镇域生活圈与村域生活圈联动共享邻近镇村的服务设施资源，建构多元化、差异化的公共服务设施网络体系，提高公共服务设施的公平性和均好性。同时，开展公共服务设施的需求层次与供需耦合分析，并围绕不同社群进行时空轨迹与空间活力分析，筛选关键设施场景类型，明确服务设施项目，提高山地型乡村设施的配置效率。

3. 服务设施配置要点

（1）生活服务设施

① 公共管理与服务设施：以村委会为核心统率村域服务设施，完善村委会的服务功能，保留村委会旁的原社会治安工作站。新增综合服务中心，在各村社

结合居民点设置便民驿站，提供快递寄存、邻里聊天、老人活动等服务，打造复合共享的服务综合体。

② 医疗卫生设施：保留、扩建原有卫生室，提供全面管理的“签约医生”，充分发挥乡村医生的特点，创新农村医疗卫生机构服务模式。

③ 文化体育设施：保留、改造原有的文化活动场地，新增运动健身场地，完善配置体育健身设施。

④ 商业服务设施：在较为集中的居民点附近新增便利店，新增村民收发快递、电商直播购物的智慧物流驿站。

⑤ 社会保障设施：在村委会附近建设养老服务站，提供日间照料与助餐等服务。合建居村儿童之家，提供婴幼儿养育托管服务。

⑥ 交通、市政公用设施：结合主要道路及各村社布置公厕和垃圾收集点。新增防灾监测点，搭建智慧防灾平台，实时监测灾害数据。

（2）生产服务设施

农业综合服务设施方面，保留农田水利设施，新增电力设施，用于生态环保与水电开发。新增就业和社会保障服务设施，配置合作社运营点，并以便民服务中心的形式增设创业服务站。新增物流服务设施，配置运输服务站。

（3）生态服务设施

① 生态环境综合治理设施：对占地超过 1000 m^2 的坑塘水面进行生态化处理，配置生态服务水体设施，在村内的渠溪河道沿线设置水质监测站点与标识。

② 生态保育设施：新建村民住宅应退让渠溪河支流 10 m，设置宽度大于 20 m 的生态隔离防护林带，新增生态林地巡护站。

6.5.3 技术创新特色

1. 主要技术创新

在村镇社区公共服务体系和配置技术导则的基础上，本规划在服务设施一体化规划技术中形成了 2 项创新性子技术。

一是对村域社区空间基底类型的量化识别。这项规划技术的应用有利于对不同乡村开展大规模的基础特征识别，通过深度的横向研究了解公共服务设施空间结构形成、演替与进化的规律。本规划利用平均最近邻指数 ANN 验证永坪寨村为山地分散型空间基底，以此为参考指引，采取了单中心 – 多节点组团式的设施空间结构并合理布局服务设施。

二是对永坪寨村不同年龄与职业的社群进行需求谱系分析。借鉴需求层次理论，发现村民在生存、安全层次的基本需求能依靠现有服务设施得到满足，而社会归属、尊重、自我实现层次的品质需求需要与周边城镇、城市中心共享服务设施才能得到满足。因此，在社区生活圈规划中，永坪寨村打造了满足基本需求的基础生活圈与满足品质需求的拓展生活圈，并明确不同级别的服务设施类型与规划方式，是对提升区域服务设施规划绩效的积极尝试。

2. 研发技术的运用

（1）生产服务设施

增设农业综合服务设施：增加 1 处电力设施，2 处就业和社会保障服务设施——合作社运营点、创业服务站，1 处物流服务设施——运输服务站。

（2）生态设施

① 增设生态环境综合治理设施：增加 1 处水质监测站点。

② 增设生态保育设施：增加生态隔离防护林带，增加 1 处生态林地巡护站。

6.6 黄金堡村社区公共服务设施规划实践

6.6.1 村镇社区基本特征

1. 地理区位

黄金堡村位于九龙坡区铜罐驿镇东北角，东临长江，西邻本镇新合村、陶家镇锣鼓洞村，南邻本镇大碑村，北邻陶家镇坚强村。村域面积 3.46 km^2，村委会所在地距离铜罐驿镇约 6.3 km，距离九龙坡区政府约 33 km。黄金堡村现有 1 处居民集中安置点（橘乡黄金堡苑），共有 7 栋现代社区建筑，村域人口与设施整体上都相对集中在安置点附近分布。

2. 社会经济特点

2016年黄金堡村户籍人口2159人，常住人口1093人，常住人口远小于户籍人口。就年龄结构而言，户籍人口中60岁以上人口占全村人口的19.73%，常住人口中60岁以上人口占全村人口的比例高达31.47%。就人口迁移而言，主要是人口向外流动，净流出人口占劳动力人口的71.53%。村内产业以第一产业为主，第三产业相对薄弱，无第二产业。村庄农业种植以粮食作物为主，特色作物为柑橘、花椒、脐橙，生产用地比较分散，农业集约化程度比较低。除此之外，村域范围内也有温泉、大溪河湿地和兵工厂遗址等资源，具有一定的乡村旅游开发潜力。

3. 城乡发展主要矛盾

黄金堡村位于九龙坡区主城区，但与主城区的社会经济与公共服务要素联系较少，铜罐驿镇与西彭镇的镇区设施服务范围也较难完全覆盖黄金堡村村域，公共服务设施的协同发展情况较差。由于乡村公共服务设施主要依赖于基层财政投资，其有限的经济水平难以支撑品质性与拓展性设施的运营与维护，本地就业机会较少导致大量劳动力外溢，共同催生出较为突出的服务设施挂牌与闲置现象，现有服务设施规划尚未协调好供给端与需求端的矛盾。

4. 设施配套现状

黄金堡村服务设施集中分布在本村南部居民点与新建村委会附近，主要包括便民服务中心、村卫生室、警务室、就业指导中心、益农信息社、村史馆、室内外健身场地、便利店等社区服务设施。村内无幼儿园、小学等教育设施，有1处养老服务设施。村内共分布2处公共厕所，1处位于村庄最北部渝黔铁路附近，1处位于村庄南部村级服务中心附近。黄金堡村的基础生活服务设施配置较为完善且空间集中度高，但大量设施处于闲置状态，设施利用效率低下。虽然黄金堡村在行政管理上属于铜罐驿镇，但它到铜罐驿镇镇区的距离与到西彭镇镇区的距离较为相近，加上西彭镇具有相对更高的经济规模、人口规模、服务设施规模，因此村民会同时向铜罐驿镇与西彭镇寻求服务。

6.6.2　规范示范要点

1. 规划思路

黄金堡村人口外流与设施闲置问题严重，本规划结合设施供需关系、社区生活圈等理论，多维度分析黄金堡村公共服务设施的供需情况、公共服务设施的空间布局及村镇社区生活圈特征，以系统性、差异性、网络性与动态发展性为原则，以服务设施供需调节为重点内容，从区域的设施空间发展规划、镇－村的社区生活圈规划、村域的公共服务设施规划与重点地块的服务空间设计等不同尺度进行服务设施规划。

2. 主要策略

黄金堡村兼有集中社区居民点与传统零散聚落的双重空间结构，总体上遵循“大集中、小分散”的配置思路。完善村际交通路网与公交出行方式，重新建立黄金堡村、铜罐驿镇与西彭镇的空间关联度，以社区生活圈优化镇域公共服务设施配置分级体系，促进区域设施网络统筹。遵循以人为本的原则，多视角评价不同社群的设施使用特征，提高服务设施供给结构对人群需求变化的适应性和灵活性。由于现有设施较为完善，主要采取保留与改造的方式，通过功能更新起到激活设施使用效率的作用，同时结合村民需求增设少量日常便民服务设施。

3. 服务设施配置要点

（1）生活服务设施

① 公共管理与服务设施：保留现有行政管理设施，包括村“党支部和村委会”办公场所、便民服务中心、警务室、就业指导中心、益农信息社。

② 医疗卫生设施：扩建原卫生室，完善社区诊治服务。

③ 教育设施：增设 1 处幼儿园，位于原卫生室附近。

④ 文化体育设施：保留村史馆，扩建现有室内外健身场地，增设 1 处文化活动室，提供书报阅览、书法、绘画、文娱、健身、音乐欣赏等功能。

⑤ 商业服务设施：改善现有便利店质量，新增 1 处便民农家店。

⑥ 社会保障设施：保留原有老年人服务站，新增 1 处村级幸福院。

（2）生产服务设施

农业综合服务设施：新增农业仓储设施与物流服务设施，位于村庄北部柑橘园产业集中地，靠近村干道处。新增农田水利设施，位于北部大溪河沿岸，用于灌溉两侧农田、果园。新增科技服务与农业技术服务设施，与村公共管理服务设施联合建设。

（3）生态服务设施

① 生态环境综合治理设施：在大溪河沿岸上游配置水文水质检测站点。

② 生态保育设施：在东北部山林与西南部山林各自设置生态林地巡护站。

6.6.3 技术创新特色

1. 主要技术创新

本规划在服务设施一体化规划技术中创新性地构建了供需均衡视角下的服务设施使用评价子技术。其中，① 供给评价主要包括基于数量指标的供给规模分析与基于服务可达性的供给效率分析。在供给规模方面，黄金堡村医疗、商业设施的建筑面积不满足标准要求；在供给效率方面，黄金堡村的路网连接度与道路可达性较低，难以完全被镇级服务圈层所覆盖，村域设施空间均等性较差。② 需求评价主要包括匹配度、满意度与期望度分析。就使用人群与使用强度的匹配度而言，行政设施基本匹配，而医疗设施、文体设施、养老与教育设施的匹配度较低；就满意度而言，村民对设施的整体满意度偏低，商业设施和文体设施满意度最低；就期望度而言，村民普遍期望完善养老设施与教育设施。综合分析供需评价结果，黄金堡村服务设施规划主要增加了教育设施、商业设施和养老设施，并提升医疗设施服务水平。同时充分考虑西彭镇的辐射作用，完善网状道路格局，增强区域之间的设施协同共享水平，有利于推动服务设施规划发生从“供给驱动”到“供需耦合”的转变。

2. 研发技术的运用

（1）生产服务设施

增设农业综合服务设施：增设 1 处农业仓储设施，1 处物流服务设施，1 处农田水利设施，1 处科技服务与农业技术服务设施。

（2）生态设施

① 增设生态环境综合治理设施：增加 1 处水文水质检测站点。

② 增设生态保育设施：增加 2 处生态林地巡护站。

6.7 石井村社区公共服务设施规划实践

6.7.1 村镇社区基本特征

1. 地理区位

石井村位于粤赣两省交界的山区之中，隶属广东省河源市和平县大坝镇，距离县城约 15 km，在 2020 年之前是广东省省定贫困村。石井村的地势中间低，东西两边高，以山地丘陵为主，跌宕起伏，具有岭南丘陵地区的典型特征。其下辖石井、树塘、永丰、石甲、上元、米英等 12 个自然村，行政村村域面积大，自然村分散于山区之中。

2. 社会经济特点

石井村是一个传统的农业经济村庄，经济发展水平较低，经济作物以水稻为主，兼种百香果、猕猴桃、南瓜等。近年来石井村结合自身优越的自然环境，构建起牛、羊、猪、鱼类、禽类等多品类养殖产业；利用自身丰富的自然资源，进一步延长产业链，发展了以竹子为原材料的竹制品加工产业和以黄豆为原材料的腐竹食品加工产业。村民经济收入逐渐多元化，以农业种养、入股农业产业基地、外出务工为主。

3. 城乡发展主要矛盾

自 2016 年起村庄的户籍人口稳定在 2650 人左右，但常住人口连年下降，目前超八成村民在外地务工，村庄常住人口以老年人和儿童为主，人口大量流失，村庄“空心化”和“老龄化”现象突出，由此导致村庄发展动力不足。人口是乡村发展的核心，石井村年轻人口外流意味着乡村在治理、建设方面都失去了关键优势，而城镇受到劳动力流入的刺激，扩大就业和完善基础设施布局，实现了城镇的快速发展，城乡发展差异进一步加大。同时，过去的城镇化政策也是引起城乡资源配置失衡的原因之一，在城市增长目标导向下，乡村被默认为是资源最优效率配置定律支配下的土地和人口等生产要素的来源地，石井村正是在长期城市中心论的影响下出现了人口要素缺失，导致了资源向城市的单向流动。此外，以城乡二元制为代表的城乡分治导致农村土地向建设用地转变受到限制，农民对土地的依赖性大，无法较好地完成去农业化的发展。

4. 设施配套现状

石井村的村部选址在几个自然村的交汇处，目前现有的公共服务设施绝大多数集中分布在村部及其周边。生活服务设施包括村委会、卫生站、党群活动中心、村民活动广场、候车亭等，而小学由于村中人数不够已经停办，改为村图书室、妇女活动中心等，自然村每村都有公共厕所，并且零星布局了活动广场、宗祠等。石井村受岭南湿热多雨气候特征的影响，山体滑坡多有发生，需要增加相应的防灾设施。生产服务设施在村部仅有竹制品加工厂，其余分散在各个自然村中，米英村有百香果种植基地以及中华鲟养殖基地，上井村有鲈鱼养殖基地以及南瓜种植合作社，下排村有砖窑厂，石甲村有黄豆种植基地以及腐竹加工厂等。生态服务设施目前布设了环境监测设备，其余设施较为欠缺。

6.7.2 石井村规划示范要点

1. 规划思路

① 因地制宜、灵活布置，突出地方特色，建立良好的农村空间形态和生产生活秩序，能够对未来的农村建设提供指导作用。

② 统筹安排村域内各自然村之间的关系，力求交通联系便捷，用地关系得当，并尽可能地实现设施共享和资源互补。

③ 在村镇常住人口老龄化、人口收缩背景下，农村基本生活圈在收缩过程中考虑老龄社区的基本生活需求及老龄社区公共服务设施的功能复合问题。

④ 合理安排公益型、商业服务型等公共服务设施的规模、数量及布局，提升农村居住环境，保证农村居民生活质量。

总而言之，规划要充分利用本身资源和良好的农村生态优势，发展石井村的特色种养殖产业以及未来延伸的服务业，完善村庄公共服务设施及市政基础设施建设，逐步把石井村建设成为生产发展、生活宽裕、乡风文明、村容整洁、管理民主的现代化新农村示范村。

2. 主要策略

（1）服务设施集中均等化布局

石井村公共服务设施的选址集中于与所属各村距离较为均等、交通亦较为方便的石井自然村。在此配置服务设施，可让所有居民在生活圈半径享受移动公共服务，全体居民使用设施的成本最小。

（2）设施功能复合优化配置

城乡移动行政管理 APP、移动医疗、农村移动零售、农村公交物流及电子商务的发展造成石井村的行政管理、医疗卫生、商业设施等长期空置问题十分严重。在规划示范中，破除了农村公共服务设施按单一功能配置、各自配置面积的方法，集中组织村委会、学校、卫生站、公交车站和具有物流网点功能的农村商店；集中组织工厂、电子商务网点；通过复合功能优化配置，在满足现有及未来需求的同时，解决城镇化带来的农村资源闲置、浪费问题；优化乡村聚落空间，适度集聚公共服务设施，促进公共服务资源最优化配置。

（3）兼顾老龄化社区需求

石井村规划示范项目在引导自然村合理适度集聚和公共服务资源最优化配置的前提下，兼顾农村老龄社区基本生活圈收缩问题，增强自然村发展的内生动力，保护乡村空间特色和历史文化特色。在传统社区中心集中组织养老服务、社区活动、文体活动设施（含广场），并综合考虑居民点的位置及人口分布、地形等因素进行选址优化。

3. 服务设施配置要点

设计团队通过进镇驻村访谈，在多角度、多方向充分了解村民意愿和需求的基础上，结合省定贫困村建设新农村示范村达标基本标准，从生产、生活、生态三方面进行服务设施配置。

（1）生产服务设施

① 以水稻种植业为基础，大力发展百香果、猕猴桃、木瓜等作物种植，形成经济示范田，搭建采摘体验基地。同时优化经济作物的种植环境，扩大种植规模、提高产量。

② 增加禽畜圈养设施，促进规模养殖场排泄物综合利用和传统生态农业转型升级，实现经济、社会、生态效益的统一。

（2）生活服务设施

① 饮水设施：完善村庄饮水工程，建设村庄自来水管道，解决村民用水问题。

② 道路设施：部分村道需进行硬化、拓宽改造。

③ 公共服务设施：完善村庄公共服务设施，村委会对面新建卫生站，增设垃圾收集设施，标准垃圾屋配备保洁员，建设村民广场。

④ 建筑整治：开展“三清理”“三拆除”“三整治”行动，保护原有村庄风貌。

⑤ 排水设施：完善排水设施、生活污水处理设施，增设污水处理池。

⑥ 社区活动与文体活动设施：建设路灯、娱乐设施、活动广场、娱乐室、凉亭等，在传统社区中心集中组织养老服务，活动设施考虑老龄社区需求。

（3）生态服务设施

根据生态容量和韧性，利用交通依赖型集成公共服务设施及周边景观设计对生活和工业生产区域和村落进行边界控制，并在村落边界设置生态缓冲区，进行绿带控制和生态廊道控制；集中解决负面平衡问题，对垃圾、污水、禽畜污粪进行集中处理。

6.7.3 石井村技术创新特色

1. 主要技术创新

石井村公共服务设施规划涉及的主要技术创新包括村镇社区公共服务设施一体化规划技术和村镇社区服务设施效能评估与监测技术。

为适应村镇社区公共服务设施空间布局的新需求，以全要素协同与精细化治理的视角，创新地在石井村构建了将“区域公共服务设施配置一体化空间网络构建”“村域公共服务设施空间配置一体化规划”“村镇社区公共服务设施空间场景一体化设计”融为一体的公共服务设施空间规划技术。首先，石井村通过叠加分析对公共服务设施配置空间网络类别与乡村社区生活圈级别进行识别，并初步明确公共服务设施配置内容；其次，运用村镇空间形态分析以及平均最近邻指数检验的方法，识别石井村为分散型村镇空间结构并制定公共服务设施空间配置要点与技术规范；最后，运用场景图谱与场景导则规划技术，对石井村的生产、生活、生态公共服务场景进行分类并指导生产、生活、生态服务设施的项目空间选址、布局、建设和管理。

在“村镇社区公共服务设施一体化规划技术”的基础上，结合石井村的实际情况，构建监测指标体系。首先，运用遥感技术、无人机低空影像、视频分析技术和问卷调研等技术方法得到村民使用设施情况，并据此确立石井村村镇社区服务设施初步规划方案。其次，利用村镇社区生活圈仿真技术模拟处于规划中的石井村服务设施使用情况，动态直观地反映设施的效能情况并进行效能评估，衡量规划后的村镇社区服务设施服务能力。再次，将通过监控影像识别的方式对石井村的公共服务设施的服务能力进行定期监测，并基于 YoloV3 算法搭建了村镇公共服务设施行人识别系统，基于主体建模方法构建了石井村公共服务设施居民使用情况的仿真模拟平台，对其效能进行长期、系统的综合评估。

2. 研发技术的运用

（1）生产服务设施

① 增设农业综合服务设施：增设科技服务与农业技术服务设施，增设农资服务设施，增设农业仓储设施，增设污水处理设施。

② 增设工业配套设施：增设仓储物流设施，与农业仓储设施结合布置。

（2）生态服务设施

① 增设生态环境综合治理设施：增设水质监测设备，增设污染源监测设备，增设排水沟，增设沟头防护设施，增加水土保持工程用房。

② 增设生态保育设施：增加生态林地巡护站。

部分石井村下辖村的“三生”公共服务设施规划如图 6-12 ～图 6-17 所示。

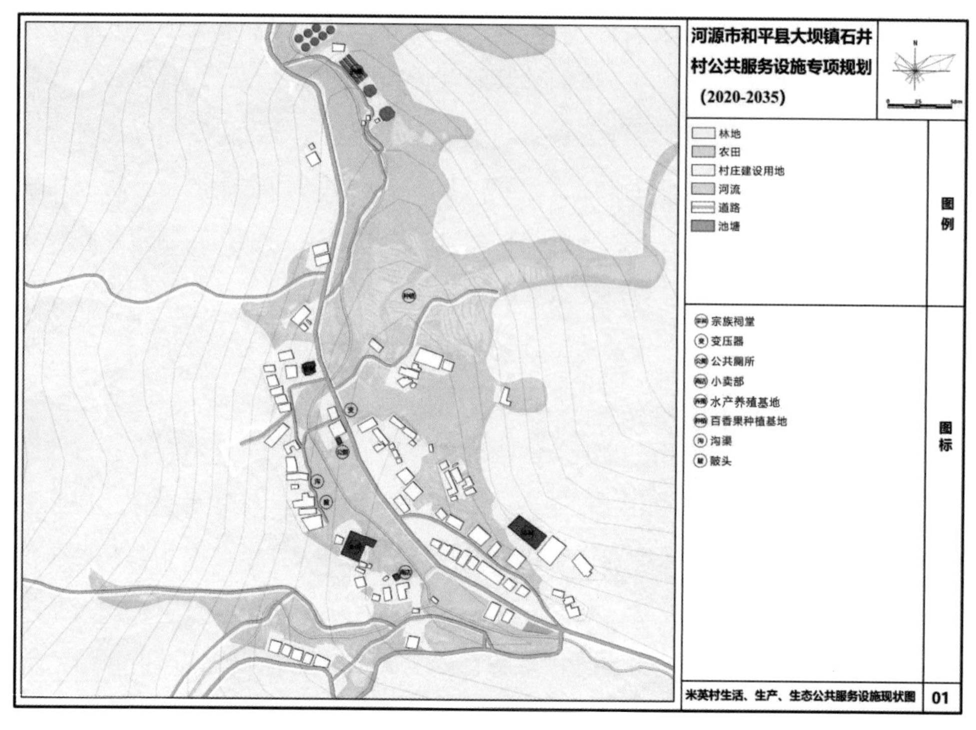

图 6-12　米英村生产、生活、生态公共服务设施现状

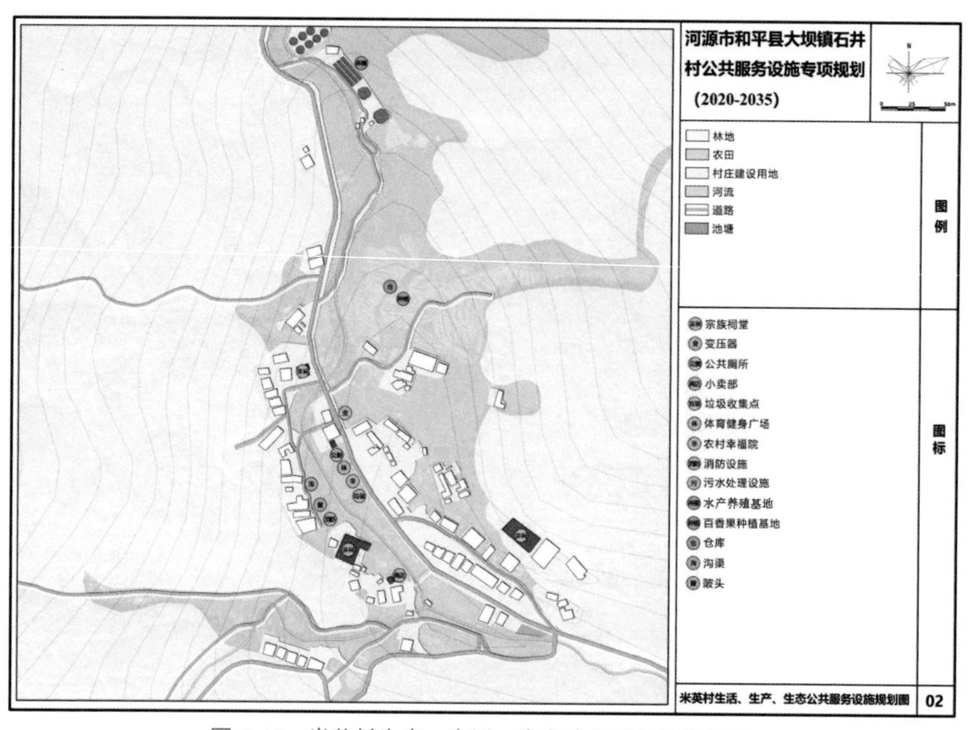

图 6-13　米英村生产、生活、生态公共服务设施规划

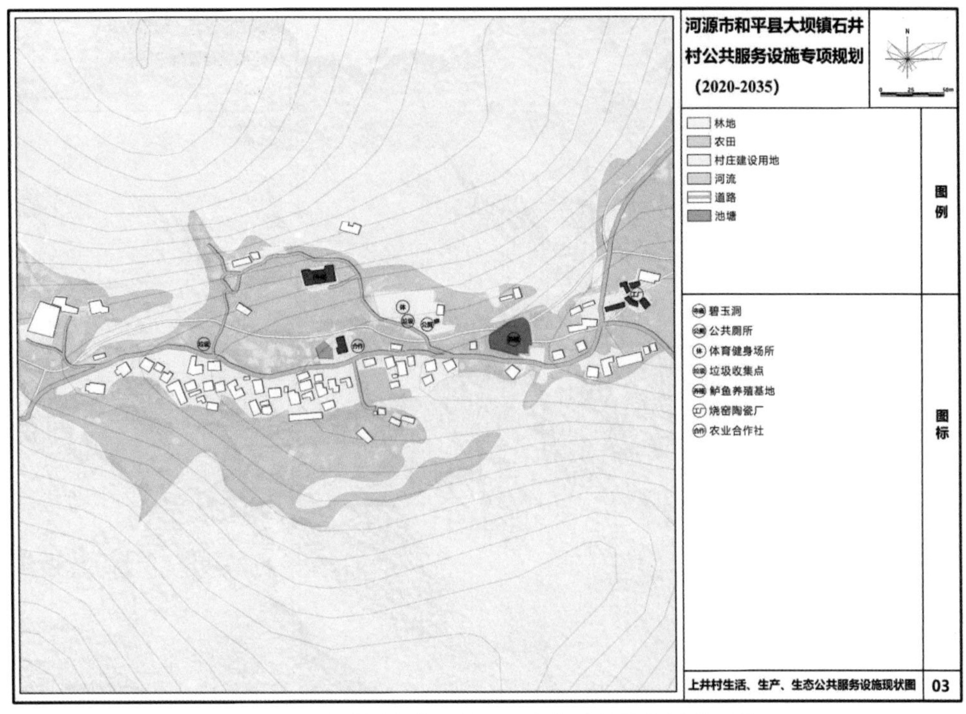

图 6-14　上井村生产、生活、生态公共服务设施现状

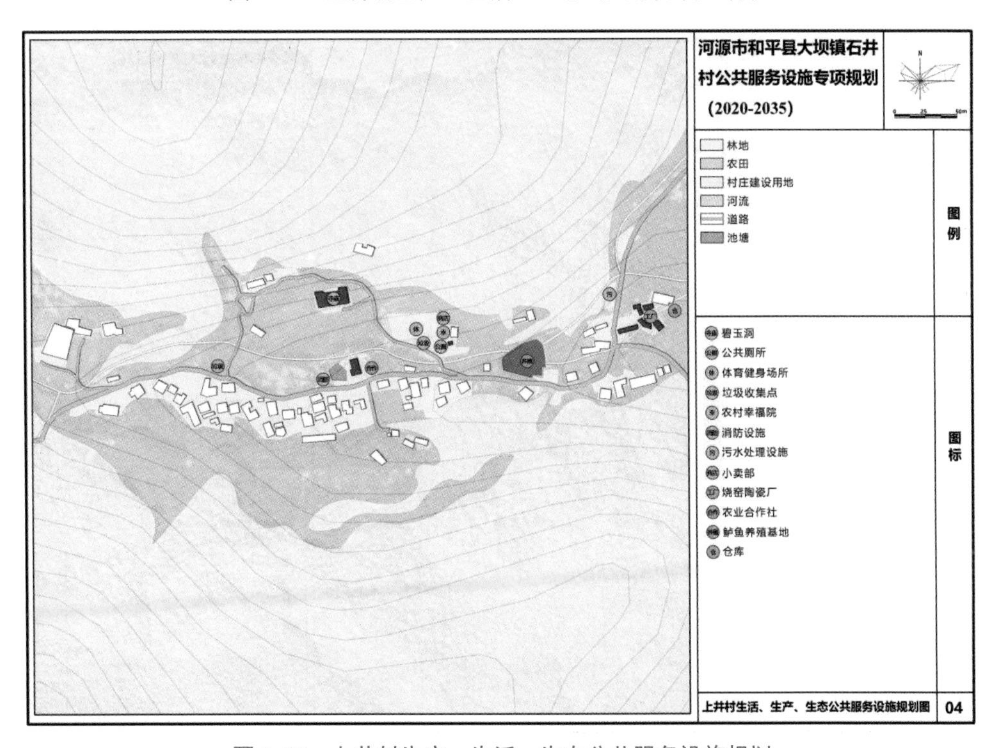

图 6-15　上井村生产、生活、生态公共服务设施规划

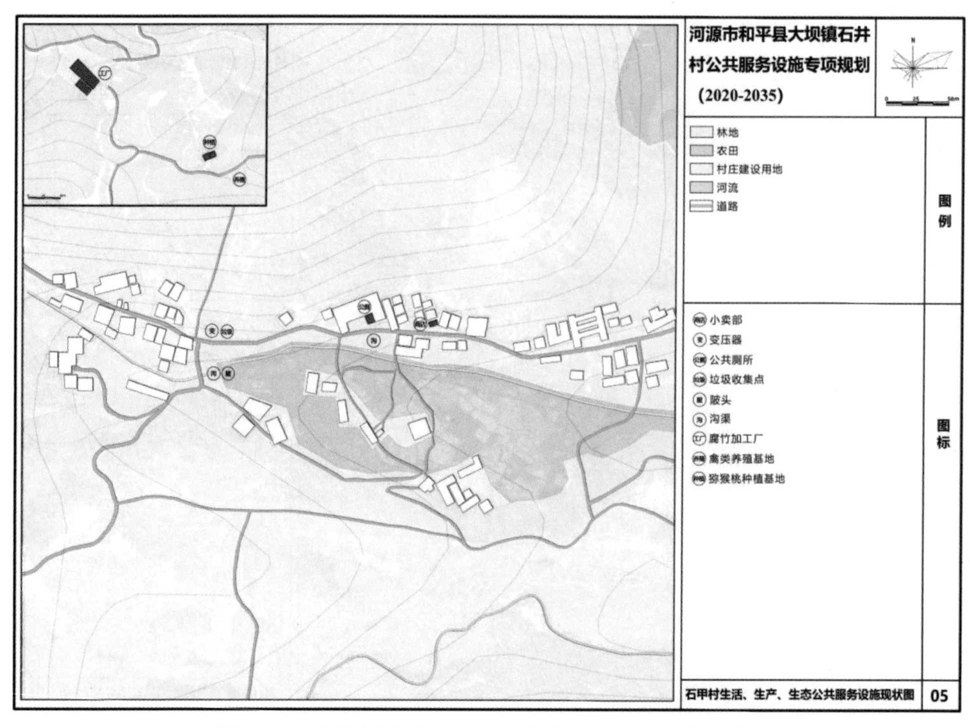

图 6-16　石甲村生产、生活、生态公共服务设施现状

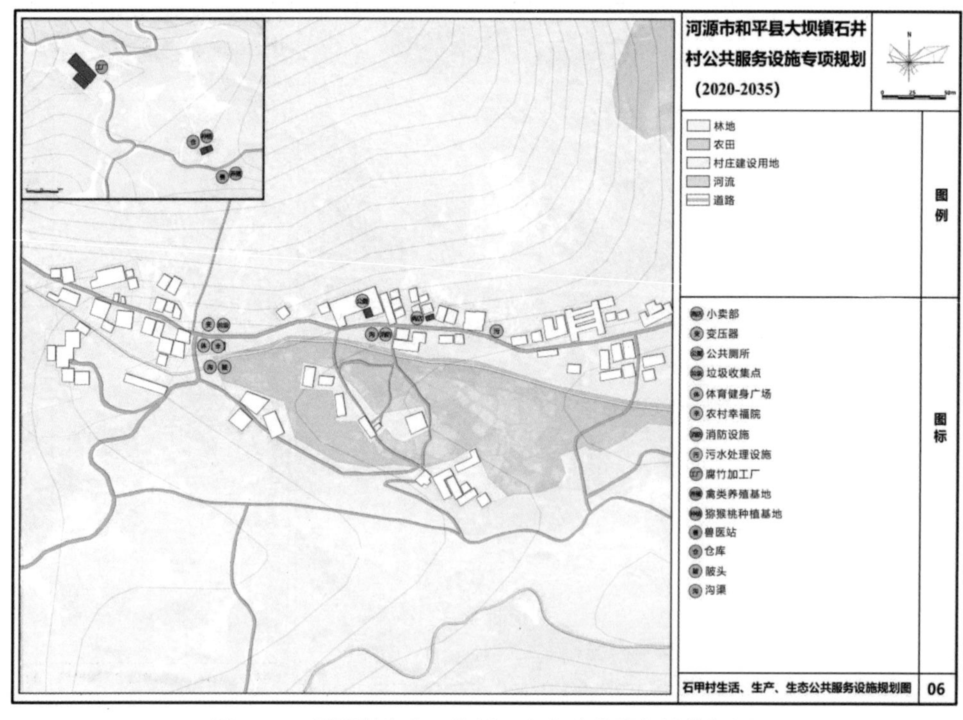

图 6-17　石甲村生产、生活、生态公共服务设施规划